华章图书

一本打开的书，一扇开启的门，
通向科学殿堂的阶梯，托起一流人才的基石。

www.hzbook.com

深入理解网络三部曲

深入理解互联网

吴功宜 吴英 编著

IN-DEPTH
UNDERSTANDING
OF THE
INTERNET

机械工业出版社
China Machine Press

图书在版编目（CIP）数据

深入理解互联网 / 吴功宜，吴英编著 . —北京：机械工业出版社，2020.6

ISBN 978-7-111-65832-0

Ⅰ. 深… Ⅱ. ①吴… ②吴… Ⅲ. 互联网络 Ⅳ. TP393.4

中国版本图书馆 CIP 数据核字（2020）第 099492 号

深入理解互联网

出版发行：机械工业出版社（北京市西城区百万庄大街 22 号　邮政编码：100037）

责任编辑：朱　劼　　　　　　　　　　　　责任校对：殷　虹

印　　刷：三河市宏图印务有限公司　　　　版　　次：2020 年 8 月第 1 版第 1 次印刷

开　　本：186mm×240mm　1/16　　　　印　　张：29.75

书　　号：ISBN 978-7-111-65832-0　　　定　　价：119.00 元

客服电话：（010）88361066　88379833　68326294　　　投稿热线：（010）88379604

华章网站：www.hzbook.com　　　　　　　　　　读者信箱：hzit@hzbook.com

2019 年对于我来说是非常有纪念意义的一年，这个"意义"来自两个维度。

第一个维度是我从事的教学与研究的方向——计算机网络。2019 年是互联网诞生 50 周年和我国全功能接入互联网 25 周年。回顾计算机网络的发展历程，我们可以清晰地看到计算机网络沿着"互联网—移动互联网—物联网"的轨迹，由小到大地成长为覆盖全世界的互联网络，由表及里地渗透到各行各业与社会的各个角落，潜移默化地改变着我们的生活方式、工作方式与社会发展模式。根据中国互联网络信息中心（CNNIC）第 45 次《中国互联网络发展状况统计报告》提供的数据，截至 2020 年 3 月底，我国的网民规模已经达到 9.04 亿，互联网普及率达到 64.5%；手机网民规模达到 8.97 亿，网民中使用手机访问互联网的比例上升到 99.3%。我国的互联网与移动互联网的网民数量稳居世界第一，各种网络应用方兴未艾，互联网与移动互联网产业风生水起。物联网在政府的大力推动下，已经在很多方面走到了世界的前列。我国在网络强国的建设上向前迈进了一大步。

第二个维度是我读书和工作了 50 多年的南开大学。2019 年，南开大学喜迎百年华诞。计算机学院安排我作为计算机专业的老教师代表，在南开大学津南校区与返校的学生见面。我的计算机网络课程从 20 世纪 80 年代至今持续了近 30 年，和不同时期的学生见面的场景很有喜剧色彩：20 世纪 80 年代上过我的网络课程的学生见面时异口同声地说"七层协议"；20 世纪 90 年代上过我的网络课程的学生见面时异口同声地说"TCP/IP"；2000 年前后上过我的网络课程的学生见面时则异口同声地说"网络编程"。甚至有一名学生悄悄地告诉我："我到工作单位接手的第一个任务就是网络课上做过的编程训练题！"估计他们在来学校的路上已经回忆过那段在校学习经历，并达成共识了。作为一名教师，看到学生们事业有成，倍感欣慰，付出的任何艰辛都觉得是值得的。

与学生们的交流，也让我回忆起这 30 多年的"计算机网络"课程教学历程，感慨良多。记得 20 世纪 80 年代初，我在南开大学计算机系第一次开设计算机网络课程时，全系近百名学生中只有 7 名选修了这门课程。当时，没有人能预见计算机网络技术将在未来如此蓬勃地发展，并深刻地影响我们的社会进程。在之后的教学与科研工作中，我一直跟踪着计算机网络技术的研究与发展，见证了计算机网络从互联网、移动互联网到物联网的发展过程。

1995 年，我参与研究、起草了"天津市信息港工程规划纲要""天津市信息化建设'九五'规划"，对互联网技术产生了极大的兴趣。于是，在 1996 年到 1997 年，我以访问学者的身份，用了将近一年的时间，在美国认真考察、研究、学习了互联网的技术与应用。1997 年，我在美国度过 50 岁生日，当夫人问到许下的愿望时，我的回答是：回国之后要为学生写一本好的网络课程教材。这是因为我在美国几所大学了解网络课程的教学与实验后大受"刺激"。当时安德鲁·S. 塔嫩鲍姆（Andrew S. Tanenbaum）的《计算机网络》（第 3 版）刚刚发行，美国学生抱着装订讲究的大部头教材坐在教室里，听教授侃侃而谈，下课后要读五六篇文献，还要完成网络编程作业。而且，这些网络编程作业的难度与编程量都不小。国内大学教授的计算机网络课程与美国的差距之大是显而易见的，作为一名网络课程的任课教师，我深感不安。"知耻而后勇"，这就是我后来规划本科计算机网络课程体系、编写《计算机网络》教材的初衷和动力。这部教材在 2008 年被评为"精品教材"，现在已出版到第 5 版。之后又规划了研究生计算机网络课程体系，将科研成果转化为"近似实战"的网络教材与实践训练内容，编写并出版了《计算机网络高级教程》《计算机网络高级软件编程技术》与《网络安全高级软件编程技术》系列教材。后两部网络编程教材共给出了不同难度级别的编程训练题目 34 个，编程训练内容覆盖了计算机网络各层、网络安全的不同方面。

后来，我参与了天津市城市信息化建设"十五""十一五"规划的研究与制定，将"互联网思维"融入我国城市信息化建设实践中。作为科技奖评审专家与信息技术项目立项、结题评审专家，我不断与同行交流，向同行专家学习，理解不同行业和领域对互联网的应用需求，加深在计算机网络与互联网这一领域的学术积淀，这些工作开阔了我的学术视野。同时，我参与或主持的多项市级大型网络应用系统的规划、设计、实施，均取得了成功，这些系统目前还在稳定地运行，我从中获得了很多宝贵的实践经验。我还与南开大学网络实验室的科研／教学团队一起，开展了无线传感器网络、无线车载网、移动互联网与网络安全课题的研究。

我曾担任南开大学信息技术科学学院院长多年，要与学院的计算机、自动化、通信工程、电子科学、光学工程、信息安全等多个一级学科的教师交流，听取国内外相关领域专家的报告，参加各个学科科研开题与结题会议，这些工作让我学到了很多相关领域的知识，也使我对交叉学科的发展产生了浓厚的兴趣。这些经历使得我跳出一名"单纯"的计算机专业教学工作者的框架，逐渐学会了将技术、教育、产业与社会发展结合起来的思考方法。

2010 年，物联网异军突起。面对这一新生事物，有人兴奋，有人怀疑，更多的人则是想深入了解物联网是什么、它来自哪里、又会向哪个方向发展。基于在计算机网络与信息技术领域多年的知识与经验的积累，我编写了《智慧的物联网：感知中国与世界的技术》一书，阐述了自己对物联网概念、技术与发展趋势的理解与认知。书中的很多观点得到了同行和读者的认同。目前，以"智能（AI）与物联网（IoT）深度融合"为特征的"智能物联网（AIoT）"概念与技术的出现，进一步印证了我对物联网发展趋势的判断。

同年，教育部批准成立了高等学校第一批物联网工程专业。作为面向战略新兴产业的新专业，教学体系与学科建设没有成熟的经验可供借鉴，更没有适应专业培养目标的配套教材。当时，教育部高等学校计算机类专业教学指导委员会邀请我参与了相关的专业建设研讨，并邀请我编写一本《物联网工程导论》教材，向物联网工程专业的学生和教师介绍物联网技术。基于教育工作者的使命感，我接受了这个任务，并结合多年的知识积累与认知，艰难地完成了《物联网工程导论》的编写工作。之后又根据高校师生的授课和学习需求编写了《物联网技术与应用》与《解读物联网》两本书。这四本书形成了关于物联网的综述性质的系列著作，我也在编写过程中不断深化对物联网技术的理解。现在，《物联网工程导论》和《物联网技术与应用》已出版到第 2 版，并且入选了"'十二五'国家重点图书"项目；《物联网工程导论》入选了教育部"'十二五'国家级规划教材"。

网络类技术的快速发展，必然会对高校教育产生重大的影响，广大教师都在思考高校计算机专业的课程是否能够适应网络时代的要求。2011年起，我应邀参与教育部高等学校计算机类专业教学指导委员会"计算机类专业系统能力培养"教学研究组的活动，之后又参与了"智能时代计算机教育研究"教学研究组的活动，并负责计算机网络类课程改革的研究。研究组以培养系统能力为核心构建计算机类专业课程体系的想法与我多年来的探索不谋而合，同时在和参与改革的试点校、示范校沟通的过程中，我认真研究各个学校成功的经验和面临的困难，进一步找出网络课程存在的问题，明晰智能时代以系统能力培养为核心的网络课程改革方向。

基于我与教学/科研团队开展的前期研究，确定了计算机网络课程下一步改革的思路：

第一，贴近计算机发展与计算模式演变，从系统观的视角分析网络技术发展过程。

第二，在云计算、大数据、智能与 5G 发展的大趋势下分析网络技术的演变。

第三，关注 SDN/NFV、云计算与移动云计算、边缘计算与移动边缘计算、QoS/QoE、区块链、数字孪生等新技术的发展与应用。

第四，坚持以网络软件编程为切入点的能力培养方法。

计算机网络技术是一门交叉学科，覆盖面广，技术发展迅速，形成适应智能时代的新的网络课程知识体系绝非易事。教学研究组决定首先将前期研究与思考总结出来，并以《深入理解互联网》《深入理解移动互联网》与《深入理解物联网》三部著作的形式呈现给读者。我们希望通过规划和构思这三部著作，研究计算机网络技术发展中"变"与"不变"的关系；根据互联网、移动互联网与物联网的不同特点，规划三部著作的重点、知识结构与内容取舍。

计算机网络技术发展中的"变"与"不变"可以归纳为：

- **变**：网络应用的"系统功能""实现技术"与"协议体系"发生了很大变化。
- **不变**："层次结构模型""端－端分析原则"与"进程通信研究方法"没有发生本质性的变化。

如果用"开放、互联、共享"来描述互联网的特点，用"移动、社交、群智"来描述移动互联网的特点，那么物联网的特点可以用"泛在、融合、智慧"来描述。"开放"的体系结构、协议与应用成就了互联网，实现了全世界计算机的"互联"，成为全球范围信息"共享"的基础设施。"移动"使互联网与人如影随形，移动互联网应用基本上都具有"社交"色彩，这也使得大规模、复杂社会"群智"感知成为可能。物联网使世界上万事万物的"泛在"互联成为可能，推动了大数据、智能技术与各行各业的深度"融合"，使人类在处理物理世界问题时具有了更高的"智慧"。

在《深入理解互联网》《深入理解移动互联网》与《深入理解物联网》三部著作中，我们力求用"继承"的观点描述网络发展三个阶段中"不变"的研究方法，用"发展"的观点阐述网络中"变"的技术，勾画出计算机网络技术体系的演变，描绘出计算机网络技术发展的路线图。

《深入理解互联网》系统地介绍互联网发展的历程，讨论层次结构模型、网络体系结构抽象方法的演变过程；结合网络类型与特点的讨论，深入剖析 Ethernet 工作原理；以网卡硬件设计为切入点，从计算机组成原理的角度剖析计算机如何接入网络；以操作系统为切入点，从软件的角度剖析网络中的计算机之间如何实现分布式协同工作；通过 IPv4 与 IPv6 的对比，系统地介绍网络层协议设计方法的演变与发展；通过分析 TCP/UDP 与 RTP/RTCP 设计方法与协议内容，回答网络环境中分布式进程通信实现方法的发展；对主要的应用层协议设计思想与协议内容进行归纳和剖析，以常用的 Web 应用为例对计算机网络的工作原理进行总结和描述；对云计算、虚拟化技术进行系统讨论，重点介绍云计算与 IDC 网络系统设计方法；系统地介绍 SDN/NFV 技术的研究与发展，对 SDN/NFV 的体系结构、工作原理与应用领域进行讨论；从分析网络安全中的五大关系出发，总结网络空间安全体系与网络安全技术研究的基本内容，讨论云安全、SDN 网络安全、NFV 网络安全、软件定义安全等新的网络安全技术问题。通过以上内容的讨论，诠释互联网"开放、互联、共享"的特点。

《深入理解移动互联网》系统地介绍移动互联网的发展历程，以 Wi-Fi 与 5G 为切入点，深入剖析无线网络的工作原理与组网方法；讨论移动通信网的发展与演变，5G 的主要特征、技术指标与应用场景，6G 的发展愿景；介绍移动 IPv4、移动 IPv6 与移动 IP 的关键技术；对无线 TCP 传输机制、传输层 QUIC 协议的设计方法与协议内容进行分析，对容迟网（DTN）技术体系结构与应用进行系统的讨论；以云计算到移动云计算、移动云计算到移动边缘计算为路径，介绍计算迁移的基本概念、原理、系统功能结构；以移动云存储、流媒体、社交网络、电子商务，以及基于移动云计算的移动位置服务、基于移动边缘计算的增强现实与 CDN 应用为例，讨论移动互联网新的应用系统设计方法与实现技术；在介绍 QoS 概念与发展的基础上，讨论 QoE 的基本概念、定义、影响因素，研究评价方法与标准化问题；在分析移动互联网面临的新安全威胁的基础上，讨论移动终端硬件、软件、应用软件安全性，5G 通信系统安全与挑战，以及移动云计算与移动边缘计算安全性等问题。通过以上内容的讨论，诠释移动互联网"移动、社交、群智"的特点。

《深入理解物联网》以物联网（IoT）向智能物联网（AIoT）的发展为主线，在分析和比较国际重要学术机构与主要厂商提出的物联网定义、层次结构模型的基础上，阐述物联网的定义、技术特征与体系结构；系统地讨论感知技术的研究与发展，分析传感器与执行器接入技术，讨论无线传感器网络的发展与演变；介绍物联网核心传输网络的设计方法、5G 与物联网的关系、SDN/NFV 技术应用；讨论大数据、智能技术在物联网中的应用；介绍云计算与移动云计算、边缘计算与移动边缘计算、QoS/QoE、区块链等新技术在物联网中的应用；以工业物联网、移动群智感知网络、智能网联汽车等为例，系统地讨论物联网应用的发展；在分析物联网面临的新安全威胁的基础上，讨论物联网终端硬件、软件、应用软件与应用系统的安全性与挑战。通过以上内容的讨论，诠释物联网"泛在、融合、智慧"的特点。

三部著作的内容各有侧重，互不重叠，相互补充，旨在形成一个全面描述计算机网络技术发展的知识体系。

我希望这三部著作能对以下读者有所帮助：

- **高等学校计算机相关专业的本科生 / 研究生**：这三部著作可以作为本科生 / 研究生计算机网络课程的补充读物。现有的计算机网络教材大多关注网络的原理和协议，对计算机网络的一些新技术只做概要性介绍。读者可以通过补充阅读这三部著作，体会计算机网络为什么会发展到今天的样子、未来又会往什么方向发展，理解计算机网络中的"变"与"不变"，掌握计算机网络技术发展的脉络。

- **从事计算机网络技术的研究者**：这三部著作梳理了互联网、移动互联网和物联网当前的热点研究领域/问题，从事计算机网络技术研究的读者可以系统地了解当前热点问题的研究现状与趋势，从中发现自己感兴趣的问题，找到进一步开展研究的课题和方向。

- **高等学校从事计算机网络课程教学的教师**：在近 40 年的教学中，我深深体会到"要给学生一碗水，自己就要准备一桶水"。因此，希望这三部著作能够帮助从事计算机网络课程教学的教师梳理网络知识体系，为教学充实更多的素材，做好知识储备，以进一步提高网络课程的教学水平。

- **从事计算机网络研发工作的技术人员**：现在知识的更新、迭代速度越来越快，涉及的知识面越来越广，终身学习已经成为一种常态。很多技术人员困惑于网络技术发展太快，不知如何跟上技术发展的步伐。在跟踪计算机网络技术发展的几十年中，我的体会是，面对错综复杂的网络技术，只要自己的研究思路清晰，还是可以梳理出新技术发展的自然传承关系、认识到其发展规律的。我希望通过这三部著作，将自己对网络技术发展的理解分享给有这样困惑的技术人员，帮助大家把握技术发展方向，更好地适应技术的飞速发展。

我国是网络应用的大国，但还不是网络强国，实现建设网络强国的目标必须要培养出大批的网络精英，让我们共同为实现这个伟大的目标而努力。

祝各位阅读愉快！

吴功宜

2020 年 5 月

前　言

　　计算机网络是当今计算机科学与技术学科中发展最为迅速的技术之一，而互联网是计算机网络最成功的应用。谈到互联网，作者曾在硅谷听到一个故事：硅谷的 IT 界大腕们聚在一起，讨论"互联网发展对社会的影响可以与人类社会哪一项发明相比"的问题。有人说可以与蒸汽机的发明相比，所有人都说"No，No"；有人说可以与电的发明相比，所有人都说"No，No"；有人说可以与火的发现相比，整个会场鸦雀无声，没有人说"Yes"或"No"。因为这确实是一个很难评价的问题，同时也是值得我们深思的问题。互联网对世界经济与社会发展的影响是全局性与历史性的，这一点已经成为世界各国的共识。

　　网络应用从互联网向移动互联网、物联网方向的发展，促进了云计算、大数据、人工智能、5G 技术与各行各业的深度融合，网络技术与知识也进入了一个快速更新的阶段，这给我们提供了更加广阔的发展空间，同时也让我们感到前所未有的困惑和压力。

　　在规划《深入理解互联网》《深入理解移动互联网》与《深入理解物联网》三部著作的知识结构与内容时，我们力求在《深入理解互联网》中将网络技术发展三个阶段中"不变"的研究方法讲透，为《深入理解移动互联网》与《深入理解物联网》中阐述网络"变"的技术与应用奠定基础。

　　本书由 8 章组成。

　　第 1 章　互联网的形成与发展　系统地介绍互联网发展的历程，以及各个阶段标志性的成果与做出突出贡献的科学家。

　　第 2 章　传输网技术的发展与演变　系统地讨论网络体系结构与层次结构模型抽象方法的研究与发展过程；介绍组成互联网的广域网、城域网、局域网、个人区域网与人体区域网等基本网络类型的特点；深入剖析 Ethernet 工作原理、实现的硬件与软件技术，并以网卡硬件设计为切入点，从计算机组成原理的角度描述计算机如何接入网络；以操作系统为切入点，从软件的角度阐述网络中计算机之间进行分布式协同工作的原理。

　　第 3 章　网络层协议的研究与发展　通过 IPv4 与 IPv6 的对比，系统地介绍网络层协议设计方法、路由协议与路由器技术的研究与发展。

　　第 4 章　传输层协议的研究与发展　通过对 TCP/UDP 协议，以及实时传输协议 RTP/RTCP 的设计方法与协议内容的分析，回答网络环境中分布式进程通信实现方法的问题。

　　第 5 章　应用层协议的研究与发展　在总结应用层协议分类的基础上，对 TELNET、E-mail、HTTP，以及 DNS、DHCP、SNMP 的设计方法与协议内容进行分析和讨论；以最常用的 Web 应用实现方法为例，分析应用层协议与传输层、网络层等低层协议之间协同工作、共同实现互联网应用的过程，帮助读者将之前各章学习的内容融会贯通，也为进一步学习网络编程打下基础。

第6章 云计算技术与应用 对云计算的定义、特征、服务模式、虚拟化技术与体系结构进行系统的讨论，重点介绍云计算数据中心网络的设计方法。

第7章 网络技术的发展：SDN 与 NFV 系统地介绍软件定义网络（SDN）与网络功能虚拟化（NFV）技术的研究与发展，对 SDN/NFV 的体系结构、工作原理与应用领域进行讨论。

第8章 网络安全技术的研究与发展 从讨论网络安全中的五大关系出发，系统地总结网络空间安全体系与网络安全技术研究的基本内容，讨论网络安全防护技术、密码技术在网络安全中的应用，以及云安全、SDN 网络安全、NFV 网络安全、软件定义安全等新的网络安全技术问题。

本书第 1～4 章由吴功宜执笔完成，第 5～8 章由吴英执笔完成，全书由吴功宜统稿。吴英副教授完成了多幅有创意的插图，为本书增色不少。

在本书思路形成与写作过程中，非常感谢教育部高等学校计算机类专业教学研究专家组的王志英教授、马殿富教授、傅育熙教授、周兴社教授、金海教授、庄越挺教授、臧斌宇教授、安虹教授、袁春风教授、陈向群教授、陈文光教授，诸位教授在多次讨论中都给了作者很多启发。感谢徐敬东教授、张建忠教授、王劲松教授、张健教授、郝刚教授、牛晓光教授、许昱玮副教授，在与他们的讨论与交流中，作者获得了很多写作灵感。

本书在写作与出版过程中得到了机械工业出版社华章分社温莉芳副总经理、朱劼编辑、姚蕾编辑很多的帮助、支持与鼓励，在此一并表示感谢。

感谢我的夫人牛秀卿教授，没有她的理解、支持和生活上无微不至的照顾，我也无法安心进行研究与写作。

计算机网络技术的发展一日千里，限于作者的学术水平，书中内容不可避免地会存在不妥之处，期待各位同行、读者不吝赐教。

吴功宜
南开大学计算机学院
wgy@nankai.edu.cn
2020 年 6 月

目 录 ●━━○━━●━━○━━●

互联网的形成与发展

计算机网络正在沿着从互联网、移动互联网到物联网的轨迹，渗透到社会的各行各业与各个领域，潜移默化地改变着世界，对社会发展产生巨大的作用。本章将从计算机网络的产生背景与发展的三个阶段出发，对互联网不同阶段的标志性成果、核心技术与主要应用进行系统分析，对互联网的未来发展趋势进行深入讨论。

1.1 计算机网络发展的三个阶段

1.1.1 从信息技术发展的角度看计算机网络的发展

计算机网络的广泛应用已对当今社会的科学、教育与经济发展产生重大的影响。计算机网络技术的发展历程可以清晰地划分为三个阶段：互联网、移动互联网与物联网（如图 1-1 所示）。

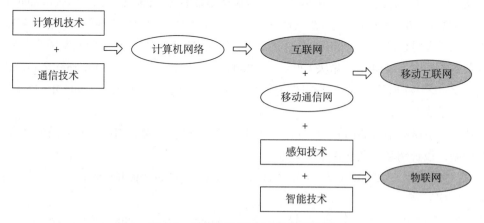

图 1-1　计算机网络技术的发展历程

理解计算机网络技术的发展历程时，需要注意以下两个问题。

第一，计算机技术与通信技术的融合。

信息通信技术（Information Communication Technology，ICT）是信息技术与通信技术交叉融合而形成的一个新的概念和技术领域。20 世纪中叶，作为信息技术核心的计算机技术与通信技术的交叉产生了计算机网络，进而发展出庞大的互联网产业；20 世纪末，以智能手机应用为代表的移动通信技术与互联网技术的交叉，进一步推动了移动互联网技术的发展，带动了信息产业与现代信息服务业的快速发展。21 世纪初，八国集团在《全球信息社会冲绳宪章》中指出："信息通信技术（ICT）是 21 世纪社会发展最强有力的动力之一，并将迅速成为世界经济增长的重要动力。"

第二，感知技术、智能技术与网络技术的融合。

信息技术的三大支柱是计算技术、通信技术与感知技术，它们就像人的"大脑""神经系统"与"感知器官"一样，在人类的生活中缺一不可，并且需要非常协调地工作。互联网、移动互联网与感知技术的交叉融合催生出很多具有"计算、通信、控制、协同、自治"功能的"人–机–物"融合的系统，推动了云计算、大数据与智能技术的发展与融合，使得人类社会进入"智慧"的物联网时代。

因此，从信息技术发展的角度，我们可以看到：计算机网络在与多学科交叉融合的过程中，经历着"从互联网、移动互联网到物联网"的自然演变与发展的过程。

1.1.2　从信息产业发展的角度看计算机网络的发展

从事计算机网络研究的技术人员都已认识到：推动计算机网络技术发展的动力主要来自两大产业，一个是计算机产业，另一个是电信产业。

在电信产业中，最有影响力的国际组织是**国际电信联盟**（International Telecommunications Union，ITU）。20 世纪 90 年代，当互联网技术快速发展时，ITU 研究人员已经充分意识到互联网的广泛应用必将深刻地影响电信业的发展，于是将互联网应用对电信业发展的影响作为一个重要的课题开展研究，并从 1997 年到 2005 年发表了七份" ITU Internet Reports "研究报告（如图 1-2 所示）。前三份报告为每隔一年发表一份，从 2001 ~ 2005 年则每年发表一份研究报告。

从这七份研究报告的内容中，我们可以看出 ITU 对互联网应用如何影响国际电信业发展的判断，以及物联网概念提出的背景。

（1）1997 年：" Challenges to the Network: Telecoms and the Internet "（挑战网络：电信和互联网）

1997 年发布的第 1 个研究报告是" Challenges to the Network: Telecoms and the Internet "。这份报告是为 1997 年 9 月 ITU 在瑞士日内瓦举行的全球电信展与论坛（ITU TELECOM WORLD）准备的。这份报告论述了互联网的发展对电信业的挑战，同时指出互联网将给电信业带来重大的发展机遇。

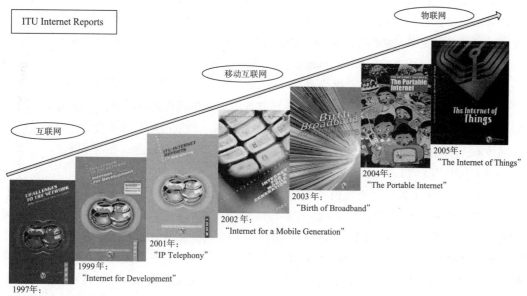

图 1-2　ITU 提出物联网概念的过程

（2）1999 年："Internet for Development"（互联网发展）

1999 年发布的第 2 个研究报告是"Internet for Development"。这份报告描述了互联网应用对于未来社会发展的影响，展望了互联网对促进人与人之间交流的作用，并讨论了如何利用互联网帮助发展中国家发展通信事业。

（3）2001 年："IP Telephony"（IP 电话）

2001 年发布的第 3 个研究报告是"IP Telephony"。这份报告对 IP 电话技术标准、服务质量、带宽、编码与网络结构进行了描述，并对 IP 电话的应用领域、对电信运营商的传统电话业务的影响，以及 IP 电话监管等问题进行了讨论。

（4）2002 年："Internet for a Mobile Generation"（移动互联网时代）

2002 年发布的第 4 个研究报告是"Internet for a Mobile Generation"。这份报告讨论了移动互联网发展的背景、技术与市场需求，以及手机上网与移动互联网服务。该报告指出：移动通信与互联网的融合，将构筑移动互联网的美好未来。移动互联网发展将带领我们进入一个移动的信息社会。

（5）2003 年："Birth of Broadband"（宽带的诞生）

2003 年发布的第 5 个研究报告是"Birth of Broadband"。这份报告是为 2003 年 10 月 ITU 在瑞士日内瓦举办的全球电信展与论坛准备的。作为 2003 年电信产业的"热点"之一，宽带成为 2003 年展示会上的一大亮点。这份报告系统地介绍了宽带技术的发展过程、对全球电信业发展的影响，分享了宽带网络发展比较好的国家的成功案例，描述了宽带技术对未来信息社会的影响。同时，该报告也讨论了计算机、通信和广播电视网的三网融合问题，以及未来宽带网络的发展动向、新的应用问题。

（6）2004 年："The Portable Internet"（便携式互联网）

2004 年发布的第 6 个研究报告是"The Portable Internet"。这份报告是为 2004 年 9 月 ITU 在韩国釜山举办的亚洲电信展与论坛准备的。这份报告系统地讨论了应用于移动互联网的高速无线上网便携式设备的市场潜力、商业模式、发展战略与市场监管，以及移动互联网技术、市场的发展趋势，未来移动互联网技术的发展对信息社会的影响等问题。

（7）2005 年："The Internet of Things"（物联网）

2005 年发布的第 7 个研究报告是"The Internet of Things"。这份报告是为 2005 年 ITU 在突尼斯举行的"信息社会峰会"准备的。这份报告描述了世界上的万事万物，小到钥匙、手表、手机，大到汽车、楼房，只要嵌入一个微型的射频标签或传感器芯片，通过互联网就能够实现"人 – 机 – 物"之间的信息交互，从而形成一个无所不在的物联网。世界上所有的人和物在任何时间、任何地点，都可以方便地实现人与人、人与物、物与物之间的信息交互。该报告预言：RFID 技术、传感器技术、智能嵌入式技术及纳米技术将被广泛应用。

从这七份研究报告讨论的主题与内容，以及对近年信息产业发展的分析，我们同样可以清晰地认识到：计算机网络经历了从互联网、移动互联网到物联网的发展过程。

1.2 分组交换技术和分组交换网的研究与发展

要深入理解互联网的形成与发展，首先要对计算机网络发展的理论基础——分组交换理论、技术与分组交换网的研究进行深入的了解。

1.2.1 分组交换技术的研究

1. 分组交换技术研究的背景

世界上第一台电子数字计算机 ENIAC 出现在 1946 年，而通信技术在一战和二战期间已得到发展和应用，因此通信技术的发展比计算机技术早得多。在很长一段时间中，计算机技术与通信技术之间没有交集，各自处于独立发展的阶段。当计算机技术与通信技术都发展到一定阶段，并且社会上出现了新的应用需求时，人们就会产生将两项技术交叉融合的想法。计算机网络就是计算机技术与通信技术高度发展、深度融合的产物。

20 世纪 50 年代初，由于美国军方的需要，美国半自动地面防空（Semi-Automatic Ground Environment，SAGE）系统要将来自世界各地军事基地的远程雷达信号、机场与防空部队的信息，通过有线与无线的通信线路传送到位于美国本土的一台大型机进行处理，这项研究开始了计算机技术与通信技术结合的尝试。随着 SAGE 系统的实现，美国军方又产生了将分布在不同地理位置的多台计算机通过通信线路连接成计算机网络的需求。

1957 年 10 月 4 日，美国报纸报道了苏联在拜科努尔航天中心成功发射一颗重量为 83 公斤的小型人造地球卫星"史伯尼克（Sputnik）"的消息。这引起了美国的高度重视。五天之后，美国总统在记者招待会上表示了"严重不安"。两个月后，美国总统向国会提出建立高级研究计划署（Advanced Research Projects Agency，ARPA）的动议。国会同意组建 ARPA，并批准了 520 万美元的储备金与 2 亿美元的项目总预算。尽管 ARPA 的办公地点在美国国防部，但是它还是被定位成独立的科研管理机构，由非军方人员主持，同时在科研项目上得到了宽松的资金支持与较高的自由度。ARPA 没有实验室与科学家，只是通过签订合同和发放许可的方式，选择一些大学、研究机构和公司为该机构服务。1972 年，ARPA 更名为 DARPA（Defense ARPA），即美国国防部高级研究计划署。

在与苏联的军事力量竞争中，美国军方发现需要一个专门用于传输军事命令与控制信息的通信网络。他们希望这种网络在因战争或自然灾害导致部分通信设备或通信线路受到破坏的情况下，通信网络仍然能利用剩余的部分继续工作，这就是**网络可生存性**（Network Survivability）研究的出发点。传统的通信线路与电话交换网无法满足这个要求，于是 ARPA 开始筹划启动新一代通信网络技术——分组交换网的研究工作。这就是我们在讨论计算机网络时一定会涉及的分组交换概念，以及世界上第一个分组交换网——ARPANET 产生的背景。

2. 分组交换概念的提出

在讨论 ARPANET 的产生时，必然涉及兰德公司与约瑟夫·利克莱德（J. C. R. Licklider）、拉里·罗伯茨（Larry Roberts）、保罗·巴兰（Paul Baran）、唐纳德·戴维斯（Donald Davies）等计算机科学家。实际上，分组交换概念与技术的研究是由三组科学家并行开展的。

（1）MIT 与约瑟夫·利克莱德、拉里·罗伯茨的研究工作

MIT（麻省理工学院）在计算机网络与分组交换技术方面早期的研究工作主要集中在 1961 ~ 1967 年。贡献比较突出的两位科学家是约瑟夫·利克莱德与拉里·罗伯茨。

20 世纪 50 年代，约瑟夫·利克莱德作为 MIT 计算机系的副教授参加了 SAGE 系统的研究工作（如图 1-3 所示）。这对于他在 1962 年提出**星际计算机网络**（Intergalactic Computer Network）的概念有很大帮助。在有关星际计算机网络的备忘录中，他描述了在全球范围内将很多计算机互联起来，使每个人从任何地点都能共享数据与程序的设想。

图 1-3　约瑟夫·利克莱德与 MIT 的 SAGE 研究室

ARPA 的信息处理办公室（Information Processing Techniques Office，IPTO）主要负责计算机网络、超级计算机等研究课题。1962 年，约瑟夫·利克莱德离开 MIT 加入 ARPA，并在后来成为 IPTO 的首席执行官。他关于计算机网络的设想正好和 ARPA 的"网络可生存性"项目的研究目标一致。他的星际计算机网络的思想对 ARPANET 的研究产生了重要的影响。

另一位在分组交换理论研究方面做出重要贡献的科学家是拉里·罗伯茨。1963 年，拉里·罗伯茨在 MIT 获得博士学位之后加入 MIT 林肯实验室。他在 1961 年发表了论文"Information Flow in Large Communication Network"，全面阐述了分组交换的思想。1965 年，拉里·罗伯茨与合作者在分组交换技术上迈出了划时代的一步。他们将位于 MIT 与加州的两台分时计算机系统通过电话线路连接起来，实现了存取数据、运行程序。他们的研究工作第一次向世人证实了分组交换理论的可行性。当时，他们将计算机之间相互传送文件的通信规约称为**协议**（Protocol）。

1967 年 10 月，作为 ARPA 的首席科学家，劳伦斯·罗伯茨提交了第一个分组交换网 ARPANET 研究计划，并组织完成了 ARPANET 结构与通信协议的规划、设计工作。

（2）兰德公司与保罗·巴兰的研究工作

1948 年 5 月，兰德（Research and Development，RAND）公司在美国加州圣莫尼卡成立，它是美国政府在二战后成立的一个战略研究机构。当时，兰德公司的研究工作的重点是冷战时期的军事战略问题。1960 年，美国国防部授权兰德公司寻找一种有效的通信网络解决方案。

当时保罗·巴兰在兰德公司的数学学部计算机科学分部工作。他最有兴趣的研究课题是在受到核攻击之后，如何维持网络的通信能力。1962 年，保罗·巴兰为兰德公司撰写了 11 份报告，讨论了**分组交换**（Packet Switching）与**存储转发**（Store and Forward）的基本工作原理，其中影响最大的是 1964 年 3 月发表的论文 " On Distributed Communication Networks"。保罗·巴兰利用计算机和容错技术设计了比电话交换网更为健壮的通信网络。不过，当时他的许多同事对计算机知识了解甚少，因此多数人认为他的研究成果没有意义。美国军方就依据巴兰的设想开展试验的问题与 AT&T 公司接触时，遭到 AT&T 公司的强烈反对。当保罗·巴兰在 AT&T 总部的一次会议上阐述他关于将数据报文"分组"传送的想法时，一位高管打断他："等一等，小伙子。你真的是说在信号还没有传输到另一端时就拆线吗？"这一点也不奇怪，因为 AT&T 的技术人员已经习惯于模拟语音电话通信的"面向连接"服务模式。当时电话交换机采用的是人工接线，如果一位用户从洛杉矶给纽约的一位同事打电话，洛杉矶的接线员首先将用户线接到交换机上，呼叫纽约的电话交换机；纽约的接线员接收到呼叫后，将被呼叫的用户线接到交换机之后，通信双方才可以通话。通话结束之后，洛杉矶与纽约交换机的接线员才可以拆线。这与保罗·巴兰提出的分组交换有根本的区别。

尽管 AT&T 公司最终没有接受这位年轻人的建议，但是保罗·巴兰还是继续研究这个问题，撰写学术论文，进一步完善自己的设计思想。图 1-4 是对分组交换网理论做出重要贡献的计算机科学家保罗·巴兰。

（3）NPL 与唐纳德·戴维斯的研究工作

在 1967 年下半年举行的 ACM SIGOPS 会议上，英国国家物理实验室（National Physical Laboratory，NPL）的唐纳德·戴维斯在论文中描述了一个类似的网络系统。他引用了保罗·巴兰的研究成果，并且在 NPL 建立了一个实验系统。这个实验系统证实了分组交换概念的正确性。图 1-5 是对分组交换网理论做出重要贡献的科学家唐纳德·戴维斯。

图 1-4　保罗·巴兰　　　　　图 1-5　唐纳德·戴维斯和他的实验系统

分组交换概念的产生得益于这三部分科学家前期的理论研究和实验工作。

3. 分组交换技术的研究

早期构建通信网络通常采用两种基本拓扑：**集中式**（Centralized）和**非集中式**（Decentralized），相应的拓扑构型如图 1-6 所示。在集中式网络中，所有节点都与中心节点相连，节点之间交换的数据都通过中心节点转发。如果中心节点损坏或工作不正常，全网的通信就会瘫痪。非集中式网络使用了多个中心节点，相当于将多个集中式网络连接起来。当时美国的通信系统基本上都采用非集中式网络结构。非集中式网络仍然无法克服集中式结构的固有缺点。在大型网络中，中心节点一般都会成为网络系统可靠性的瓶颈。

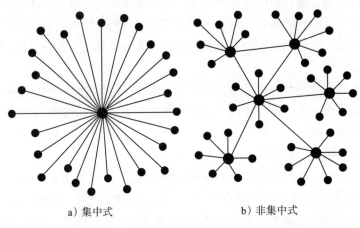

a）集中式   b）非集中式

图 1-6   集中式和非集中式网络的拓扑构型

保罗·巴兰提出了第三种设计方案——**分布式网络**（Distributed Network）结构。他的基本设计思想是：分布式网络中没有中心交换节点，网络中的每个节点都通过通信线路与若干个相邻节点连接，形成一个网状结构。图 1-7 给出了分布式网络的拓扑构型。显然，这是一种分布式、高度容错的网状结构。

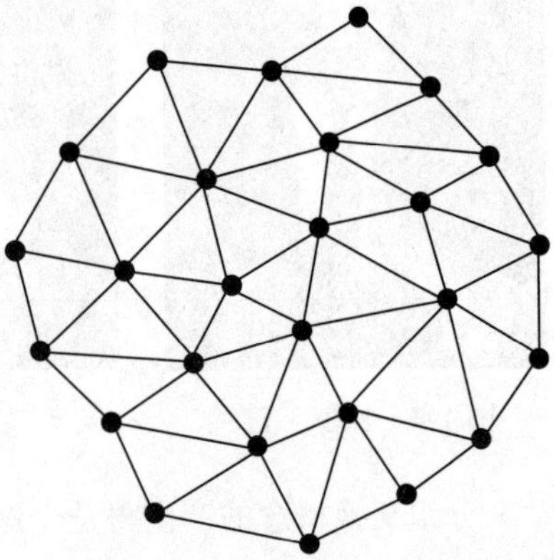

保罗·巴兰建议在新的通信系统中采用分组交换技术。他想象在一个没有中心节点的网络中，节点之间传输的数据按事先规定的格式封装在一种称为**分组**（Packet）或包的传输单元中。分组包含源节点与目的节点的地址。源节点与目的节点之间可以有多条传输路径。每一条路径都是由多个中间转发节点与通信线路组成。当分组到达一个转发节点时，按照"存储转发"的思路，这个转发节点先将分组接收、存储起来，判断分组传输正确之后，启动**路由算法**（Routing Algorithm）为每个分组选择到达目的节点"最佳"的

图 1-7   分布式网络的拓扑构型

下一个转发节点，然后将分组发送到下一个转发节点，直至到达目的节点。节点的路由算法可以根据相邻的节点与线路的状态决定路由。如果路径中有节点损坏或线路忙，分组可以绕过故障节点，选择其他传输路径，最终总会到达目的节点。

在讨论分组交换概念的形成过程时，有一些细节值得注意。保罗·巴兰 1926 年出生于波兰，1959 年获 UCLA 电气工程硕士学位。在进入兰德公司之前，保罗·巴兰曾经在美国 Eckert-Mauchly 公司工作，参与早期 UNIVAC 计算机研制工作，有着良好的计算机技术背景。唐纳德·戴维斯 1924 年出生于英国，在伦敦帝国学院获数学、物理双学位。1947 年，唐纳德·戴维斯进入 NPL，在图灵的领导下研制英国第一台计算机 Pilot ACE。从保罗·巴兰与唐纳德·戴维斯的教育经历中可以看到：正是由于他们有良好的计算机知识背景，又能够开拓性地将计算机与通信知识融合，才能够在计算机网络理论方面取得举世瞩目的研究成果。

1.2.2　分组交换网的研究与发展

1. ARPANET 的基本设计思想

分组交换理论奠定了现代网络技术的基础，ARPANET 的实现证明了分组交换理论的正确性。在讨论 ARPANET 的研发过程时，一定会提到四位计算机科学家：罗伯特·泰勒（Robert Taylor）、拉里·罗伯茨（Larry Roberts）、伦纳德·克兰罗克（Leonard Kleinrock）以及罗伯特·卡恩（Robert Kahn）。

1965 年，罗伯特·泰勒出任 ARPA 信息处理办公室 IPTO 第三任主任。当时五角大楼内的 IPTO 办公室已经有了分别连接 MIT、加州大学伯克利分校、终端系统开发公司的分时计算机系统终端，但这三种计算机互不兼容。罗伯特·泰勒的首要任务就是将这三种异构计算机系统互联，实现计算机硬件、软件与信息的共享。他向 ARPA 署长查尔斯·赫兹菲尔德（C. Herzfeld）提出由 ARPA 牵头建设一个小型实验网络的建议，查尔斯·赫兹菲尔德批准了罗伯特·泰勒的建议，这标志着 ARPANET 研究正式立项。

罗伯特·泰勒决定将林肯实验室的拉里·罗伯茨调到 IPTO 办公室负责这项研究。拉里·罗伯茨当时正在研究林肯实验室两台异构计算机系统的互联问题。尽管最初拉里·罗伯茨并不愿意调到 IPTO，但是当他来到 IPTO 办公室之后，马上就用秒表对五角大楼内部的所有走廊进行了测量，计算出各个办公室之间行走的最短路线（即"拉里路线"），为不同办公室计算机之间的通信寻找"最短路径"。图 1-8 是罗伯特·泰勒、拉里·罗伯茨与ARPANET 实验室的照片。

罗伯特·泰勒　　　　　　　　　拉里·罗伯茨

ARPANET 实验室

图 1-8　罗伯特·泰勒、拉里·罗伯茨与 ARPANET 实验室

　　1967 年 10 月，拉里·罗伯茨提交了第一份"多计算机网络与计算机之间通信"的研究计划。最初的研究目标主要有两个：一是制定计算机接口协议；二是设计一种新的通信技术，使当时 16 个网站的 35 台计算机之间每天能够传输 50 万份信件。

　　1968 年 6 月 3 日，拉里·罗伯茨向 ARPA 正式递交了 ARPANET 设计方案，它是在前期分组交换技术理论研究基础上形成的。图 1-9 给出了分组交换网的结构与工作原理。

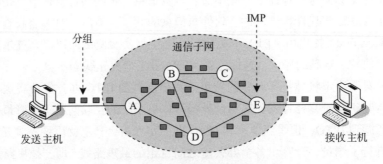

图 1-9　分组交换网的结构与工作原理

　　ARPANET 在总体方案中采取了分组交换的思想，其设计目标是：

- 可以连接不同型号的计算机。
- 可以传输计算机的数字信号。

- 必须保证数据传输的正确性。
- 网络节点之间必须有冗余的路由。
- 网络中的所有节点都是同等重要的。

拉里·罗伯茨提出的方案虽然得到了一致好评，但是实施起来有一定的难度。因为当时计算机的计算资源异常珍贵，几乎没有人愿意拿出自己的计算机的计算与存储资源，用于网络的路由计算与分组存储转发。针对这种情况，拉里·罗伯茨建议采用一种小型机来专门处理网络中的分组存储转发与路由计算功能，并将这种小型机叫作**接口报文处理器**（Interface Message Processors，IMP）。

实际上，ARPANET 是世界上第一个广域计算机网，IMP 就是现在广泛应用的路由器雏形。ARPANET 网络系统可以分为通信子网与资源子网两个部分。通信子网由 IMP 与连接 IMP 的通信线路组成，专门处理网络中分组路由与存储转发的功能；而资源子网则由联网计算机系统组成，用来完成本地用户计算任务，实现不同计算机系统之间的硬件、软件与数据共享。

ARPA 以招标的方式来建立通信子网，当时一共有 12 家公司、研究部门与大学参与了竞标。ARPA 将项目建设内容分为 3 项，经评估后有 3 家赢得了合同，他们的分工是：BBN（Bolt Beranek & Newman）公司与弗兰克·哈特（Frank Heart）承担分组交换关键设备——IMP 的研发；网络分析公司（Network Analysis Corporation）与拉里·罗伯茨等负责网络拓扑的设计、优化和网络经济性的研究；UCLA 与伦纳德·克兰罗克负责网络测试中心的建设。

BBN 公司是由来自哈佛大学与麻省理工学院的一群年轻科学家创立的。他们用长达200 页的标书赢得了通信子网关键设备 IMP 的研发任务。BBN 公司选择了 Honeywell 公司生产的 12KB 内存的小型机 DDP 316 作为 IMP，这些小型机都经过特殊的改进。研究人员将这种小型机称为"小精灵"。出于对计算机系统可靠性的考虑，IMP 没有采用外接磁盘系统；出于经济上的考虑，通信线路租用电话公司的 56kbps 线路。图 1-10 是作为第一台 IMP 的小型机 DDP 316。

图 1-10　作为第一台 IMP 的小型机 DDP 316

最初，实验网络的每个节点都由一台 IMP 和一台主机组成，它们位于同一个房间中，并且通过一条很短、速率为 56kbps 的电缆连接。主机给 IMP 发送的报文分成长度为 1008bit 的分组，再独立地将这些分组向下一个节点转发。下一个 IMP 接收到一个分组后将其存储起来，检查、确认传输过程中没有出错后，再向下一个 IMP 节点转发，直至到达目的 IMP。目的 IMP 将属于同一个文件的分组重新组装成报文后，再递交给与它直接连接的目的主机。这样，一个报文的分组存储转发过程结束。

在实验过程中，为了保证网络通信系统的可靠性，要求每个 IMP 至少连接到两个其他的 IMP。如果某些 IMP 或通信线路被毁坏，仍然可以通过网络中的其他路径自动完成分组的转发。

当时在 BBN 公司任职的罗伯特·卡恩在 IMP 与 TCP/IP 协议的研究中发挥了重要作用。鉴于罗伯特·卡恩在 ARPANET 的 IMP 设备、TCP/IP 协议与互联网发展中的突出贡献，他与温顿·瑟夫一起获得了 2004 年的图灵奖（图 1-11 是罗伯特·卡恩的照片）。

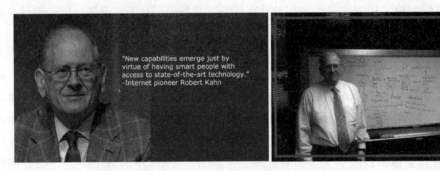

图 1-11　2004 年图灵奖获得者之一罗伯特·卡恩

2. ARPANET 协议与网络软件结构

最初，ARPANET 采用的是**网络控制协议**（Network Control Protocol，NCP）。1969 年 4 月 7 日，史蒂夫·克罗克（Steve Crocker）发布了 RFC1 文档，标题为"Host Software"，NCP 协议就是在其基础上发展起来的。

ARPANET 网络软件包括两个部分：执行子网内部通信协议的软件和执行主机端通信协议的软件。开发网络软件首先要制定网络协议。子网内部通信协议主要包括 HOST-IMP 与 IMP-IMP 的协议，还需要专门设计用来提高从源 IMP 到目的 IMP 传输可靠性的协议。实现子网内部通信协议的软件包括 HOST-IMP 通信软件与 IMP-IMP 通信软件。实现主机端通信协议的软件包括 HOST-IMP 通信软件、主机–主机（HOST-HOST）应用软件。第一个 ARPANET 实验系统使用的主机端通信协议就是 NCP。图 1-12 给出了 ARPANET 的协议结构。

3. ARPANET 网络软件研发与网络组建的过程

在完成网络结构与硬件设计后，接下来的重要问题是开发软件。1969 年夏季，拉里·罗伯茨在犹他州的 Snowbird 召集网络研究人员会议，参加会议的大多数是研究生。

研究生们希望像完成其他编程任务一样，由网络专家向他们解释网络的设计方案与需要编写的软件，然后给每人分配一个具体的软件编程任务。但是，他们发现没有网络专家布置任务，也没有完整的设计方案，他们必须自己想办法找到自己该做的事情。

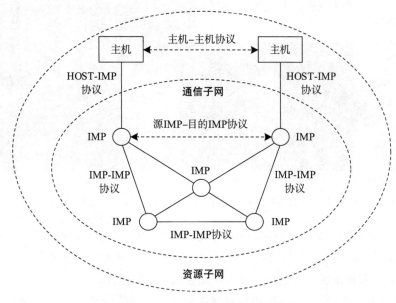

图 1-12　ARPANET 的协议结构

1969 年 12 月，包含 4 个节点的实验网络开始运行，这 4 个节点分别位于 UCLA（加州大学洛杉矶分校）、UCSB（加州大学圣塔芭芭拉分校）、SRI（斯坦福研究院）和犹他大学。选择这 4 个单位是由于它们都与 ARPA 签订了合同，并且各自有不同类型的主机，符合异构计算机互联的研究要求。

第一台 IMP 安装在 UCLA，其他三台 IMP 分别安装在 UCSB、SRI 与犹他大学。据当时负责安装第一台 IMP 的 UCLA 计算机系教授伦纳德·克兰罗克回忆，1969 年 9 月 2 日，第一台 IMP 安装调试成功；1969 年 10 月 1 日，第二台 IMP 在 SRI 安装调试成功。为了验证数据传输的情况，参加实验的双方使用电话相互联系。UCLA 的伦纳德·克兰罗克教授与 SRI 的比尔·杜瓦研究员共同主持了世界上第一次计算机网络的通信实验。

1969 年 10 月 29 日 22:30，伦纳德·克兰罗克让研究人员从 UCLA 远程登录到 SRI 主机，在输入由 5 个英文字母组成的登录命令 "LOGIN" 中的 "L" "O" 两个字母后，网络系统出现了故障，第一次远程登录失败。但是，这是一个非常重要的时刻，它标志着计算机网络时代已经到来。很多人认为应该将这一天作为 ARPANET，以及由它发展起来的互联网的诞生日。图 1-13 给出了 ARPANET 最初的实验记录与伦纳德·克兰罗克教授的照片。

4 个节点的 ARPANET 拓扑构型　　　　最初 ARPANET 终端的界面　　　　　　UCLA 计算机系教授伦纳德·克兰罗克

图 1-13　ARPANET 最初的实验记录与伦纳德·克兰罗克教授

1969 年，伦纳德·克兰罗克向新闻界发表谈话时说："一旦 ARPANET 建立并运行起来，我们从家中和办公室访问计算机系统，就像获得电力或电话服务那样容易"。现在我们享受的互联网服务证实了伦纳德·克兰罗克教授当年的预言。

从 1969 年到 1971 年，经过近两年对网络应用层协议的研究与开发，研究人员首先推出了 Telnet 应用。1971 年 2 月，研究人员公布了第一个关于 Telnet 协议的文档 RFC 97。

1972 年，ARPANET 节点数增加到 15 个。1972 年 10 月，罗伯特·卡恩在华盛顿特区召开的第一届国际计算机与通信会议（ICCC）上做了 ARPANET 首次的公开演示。当时参加演示的 40 台计算机分布在美国各地，演示的项目包括网上聊天、网上弈棋、网上测验、网上空管模拟等，其中网上聊天演示引起了极大轰动。这次成功的演示吸引了世界各国计算机与通信领域的科学家加入计算机网络研究队伍中。图 1-14 给出了 1972 年 4 月时的 ARPANET 拓扑结构。

之后，随着英国伦敦大学节点与挪威的皇家雷达研究所节点接入 ARPANET，ARPANET 的节点数增加到 23 个，同时也标志着 ARPANET 已经实现国际化。

1972 年，第一个用于网络的电子邮件 E-mail 应用程序推出，当时接入 ARPANET 的节点数大约有 40 个。1973 年，E-mail 的通信量已占到 ARPANET 总通信量的 3/4。伦纳德·克兰罗克见证了电子邮件的兴起："1972 年，就在电子邮件出现不久，我意识到人与人的交流是互联网流量的主要形式。网络流量很快会被电子邮件统治。此前的流量主要是文件传输，以及研究人员通过网络远程登录使用计算机"。当时 ARPANET 的一位主管曾开玩笑说："我已经没有办法向老板汇报工作，因为电子邮件并不是我的本职工作。"

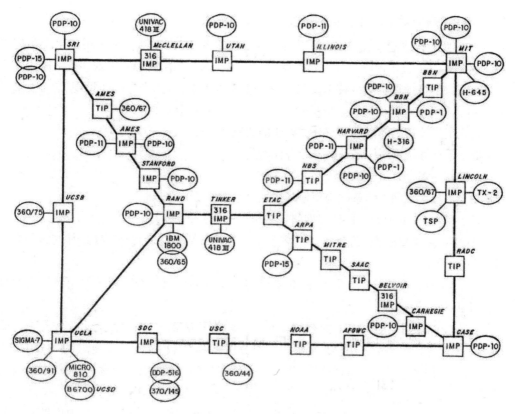

图 1-14　1972 年 4 月时的 ARPANET 拓扑结构

　　电子邮件的出现推动了互联网群组论坛形式应用的发展。1975 年，一封分发给一群人的电子邮件成为互联网上第一个讨论组，这个组的名字叫"Msg-Group"。此后，很多参与者围绕着共同感兴趣的话题建立了很多个讨论组。同时，电子邮件的出现带来了很多变化。例如，很多用笔墨书写信件的礼节被简化了，电子邮件仅需三言两语就能让信息快速送达；严格的等级制度被淡化了，你可以越级给上司写信；很多原来用文字表示的意思变成用符号表示，例如笑脸可以用" :-)"代替。

　　1979 年，为了让不能直接接入 ARPANET 的用户也能够参与群组的讨论，一种叫作 Usenet 的网络应用应运而生。Usenet 可以在运行 UNIX 的计算机之间更新消息文件，多个用户可以订阅并参加特定主题的讨论，而且可以随时下载或上传新的讨论内容。最初，开发者预计只会有 50 ~ 100 台计算机使用 Usenet，而且每台计算机每天只会收到一两条消息，话题也仅限于 UNIX 的应用。但是，网络中的很多用户都对 Usenet 感兴趣。随着 Usenet、BBS 与新闻组（Newsgroups）在社会生活中开始发挥作用，互联网上的社交网络时代已经到来。

　　随着更多的 IMP 被交付使用，ARPANET 网络规模快速增长，很快就扩展到了整个美国。

4. ARPANET 对推动计算机网络技术发展的贡献

分组交换的概念最初是在 1964 年提出的。1969 年 12 月，第一个采用分组交换技术的网络 ARPANET 投入运行。分组交换技术与计算机网络的出现标志着现代电信时代的开始。ARPANET 是计算机网络技术发展的一个重要里程碑，它对计算机网络理论与技术的发展起到了重大的奠基作用。它的贡献主要表现在以下几个方面：

- 完成了对计算机网络定义与分类方法的研究。
- 提出了计算机网络体系结构与参考模型的概念。
- 研究并实现了分组交换方法。
- 完善了层次型网络体系结构模型与协议体系。
- 开始了 TCP/IP 模型、协议与网络互联技术的研究。

1975 年，ARPANET 已经连入 100 多台主机，并且结束网络实验阶段，移交给美国国防部国防通信局（DCA）正式运行。

1983 年 1 月，ARPANET 向 TCP/IP 协议的转换全部结束，并开始了军用和民用的分离。其原因主要有两点：

第一，当时使用 ARPANET 的有两类人，一类是军方用户，另一类是非军方用户，而且非军方用户的人数比军方用户多得多。非军方用户中，有很多大学生使用 ARPANET 研究网络技术，但还有很大一部分用户并非出于研究目的，而是用于玩游戏或从事其他工作。军方不能不对网络的安全产生关注。

第二，根据美国法律，所有政府出资的项目应体现纳税人的权利，必须由纳税人分享。由国防部出资建设的 ARPANET 必须允许与国防无关的其他大学与研究部门的科研人员使用。出于保密的需要，DCA 决定将 ARPANET 分成两个相互独立的部分：一部分仍叫作 ARPANET，继续用于一般的科学研究工作，它发展成为后来的互联网；另一部分是稍大一些的 MILNET，用于军方的非机密通信（如图 1-15 所示）。

为了让军方用户能够访问 ARPANET，网络管理人员在 ARPANET 与 MILNET 之间部署了网关，由专人来管理和控制两个相对独立的网络，而普通网络用户并不会感觉到和以前有什么不同。

20 世纪 80 年代中期，随着接入 ARPANET 的网络规模不断增大，ARPANET 成为互联网的主干网。1990 年，ARPANET 已经被新的网络替代。虽然 ARPANET 目前已经退役，但是人们会永远记住它，因为它对网络技术的发展产生了重要影响。到目前为止，MILNET 仍然在运行。

20 世纪 70 年代到 80 年代，网络技术发展十分迅速，并且出现了大量的各类计算机网络。在这段时期，**公共数据网**（Public Data Network，PDN）发展迅速。所谓"公共数据网"是指由专门的网络运营商（Network Carrier）或网络服务提供商（Network Service Provider，NSP）运营与管理的网络。

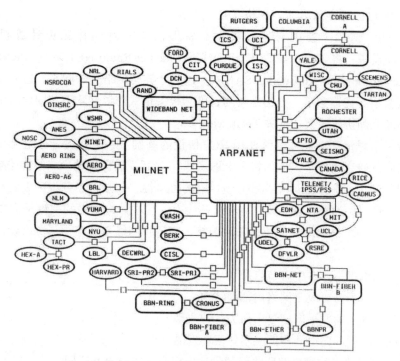

图 1-15　ARPANET 分成两个相互独立的部分

传统的电信网络主要提供电话语音服务。在计算机网络应用的初期，网络运营商大多是电话公司，它们在提供电话服务的同时，也提供专线服务。NSP 也有不同的类型，它们可以没有自己的网络基础设施，而是通过租用电话公司的线路来提供数据通信服务。在互联网高速发展阶段，网络运营商与网络服务提供商纷纷转向提供本地互联网用户接入服务，成为互联网服务提供商（Internet Service Provider，ISP）。

1.3　TCP/IP 协议的研究与发展

TCP/IP 协议是互联网的核心协议，要想深入理解互联网的技术特征，就必须深入了解 TCP/IP 协议的研究与发展过程。

1.3.1　TCP/IP 协议产生的背景

20 世纪 70 年代，分组交换网发展迅速，欧洲也出现了一些分组交换网，ARPANET 只是这些分组交换网中的一个。不同的分组交换网采用各自的通信协议，分组交换网之间无法直接互联互通。温顿·瑟夫（Vinton G.Cerf）与罗伯特·卡恩（Robert Kahn）发现了这个问题，并于 1972 年开始了"网络互联"项目的研究。

1973 年初，温顿·瑟夫与罗伯特·卡恩提议用一种叫作**路由计算机**（Routing Computer）的设备，将 ARPANET、分组无线网（Packet Radio NETwork，PRNET）、分组卫星网（Packet Satellite NETwork，SANET）这三个异构网络互联起来。这种异构性主要表现在通信信道、传输速率、分组结构与长度、报头格式与语义均不相同。路由计算机是实现不同网络之间协议转换的**网关**（Gateway）。

罗伯特·卡恩最初考虑在继续使用 NCP 协议的基础上，开发适合分组无线网的通信协议。在实际的研究工作中，罗伯特·卡恩发现：NCP 不能提供端－端差错控制功能，它是依靠高层的应用程序来保证端－端分组传输的可靠性，一旦一个分组丢失就有可能造成死机。针对 NCP 协议的不足，罗伯特·卡恩认为：互联异构网络的关键是需要建立一个开放的网络结构和可靠的端－端协议。罗伯特·卡恩将网络互联结构与协议设计的原则总结为四点：

- 互联的网络中不存在中心节点。
- 网络互联时不需要改变网络内部的结构。
- 网络互联的通信要采取"尽力而为"的原则。
- 实现网络互联的路由器与网关不保留转发的分组。

罗伯特·卡恩提出的网络互联协议的设计思想充分体现出互联网"分布、平等、协作、服务"的原则。

1973 年 9 月，温顿·瑟夫与罗伯特·卡恩将这种新协议的第一个版本称为**传输控制协议**（Transport Control Protocol，TCP）。

1974 年 5 月，温顿·瑟夫与罗伯特·卡恩在"*IEEE Transactions on Communications Technology*"上发表了具有里程碑意义的论文。这篇论文阐述了实现分组端－端交付的传输控制协议 TCP，内容涉及分组封装、报头结构与网关协议等关键问题的解决方案。

1977 年 7 月，研究人员在一辆行驶在旧金山高速公路的车辆上安装了一台计算机。这台计算机通过无线信道接入分组无线网 PRNET；PRNET 通过一个网关接入分组交换网 ARPANET；ARPANET 再通过一个网关接入分组卫星网 SANET。这样就形成了"无线分组交换网－有线分组交换网－无线卫星通信网"互联的异构网络实验环境。接入分组无线网 PRNET 的计算机在移动状态下，通过互联的无线与有线分组交换网与大洋彼岸的挪威、伦敦大学的计算机实现了数据通信，这标志着移动通信网技术研究的开始。在实验过程中，研究人员发现当时使用的端－端交付的 TCP 协议存在着一些问题。1977 年 8 月，约翰·普斯特尔（Jon Postel）在论文"Comments on Internet Protocol and TCP"中指出：实验存在的问题反映出 TCP 协议的设计违背了网络分层的原理。早期使用的 TCP 协议同时承担了网络层的路由选择功能，以及传输层的端－端进程通信功能。论文建议为网络层单独设计一个 IP（Internet Protocol）协议。

　　温顿·瑟夫与罗伯特·卡恩接受了这个建议，重新撰写了"拆分"TCP 功能的规范，制定了一个为网络层提供"尽力而为"服务的 IP 协议，以及与之相适应的传输层 TCP 协议与 UDP 协议，这就是目前广泛应用的 TCP/ IP 协议的最初版本。

　　在讨论 TCP/IP 协议体系与互联网发展时，温顿·瑟夫教授是必须提到的一位学者。温顿·瑟夫在斯坦福大学获得数学学士学位，在 UCLA 获得计算机博士学位，参与了早期 ARPANET 网络测试与软件编程工作。在 UCLA 安装第一台 IMP 时，他就在实验室工作。1976 年至 1982 年，温顿·瑟夫在 ARPA 任职，负责 ARPANET 协议设计工作。这个时期的主要工作是研究 TCP/IP 协议和设计 IP 地址体系。1982 年到 1986 年，温顿·瑟夫作为 MCI 公司副总裁，领导了世界上第一个互联网商用电子邮件系统的开发与运行。1986 年后，温顿·瑟夫作为斯坦福大学教授，一直领导 TCP/IP 软件与路由器的研发工作。图 1-16 是温顿·瑟夫的照片。

　　2005 年 2 月 16 日，美国计算机协会（ACM）宣布温顿·瑟夫和罗伯特·卡恩获得 2004 年图灵奖，以表彰他们在设计与实现互联网通信协议方面的重大贡献（如图 1-17 所示）。

图 1-16　温顿·瑟夫

图 1-17　温顿·瑟夫与罗伯特·卡恩

　　ACM 主席认为，他们的工作使我们今天依赖的许多快速、方便的互联网应用成为可能，包括电子邮件、Web、实时通信、P2P 传输、协同工作等。这些发展使得信息技术成为整个行业的关键部分。他们获得的这项图灵奖意义重大，也确立了网络技术在信息技术中的"基石"作用以及互联网技术的学术地位。

1.3.2　TCP/IP 协议的应用

　　1978 年，TCP/IP 协议可真正运行的版本研发成功。1981 年，ARPA 决定选择 TCP/IP 作为军方网络的协议标准；1982 年，ARPA 将 ARPANET 中的所有系统从 NCP 转换为 TCP/IP。为了保证协议转换工作顺利进行，ARPA 决定在数据链路层为传输 NCP 与 IP 分组分配不同信道，以免中止 NCP 时引起混乱。但是，在 1982 年，ARPANET 仅关闭了 NCP 一天，还是引起了一片混乱，因为很多计算机没有启用 TCP/IP 协议。1982 年秋天，

NCP 又关闭了两天。1983 年 1 月 1 日，NCP 协议被彻底弃用，ARPANET 全部运行 TCP/IP 协议。

随着越来越多的网络接入 ARPANET，网络互联变得越来越重要。为了推动 TCP/IP 协议的应用，ARPA、BBN 公司和加州大学伯克利分校签订合同，将新的 TCP/IP 协议集成到 Berkeley UNIX 操作系统中。加州大学伯克利分校的研究人员开发了一个方便的、专门用于连接网络的编程接口，并编写了很多应用程序、开发工具与管理程序，这些工作使得网络互联变得更容易。1983 年，BSD UNIX 4.2 操作系统正式推出，很多大学采用了 BSD UNIX，这项工作也促进了 TCP/IP 协议的普及。

BSD UNIX 之所以在网络方面取得成功，主要原因是提供了标准的 TCP/IP 应用程序，以及一组网络服务工具程序。这些工具与 UNIX 命令的调用方式相似，因此受到广大 UNIX 用户的欢迎。BSD UNIX 提供了可访问操作系统编程接口的应用程序，使程序员可以方便地访问 TCP/IP 协议。同时，SUN 公司将 TCP/IP 协议引入商业领域。

TCP/IP 协议的成功促进了互联网的发展，互联网发展又进一步扩大了 TCP/IP 协议的影响。IBM、DEC 等公司纷纷宣布支持 TCP/IP 协议，各种网络操作系统与大型数据库产品也开始支持 TCP/IP 协议。随着互联网的广泛应用和高速发展，TCP/IP 协议与体系结构已成为业内公认的标准。图 1-18 给出了 TCP/IP 协议的发展和演变过程。

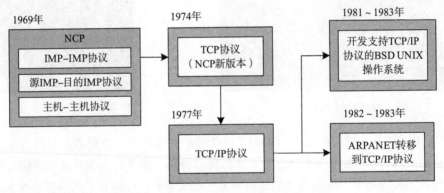

图 1-18　TCP/IP 协议的发展和演变过程

1.3.3　计算机网络层次结构模型与体系结构研究的发展

1. 网络体系结构研究的发展与演变

要深入理解计算机网络工作原理，必须要研究计算机网络层次结构模型与体系结构发展和演变的过程，这涉及以下几个问题。

（1）为什么要研究计算机网络层次结构模型与体系结构

计算机网络是一种复杂的大系统，它由多台分布在不同地理位置、独立的计算机系统组成。计算机之间要做到有条不紊地交换数据，就需要遵守一些事先约定好的网络协议。为了保证计算机网络实现各种服务功能，需要制定大量不同的协议，构成一套完整的协议体系。对于结构复杂的网络协议体系来说，最有效的组织方式是层次结构模型。

因此，**计算机网络体系结构**（Network Architecture）是由网络层次结构模型与网络协议组成。

（2）OSI 参考模型是在什么样的背景下产生的

在 20 世纪 70 年代，世界各大计算机生产商纷纷开始将自己生产的大、中、小型机互联成计算机网络，这必然涉及通信协议与层次结构问题的研究。1974 年，IBM 公司提出世界上第一个网络体系结构——**系统网络体系结构**（System Network Architecture，SNA）。此后，很多计算机公司纷纷提出各自的网络体系结构，例如，DEC 公司的**数字网络体系结构**（Digital Network Architecture，DNA）、UNIVAC 公司的**分布式计算机体系结构**（Distributed Computer Network，DCA）等。不同公司的网络体系结构的共同点是都采用分层结构，但是在层次的划分上差异很大，例如划分为 7 层、5 层或 4 层。每个层次的功能分配，以及采用的协议与实现技术都不相同。采用不同网络体系结构与协议的计算机网络称为异构网络，异构网络的互联是很困难的。大量异构网络的存在必然给计算机网络的大规模推广与应用带来很大困难，因此，关于网络体系结构与协议标准化的研究就被提上了日程，国际标准化组织的 OSI 参考模型研究就是在这样的背景下提出的。

在制定计算机网络标准方面，国际电报与电话咨询委员会（Consultative Committee on International Telegraph and Telephone，CCITT）与国际标准化组织（International Standards Organization，ISO）起着很大作用。但 CCITT 与 ISO 的工作领域不同，CCITT 主要研究和制定通信标准，而 ISO 的研究重点主要在网络体系结构方面。

1974 年，ISO 发布了 ISO/IEC 7498 标准。1983 年，该标准被正式批准使用。ISO/IEC 7498 标准定义了计算机网络的七层结构模型，即**开放系统互连**（Open System Internetwork，OSI）参考模型。在 OSI 框架下，进一步详细规定了每层的功能，以实现开放系统环境中的**互连性**（Interconnection）、**互操作性**（Interoperation）与**应用的可移植性**（Portability）。

（3）如何理解 OSI 参考模型不同的表述形式

理解 OSI 参考模型的内涵时，需要注意 OSI 参考模型出现的年代。既然 OSI 参考模型的标准文本是 1974 年公布的，研究人员的研究对象只能是广域网。那么，我们可以将 OSI 参考模型与早期广域网的通信子网、资源子网结构做一个对照。

图 1-19 给出的是一个简化的 OSI 参考模型，这样做的好处是可以使参考模型的层次结构变得很简单。但是，当初学者开始深入学习计算机网络实现方法时，常常会引起一些误解。

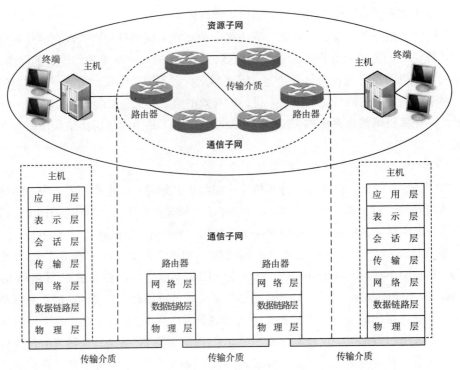

图 1-19　OSI 参考模型的结构

　　如果我们将 OSI 参考模型和计算机网络中的两台主机之间进程通信的数据传输过程联系起来，就可以描述出 OSI 参考模型的表述方式（如图 1-20 所示）。其中，图 1-20a 是很多教材与著作中常见的 OSI 参考模型的简化表述。它将通信子网中由多个路由器与路由器互联的复杂传输路径简化成由两个路由器通过一条传输介质连接的结构。在研究网络中的计算机之间的通信过程时，简化了通信子网结构的复杂性，凸显了计算机之间分布式进程通信的本质。

　　当我们考虑计算机与路由器、路由器与路由器通信时，需要考虑主机 A 与路由器 1、路由器 1 与路由器 2、路由器 2 与主机 B 相邻端口的协议一致性问题，那么接近于真实的网络层次结构模型可以用图 1-20b 来描述。其中，主机 A 的端口 1 与路由器 1 的端口 1 通过传输介质连接，那么对应主机 A 的端口 1 的物理层 A-1 与数据链路层 A-1 的协议，需要和对应路由器 1 的端口 1 的物理层 1-1 与数据链路层 1-1 的协议相同；对应路由器 1 的端口 2 的物理层 1-2 与数据链路层 1-2 的协议，需要和对应路由器 2 的端口 1 的物理层 2-1 与数据链路层 2-1 的协议相同；对应路由器 2 的端口 2 的物理层 2-2 与数据链路层 2-2 的协议，需要和对应主机 B 的端口 1 的物理层 B-1 与数据链路层 B-1 的协议相同。

　　图 1-20c 给出了分布式进程通信的分组从主机 A 通过通信子网传输到主机 B 的过程。

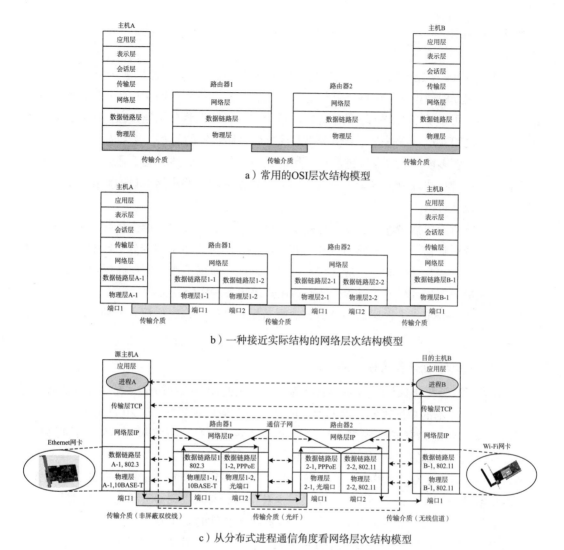

a）常用的OSI层次结构模型

b）一种接近实际结构的网络层次结构模型

c）从分布式进程通信角度看网络层次结构模型

图 1-20　OSI 参考模型的几种表述方式

假设主机 A 配置 Ethernet 网卡，它的数据链路层 A-1 采用 IEEE 802.3 标准、物理层采用 10BASE-T 标准，那么它要求与其直接相连的路由器 1 的端口 1 的数据链路层 1-1 也采用 IEEE 802.3 标准，物理层也采用 10BASE-T 标准，连接主机 A 的端口 1 与路由器 1 的端口 1 的传输介质是非屏蔽双绞线。

假设路由器 1 的端口 2 采用 PPP 协议，物理层采用光端口，那么它要求与其直接相连的路由器 2 的端口 1 的数据链路层 1-2 也采用 PPP 协议，物理层 1-2 也采用相同标准的光端口，连接路由器 1 的端口 2 与路由器 2 的端口 1 的传输介质是光纤。

假设主机 B 配置 IEEE 802.11 的 WLAN 网卡，那么与其直接相连的路由器 2 的端口 2

也必须采用 IEEE 802.11 的 WLAN 网卡，主机 B 的端口 1 与路由器 2 的端口 2 通过无线信道通信。

理解图 1-20c 描述的网络层次结构与数据传输过程时，需要注意以下几个问题：

第一，在互联网中，无论网络结构有多复杂、从源主机到目的主机的传输路径有多少条，路由器都可以从中找出一条最佳传输路径。这样就可以将分组通过通信子网的过程转化为路由器之间通过"点－点"通信链路实现分组存储转发的问题。

第二，不管多段"点－点"链路中采用的是有线链路、无线信道，还是光纤通道；也不管使用的物理层协议有多复杂，只要保证直接相连的两个路由器端口的数据链路层与物理层协议一致就可以。

第三，路由器包括物理层、数据链路层与网络层，它负责实现源主机与目的主机之间传输的分组通过通信子网时的路由选择与转发功能。利用通信子网的分组转发能力，源主机与目的主机的高层（传输层、应用层）协议"跨过"通信子网，实现高层协议之间的直接会话，完成分布式进程通信过程，从而为用户提供各种网络服务功能。

第四，这种分布式进程通信的分析方法既适用于互联网，也适用于移动互联网与物联网环境。

2. TCP/IP 与 OSI 参考模型的比较

OSI 参考模型与协议设计者的初衷是为世界范围的计算机网络建立统一的体系结构与协议标准。从技术的角度来看，他们追求的是一种完美的理想状态。20 世纪 80 年代，几乎所有专家都认为 OSI 参考模型与协议将风靡世界。但是，事实却与人们的预想相反，OSI 参考模型与协议的进展远不如最初的设想。造成 OSI 不能流行的主要原因是参考模型与协议自身的缺陷。OSI 参考模型与协议结构复杂、实现周期长、运行效率低，并且参考模型的层次划分不合理，会话层与表示层很少被使用。有人批评 OSI 参考模型的设计更多的是被通信的思想所支配，很多选择不适合计算机与软件的工作方式。

TCP/IP 协议适应了世界范围网络互联的需要，其特点主要表现在以下几个方面：
- 开放的协议标准。
- 独立于特定的计算机硬件与操作系统。
- 可运行在局域网、广域网中，更适合互联网络。
- 统一的网络地址分配方案，使每个网络设备都有唯一的地址。
- 标准化的应用层协议，可提供多种可靠的网络服务。

TCP/IP 参考模型可以分为 4 个层次：**应用层**（Application Layer）、**传输层**（Transport Layer）、**互联网络层**（Internet Layer）与**主机－网络层**（Host to Network Layer）。

TCP/IP 参考模型与协议也有自身的缺陷，主要表现在以下方面：
- TCP/IP 参考模型在服务、接口与协议的区分上不够清晰。

- 主机 – 网络层本身并不是实际的一层,它定义了网络层与数据链路层的接口。
- OSI 参考模型中物理层与数据链路层的划分是必要和合理的,而 TCP/IP 参考模型却没有做到这一点。

TCP/IP 协议从 20 世纪 70 年代诞生以来,经历了 40 多年的实践检验,成功赢得了大量的用户和投资。在实际的使用中,研究人员采取两种层次结构模型相结合的方式,用数据链路层与物理层代替主机 – 网络层的 5 层结构。图 1-21 给出了 TCP/IP 参考模型、OSI 参考模型层次以及实际使用的参考模型之间的对应关系。

图 1-21 不同参考模型的层次对应关系

需要指出的是:尽管 OSI 参考模型没有达到预期的目标,但是 OSI 参考模型的理论、分层结构思想及协议设计方法为互联网、移动互联网与物联网技术的研究奠定了坚实的基础。

1.4 NSFNET 对互联网发展的影响

1.4.1 NSFNET 发展的背景

20 世纪 70 年代末,一些有条件的美国大学纷纷建立了个人计算机(PC)教室,免费向学生开放。学生们可以利用 PC 与网络进行学习与研究,这对于普及计算机与网络技术是非常有益的。但并不是所有大学都有这样的机会,连入 ARPANET 的大学必须与美国国防部有合作研究项目。美国国家科学基金会(National Science Foundation,NSF)认识到 ARPANET 对大学教育的重要影响,在 1981 年,为了使更多大学能够共享 ARPANET 的资源,NSF 计划建设一个虚拟网络,即计算机科学网(Computer Science Network,CSNET)。CSNET 的中心是一台作为网关的 BBN 计算机,不能直接连入 ARPANET 的大学可以通过电话拨号的方式与 BBN 计算机连接,通过网关间接连入 ARPANET。

同时,各国科学家利用 ARPANET 共享数据,合作完成研究项目。当时也出现了其他一些分组交换网,例如美国 NASA 为空间科学研究建设的 SPAN 网络、美国能源部为能源研究建设的 HEPNET 网络,但是它们只能通过网关与 ARPANET 交换电子邮件。

随着 TCP/IP 协议的应用，ARPANET 的规模不断扩大，不仅美国国内有很多网络接入 ARPANET，世界上很多国家也通过远程通信线路、采用 TCP/IP 协议将本地计算机与网络接入 ARPANET。在大量网络与计算机接入 ARPANET 的情况下，迫切需要对联网计算机与用户进行管理，在这种背景下，人们提出了域名系统（Domain Name System，DNS）的概念。

最初，人们通过一个静态的文本文件 HOSTS 记录主机名与 IP 地址的对应关系。到 1982 年，人们发现用这种方式记录所有联网主机的名称与 IP 地址变得越来越困难。通过应用 DNS，可以将多个主机划分成不同的域，通过域名来管理和组织互联网中的主机。DNS 使用分布式数据库存储与主机命名相关的信息。域名系统将物理结构上无序的网络变成逻辑结构上有序、可管理的系统。保罗·莫卡派乔斯（Paul Mockapetris）设计了第一个基于分布式数据库系统的 DNS 系统。1984 年，第一个 DNS 程序 JEEVES 开始使用。1988 年，BSD UNIX 4.3 推出了其 DNS 程序 BIND。

1.4.2　NSFNET 的发展

1984 年，NSF 决定组建 NSFNET。从 1986 年建成到 1990 年的短短 5 年间，NSFNET 经历了三个发展阶段，形成了三层的网络结构，并最终取代了 ARPANET，成为互联网的主干网。

1. NSFNET 发展的三个阶段

（1）第一阶段：1986 ～ 1987 年

在第一阶段，NSFNET 的主干网连接美国的 6 个超级计算中心，它们分布在圣地亚哥、波尔得、香槟、匹兹堡、伊萨卡和普林斯顿。NSFNET 的通信子网使用的硬件与 ARPANET 基本相同，采用的是 56kbps 的通信线路。

1986 年，NSFNET 主干是由分别部署在 6 个超级计算中心的 DEC LSI-11 小型机，通过租用的串行线路互联而成的一个网状结构。每台 DEC LSI-11 主机上运行着一个称为 fuzzball 的网络控制程序。当时，卡内基·梅隆大学有一个 NSFNET 与一个 ARPANET 的主节点，这两个主节点通过 Ethernet 连接起来。这样，NSFNET 节点可以相互共享信息，也可以访问 ARPANET。由于 NSFNET 与 ARPANET 在高层都使用 TCP/IP 协议，因此这两个网络互联起来会比较容易。

（2）第二阶段：1988 ～ 1989 年

第一阶段形成的 NSFNET 主干网在应用过程中取得了意想不到的效果，运行的前几个月就开始超负荷。于是，NSF 开始规划第二阶段的 NSFNET 主干网建设。第二阶段的 NSFNET 主干网设计摆脱了第一阶段主干网的设计思路，其主干节点的联网设备采用一种具有网桥功能的**节点交换系统**（Nodal Switching System，NSS），以实现本地网点与 NSFNET 主干网的互联。NSS 是一个由 Ethernet 连接多个**分组交换处理机**（Packet Switching Processor，PSP）**与路由与控制处理机**（Routing and Control Processor，RCP）、**应用处理机**（Application Processor，AP）组成的多处理机系统（如图 1-22 所示）。

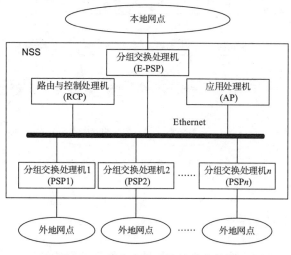

图 1-22　节点交换系统的基本结构

NSS 采用多处理机结构的目的是提高网络连接设备的分组交换能力。分组交换处理机能够连接 DS-1（1.555Mbps）到 DS-3（44.746Mbps）高速线路，同时采取了以下措施：①采用表驱动高速寻址方式；②将路由表计算与 NSS 控制功能全部交给路由与控制处理机完成，将网络监控功能交给应用处理机完成。分组交换处理机是一种 Ethernet 交换机，负责 NSS 与本地网点 Ethernet 的连接。NSS 与目前使用的多处理机结构的路由器在设计思想上有很多相似之处，因此能提高 NSFNET 主干网的性能。

（3）第三阶段：1989 ~ 1990 年

到 1990 年，ARPANET 停止了运行，NSFNET 代替 ARPANET 成为互联网的主干网。由于 NSFNET 鼓励和资助了很多大学、政府机构、研究部门的网络接入，因此其子网个数在 1986 ~ 1991 年间从 100 个迅速增长到 3000 个，每年增速几乎达到 100%。

2. NSFNET 的三层网络结构

NSFNET 采用的是一种层次型结构，分为主干网、地区主干网、校园网或 ISP 接入网三层（如图 1-23 所示）。

一个校园中的计算机连接到校园网，一些企业用户、个人用户的计算机通过电话线路连接到提供 ISP 服务的接入网。一个地区的几十所大学的校园网及 ISP 接入网都要连接到地区主干网。地区主干网采用租用的点 – 点线路连接到主干网的一个主节点。主干网、地区主干网与校园网或 ISP 接入网组成了 NSFNET。连入校园网的主机用户可以通过

NSFNET，访问任何一个超级计算中心的资源，访问与网络连接的数千所大学、实验室、图书馆与博物馆的资源，用户之间可以相互交换信息、发送和接收电子邮件。

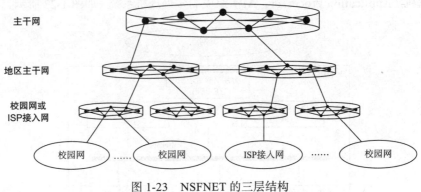

图 1-23   NSFNET 的三层结构

1.4.3   互联网的形成

在 NSFNET 迅速扩张的同时，也出现了网络负荷过重的情况，于是 NSF 决定开始研究下一步的发展策略。随着网络规模的继续扩大和应用的扩展，NSF 认识到已经不能依赖政府继续从财政上支持这个网络。虽然有不少商业机构打算参与这个项目，但是 NSF 并不允许这个网络用于商业用途。在这种情况下，NSF 鼓励 MERIT、MCI 与 IBM 等公司组建一个非营利性的公司运营 NSFNET，于是，MERIT、MCI 与 IBM 三家公司合作创建了 ANS 公司。

1990 年，ANS 公司接管了 NSFNET，并在全美范围内组建了 T3 级的主干网，提供的最大传输速率为 44.746Mbps。到 1991 年底，NSFNET 的全部主干网节点都与 T3 主干网连通。图 1-24 给出了 1991 年 9 月时的 NSFNET 主干网与节点分布。

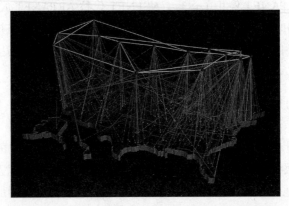

图 1-24   1991 年 9 月的 NSFNET 主干网与节点分布

在美国发展 NSFNET 的同时，其他国家与地区也在建设与 NSFNET 兼容的网络，例如欧洲为研究机构建立的 EBONE、Europa NET 等。当时，这两个网络采用 2Mbps 的通信线路与欧洲的很多城市连接。欧洲的每个国家都有一个或多个国家网，它们都与 NSFNET 的地区网兼容。这些网络的互联为互联网的发展奠定了基础。

1991 年，由于 NSF 仅支付 NSFNET 主干网 10% 的通信费，因此 NSF 开始考虑放宽对 NSFNET 使用的限制，允许商业信息通过 NSFNET 传输。1995 年开始，NSF 不再向互联网的主干网提供资金。1995 年 4 月 30 日，NSFNET 正式退役。美国的大部分主干网业务开始由商业互联网交换中心（CIX）运营的互联网服务提供商（ISP）提供服务。互联网完全实现了私有化。

从 1986 年建立 NSFNET 到 1995 年互联网私有化，NSF 一共资助了 2 亿美元。此时，美国接入互联网的网络约为 2.9 万个，全世界接入互联网的网络超过 5 万个。图 1-25 给出了从 ARPANET 到互联网的发展过程。

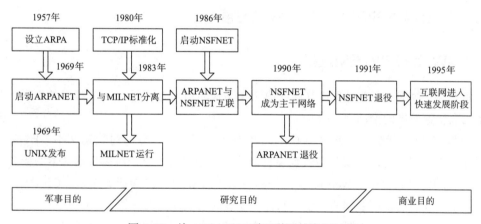

图 1-25　从 ARPANET 到互联网的发展过程

1995 年 4 月，NSF 和 MCI 开始合作建设**高速主干网**（Very High Speed Backbone Network Service，vBNS），vBNS 用来代替原有的 NSFNET 主干网。尽管 vBNS 是 NSF 和 MCI 合作的成果，但是其应用仍被限制在 NSF 所批准的教育和研究机构。后来，vBNS 主干网的传输速率从 OC12（622.080Mbps）提高到 OC48（2488.320Mbps）。

最初，互联网的用户只限于科学研究和学术领域。20 世纪 90 年代初期，互联网上的商业活动开始缓慢发展。1991 年，美国成立了商业网络交换协会，支持在互联网上开展商务活动，各个公司逐渐意识到互联网在产品宣传、商贸活动上的价值，互联网上的商业应用开始迅速发展，其用户数量超出学术研究用户一倍以上。传统的互联网应用主要有 FTP、E-mail、Telnet、Gopher 等。商业应用的推动使互联网的发展更加迅猛，规模不断扩大、用户不断增加、应用不断拓展、技术不断更新，使互联网几乎深入到社会生活的每个角落，成为一种全新的工作方式、学习方式和生活方式。

目前，ANS 公司建设的 ANSNET 是互联网主干网，其他国家或地区的主干网都通过 ANSNET 接入互联网。家庭用户通过电话线连接到互联网服务提供商（ISP）。办公室的计算机通过局域网连入校园网或企业网。局域网分布在各个建筑物内，连接各个系、研究所与实验室的计算机。校园网、企业网通过专用通信线路与地区网络连接。校园网中的各种主机都是用户可以访问的重要资源。这些系统都通过校园网连入互联网，供本校或其他大学的网络用户访问。

从用户的角度来看，互联网已经成为一个全球范围的信息资源网，接入互联网的主机可以是 ISP 的服务器，也可以是用户计算机。互联网代表着全球范围内无限增长的信息资源，它是人类拥有的最大的知识宝库之一。随着互联网规模的扩大、网络与主机数量的增多，它能提供的信息资源与服务将更加丰富。

1.5　Web 技术的产生与互联网的发展

1.5.1　Web 技术的发明过程

如果说开放网络服务是促进互联网第一次飞跃的推动力，那么 Web 技术的出现是互联网第二次快速发展的推动力。

20 世纪 80 年代后期，超文本技术已经出现，当时已有专门讨论超文本（Hypertext）的国际学术会议，每次会议都会收到上百篇论文，但没有人想到可以将超文本的概念应用到互联网的信息共享中。Web 技术于 1989 年诞生于欧洲原子能研究中心（CERN），它从一种用于分发高能物理数据的方法与软件，发展成为互联网的一种重要应用。

CERN 拥有多台加速器，来自世界各个国家的科学家利用这些加速器进行粒子物理研究。这些实验一般需要几年的时间进行准备。包括中国在内的 80 个国家的 6500 名科学家与工程师需要不断地通过 CERN 交换文件。当时，交换文件的过程很不方便，大家对这个方法提出了很多意见。因此，为参加研究的科学家提供一种方便的文件交换方法成为一个重要的课题，Web 技术正是源于这样一个实际的应用需求。

1989 年 3 月，CERN 的蒂姆·伯纳斯·李（Tim Berners-Lee）⊖提出使用超文本技术链接 HTML 文档的建议。他试图让这些分散在各个国家的研究人员，通过交换报告、计划、图纸、照片等各种文档来方便地开展合作研究。他的工作重点是解决 HTML 语言、

⊖　1976 年，蒂姆·伯纳斯·李从牛津大学毕业，获物理学学士学位。由于他的父母都从事计算机研究工作，因此他对计算机技术产生了浓厚兴趣。1989 年，蒂姆·伯纳斯·李进入日内瓦的 CERN 工作。在这里，蒂姆·伯纳斯·李接受了一项极富挑战性的工作，CERN 委托他开发一个软件，目的是让欧洲各国的核物理学家能通过计算机网络，方便地共享最新的实验数据与图像资源，开展合作研究。

HTTP 协议、Web 服务器与浏览器设计这四项关键技术。

这项工作激发了蒂姆·伯纳斯·李的研究热情，他进一步将研究目标延伸为建立一个全球范围的信息网络共享方式，并于 1989 年 3 月向 CERN 递交了一份立项建议书，建议采用超文本技术把 CERN 内部的各个实验室连接起来，并将这项研究成果推广到全世界。这个激动人心的建议在 CERN 内部引起轩然大波，因为这里终究是核物理实验室，并非计算机网络研究中心。尽管有人支持这项研究工作，但最终申请没有被批准。蒂姆·伯纳斯·李并没有灰心，他花了 2 个月时间重新修改了建议书，加入了对超文本系统开发步骤与应用前景的阐述，再次呈报后终于得到批准。蒂姆·伯纳斯·李得到了一笔研究经费，购买了一台 NEXT 计算机，并率领助手开发了实验系统。1989 年 12 月，蒂姆·伯纳斯·李将这个系统命名为 "World Wide Web"，即 WWW 或 Web。

1990 年 9 月，第一个基于文本链接的原型系统（ENQUIRE）投入运行。1991 年 8 月 6 日，他建立的第一个网站 "http://info.cern.ch" 正式运行。虽然当时这个 Web 服务器的功能十分简单，看起来像是 CERN 的电话号码簿，只是允许用户进入主机来查询每个研究者的电话号码，但是它向用户提供了一个充分体现超文本概念的浏览器。

1991 年 12 月，在得克萨斯州圣安东尼奥市举行的 Hypertext 91 会议上，蒂姆·伯纳斯·李对 Web 技术进行了一次公开演示。这次演示引起了很多研究人员的关注。Web 技术成为互联网应用发展第二次高潮的重要推动力。

图 1-26 是 Web 技术的发明者蒂姆·伯纳斯·李、NEXT 计算机与 Web 界面、报告文档，以及他在 1991 年的学术会议上向代表们演示 Web 应用的照片。

图 1-26 Web 技术的发明者——蒂姆·伯纳斯·李

1.5.2 浏览器大战

在蒂姆·伯纳斯·李提出的 Web 技术的基础上，伊利诺斯大学厄巴纳 – 香槟分校的马克·安德森（Marc Andreessen）开发了第一个图形化浏览器 Mosaic，并于 1993 年 2 月发布了第一版的 Mosaic 软件。Mosaic 浏览器很快就受到了用户的欢迎。

1994 年，马克·安德森与吉姆·克拉克（Jim Clark）创办网景公司，专门开发 Web 客户端与服务器软件。网景公司在 1995 年上市时，投资者普遍认为它是下一个微软公司，于是，在网景公司只有一种产品的情况下，人们仍然花 15 亿美元来购买他们的股票。

1995 年，很多大学生每天使用 Mosaic 与 Netscape 浏览器在网上冲浪，一些公司也开始在商务事务处理中使用 Web 技术。

1996 年，微软公司开发了自己的 Web 浏览器。在以后的三年时间中，网景公司的 Navigator 与微软公司的 Internet Explorer 进行了一场"浏览器大战"。1998 年，美国在线以 42 亿美元收购网景公司。

1994 年，CERN 和 MIT 共同倡议建立了 WWW 联盟，几百所大学和公司加入这个联盟。蒂姆·伯纳斯·李担任 WWW 联盟的主管。WWW 联盟致力于进一步开发 Web 技术，以及进行相关协议的标准化工作。Web 的出现使网站数量和网络通信量呈指数级增长。Web 服务也成为互联网中最方便与最受用户欢迎的服务类型，它的影响力远远超出了专业技术范畴，广泛应用于电子商务、电子政务、远程教育、信息服务等领域。

更为可贵的是，蒂姆·伯纳斯·李并没有为他发明的 Web 技术申请专利，而是无偿地将它奉献给了全世界所有用户，使大家都能够自由地分享这个划时代的发明。1993 年，蒂姆·伯纳斯·李就他放弃 Web 技术发明权说了一段话：

如果我当时申请了专利，那么现在 Web 也只能是众多封闭系统中的一个。我还要与其他封闭系统竞争，它们永远无法合作，不同的系统永远无法兼容。而我的愿望是每个人都能够在 Web 上分享信息。这是一项意义重大的活动，因此我不能向人们收钱。

美国《时代》周刊将蒂姆·伯纳斯·李评为 20 世纪最杰出的 100 位科学家之一。对他个人成就的评价是：很难用语言来形容他的发明在全球信息化的发展中有多么重大的意义，这就像古印刷术一样，谁也说不清它为世界带来了多么深远的影响。

在 2012 年伦敦奥运会开幕式上，蒂姆·伯纳斯·李被邀请到主体育场的中央。在全世界的注视下，他在当年编写 Web 程序的同型号计算机上写下了令人激动的一行字："This is for everyone"，表现出一位科学家高尚的情怀。图 1-27 是蒂姆·伯纳斯·李在 2012 年伦敦奥运会开幕式上的照片。

图 1-27　蒂姆·伯纳斯·李在 2012 年伦敦奥运会开幕式上

1.6　信息高速公路建设与互联网应用的发展

1.6.1　信息高速公路的建设

　　20 世纪 90 年代，世界经济进入了一个全新的发展阶段。世界经济的发展推动了信息产业的发展，信息技术与网络应用已成为衡量 21 世纪综合国力与企业竞争力的重要标准。

　　随着 Web 技术应用的发展，互联网已不仅是一种资源共享、通信和信息查询的手段，而且逐渐扩展到科研、教育、休闲、购物，甚至是政治、军事等重要领域。互联网的全球性与开放性，使人们愿意在互联网上发布和获取信息。Web 浏览器、超文本标记语言、搜索引擎、Java 跨平台编程技术的产生，使互联网中的信息更丰富、使用更简便，对互联网的发展产生了重要的作用。Web 技术的出现使互联网从最初主要由计算机专家和大学生使用，变为全世界普通民众都能够广泛使用的信息交互工具。但是，如何将分布在世界各地的广大网络用户的计算机接入互联网，必须解决计算机接入的"最后一公里"问题。

　　1993 年 9 月，美国公布了国家信息基础设施（National Information Infrastructure，NII）建设计划，NII 被形象地称为信息高速公路计划。NII 计划使各国认识到信息产业发展对经济发展的重要作用，促使很多国家开始制定自己的信息高速公路建设计划。1995 年 2 月，全球信息基础设施委员会（Global Information Infrastructure Committee，GIIC）成立，目的是推动与协调各国信息技术与服务的发展与应用。在这种情况下，全球信息化的发展趋势已经不可逆转。

1.6.2　互联网规模的快速增长

　　图 1-28 给出了接入互联网的主机数量的增长过程。图中的横坐标是时间，纵坐标是

接入互联网的主机数量。从图中可以看出，从 1990 年到 1995 年，接入互联网的主机数量持续增长，特别是从 1993 年开始进入快速增长阶段。

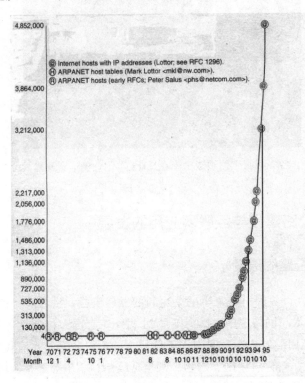

图 1-28 接入互联网的主机数量的增长过程

结合前面对互联网发展过程的介绍可以看出，1991 年，NSF 放宽了 NSFNET 的使用限制，允许互联网用于商业用途，并允许互联网管理商业化，这成为互联网以超常规速度发展的直接动力。1995 年 4 月，Web 应用带来的流量在互联网总流量中的占比首次超过了其他网络应用。

随着 Web 技术的广泛应用，我们大致可以将互联网应用的发展划分为三个阶段。图 1-29 给出了互联网应用的三个阶段。

- 第一阶段　该阶段互联网应用的主要特征是：提供 Telnet、E-mail、FTP、BBS 与 Usenet 等基本的网络服务功能。
- 第二阶段　该阶段互联网应用的主要特征是：Web 技术出现，以及基于 Web 技术的电子政务、电子商务、远程教育等

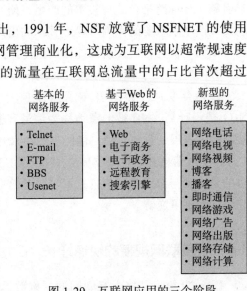

图 1-29 互联网应用的三个阶段

应用的快速发展。

- 第三阶段　该阶段互联网应用的主要特征是：P2P 网络与移动互联网应用将互联网应用推向一个新的阶段，并进一步向着物联网方向发展。

在基于 Web 技术的网络应用继续发展的基础上，出现了一批基于 P2P 网络的新应用。这些新的网络应用主要有：搜索引擎、网络购物、网上支付、网络电视、网络视频、网络游戏、网络广告、网络存储与网络计算等。Facebook、Twitter、微信等应用已在互联网上形成巨大的社交网络。很多互联网用户每天的主要生活之一就是在一个或几个社交网络上发送信息、交换照片。在线的社交网络也为新的网络应用与分布式游戏创建了平台，并且成为当前互联网与现代信息服务业新的产业增长点，而支撑这些互联网应用的是分布在世界各地的大量云计算平台。

1.6.3　我国互联网的发展

根据中国互联网络信息中心（CNNIC）历年发布的《中国互联网络发展状况统计报告》的数据，图 1-30、图 1-31 给出了 2000 ～ 2018 年我国网民规模与互联网普及率增长的趋势图。

单位：亿

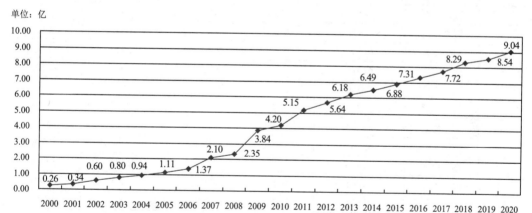

图 1-30　2000 ～ 2018 年我国网民规模增长趋势图

从 1994 年 4 月 20 日我国通过一条 64kbps 的国际专线实现连接，成为接入互联网的第 77 个国家之日算起，时隔 26 年，到 2020 年 3 月，我国的网民规模达到 9.04 亿，互联网普及率达到 64.5%，我国的网民数量稳居世界第一。[⊖]表 1-1 给出了 2018 年与 2020

⊖　需要说明的是，受新冠肺炎疫情的影响，2020 年 4 月由中国互联网信息中心（CNNIC）发布的《第 45 次中国互联网发展状况统计报告》中，由于电话调查截止到 2020 年 3 月 15 日，因此数据截止时间调整为 2020 年 3 月，报告给出的是 2019 年 6 月与 2020 年 3 月的统计数据。

年互联网各种应用的用户规模与使用率的排序比较。

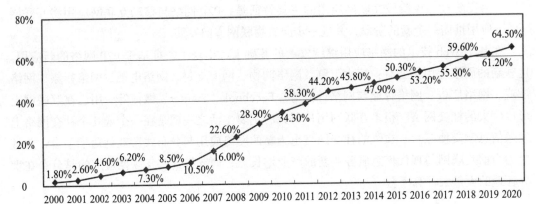

图 1-31　2000 ～ 2020 年我国互联网普及率增长趋势图

表 1-1　2018 年与 2020 年互联网应用用户规模与使用率的排序

排序	2018 年互联网应用排序			2020 年互联网应用排序		
	应用	用户规模（万人）	网民使用率	应用	用户规模（万人）	网民使用率
1	即时通信	79172	95.6%	即时通信	89613	99.2%
2	搜索引擎	68132	82.2%	网络视频	85044	94.1%
3	网络新闻	67437	81.8%	网上支付	76798	85.0%
4	网络视频	61201	73.9%	搜索引擎	75015	83.0%
5	网上购物	61011	73.6%	网络新闻	73072	80.9%
6	网上支付	60040	72.5%	网上购物	71027	78.6%
7	网络音乐	57560	69.5%	网络音乐	63513	70.3%
8	网络游戏	48384	58.4%	网上直播	55982	62.0%
9	网络文学	43201	52.1%	网络游戏	53182	58.0%
10	网上银行	41980	50.7%	网络文学	45538	50.4%
11	旅游预订	41001	49.5%	在线教育	42296	46.8%
12	网上外卖	40601	49.1%	网上外卖	39780	44.0%

从表 1-1 给出数据的比较中可以看出以下几点明显的变化：

- 网络视频从 2018 年的排名第四，上升到 2020 年的排名第二；网民使用率也从 73.9% 上升到 94.1%。

- 网上支付从 2018 年的排名第六，上升到 2020 年的排名第三；网民使用率也从 72.5% 上升到 85.0%。

- 网上直播与在线教育也从 2018 年排名前十二之外，上升到 2020 年的排名第六与第十一；网民使用率分别为 62.0% 与 64.8%。

近年来，随着智能手机、笔记本、平板电脑与各种移动终端设备的快速发展，以及 Wi-Fi、3G/4G 技术的大规模应用，互联网用户表现出越来越显著的移动性。互联网用户通过无线网络可以随时、随地、方便地访问互联网，使用互联网的各种服务。

智能手机等各种移动终端设备在处理器芯片、操作系统、应用软件、存储、屏幕、电池与服务等方面的不断完善，也在改变用户的上网方式与人机交互方式。这种改变表现在以下三个方面：

- 移动互联网已成为用户上网的第一入口。
- 移动互联网应用正在悄然地推动着计算机、手机与电视机的三屏融合。
- 移动阅读、移动视频、移动音乐、移动搜索、移动电子商务、移动支付、移动位置服务、移动学习、移动社交网络、移动游戏等各种移动互联网应用发展迅速。

1.6.4 网络生态系统与网络体系结构

1. 网络生态系统的基本概念

随着互联网应用的快速发展，由一家 IT 企业提供互联网硬件、软件与网络产品与服务的时代已经结束。互联网产业链由网络硬件制造业、网络软件业、网络运营业、基于互联网的现代信息服务业构成。网络硬件制造业包括网络设备制造业、电子信息产品制造业；网络软件业包括网络系统软件与应用软件的研发企业；网络运营业包括电信网络运营商、有线电视网络运营商，以及计算机网络运营商。

参考威廉·斯托林斯（William Stalling）在《现代网络技术》[⊖]一书中提出的"网络生态系统"与"网络体系结构"的概念，在分析现实互联网的各种应用、透视互联网产业链结构的基础上，我们可以总结出如图 1-32 所示的网络生态系统结构。

随着互联网应用的发展，基于互联网的现代信息服务业逐渐走上了专业化分工和服务的道路，形成了包括互联网服务提供商、互联网内容提供商、互联网应用服务提供商与应用提供商、互联网数据中心的格局。

1）**互联网服务提供商**（Internet Service Provider，ISP）是为**端用户**（End User）提供互联网接入业务、信息服务业务和增值业务的电信运营商。按照主营业务可以划分为搜索引擎 ISP、即时通信 ISP、移动互联网业务 ISP、门户 ISP 等。

2）**互联网内容提供商**（Internet Content Provider，ICP）包括生成教育、视频、音乐与广告等节目内容的互联网服务提供商。

3）**应用提供商**（Application Provider，AP）是指在互联网上生产、销售可运行在用户平台上的用户应用程序的企业。用户运行平台通常是指移动平台。

⊖ 该书已由机械工业出版社出版，书号为 978-7-111-58664-7。——编辑注

4）**互联网应用服务提供商**（Internet Application Service Provider，IAP）是指在自己的网络平台上支撑软件应用程序，协助注册域名、建立、运行与维护购物网站，提供电子邮件、网站托管、银行业务以及云服务业务的企业。

5）**互联网数据中心**（Internet Data Center，IDC）有两种类型：一类是传统的为用户提供租用服务器与存储空间服务、服务器托管的数据中心；另一类是云计算中心。

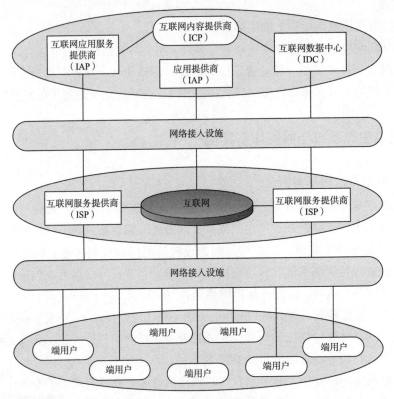

图 1-32　网络生态系统示意图

应用提供商（AP）、互联网服务提供商（ISP）、互联网内容提供商（ICP）、互联网应用服务提供商（IAP）、互联网数据中心（IDC）构成了互联网应用服务的产业链，AP、ISP、ICP、IAP、IDC 分别处于内容的收集者、生产者以及服务提供者的位置，它们为互联网端用户提供服务。端用户是应用程序、数据与服务的最终消费者。它们共同构成了互联网的网络生态系统。

2. 网络体系结构的基本概念

在讨论了互联网产业结构与网络生态系统特点的基础上，我们可以进一步分析网络体系结构的基本概念。

目前，计算机体系结构存在着不同的定义方法。从软件角度来看，计算机体系结构是程序员看到的计算机的概念性结构与功能特性。同样，从网络工程角度来看，网络体系结构是网络设计师看到的网络概念性结构与功能特性。研究网络体系结构的目的是找出各种网络系统（例如互联网、大型企业网、校园网、办公室网络、家庭网络与移动通信网）在结构上的共性特点，分析构建不同网络系统通用的设计方法。

在分析了目前已有的各种不同用途与规模的网络系统的基础上，我们可以归纳出如图 1-33 所示的网络概念性结构与功能特征，并且给出一种网络体系结构示意图。

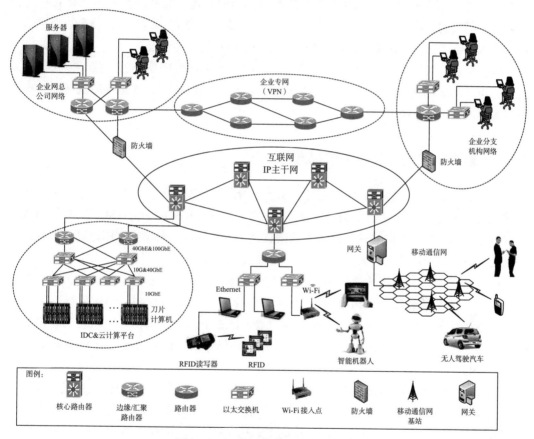

图 1-33　一种网络体系结构示意图

理解网络体系结构示意图时，我们需要注意以下两个要点。

（1）网络体系结构要能够概括出互联网、移动互联网与物联网的结构与功能特征

图 1-33 描述了企业用户、办公室用户与家庭用户通过有线局域网（Ethernet）、无线局域网（Wi-Fi），以及通过蜂窝移动通信网接入互联网，并以固定方式或移动方式访问互联网；描述了物联网终端设备，例如 RFID 标签与读写器、传感器与传感器网络、智能机器

人与可穿戴智能设备，以及无人驾驶汽车接入到物联网应用系统，符合互联网、移动互联网与物联网的共生与协作的结构特征。

（2）网络体系结构应概括出小型网络系统、大型网络系统与层次型结构的大型企业专网的结构与功能特征

图 1-33 描述了利用 Ethernet 或 Wi-Fi 等局域网技术构建的小型企业网络、办公室网络或家庭网络的结构与功能特征。同时，描述了大型企业网络通过 VPN 互联企业总公司网络与企业分支机构网络的结构，以及企业内部网络通过防火墙、代理服务器与互联网连接，接受外部用户通过互联网对企业内部网络的访问。连接在互联网上的公有 IDC 与云计算平台可以为企业网络、办公室网络或家庭网络提供计算和存储服务，符合小型网络系统、大型网络系统与层次型结构的大型企业专网的结构与功能特征。

综上所述，图 1-33 所示的网络体系结构能够描述不同的网络类型、接入方式与接入对象，组建不同网络应用系统共性的"概念性结构与功能特性"，这是一种从网络工程的角度表述的网络体系结构。

1.6.5 互联网管理体制与协议标准化

互联网管理体制与协议的标准化对于互联网的发展至关重要。1992 年，互联网不再归美国政府管理之后，国际性组织——互联网协会（Internet SOCiety，ISOC）成立。ISOC 负责对互联网进行全面的管理，促进互联网在全世界的发展。科学家试图通过一种独立与公平的互联网管理体系，为人类创造一个理想的虚拟世界。

1992 年 6 月，互联网体系结构委员会（Internet Architecture Board，IAB）成立，它是 ISOC 下属的技术咨询机构。RFC 1601 文档规定了 IAB 的权力。IAB 负责监督互联网协议体系结构、协议的建立与互联网的发展。IAB 下设两个部门：互联网工程任务组（Internet Engineering Task Force，IETF）与互联网研究任务组（Internet Research Task Force，IRTF）。

IETF 是 ISOC 下属的研究机构，由多个工作组（Working Group，WG）组成。这些工作组分布在不同的研究领域，每个领域集中研究一个中短期的工程问题。IETF 具体工作由互联网工程指导组（Internet Engineering Steering Group，IESG）管理。IETF 负责选举出 IAB 以及 IESG 的委员。

IRTF 是 ISOC 实际的执行机构，由多个研究组（Research Group，RG）组成。RFC 2014 文档描述了 IRTF 的工作，IRTF 致力于互联网相关的长期项目的研究，主要涉及互联网协议、体系结构、应用程序及相关技术领域。IRTF 具体工作由互联网研究指导组（Internet Research Steering Group，IRSG）管理。

另外，还有两个组织对互联网的管理非常重要，它们是互联网网络信息中心（Internet

Network Information Center，InterNIC）与互联网地址分配授权机构（Internet Assigned Numbers Authority，IANA）。其中，InterNIC 负责互联网域名注册和域名数据库管理。IANA 负责组织、监督 IP 地址的分配，以及 MAC 地址中公司标识等编码的注册。

　　大多数互联网管理和研究机构有两个共同点：一是它们都属于非营利的组织；二是它们的组织结构都采用自下向上模式。互联网管理体制如图 1-34 所示。

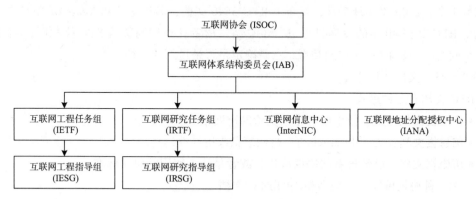

图 1-34　互联网管理体制

1.6.6　RFC 与协议标准化

　　1969 年，当 BBN 开始为 ARPANET 设计 IMP 时，网络中还缺少一个关键的组件——控制计算机通信的软件。开发通信协议与软件的任务落到与 ARPA 签约的各个大学的研究生身上。研究生们被集中起来工作在"与世隔绝"的环境中，但是并没有专家或权威为他们分配软件编程的具体任务，他们在通过 ARPANET 讨论如何设计通信协议、编写协议软件的同时，也建立起影响日后人们在互联网上交流的日常规则。

　　当研究生们在网上解释自己开发的通信协议时，由于不知道自己在项目中的职务等级，于是用"评论请求"（Request for Comments，RFC）作为标题来发送自己的文档。最早提出 RFC 的是一位来自 UCLA 的研究生史蒂夫·克罗克（Steve Croker）。他最初的想法是：通过"临时、非正式的备忘录"来交流想法，大家尽可能公平地讨论问题，不借助网络协议工作的重要性来塑造自己的权威。

　　温顿·瑟夫对于这种思维方式的总结是：早期主机协议的开发者大部分是研究生，大家采取了虚心和包容的态度。史蒂夫·克罗克总结了他们的座右铭：我们并没有投票，只是在组内针对候选标准寻求大致的共识。

　　尽管 RFC"出身卑微"，但是史蒂夫·克罗克的 RFC 为接下来半个世纪的互联网文化设定了"开放、平等"的基调。

　　了解 RFC 文档对网络研究的作用时，需要注意以下问题。

（1）任何研究人员都可以提交 RFC 文档

管理 RFC 文档的机构根据收到文档的时间，在经过 IETF 专家审查并认为可以发布时，将按照接收文档的时间先后对 RFC 排序。第一个 RFC 文档序号为 1，即"RFC 1 Host Software"，之后很快出现了关于主机软件讨论的文档，即"RFC 2 Host Software"。从 1969 年 4 月第一个 RFC 文档的出现到 2009 年 4 月的 40 年间，发布的 RFC 文档已经达到数千个。2009 年 4 月 7 日，发布了 RFC 5540 文档，名称是"40 Years of RFCs"，该文档对 RFC 文档 40 年的发展过程进行了总结。读者在查询与阅读 RFC 文档时，需要注意两个问题：一是 RFC 文档的类型，二是确定是否是最新的文档。

（2）RFC 文档的形式

RFC 文档有三种形式。

- **实验性文档**：某项技术研究当前实验的进展报告。
- **信息性文档**：关于 Internet 的一般性信息或指导性信息。
- **历史性文档**：已经被新的协议取代，或者是从未使用的协议标准。

（3）一种协议可能出现很多相关的 RFC 文档

讨论 TCP 协议的第一个 RFC 文档 RFC 793"Transmission Control Protocol"在 1981 年发布。为了解决 TCP 协议在网络拥塞下的恢复性能，以及选择发送窗口、接收窗口、超时数值、报文段长度等变量值，在之后的 20 多年里 IETF 陆续公布了十几个针对 TCP 的功能扩充、调整的 RFC 文档。如果读者要系统地了解一个协议标准的细节，最好阅读相关的多个 RFC 文档。

同时，需要注意另一类问题，那就是对于同一个协议，可能由后面的新协议文档取代了前面的旧协议文档。例如，对于"Internet Official Protocol Standards"，存在着两个 RFC 文档，其中 2003 年 11 月发布的 RFC 3600 明确表示它将取代 2002 年 11 月发布的 RFC 3300。这种情况是比较多的。

（4）互联网标准制定的阶段

不是所有 RFC 文档都会成为互联网协议标准，其中只有一小部分成为标准。互联网标准的制定需要经过四个阶段：草案、建议标准、草案标准、标准。

- 草案阶段的文档用于大家讨论。
- 当研究人员提交的文档经过 IETF 专家审查认为有可能成为协议标准时，将被接受为建议标准阶段的 RFC 文档。
- 处于草案标准阶段的 RFC 文档，表示该文档正在按协议标准要求进行审查。
- 处于标准阶段的 RFC 文档，表示该文档已成为互联网协议标准。

从史蒂夫·克罗克发布 RFC 文档以来，已经出现了 6000 多份 RFC 文档，互联网世界一直保持的开放、协作的风气有效促进了互联网技术的发展。

1.7 互联网发展的成功经验与面临的挑战

1.7.1 预测互联网发展的重要定律

随着信息技术与互联网的发展，人们提出了十个预测性的定律，其中四个重要的定律是摩尔定律、吉尔德定律、麦特卡尔夫定律与新摩尔定律。

1. 摩尔定律

英特尔公司（Intel）创始人之一戈登·摩尔（Gordon E. Moore）在 1965 年应邀为《电子学》杂志 35 周年专刊撰写了一篇题为"让集成电路填满更多元件"的文章，对未来十年半导体元件工业的发展趋势做出预言。他对收集到的数据进行分析之后发现了一个集成电路芯片的集成度与时间关系的变化规律。1975 年经过修正后的表述为："每过 18 个月，集成电路的性能将提高一倍，而其价格将降低一半"，也有人将其表述为"每过 18 个月，微处理机的处理速度将提高一倍"。这就是人们在描述信息技术，尤其是研究集成电路与计算机硬件技术发展趋势时常提到的"摩尔定律"。

计算机界从集成电路芯片的集成度对计算机的计算能力影响的角度做出的推论是："每过 18 个月，计算机的计算能力将提高一倍"。这就意味着计算机运算速度每 5 年会快 10 倍，每 10 年会快 100 倍。同等价位的微处理器越来越快，同等速度的微处理器越来越便宜。这个规律也适用于描述存储器的发展趋势。

2. 吉尔德定律

1995 年，美国经济学家乔治·吉尔德（George Gilder）预测：在未来 25 年中，主干网的带宽将每 6 个月增加一倍。这就是吉尔德定律。乔治·吉尔德认为，正如 20 世纪 70 年代昂贵的晶体管在如今变得如此便宜一样，如果当前还是稀缺资源的主干网带宽有一天变得足够充裕，那么人们上网的费用将大幅度下降。

吉尔德定律认为，主干网的增长速度比 CPU 增长速度快。只要将廉价的网络带宽资源充分利用起来，就会给人们带来巨额的回报，未来的成功者将是那些更善于利用带宽资源的人。这个定律已被很多基于互联网的应用所证实。

3. 麦特卡尔夫定律

大约在 1980 年，以太网发明人鲍勃·麦特卡尔夫（Bob Metcalfe）指出：网络的价值与网络用户数量的平方成正比。

这里需要注意以下两个问题：

1）网络的价值与它的应用直接相关。在麦特卡尔夫定律提出时，互联网的应用以 E-mail 为主，随着互联网中 Web、讨论组、社交网络、聊天室、博客、微博、微信、搜索引擎、网络购物、网上支付、网络电视、网络视频、网络游戏、网络广告、网络存储等应用的发展，网络的价值已经从"规模效益"发展到"群体效益"。因此，麦特卡尔夫定律被戴维·里德（David Reed）扩展为**群体形成定律**（Group Forming Law）。

里德认为：互联网与其他通信方式的不同之处主要表现在群体的形成。让参与者组成群体并为共同目标协作的网络，其价值提高的速度会快很多。它不是按照麦特卡尔夫定律描述的"网络的价值与网络用户数量的平方成正比"，而是指数式增长。

2）有一位互联网先驱指出：我们最大的成功不在于应用计算机，而在于为人们牵线搭桥。按照群体形成定律，网民中两人可以形成一个群，三人也可以形成一个群，而且一个网民可以参加多个群，那么网络的**形成群体网络**（Group-Forming Network，GFN）潜在的群体集合是以 2^n 指数形式增长，其中 n 为 GFN 中的参与者数量。里德认为，n 是一个很"狡猾"的指数函数，尽管一开始时可能很小，但是增长起来比 n^2、n^3 或者任何其他指数定律要快，这意味着互联网、移动互联网与物联网对未来社会发展将产生越来越大的影响。

4. 光纤定律

联合国"1999 世界电信论坛会议"副主席、加拿大北电网络公司总裁约翰·罗斯（John Roth）在论坛开幕演说中提出了著名的光纤定律（Optical Law）。光纤定律是另一个预测全球互联网发展规律的定律。

光纤定律指出：互联网通信速率每 9 个月会增加一倍，成本降低一半。人们将对互联网通信速率与成本的预测叫作"新摩尔定律"。目前，互联网的广域主干网、地区汇聚网，甚至家庭接入网，基本上都是采用光纤专线连接路由器的结构，这就进一步证明光纤定律的结论已经被产业界接受。

光纤定律与前三个定律一样，都不是数学、物理定律，而是对技术发展趋势、规律的一种预测性的定律。在最近的几十年，计算机、计算机网络与互联网的发展证实了这些预测的正确性。这些定律对于指导计算机、互联网与信息技术的发展有重要意义，因此受到了产业界与学术界的重视。

1.7.2　互联网发展的成功经验与进一步思考

讨论互联网发展的成功经验的目的是为今后发展移动互联网与物联网提供经验与借鉴。互联网是人类历史上发展速度最快的一种信息技术。我们可以通过一组数据来看这个问题：从开始商用到用户数达到 500 万，电话网用了 100 年，无线广播网用了 38 年，有线电视网用了 13 年，而互联网只用了 4 年。这组数据说明互联网技术是很成功的。

1. 互联网发展的成功经验

对于互联网发展的成功经验，早在 1996 年 6 月发表的 RFC 1958（Architectural

Principles of the Internet）中已经有所说明。安德鲁·S. 塔嫩鲍姆（Andrew S. Tanenbaum）在《计算机网络（第 5 版）》中关于互联网的讨论部分总结出互联网设计的十大原则。

结合以上的讨论，反思互联网技术发展与演变的过程，我们可以将互联网发展的成功经验概括为三个方面：正确的设计思路、正确的技术路线、正确的运行模式。

（1）正确的设计思路

互联网的协议与体系结构的研究对于互联网的发展有着举足轻重的作用。互联网的协议与体系结构从开始就出现了两种设计思路之争。

第一种设计思路是以 TCP/IP 协议体系为代表，采用迭代方法——边设计、边实施、边运行、边改进。例如，IP 协议的设计者在第一个设计文档中只对 IP 分组结构做了规定，选择了标准分类的 IP 地址，提出了直接交付与间接交付、路由选择的概念。他们用简单方法去解决复杂问题，用"尽力而为"服务应对互联网络中可能存在的各种复杂问题。在 IPv4 协议的应用过程中不断发现问题，改进协议，直至更新到 IPv6 协议。

第二种设计思路是以 OSI 参考模型为代表，采取"先完成体系结构研究、再制定网络协议"的方式。设计者预先考虑到各种可能，提出一系列应对策略与复杂的协议结构。OSI 参考模型与协议文本堆起来有一米高。20 世纪 90 年代初，当作者在图书馆准备深入研读 OSI 参考模型的相关文档时，面对一柜子的文档，不禁感慨：什么时候能够读完这些文档？实事求是地说，当选择 TCP/IP 协议的技术人员已经开始设计路由器、开发网络软件时，选择 OSI 参考模型与复杂协议方案的技术人员却还没有看明白协议文本，更不用说开始硬件设计与软件编程了。

回顾 TCP/IP 协议体系与 OSI 参考模型的竞争过程，我们可以清晰地看到：面对复杂的互联网环境，互联网先驱采用了正确的设计方法，成功地解决了这个问题。他们的设计原则是：明确选择与保持简单。

正是由于 TCP/IP 协议的设计者坚持"明确选择""保持简单"的设计方法与"不断迭代"的实现方法，才在竞争中赢得了时间与市场，吸引了大批资金的投入，促进了互联网的发展。网络应用软件开发采用迭代方式，快速开发、迅速部署，在不断扩大用户群的过程中发现问题，通过持续的版本升级方式来完善系统功能与性能，而不是一开始就一味地追求系统、协议与软件的完美。这既是互联网成功的秘诀，也是互联网思维的本质。

（2）正确的技术路线

互联网技术路线的正确性表现在两个方面：一是选择好的设计，而不是完美的设计；二是对性能与成本的考虑。

理解这两个方面时，需要注意以下几个问题：

第一，早期参与路由算法研究的网络技术人员都对复杂网络的路由算法的研究难度之大有切身体会。20 年前，每年的 IEEE 网络年会都会有几十甚至上百篇关于路由算法的论文，涉及的算法从简单路由算法到复杂的自适应路由算法。但是，仔细阅读这些论文后会发现，从局部范围看每篇论文都有道理，但都存在一定的局限性。算法越复杂，局限性就越大。在实际的互联网工程实践中，只要引入自治系统的概念与内部网关协议、外部网关协议，根据具体需求选择 RIP、BGP 或 OSPF 等几种主要协议中的一种，就可以解决互联网的路由问题。显然，这种做法充分体现了"选择好的而不是完美的设计"的技术路线的正确性，这对推动互联网的快速发展具有重要意义。

第二，性能与成本是互联网选择技术时的基本考量原则。例如，在当前互联网主干网结构中，基本上采用了路由器加专线的互连方式，专线主要使用光纤。这种方式的好处是：光纤带宽高、误码率低，可以简化传输网的容错机制与协议，有利于提高网络系统的可靠性与性能。在高层协议中采用流量控制、拥塞控制方法，可以减轻传输网的压力，提高网络系统整体的运行效率。

第三，互联网技术与应用是多学科交叉融合的产物，单凭计算机专业的技术人员无法解决互联网发展中出现的所有复杂的技术问题，必须采用"开放、包容、合作"的心态，借鉴和依托通信专业、电子专业、智能专业与大数据专业，以及人文、社会与法学等多学科的研究力量、方法与成果，推动互联网技术研究与产业的健康发展。

（3）正确的运行模式

开放性、社会性与可扩展性是互联网运行模式的重要特点。互联网的开放性首先表现在：互联网不属于任何公司与个人所有，而是由非营利性组织（例如 ISOC、IETF、IRTF等）、行业组织（例如 W3C、Wi-Fi 联盟等）参与协议标准制定和产业发展指导。应用驱动、开放合作的研发模式是互联网得以超常规发展的重要基础。

互联网的社会性表现在：人与人是在虚拟的、不是直接见面的网络环境中交流，这种交流可以克服年龄、职业、地位、性别与性格上的差异，尽情释放人性中自然的一面，使得互联网服务展现出独特的魅力。互联网服务克服了现实生活中人与人之间在时间、空间上的限制，使得世界变得很小，人们的生活更加丰富多彩，人与人、人与社会的沟通更加便捷。

互联网的可扩展性表现在：统一技术标准，集成一切可用的技术，鼓励通用的应用技术开发。"用户需求–技术研究–标准制定–产品研发–产业发展"的发展思路是互联网技术与产业遵循的发展规律。

2. 更深层次的思考

基于以上的讨论，我们可以总结出目前互联网体系结构具有如下特点：

- 分层的分布式网络结构。
- 简单的无连接分组交换技术。
- 基于"端–端"的分布式进程通信机制。
- 自治系统基础上的可扩展路由寻址技术。

● 开放的应用层协议体系与层次结构的域名命名体制。

这种体系结构设计思路促进了互联网的发展，也带来了互联网与生俱来的弱点。研究者在看到互联网辉煌的同时，也在思考新的问题：如何克服当前互联网体系结构的局限，促进互联网更大的发展？

第一，对于化学、物理学、生物学等领域，人类重大的科学发明都有坚实的理论基础。但是，回顾互联网的发展历程，我们可以清晰地看到：互联网一直在工程实践中不断摸索、修正和前行，人们至今还不能用数学方法去描述互联网的流量规律与预测用户的行为。互联网对人类发展的巨大作用与它的基础理论研究的薄弱形成了巨大的反差。在互联网与计算机网络经过近 50 年的发展与实践之后，应该回过头来认真加强互联网的基础理论研究。

第二，目前采用的互联网体系结构造就了互联网的辉煌，但是要使互联网达到人们所预期的更高的"性能、安全、可管、可控、可靠"，就需要从互联网体系结构的角度重新思考新一代互联网的体系结构，从更基础的角度考虑问题。互联网成功的经验为移动互联网、物联网的研究与产业发展提供了很好的借鉴，奠定了坚实的基础。

第三，随着互联网、移动互联网、物联网以及云计算、大数据、智能与 5G 技术应用的发展，用户更关注主观性的体验，**体验质量**（Quality of Experience，QoE）的概念开始被接受。影响 QoE 的因素主要来自三个方面：感知、心理与交互。用户在感官方面对服务效果的体验涉及计算科学与社会学、行为学等多方面的因素，QoE 的研究也给网络新技术研究提出了新的课题。

学术界将围绕着大数据应用与云计算、智能、移动互联网与物联网所形成的社会环境称为大数据生态系统（如图 1-35 所示）。面对这样的大数据生态系统，传统互联网体系结构、协议与技术与大数据生态系统需求的不适应问题逐渐显露出来，研究新的网络体系结构、协议与技术已经势在必行。

在这样的大背景下，研究人员提出了在传统的以 TCP/IP 体系结构为基础的网络上，研究具有"自适应、动态、智能"特征的新网络体系结构的研究课题，希望采用"虚拟化、可编程与可重构"与"开放接口"的技术路线，通过改变网络体系结构，使得网络服务功能（如路由、多播、安全、访问控制、带宽管理、流量工程、QoS、能效管理），以及各种策略与网络管理功能变得方便与容易实现，进而使网络具有对新业务的快速、灵活响应与可扩展能力。SDN/ NFV 技术研究应运而生。

基于 SDN/NFV 的网络重构给电信业与计算机、软件、网络行业带来了历史性的发展机遇。传统的通信技术行业壁垒被打破，以计算机、软件与网络为主体的 IT 行业更进一步渗透到 CT 行业，促进了 IT 与 CT 行业的跨界融合与竞争，将催生一些新的产业形态，传统的互联网产业链将被重新洗牌，有些职位将会消失，也会有新的职位产生，这些变化必然对未来 IT 人才的岗位职能、知识结构产生重大的影响。

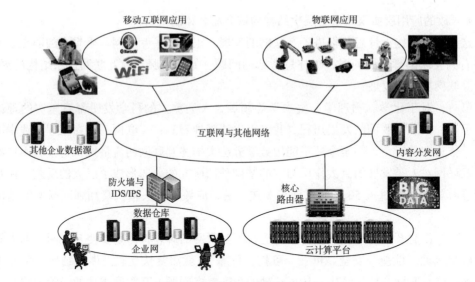

图 1-35　大数据生态系统示意图

参考文献

[1]　James F Kurose. 计算机网络：自顶向下方法（原书第 7 版）[M]. 陈鸣，等译 . 北京：机械工业出版社，2018.

[2]　Andrew S Tanenbaum. 计算机网络 [M]. 5 版 . 严伟，等译 . 北京：清华大学出版社，2012.

[3]　Larry L Peterson，等 . 计算机网络：系统方法（原书第 5 版）[M]. 王勇，等译 . 北京：机械工业出版社，2015.

[4]　Douglas E Comer，等 . 计算机网络与因特网 [M]. 6 版 . 范冰冰，等译 . 北京：电子工业出版社，2015.

[5]　Johnny Ryan. 离心力：互联网历史与数字化未来 [M]. 段铁铮，译 . 北京：电子工业出版社，2018.

[6]　户根勤 . 网络是怎样连接的 [M]. 周自恒，译 . 北京：人民邮电出版社，2017.

[7]　竹下隆史，等 . 图解 TCP/IP [M]. 5 版 . 乌尼日其其格，译 . 北京：人民邮电出版社，2013.

[8]　谢希仁 . 计算机网络 [M]. 7 版 . 北京：电子工业出版社，2017.

[9]　中国网络空间研究院 . 世界互联网发展报告 2018[M]. 北京：电子工业出版社，2018.

[10]　中国网络空间研究院 . 中国互联网 20 年发展报告 [M]. 北京：人民出版社，2017.

[11]　马化腾，等 . 互联网 +：国家战略行动路线图 [M]. 北京：中信出版社，2015.

[12]　曹磊 . 互联网 +：跨界与融合 [M]. 北京：机械工业出版社，2015.

[13]　崔来中，等 . 计算机网络与下一代互联网 [M]. 北京：清华大学出版社，2015.

[14]　王达 . 深入理解计算机网络 [M]. 北京：中国水利水电出版社，2017.

[15]　崔勇，等 . 网络遇见机器学习：回顾与展望 [J]. 中国计算机学会通讯，2018，14(10)：54-60.

[16]　吴建平，等 . 下一代互联网管理体系结构 [J]. 中国计算机学会通讯，2011，7(3)：27-35.

[17]　苏金树，等 . 下一代互联网体系结构 [J]. 中国计算机学会通讯，2010，6(3)：63-68.

[18]　中国互联网络信息中心，http://www.cnnic.net.cn/

[19]　IETF，https://www.ietf.org/

[20]　IRTF，https://irtf.org/

[21]　IANA，https://www.iana.org/

[22]　InterNIC，https://www.internic.net/

[23]　Internet Society，https://www.internetsociety.org/

[24]　RFC Editor，https://www.rfc-editor.org/

第 2 章 ●─○─●─○─●

传输网技术的发展与演变

互联网高层的应用系统建立在传输网（或承载网）的基础之上。为了更好地理解互联网技术和应用的相关知识，首先要了解构成传输网的广域网、城域网、局域网等技术，以及相应的协议标准的发展与演变过程。

2.1 传输网的基本概念

2.1.1 用户面对的网络环境

作者在 30 多年的计算机网络课程教学中深刻地认识到：对于初学者来说，仅靠凭空想象，只能肤浅地了解互联网中的概念与理论，很难深入理解互联网的工作原理。如果有一张与实际使用的互联网结构接近的网络拓扑图，就可以大大降低理解的难度。

科研工作者与远在异地的合作者通过互联网联系、交换信息是我们身边很常见的场景，那么支撑他们工作的计算机网络环境究竟是什么样的？他们在发送一个文件时，这个文件是通过怎样的路径传送到远程合作者的计算机上的？我们可以通过一张支持我国大学研究工作的教育科研网（CERNET）的网络结构图来回答上述问题。

假设位于天津的南开大学（以下简称大学 A）的网络实验室（以下简称实验室 A）与位于成都的某大学（以下简称大学 B）的人工智能实验室（以下简称实验室 B）开展物联网智能医疗课题合作，这两个实验室通过支撑我国大学教学科研工作的 CERNET 网络进行联系（网络结构如图 2-1 所示）。

从图 2-1 可以看出，天津的大学 A 的实验室 A 的研究生 A 与成都的大学 B 的实验室 B 的研究生 B 通过计算机网络合作开展智能医疗项目的研究。他们在相隔千里的实验室 A 与 B 分别搭建了无线人体区域网 $WBSN_A$ 与 $WBSN_B$。研究生 A 与 B 通过网络相互交流实验数据、讨论用哪种数据挖掘算法来分析数据时，好像就在一个实验室里"面对面交谈"一样。

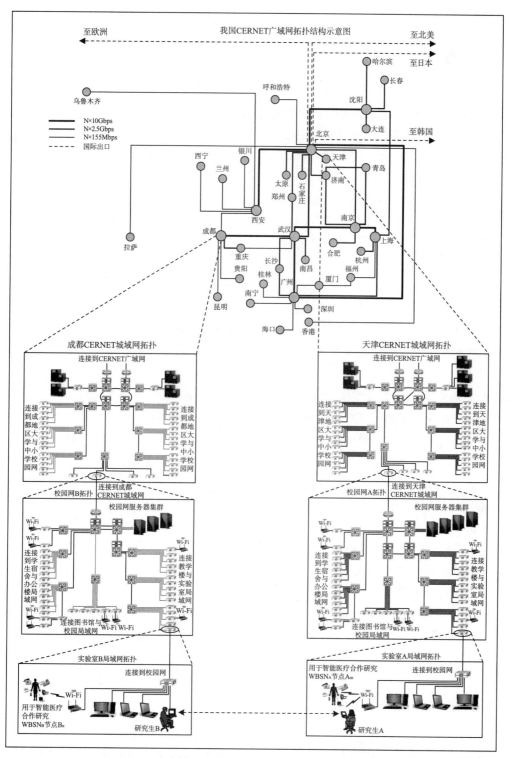

图 2-1　支持大学合作研究的 CERNET 网络结构图

他们不需要知道：

- 连接两台计算机的网络拓扑是什么样的。
- 两台计算机之间使用什么协议交换数据。
- 两台计算机之间通过什么样的路径传输数据。
- 两台计算机进程之间交换数据的过程。
- 两台计算机的操作系统是如何协同工作实现分布式计算的。

他们只需要知道：

- 计算机之间交换的数据是正确的。
- 网络环境对于用户是"透明"的。
- 进程之间的"会话"过程是流畅的。

对于所有在网络环境中工作的科研人员来说，上面这些结论一直被看作理所当然的；而对于从事网络技术研究的技术人员来说，这是他们希望看到的实现效果。当然，实际的网络工作过程是相当复杂的。

从图 2-1 中可以看出，天津的大学 A 的网络连接的层次是：

- 智能医疗项目的研究节点 A_m 连接了多种可穿戴医疗设备与医用传感器，这些物联网感知或执行设备通过 WBSN$_A$ 互联起来。
- WBSN$_A$ 通过网关节点接入实验室的无线局域网（Wi-Fi）。
- 研究生 A 使用的计算机通过 Wi-Fi 接入实验室 A 的局域网。
- 实验室 A 的局域网通过路由器接入大学 A 的校园网。
- 大学 A 的校园网通过交换机与路由器将学校的各个实验室、教室、图书馆、学生宿舍、办公室的成百上千个局域网互联起来，构成校园网，然后通过校园网主干路由器接入天津 CERNET 网络。
- 天津 CERNET 网络将天津几百所大学、中学、小学通过路由器互联起来，构成覆盖天津地区的教育、科研单位的 CERNET 城域网。
- 天津 CERNET 城域网通过主干路由器接入覆盖全国的广域 CERNET 主干网。
- 中国 CERNET 主干网通过国际出口接入互联网。

同样，成都 B 大学实验室 B 的无线人体区域网 WBSN$_B$ 以及计算机也会按照类似的层次结构接入我国 CERNET 主干网中。这样就构成了一个层次化的覆盖全国并接入互联网的大型教育科研网系统。

2.1.2 层次化的网络结构分析方法

实践证明，对于结构复杂的网络体系结构来说，最有效的分析方法是层次化模型分析法。下面我们仍以支持国内大学实验室合作研究的 CERNET 网络为例，用层次化的方法来分析支撑我国教学、科研工作的网络环境。

实际上，我国有多个广域网主干网，如中国电信、中国联通、中国移动的广域网主干网。我国多个广域网的主干网之间实现了互联互通，它们通过我国国际互联网出口与国外互联网的主干网连接。这样，无论是接入 CERNET 的科研教学用户，还是接入中国电信、中国联通广域网的单位或企业用户，无论是通过计算机网络方式接入的单位用户，还是通过中国移动 4G/5G 蜂窝移动通信网、电话交换网（PSTN）或者有线电视网（CATV）接入的家庭用户，无论是通过固定的 PC 接入的用户，还是通过 Pad、智能手机、可穿戴计算设备接入的移动用户，无论是人还是物（如传感器、RFID、智能机器人、嵌入式测控设备，以及车载网中的汽车），它们都能够接入互联网，实现数据共享与协同工作。面对这样一个复杂的网络系统，我们无法再用一张图去描述实际的网络结构，必须采用化繁为简的方法，找出复杂网络系统的共性特征，形成层次化的网络结构表述方法。图 2-2 给出了对图 2-1 表述的网络结构进行第一次抽象处理的结果。

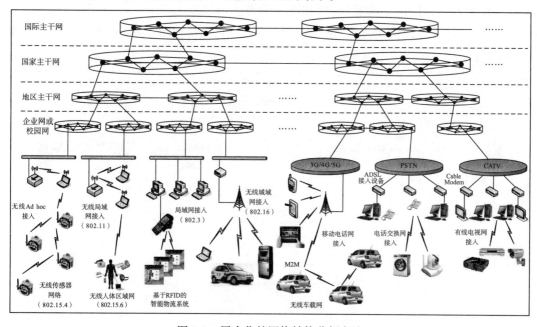

图 2-2　层次化的网络结构分析方法

这里，需要注意以下两个问题：

第一，我国 CERNET 主干网结构相对简单、规范。如果我们将协作研究的范围扩大到通过互联网连接的国内外大学，那么此时的网络环境比前面描述的结构要复杂得多，已经无法用类似于图 2-1 的网络结构来描述。

第二，层次化的网络结构分析方法抓住了复杂网络结构的共性特征，可以化繁为简，使得看似复杂无序的网络结构变得结构分明，能够帮助我们形象化地理解计算机网络的基本工作原理与应用系统的结构设计方法。因此，层次化的网络结构分析方法对于网络研究具有重要的指导意义。

2.1.3　自顶向下的网络结构分析方法

面对极其复杂的互联网结构，James F. Kurose 等计算机科学家进一步提出了更为抽象的方法，即**自顶向下**（Top-Down）的网络结构分析方法。

自顶向下的计算机网络分析方法将一个复杂的互联网络系统分解为两个部分：边缘部分（端系统）与核心交换部分（传输网）。

- 边缘部分由接入互联网的计算机、智能终端设备等"端系统"组成，主要功能是通过分布式进程通信实现网络服务功能。
- 核心交换部分的"传输网"由路由器与连接路由器的通信线路组成，主要功能是为主机应用软件的进程通信提供数据传输服务。

图 2-3 给出了按照自顶向下分析方法对复杂互联网络结构进行第二次抽象后的网络结构示意图。

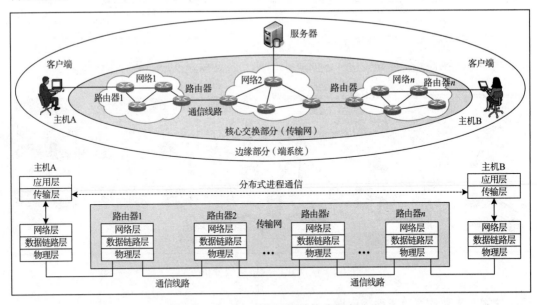

图 2-3　自顶向下的网络结构分析方法

自顶向下的网络结构分析方法可以很好地描述复杂互联网络的结构，其中传输网是由属于计算机网络的广域网、城域网、局域网、个人区域网与人体区域网，属于电信网络的移动通信网 3G/4G/5G、电话交换网（PSTN）、有线电视网（CATV），以及各种通信网络互联而成的网际网。

按照自顶向下的分析方法对互联网络结构进行抽象具有四个优点。

（1）使复杂网络系统的结构表述更为简洁

随着广域网、城域网、局域网、个人区域网、人体区域网与各种接入网技术的发展，以及网络规模与应用类型的快速增长，我们面对的互联网网络结构越来越复杂，不断推动我们研究适应互联网结构的网络应用系统设计方法。实践证明，自顶向下的分析方法采取大道至简的思想，对解决网络应用系统设计与应用软件开发复杂性的问题非常有效。采用自顶向下的分析与设计思路，人们将结构复杂、规模庞大的互联网划分为"端系统"与"传输网"两大组成部分，并提出"网络应用程序体系结构"（Network Application Architecture）的概念。端系统必须具备从应用层到物理层协议的实现能力，传输网中的路由器只需要具备执行网络层、数据链路层与物理层协议的功能。这种抽象思维的方法抓住了事物的主要特征，使复杂网络系统的描述变得简洁。

（2）使网络系统的设计、实现、运维与管理的界限更加清晰

自顶向下的网络结构抽象描述方法对于网络系统的设计、实现与管理是十分有利的。

网络应用系统的设计、实现技术人员的任务是按照网络应用程序体系结构的思想，设计网络应用系统的功能、网络结构、网络软件架构，完成网络软件编程与软件的维护、更新。

网络运维与管理技术人员的任务是运行与管理传输网中的路由器、通信线路，为接入的计算机之间的可靠数据传输提供技术支持。

（3）使网络应用系统的设计、网络软件编程方法与步骤更加清晰

按照网络应用程序体系结构的设计原则与实现方法，网络工程师与软件工程师在设计一个大型网络应用系统时，可以按照以下步骤开展工作：

- 根据应用需求，规划应用层功能，设计网络应用软件工作模式，选择应用层协议；根据应用层协议的要求，确定传输层是采用面向连接的 TCP 协议，还是采用面向无连接的 UDP 协议。
- 根据网络应用对数据传输的具体要求，选择适当的传输网技术类型、结构和服务质量（QoS）指标，进而选择能够达到服务要求的传输网服务提供商。
- 根据应用层协议开发网络应用软件。在完成网络应用软件编程之后，在实际的传输网中调试网络应用软件；网络应用系统测试通过后进入使用阶段。
- 在网络应用系统运行过程中，网络应用软件的维护、升级由软件工程师负责，数据传输中的问题由传输网服务提供商的网络工程师与通信工程师负责解决。

可见，按照网络应用程序体系结构的分析与设计方法，软件工程师在设计一种新的网络应用时，只需要考虑如何充分利用核心交换部分的传输网所提供的服务，而无须考虑传输网中的路由器、交换机等低层设备或通信协议软件的编程问题。这种分工明晰、密切协作的工作模式，保证了互联网、移动互联网与物联网等各种网络应用系统可以快速地设计、开发与稳定地运行。

（4）使互联网产业链的结构与分工更加清晰

一个成功的设计思想会使产业链的结构与分工非常明晰。在实际的大型网络应用系统开发中，任何一个人、任何一个单位、任何一个网络运营商、任何一个网络系统集成公司或软件公司都无法独立完成一个跨地区、跨国的大型网络应用系统从规划、设计、软件开发到传输网的组建、运行、管理全过程的所有任务。跨地区的传输网一般是由电信运营商、ISP 来运营的。网络应用系统开发者在涉及广域网、城域网时，一般会租用电信运营商或 ISP 的通信线路与网络服务。传输网的日常运营、维护任务由电信运营商或 ISP 承担。

按照专业分工的思路，任何一个大型网络应用系统的设计者都采取将复杂的问题"化整为零、分而治之"的方式，使设计、实施、运行、管理工作层次分明，接口清晰，以便整个网络应用系统的设计与实现可以有条不紊地完成，从而保证网络应用系统长期、稳定地运行。

在讨论计算机网络结构抽象方法时，需要注意以下两点：

- 无论是自顶向下的分析方法，还是网络应用程序体系结构的概念，都建立在 OSI 参考模型的基础之上。
- 在互联网中得到成功应用的自顶向下分析方法、网络应用程序体系结构的概念同样适用于移动互联网、物联网应用系统结构的研究与实现。

2.1.4 传输网技术的发展

20 世纪 60 年代出现的 ARPANET 是一个典型的广域网（WAN）。20 世纪 70 年代，局域网（LAN）研究一度出现高潮。当时的城域网（MAN）只是作为局域网的一部分来研究。20 世纪 90 年代，信息高速公路的建设推动了城域网技术的快速发展与应用。21 世纪初，随着笔记本电脑、智能手机、智能家居与智能终端设备的广泛应用，人们很自然地产生了将自身周边（10 米范围内）的移动数字终端设备通过无线方式联网的需求，这推动了个人区域网（PAN）技术的发展。物联网的出现，尤其是智能医疗中围绕人体（1 米范围）的智能医疗传感器、可穿戴计算医疗设备联网的需求，推动了人体区域网（BAN）技术的发展。

经过几十年的发展，计算机网络已从早期的广域网、局域网逐步扩展到城域网、个人区域网与人体区域网五种基本类型，形成了从人体周边 1 米、10 米、100 米、100 千米范围直到广域的全覆盖，形成了从几十 kbps 低速率到 1Gbps 甚至几百 Gbps 的高速率覆盖。随着移动互联网与物联网应用的发展，传输网的通信技术也从初期以有线网络为主，向着无线网络为主的方向发展。无线网络呈现出地理范围与速率全覆盖的发展趋势。

我们按广域网、城域网、局域网、个人区域网 / 人体区域网四条主线，将传输网各个发展阶段出现的主要技术归纳出来，如图 2-4 所示。

在讨论传输网技术的发展与演变过程时，需要注意以下三个问题：

第一，随着互联网向移动互联网、物联网的发展，计算机网络可以分为广域网、城域网、局域网、个人区域网与人体区域网五种基本类型。

第二，在图 2-4 中，按照四条主线（将 PAN/ BAN 合并在一起描述），以时间顺序列举了多种传输网中应用的技术与标准，其中用方框标出的是目前仍在广泛使用的主流技术，其他则是在不同时期曾经用过但目前已不使用的过渡性技术。本章将按图 2-4 所示的发展线索，系统地讨论各种传输网技术的特点、发展过程、标准与应用。

第三，严格地说，传输网技术涉及 OSI 参考模型的低三层，即物理层、数据链路层与网络层。本章主要讨论物理层、数据链路层的问题，网络层的问题将在第 3 章中讨论。

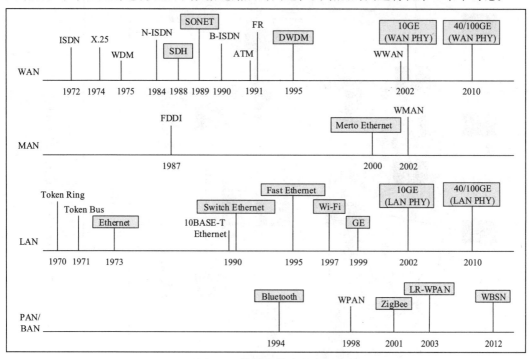

图 2-4　传输网技术的发展

2.2　广域网技术的研究与发展

2.2.1　广域网的主要特征

1. 广域网的基本结构

在计算机网络发展的过程中，出现最早的是广域网。经过几十年的发展，广域网已经成为互联网传输网的主干网。通过广域网与广域网以及广域网与城域网、局域网、个人区域网和人体区域网的层层互联，构成大型的网际网，其结构如图 2-5 所示。

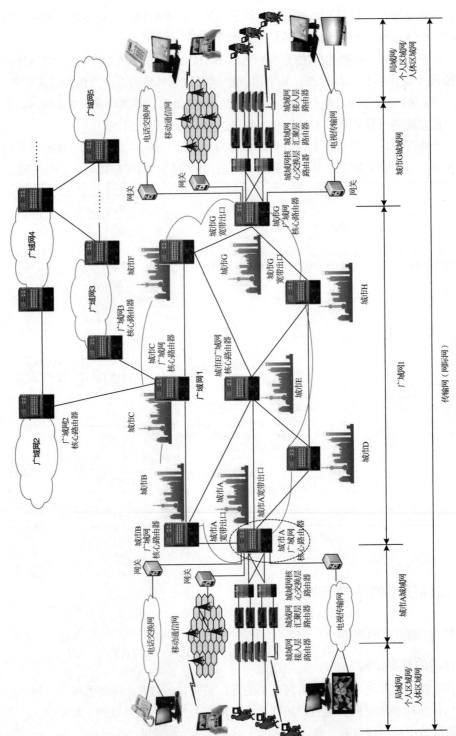

图 2-5 通过广域网互联网组成的大型网际网结构

在图 2-5 中，广域网与广域网的互联，形成了覆盖城市 A、城市 B 到城市 G 的大型网际网。我们将以城市 A 为例来说明广域网与广域网、广域网与城域网、城域网与局域网、局域网与个人区域网和人体区域网的互联，以及最终接入互联网的结构与工作原理。

（1）广域网与广域网的互联

城市 A 的广域网核心路由器（如图 2-5 中虚线所示）通过光纤分别与城市 B、城市 D、城市 E 的广域网核心路由器连接。

（2）广域网与城域网的互联

要理解广域网与城域网如何互联，实现网络最终用户的接入，需要注意以下几个问题：

第一，从网络接入的角度，城市 A 的学校、办公楼、家庭用户中的计算机、智能终端设备或可穿戴计算设备可以直接接入局域网（有线的 Ethernet 或无线的 Wi-Fi），或者通过个人区域网、人体区域网接入局域网。局域网接入位于城市 A 不同位置的城域网接入层路由器，接入层路由器连接到城域网的汇聚层路由器，汇聚层路由器再通过城域网核心交换层路由器接入城市 A 的广域网核心路由器。城市 A 的用户通过这样一个层次结构的计算机网络接入网际网，最终接入互联网。

第二，从电信网接入的角度，城市 A 的广域网核心路由器可以通过网关连接城市 A 的移动通信网与电话交换网（PSTN）。

第三，从电视传输网接入的角度，城市 A 的广域网核心路由器可以通过网关连接城市 A 的有线电视网（CATV）。

城市 A 的广域网核心路由器连接了城市内部的计算机网络、电信网与电视传输网三种异构的网络，实现了"三网融合"。这种网络结构可以保证用户无论使用的是台式计算机、笔记本电脑、智能终端设备、智能手机、智能机器人还是可穿戴技术设备、电视机，无论是通过计算机网络接入还是通过 3G/4G/5G 蜂窝移动通信网、电话交换网（PSTN）或者有线电视网（CATV）接入，无论是通过有线方式还是无线方式接入，都可以通过互联的广域网最终接入互联网，使用各种互联网服务。

2. 广域网的主要技术特征

从以上分析中可以看出，作为网际网主干网的广域网，具有以下两个基本的技术特征：

第一，广域网是一种公共数据网络。

局域网、个人区域网、人体区域网一般属于某个单位或某个人所有，组建成本低，易于建立与维护，通常是自建、自管、自用。而建设广域网的投资很大，管理困难，通常由电信运营商负责组建、运营与维护。有特殊需求的国家部门与大型企业也可以组建自己使用和管理的专用广域网。

网络运营商组建的广域网为广大用户提供高质量的数据传输服务，因此这类广域网属于**公共数据网络**（Public Data Network，PDN）。用户可以在公共数据网络上开发各种网络服务系统。如果用户想使用广域网服务，就需要向广域网的运营商租用通信线路或其他资源。网络运营商则会按照合同的要求，为用户提供电信级的 7×24（每星期 7 天、每天 24 小时）服务。

第二，广域网研发的重点是宽带核心交换技术。

早期的广域网主要用于大型或中小型计算机系统的互联。大型或中小型计算机的用户终端接入本地计算机系统，本地计算机系统再接入广域网。用户通过终端登录本地计算机系统之后，才能实现对异地联网的其他计算机系统硬件、软件或数据资源的访问和共享。针对这样一种工作方式，人们提出了"资源子网"与"通信子网"的两级结构概念。随着互联网应用的发展，广域网更多地起到覆盖地区、国家、洲际地理区域的核心交换网络的作用。

目前，大量的用户计算机通过局域网或其他接入技术接入城域网，城域网接入连接不同城市的广域网，大量的广域网互联形成了互联网的宽带、核心交换平台，从而构成了层次结构的大型互联网络系统。因此，早期用于描述广域网的"通信子网"与"资源子网"的两级结构，已不能准确地描述当前广域网的网络结构特点。

2.2.2 广域网技术的演变过程

1. 构成广域网的主要通信技术与网络类型

在广域网的发展过程中，用于构成广域网的通信技术与网络类型主要包括以下几种：

- 公共电话交换网（Public Switching Telephone Network，PSTN）
- 综合业务数字网（Integrated Service Digital Network，ISDN）
- 数字数据网（Digital Data Network，DDN）
- X.25 分组交换网
- 帧中继（Frame Replay，FR）
- 异步传输模式（Asynchronous Transfer Mode，ATM）
- 高速以太网（Gigabit Ethernet(GE)、10 Gigabit Ethernet(10GE)、100 Gigabit Ethernet (100GE)）
- 同步光网络 / 同步数据体系（Synchronous Optical Network/Synchronous Data Hierarchy，SONET/SDH）
- 波分复用（Wavelength Division Multiplexing，WDM）
- 无线广域网（Wireless WAN，WWAN）

2. 广域网研究的技术路线

图 2-6 给出了广域网技术的发展过程。图中涉及的技术以 ISDN、X.25、WDM 与高速以太网四条路线来组织，横坐标表示的是某种技术出现的时间。

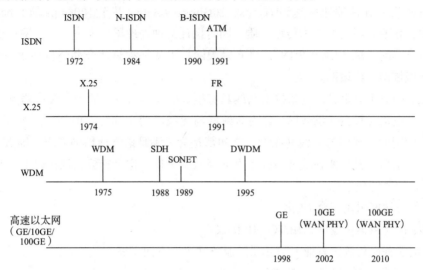

图 2-6　广域网技术的发展过程

通过研究广域网的发展与演变历史，我们发现从事广域网技术和标准研究的技术人员可以分为两类：一类是从事电信网研究的技术人员，另一类是从事计算机网络研究的技术人员。这两类技术人员在研究思路与协议的表述方法上存在明显的差异，在技术上表现出明显的竞争与互补关系。

（1）从事电信网技术研究的技术人员采取的技术路线

从事电话交换、电信网研究的技术人员考虑问题的方法是：如何在技术成熟和使用广泛的电信传输网的基础上，将传统的语音传输业务和新的数据传输业务相结合。这种研究思路导致了综合业务数字网（ISDN）、X.25 分组交换网、帧中继（FR）与波分复用（WDM）技术的研究与应用。

作为过渡性技术，ISDN、X.25 分组交换网、FR 逐渐退出历史舞台。WDM 技术是为传统电话传输服务的，它并不适合传输 IP 分组。尽管如此，出于经济方面的原因，电信网运营商没有放弃大量已有、成熟、覆盖面很广的同步光网络/同步数据体系（SONET/SDH）技术。为了适应数据业务发展的需要，电信运营商采取在 SDH 的基础上支持 IP 协议的方式，构成以 SDH 为基础的广域网平台。电信的核心网必然要从"IP over SONET/SDH"向"全 IP 化"方向发展。

（2）从事计算机网络研究的技术人员采取的技术路线

早期从事计算机网络研究的技术人员研究广域网的思路是：如何在物理层利用已有的

电话交换网（PSTN）的通信线路和通信设备，实现分布在不同地理位置的计算机之间的数据通信。因此，他们将重点放在物理层接口标准、数据链路层协议与网络层协议标准的研究上。当光以太网（Optical Ethernet）技术日趋成熟并广泛应用时，他们调整了高速局域网的设计思路，在传输速率达到 1Gbps、10Gbps、40Gbps 甚至 100Gbps 的 Ethernet 物理层设计中，普遍采用光纤作为传输介质，同时设计两种物理层标准——广域网标准（WAN PHY）与局域网标准（LAN PHY），将光以太网技术从一种只适合办公自动化环境的局域网扩大到城域网、广域网。

从目前的应用效果看，这条技术路线具有很好的发展前景。原因主要有两点：

第一，电信传输网（承载网）分为有线网与无线网两个部分。但是，由于行业特色的要求，电信网的有线网与无线网在设计之初都是为了满足语音通信的需求。随着互联网的广泛应用，电信网必然要在业务与技术上向互联网靠拢，这个趋势表现在以下方面：

- 语音信号的数字化。
- 电信传输网采用"全 IP 化"。
- 数字语音数据传输网采用 TCP/IP 协议。
- 电信业务向传统语音业务与互联网业务并重的方向发展。

第二，目前有线 Ethernet 技术已经实现了 100Mbps ~ 100Gbps 速率全覆盖以及从局域网、城域网到广域网的距离全覆盖。无线 Ethernet（Wi-Fi）技术的出现标志着 Ethernet 技术实现了有线与无线网络的全覆盖。

因此，在新建的传输网主干网中，有两种可选的方案：第一种方案是采用多种不同物理层协议的 Ethernet 技术来满足不同覆盖范围与速率的要求，第二种方案是采用 Ethernet 与其他异构的网络实现混合组网的方案。显然，无论是网络设计、组建、调试、运维等的难度和性价比还是对技术人员的要求，第一种方案一定优于第二种方案。这个结论对于未来各种大型移动互联网、物联网网络系统的建设具有重要的指导意义。

2.2.3 光以太网与广域网

1. 光以太网技术研究的背景

Ethernet 大规模的应用与高速 Ethernet 技术的发展让研究人员开始思考：能不能将办公环境中广泛应用的 Ethernet 技术从局域网扩展到城域网，甚至是广域网？这个思路推动了光以太网技术的研究。

由于在设计 Ethernet 的初期，研究人员只考虑如何将局部地区（例如实验室、办公室）中的多台计算机互联成局域网，因此传统的 Ethernet 技术是达不到电信级运营要求的。

光以太网是北电网络（Nortel Network）等电信设备制造商于 2000 年提出的，并得到网络界与电信界的认同和支持。光以太网设计的出发点是：利用光纤的巨大带宽资源与广泛应用的 Ethernet 技术，为运营商建造新一代的网络提供技术支持。基于这样的设计思想，一种可以达到电信级运营要求的光以太网技术应运而生，并从根本上影响了电信运营商规划、建设、管理传输网的技术路线。

1998 年，速率为 1Gbps 的 GE（Gigabit Ethernet）物理层标准 IEEE 802.3Z 问世；2001 年，速率为 10Gbps 的 10GE 物理层标准 IEEE 802.3ae 问世；2010 年 6 月，IEEE 通过了传输速率为 100GE 的 802.3ba 标准，其中包括用于广域网的物理层标准（WAN PHY）。例如，GE 的物理层标准 1000BASE-ZX 使用单模光纤，光纤最大长度为 70km；10GE 的物理层标准 10GBASE-ZR 也使用单模光纤，光纤最大长度为 80km，可以部分满足广域网与城域网的应用需求。光以太网是 Ethernet 与光纤复用技术结合的产物，在广域网与城域网的应用中已经显示出明显的优势。

2. 光以太网的主要特征

运营级的光以太网设备和线路必须符合电信网络 99.999% 的高可靠性要求。因此，光以太网必须具备以下技术特征：

1）能够根据终端用户的实际应用需求分配带宽，提供分级的 QoS 服务，方便、灵活地适应用户需求和业务扩展。

2）支持 VPN 和防火墙，可以有效地保证网络安全。用户访问网络资源必须经过认证和授权，确保用户对网络资源的安全使用。

3）及时获得用户的上网时间记录和流量记录，支持按上网时间、用户流量实时计费功能。

从以上的讨论中，我们可以得出以下几点结论：

第一，通过广域网与广域网以及广域网与城域网、局域网、个人区域网和人体区域网的层次互联结构构成的大型网际网，已经成为互联网、移动互联网与物联网的核心主干交换网。

第二，广域网作为互联网的宽带、核心交换平台，其研究的重点转变为"如何提供能够保证服务质量（QoS）的宽带核心交换服务"。广域网研究的重点放在"保证 QoS 的宽带核心交换"技术上。

第三，可运营光以太网的研究不是局限在某个技术上，而是要提出一套网络解决方案。可运营的光以太网在广域网上的应用将改变传统广域网设计、组建、管理与运营的理念与方式。

第四，从 5G 发展趋势来看，未来高性能的广域网必然要采用软件定义网络 / 网络功能虚拟化（SDN/NFV）技术来改造。

2.3 城域网技术的研究与发展

2.3.1 城域网概念的演变与发展

1. 城域网技术研究的背景

互联网的广泛应用推动了电信网技术的高速发展，电信运营商的服务业务也从以语音服务为主，逐步向以基于 IP 网络的数据业务为主的方向发展。

2000 年前后，北美电信市场出现了长途线路带宽过剩的局面，很多长途电话公司和广域网运营公司纷纷倒闭。造成这种现象的主要原因是：使用低速调制解调器和电话线路接入互联网的方式已不能满足人们的要求。很多电信运营商虽然拥有大量广域网带宽资源，却无法有效解决本地大量用户的接入问题。研究结果表明，制约大规模互联网接入的瓶颈在城域网。要满足大量用户的接入需求并提供多种网络服务，电信运营商就必须提供全程、全网、灵活配置的宽带城域网。

同时，各国信息高速公路的建设推动电信产业进行结构调整，出现了大规模的企业重组和业务转移。在这样的社会需求驱动下，电信运营商纷纷将竞争的重点和大量的资金从广域网的建设转移到支持大量用户接入和多业务的城域网建设，带动了世界性的信息高速公路建设，为互联网的高速发展奠定了坚实的基础。

2. 城域网概念的演变

（1）早期城域网的定位

在 20 世纪 80 年代后期，研究人员提出了城域网的概念。IEEE 802 委员会最初对城域网的定义是：城域网是以光纤为传输介质，能够提供 45Mbps ~ 150Mbps 高传输速率，支持数据、语音与视频综合业务的数据传输，可以覆盖跨度为 50 千米到 100 千米的城市范围，实现高速宽带传输的数据通信网络。早期城域网的首选技术是光纤环网，典型的产品是光纤分布式数据接口（Fiber Distributed Data Interface，FDDI）。要理解城域网的概念与技术演变，需要注意以下两个基本的问题：

第一，现在看，IEEE 802 委员会最初对城域网的表述有一点是准确的：光纤一定会成为城域网的主要传输介质，但是它对传输速率的估计保守了一些。

第二，随着互联网的应用和新服务不断出现，以及"三网融合"的发展，城域网的业务扩展到几乎能覆盖所有的信息服务领域，城域网的概念也将随之发生改变，宽带城域网的概念应运而生。

（2）宽带城域网的定义与特征

宽带城域网是以宽带光传输网为开放平台，以 TCP/IP 协议为基础，通过各种网络互联设备，实现语音、数据、图像、多媒体视频、IP 电话、IP 电视、IP 接入和各种增值业务，并与广域计算机网络、广播电视网、电话交换网、移动通信网互联互通的本地综合业务网络，从而满足语音、数据、图像、多媒体应用的需求。现实意义上的城域网一定是能提供高传输速率和保证 QoS 的网络系统，于是人们很自然地将传统意义上的城域网扩展为宽带城域网。

应用的需求与技术的演进总是相互促进、协调发展的。互联网应用的快速增长要求通信网络满足用户的新需求，而新技术的出现又促进新的 IP 网络应用的产生与发展。这在宽带城域网的建设与应用中表现得尤为突出。由于低成本的 GE、10GE、40GE、100GE技术的应用，使得局域网带宽快速增长。宽带城域网的设计人员可以利用这些新技术，将高速 Ethernet 扩展到广域网与城域网。

宽带城域网的建设与应用引起世界范围内大规模的产业结构调整和企业重组。

3. 宽带城域网业务范围

现在，宽带城域网已经成为智慧城市各项应用运行的平台（如图 2-7 所示）。这些应用主要包括：大规模互联网接入的需求与信息交互应用；电子政务、电子商务、网络银行、远程教育、位置服务与城市公共服务；网络电视、网络视频、网络电话、网络游戏，以及网上购物、网上支付。宽带城域网为物联网智能交通、智能医疗、智能家居、智能物流等应用的发展奠定了坚实的基础。

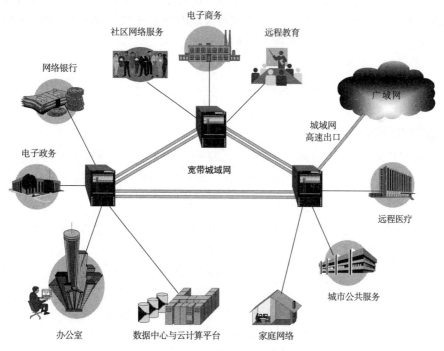

图 2-7　智慧城市与宽带城域网

4. 宽带城域网技术的主要特征

宽带城域网技术的主要特征表现在以下几个方面：

1）宽带城域网是基于计算机网络技术与 IP 协议，以电信网的可扩展性、可管理性为基础，在城市范围内汇聚宽带和窄带用户的接入，为满足政府、企业、学校等集团用户和个人用户对互联网和宽带多媒体服务的需求而组建的综合宽带网络。

2）从传输技术角度来看，宽带城域网以光纤传输网为基础，连接计算机网络、公共电话交换网、移动通信网和有线电视网，为语音、数字、视频提供了一个互联互通的通信平台。

3）城域网与广域网在设计上的出发点不同。广域网要求重点保证高数据传输容量，而城域网则要求重点保证高数据交换容量。因此，广域网设计的重点是保证大量用户共享主干通信链路的容量，而城域网设计的重点不完全是链路，而是交换节点的性能与容量。城域网的每个交换节点都要保证大量接入用户的服务质量。当然，城域网连接每个交换节点的通信链路带宽也必须得到保证。

4）宽带城域网是传统的计算机网络、电信网络与有线电视网技术的融合，也是传统的电信服务、有线电视服务与现代互联网服务的融合。

5）既不能简单地认为城域网是广域网的缩微版本，也不能简单地认为城域网是局域网的自然延伸。宽带城域网应该是一个在城市区域内为大量用户提供接入和各种信息服务的综合网络平台，也是现代化城市重要的基础设施之一。

2.3.2 宽带城域网的结构与层次划分

1. 宽带城域网的总体结构

如果要设计一个宽带城域网，将涉及网络平台、业务平台、管理平台与城市宽带出口的"三个平台与一个出口"方案。图 2-8 给出了宽带城域网的总体结构。

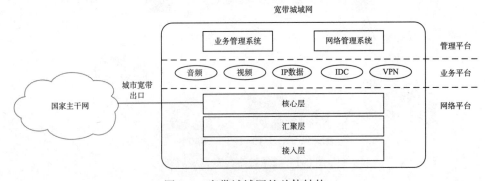

图 2-8　宽带城域网的总体结构

2. 宽带城域网的网络结构

图 2-9 给出了典型的宽带城域网的网络结构。宽带城域网的网络平台结构可以进一步划分为核心层、汇聚层与接入层（核心层也称为交换层，汇聚层也称为边缘汇聚层，接入层也称为用户接入层）。

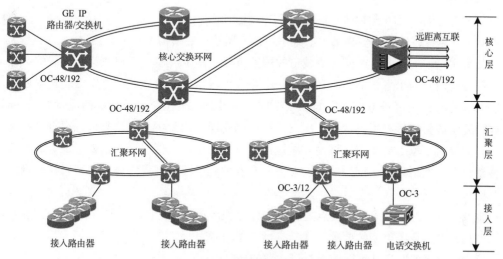

图 2-9　典型的宽带城域网的网络结构

核心层主要承担高速数据交换的功能，汇聚层主要承担路由与流量汇聚的功能，接入层主要承担用户接入与本地流量控制的功能。采用层次结构的优点是：结构清晰，各层功能实体之间的定位明确，接口开放，标准规范，便于组建和管理。

3. 核心层的基本功能

宽带城域网的核心层主要有以下基本功能：

- 将多个汇聚层连接起来，为汇聚层提供高速分组转发，为整个城域网提供一个高速、安全与具有服务质量保障能力的数据传输环境。
- 实现与地区或国家主干网络的互联，提供城市的宽带 IP 数据出口。
- 提供宽带城域网用户访问互联网所需要的路由服务。

核心层结构设计的重点在于可靠性、可扩展性、开放性与安全性。

4. 汇聚层的基本功能

宽带城域网的汇聚层主要有以下基本功能：

- 汇聚接入层的用户流量，实现 IP 分组的汇聚、转发与交换。
- 根据接入层的用户流量，进行本地路由、过滤、流量均衡、服务质量优先级管理，以及安全控制、IP 地址转换、流量整形等处理工作。

5. 接入层的基本功能

接入层解决的是"最后一公里"问题。它通过多种接入技术，连接最终用户，为其覆盖范围内的大量用户访问互联网提供服务。

6. 总结

在讨论宽带城域网技术时，需要注意以下五个问题。

第一，宽带城域网的核心层、汇聚层与接入层的三层结构是一个全集。

在实际应用中，可以根据某个城市的覆盖范围、网络规模、用户数量与承载的业务来确定是否使用它的子集。例如，在设计一个覆盖大城市的宽带城域网方案时，通常要采用完整的核心层、汇聚层与接入层的三层结构。在设计一个覆盖中小城市的宽带城域网时，可能初期阶段只需要采用包含核心层与汇聚层的两层结构，将汇聚层与接入层合并起来考虑；有些针对小城市的宽带城域网方案也可以将核心层与汇聚层合并起来考虑。运营商可以根据自己的网络规模、用户数量、业务分布和发展阶段等因素综合考虑宽带城域网的结构与层次。

城域网设计的一个重要出发点是：在降低网络造价的前提下，满足当前的数据交换量、接入的用户数与业务类型的要求，并具有可扩展的能力。

第二，组建的宽带城域网一定是可运营的。

宽带城域网是一个出售新的电信服务的系统，它必须保证系统能够提供 7×24 的服务，并且要保证服务质量。宽带城域网的核心链路与关键设备一定是电信级的。要组建可运营的宽带城域网，首先要解决技术选择与设备选型问题。宽带城域网采用的技术不一定是最先进的，而应该是最适合的。

第三，组建的宽带城域网一定是可管理的。

作为一个实际运营的宽带城域网，它和服务于一个实验室、办公室的局域网不同，宽带城域网需要有很强的网络管理能力。这种能力表现在电信级的接入管理、业务管理、网络安全、计费能力、IP 地址分配、服务质量保证等方面。

第四，组建的宽带城域网一定是可盈利的。

组建宽带城域网必须定位在可以开展的业务上，首先要确定如何开展互联网接入业务、VPN 业务、话音业务、视频与多媒体业务、内容提供业务等。不同城市需要根据自身优势确定重点发展的主业务，同时兼顾其他业务。建设可盈利的宽带城域网要求能正确定位客户群，发现盈利点，培育和构建产业和服务链。定位客户群时，首先要区分高价值用户和普通用户。建设可盈利宽带城域网的另一重要方面是培育和构建合理的宽带价值链。运营者应该有计划、逐步地建设基于互联网的下一代运营网络环境，形成信息电子产品制造商、应用服务提供商、网络服务提供商到最终用户的良性循环的业务模式和完整的产业链。

第五，组建的宽带城域网一定是可扩展的。

在设计与建设宽带城域网时必须高度重视网络的可扩展性，宽带城域网组网的灵活性，对新业务与网络规模、用户规模扩展的适应性。

宽带网络技术的发展具有很大的不确定性，难以准确预测网络服务产品的更新和发展，尤其是难以预测新的应用。因此，在选择方案与设备时必须十分慎重，以降低运营商的投资风险。宽带城域网的组建受到技术发展与投资规模的限制，一步到位的想法是不现实的。对于新的运营商来说，组建可扩展的宽带城域网前必须进行统一规划，分阶段、分步骤地实施，减少一次性投资的风险。同时，根据业务的开展，逐步调整建设步骤和规模。

宽带城域网建设的最大风险是基本技术方案选择，因为它决定主要的资金投向和风险。构建宽带城域网的基本技术与方案主要有：基于 SDH 的城域网方案与基于 10GE 的城域网方案。到底哪种方案比较适合，不同的城市与不同的运营商会有不同的选择。如果说选择宽带城域网网络方案的三大驱动因素是成本、可扩展性和易用性，那么将基于光纤的城域以太网技术作为构建宽带城域网的主要技术是比较合适的。

2.3.3　城域以太网与宽带城域网

与光以太网一样，**城域以太网**（Metro Ethernet）的概念也是在 2000 年前后提出的，城域以太网是光以太网在城域网中的具体应用。

在传统的城域网领域，电信运营商已经建成了很多网络基础设施，铺设了大量的光纤，建设了 SDH 环网。由于 Ethernet 技术与标准成熟，系统造价低，目前世界上已经拥有数亿个 Ethernet 节点。同时，Ethernet 具有良好的扩展性，能够很容易地实现速率从 10Mbps 到 100Gbps，覆盖范围从几十米到几十千米的平滑、连续的升级。因此，将传统的电信传输网与高速 Ethernet 技术相结合是一种可行的方案。

城域以太网研究的核心思想是：利用光纤巨大的带宽资源，以及广泛应用的 Ethernet 技术，为网络运营商建造新一代的宽带城域网提供技术支持。城域以太网的出现标志着 Ethernet 的应用已经从传统的办公环境的局域网应用向城域网、广域网方向延伸。

2005 年，在光以太网与城域以太网研究的基础上，城域以太网论坛（Metro Ethernet Forum，MEF）提出了**电信级以太网**（Carrier Ethernet，CE）的概念。CE 继承了光以太网的一些特征，但它并不是单指某项技术，而是一种解决方案。MEF 定义了 CE 包含的五方面内容：标准化的业务、可扩展性、可靠性、QoS、电信级的管理。

综合以上的讨论，我们可以得出以下结论：

第一，完善的光纤传输网、高端路由器和多层交换机构成了宽带城域网体系，成为支撑智慧城市建设的信息基础设施。

第二，传统电信、有线电视与 IP 业务的融合成为宽带城域网的核心业务，扩大宽带接入是发展宽带城域网应用的关键。

第三，电信级的光以太网、城域以太网概念与产品的出现，标志着 Ethernet 技术已经从传统的办公环境的局域网应用向城域网、广域网方向延伸，将从根本上改变传统城域网运营商的网络规划、设计、建设与管理方法。

2.4 局域网技术的研究与发展

2.4.1 局域网技术的发展过程

1. Ethernet 技术的发展与演变

在局域网的研究领域中，Ethernet 技术并不是出现最早的，但却是最成功的。20 世纪 70 年代初期，欧美的一些大学和研究所开始研究局域网技术。早期研究的是环形局域网。例如，1972 年美国加州大学研究的 Newhall 环网，1974 年英国剑桥大学研究的 Cambridge Ring 环网。20 世纪 80 年代，局域网领域呈现出 Ethernet 与 Token Bus、Token Ring 三足鼎立的局面，并且分别形成了 IEEE 802.3、IEEE 802.4、IEEE 802.5 标准。Token Bus 与 Token Ring 都应归为环网，其中 Token Ring 是物理的环网，而 Token Bus 是物理的总线网、逻辑的环网。

到 20 世纪 90 年代，Ethernet 开始受到产业界的认可并得到广泛应用。进入 21 世纪，Ethernet 技术已成为局域网、城域网与广域网领域的主流技术。

在讨论局域网技术的研究与发展时，首先要重点研究 Ethernet 技术的发展历程。Ethernet 的核心技术是随机争用型介质访问控制方法，它是在无线校园网 ALOHANET 的基础上发展起来的。ALOHANET 出现在 20 世纪 60 年代末，是夏威夷大学为实现位于夏威夷瓦胡岛主校园的一台 IBM 360 主机与各个岛屿不同校区的计算机之间的互联而开发的一种无线分组交换网。ALOHANET 使用一个公共无线电信道，支持多个节点对一个共享无线信道的多路访问。最初的数据传输速率为 4800bps，后来提高到 9600bps。

ALOHANET 的通信协议很简单。网络中的任何节点都可以随时发送数据，数据发送之后就等待确认。如果在 200 ~ 1500ns 内没有收到确认，该节点就认为另一个或其他多个节点同一时间也在发送数据，出现冲突。冲突导致多路信号的叠加，叠加后的信号波形不等于任何一个节点发送的信号波形，因此接收节点不可能接收到有效的数据信号，这样多个节点的此次发送都宣告失败。这时，发生冲突的多个节点需要各自随机后退一个延迟时间，并再次发送数据，直至成功发送为止。这种分布式控制算法叫作**带冲突避免的载波侦听多路存取**（Carrier Sense Multiple Access with Collision Avoidance，CSMA/CA）方法。由于 CSMA/CA 算法是解决"共享无线信道"的多路访问控制方法，因此把它叫作"载波"

侦听多路存取就非常容易理解了。

20 世纪 70 年代初，鲍勃·麦特卡尔夫（Bob Metcalfe）在 ALOHANET 的基础上，提出一种总线型局域网的设计思想。他对 ALOHANET 进行改进，提出冲突检测、载波侦听与随机后退延迟算法。1972 年，鲍勃·麦特卡尔夫和戴维·博格斯（David Boggs）开发出第一个实验性的局域网，实验系统的数据传输率达到 2.94Mbps。1973 年，他们将这种局域网命名为"Ethernet"。

1976 年 7 月，鲍勃·麦特卡尔夫与戴维·博格斯合作发表了具有里程碑意义的论文" Ethernet：Distributed Packet Switching for Local Computer Networks"。论文中指出：Ethernet 的核心技术是 CSMA/CD 方法。Ethernet 局域网中所有的节点都通过网卡连接到一条共享总线传输介质（如同轴电缆或双绞线）上。Ethernet 中不存在中心控制节点，连接在共享总线上的所有节点都可以随时发送数据帧，网中的节点以平等的方式争用共享的总线传输介质的发送权（如图 2-10 所示）。CSMA/CD 研究的目标就是要解决多个节点共享一条总线的访问控制问题。

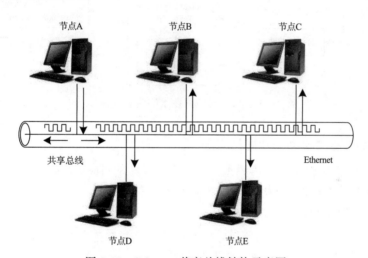

图 2-10　Ethernet 共享总线结构示意图

1977 年，鲍勃·麦特卡尔夫和同事们申请了 Ethernet 专利。1980 年，Xerox、DEC 与英特尔三家公司联合公布了 Ethernet 的物理层、数据链路层规范。1981 年，Ethernet V2.0 规范公布，在此基础上进一步推出了 IEEE 802.3 标准。1982 年，第一块支持 802.3 标准的 VSLI 芯片 **Ethernet 数据链路控制器**（Ethernet Data Link Control，EDLC）问世，大大提高了 Ethernet 网卡的性能，降低了成本。

由于 IEEE 对 802.3 标准采取开放的策略，公开了 Ethernet 的全部技术文档，使 Ethernet 软件开发变得很容易，因此吸引了很多软件厂商参与开发网络操作系统与应用软件。正是由于 Ethernet 网卡造价低、组网容易、网络操作系统功能强大、网络应用软件丰富，因此，Ethernet 成为办公室、企业局域网的首选技术。到了 20 世纪 80 年代，Ethernet 用户数量很快扩大到数亿。Ethernet 技术一改局域网"三足鼎立"的局面，变成"一枝独秀"，成功取代了 Token Bus、Token Ring 与 ATM，向交换式以太网、高速以太网、无线以太网、工业以太网与电信级以太网方向发展，并从局域网应用向城域网、广域网应用扩展，成为公认的计算机网络主流技术之一。图 2-11 给出了局域网技术的演变与发展过程。

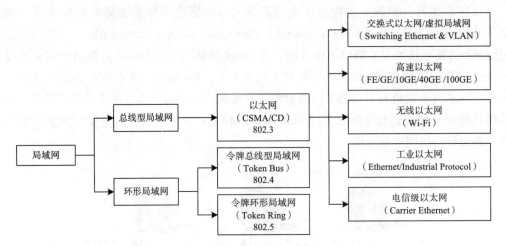

图 2-11　局域网技术的演变过程

2. IEEE 802 参考模型的发展与演变

图 2-12 给出了 IEEE 802 参考模型与 OSI 参考模型的对应关系。

研究局域网参考模型的结构时，需要注意以下三个问题。

（1）LLC 子层与 MAC 子层的划分

由于 OSI 参考模型制定时间较早，已不能适应局域网技术的发展，因此需要做一些调整和补充。1980 年 2 月，IEEE 成立了专门从事局域网标准化工作的 IEEE 802 委员会。当时的局域网领域已经是 Ethernet、Token Bus、Token Ring 三足鼎立的局面，为了给采用不同协议的局域网制定一个共用的参考模型，IEEE 802 委员会将 OSI 参考模型的数据链路层划分为两个子层：**逻辑链路控制**（Logical Link Control，LLC）子层与**介质访问控制**（MAC）子层。

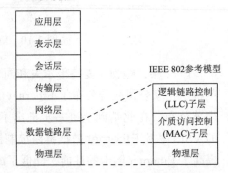

图 2-12　IEEE 802 参考模型与 OSI 参考模型的对应关系

增加 LLC 子层的目的是：将不同结构的 MAC 帧传送到网络层之前，由 LLC 子层统一将它们封装到 LLC 帧中，网络层软件面对的是结构统一的 LLC 帧。LLC 子层可以屏蔽不同局域网的帧结构、MAC 访问控制方法、网络拓扑、传输介质与传输速率的差异性。

（2）LLC 协议的变化

LLC 协议在局域网应用初期确实发挥了很好的作用，但是随着 Ethernet "一统天下" 局面的出现，几乎所有办公自动化环境都采用 Ethernet 技术，很多硬件和软件厂商采取了简化的方法，不使用 LLC 协议，而是直接将 MAC 帧封装在 IP 分组中，因此一段时间内 LLC 协议变得可有可无。但是，随着 Wi-Fi 的广泛应用，IEEE 802.11 帧与 Ethernet 帧的结构不同，于是 LLC 协议又重新回到人们的视野。

（3）IEEE 802 协议标准的类型

IEEE 802 委员会为了研究不同的局域网标准而成立了一系列工作组（WG）或技术行动组（TAG），它们制定的标准统称为 IEEE 802 标准。这些标准分为三类。

第一类，IEEE 802.1 标准：定义了局域网体系结构、网络互联、虚拟局域网，以及网络管理与性能测试方面的标准。

第二类，IEEE 802.2 标准：定义了逻辑链路控制（LLC）子层的功能与服务。

第三类，定义了不同介质访问控制技术的 MAC 层协议标准，以及不同的传输速率、传输介质与接口标准的物理层（PHY）协议。

不同 MAC 技术的相关标准曾经多达 16 个。随着局域网技术的发展，一些过渡性技术在市场检验中逐步被淘汰或很少使用，目前应用最多和正在发展的标准主要有三个：IEEE 802.3 标准（Ethernet）、IEEE 802.11 标准（Wi-Fi）与近距离个人区域无线网络的 IEEE 802.15 标准。图 2-13 给出了一个简化的 IEEE 802 协议结构。

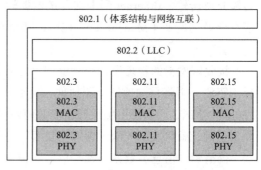

图 2-13　简化的 IEEE 802 协议结构

2.4.2　理解 Ethernet 的工作原理

1. 一些重要的基本概念

在分析 Ethernet 的工作原理之前，我们需要注意两个问题：一是 Ethernet 中的信息、数据、帧与信号的关系，二是 Ethernet 物理地址的概念。

（1）信息、数据、帧与信号

在分析 Ethernet 工作原理之前，我们需要回顾一下 Ethernet 中的信息、数据、帧与信号的关系（如图 2-14 所示）。图中简化了传输层与网络层的应用层数据的封装过程。

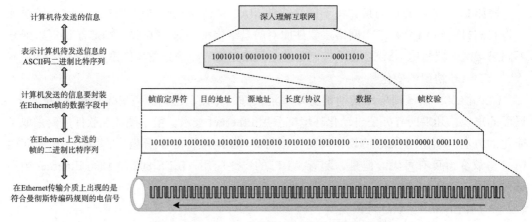

图 2-14　Ethernet 中的信息、数据、帧与信号

如果在 Ethernet 中准备发送中文信息"深入理解互联网"，计算机可以用 ASCII 码将这个短语编码为一段二进制比特序列。通过 Ethernet 发送时，MAC 层软件首先将这个二进制比特序列封装在 Ethernet 帧的数据字段中。Ethernet 帧的帧前定界符、目的地址、源地址、类型与帧校验字段同样用二进制表示，它们与数据字段按规定的顺序组成一个完整 Ethernet 帧的二进制比特序列。计算机内部用于表示信息的二进制比特序列不能直接通过传输介质传输。Ethernet 网卡在发送数据帧时，网卡的物理层需要将帧的二进制序列转化成符合曼彻斯特（Manchester）码编码规则的电信号，再将电信号在共享总线上以光速发送出去。

接收端网卡的物理层接收到电信号之后，先将它转化成二进制比特序列，去掉帧前定界符字段，再将目的地址、源地址、类型、数据与帧校验等字段交给接收端的 MAC 层软件处理。MAC 层软件用帧校验字段数值对帧的目的地址、源地址、类型、数据进行校验，如果正确，就将表示"深入理解互联网"的中文信息传递给接收端的高层软件。

搞清楚"信息、数据、帧、信号"概念与交互过程之后，进一步讨论 Ethernet 工作原理就很容易了。

（2）Ethernet 物理地址

所谓"物理地址"是指网卡生产商在生产网卡时直接写入网卡 ROM 中的地址。物理地址是不可变的。Ethernet 帧中的源地址与目的地址分别为发送节点与接收节点的物理地址。由于 Ethernet 帧属于 MAC 层用来识别节点的地址，因此 Ethernet 的物理地址又称为 Ethernet 的 MAC 地址。

理解 Ethernet 的 MAC 地址时，需要注意以下几个问题：

• Ethernet 的 EUI-48 地址的唯一性

为了统一管理 Ethernet 的 MAC 地址，保证每块 Ethernet 网卡的地址是唯一的，不会出现重复，IEEE 注册管理委员会（Registration Authority Committee，RAC）为每个 Ethernet 网卡生产商分配 MAC 地址的前 3 个字节，即公司标识（company-id），也称为**机构唯一标识符**（Organizationally Unique Identifier，OUI）。后 3 个字节由网卡的厂商自行分配，组成的 48 位地址称为 EUI-48。EUI（Extended Unique Identifier）表示扩展的唯一标识符。例如，Cisco 公司申请的 OUI 可能有多个，其中一个 OUI 是 "00-60-09"，该公司生产的某一块 Ethernet 网卡后 3 个字节值是 "2A-10-C3"，那么这块网卡的 EUI-48 地址就是 "00-60-09-2A-10-C3"。

在网卡的生产过程中，网卡生产商将 EUI-48 地址写入网卡的只读存储器（ROM）中。如果这块网卡安装在作者的笔记本电脑中，那么该笔记本电脑接入 Ethernet 的 MAC 地址就是 "02-01-00-2A-10-C3"。不管作者将这台笔记本电脑带到哪里、连接到哪个实验室的 Ethernet 中，这台计算机的网卡的 MAC 地址都是不变的，并且不会与世界上任何一台计算机的网卡的 MAC 地址相同。

- EUI-48 地址中的 I/G 位与 G/L 位

IEEE 注册管理委员会在确定 Ethernet 物理地址分配方案时，对 EUI-48 地址第一个字段的最低两位做了一些限定（如图 2-15 所示）。

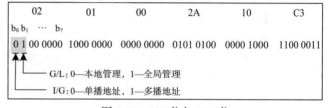

图 2-15　I/G 位与 G/L 位

EUI-48 地址的第一个字节的最低位是单播 / 多播地址（Individual/Group，I/G）位，I/G=0 表示单播地址，I/G=1 表示多播地址。

考虑到有的生产厂商可能不愿意向 IEEE RAC 购买 OUI 字段，因此 IEEE 802.3 协议规定，Ethernet 物理地址的第一个字节的最低第二位为 "全局 / 本地（Global/Local，G/L）位"。G/L=0 表示本地管理的物理地址，用户可以任意分配，但不能保证这个地址是全球唯一的；G/L=1 表示全局管理的物理地址。对于所有向 IEEE RAC 购买 OUI 的 Ethernet 网卡的物理地址来说，G/L=1。事实上，一般 Ethernet 网卡的 MAC 地址都是全局管理，以保证这个 MAC 地址在全世界是唯一的，只有个别令牌环网采用 G/L=0 的本地管理地址。

2. Ethernet 帧发送流程分析

我们可以将 CSMA/CD 的控制过程形象地比喻成很多人在一间黑屋子中举行讨论会，参加会议的人只能听到其他人的声音。每个人在发言之前要先倾听，只有等会场安静下来后，他才能够发言。人们将发言前要 "先听后说" 的动作称为 "载波侦听"；将在会场安静的情况下，每人都有平等的机会争取发言称为 "多路访问"；如果在同一时刻有两人或两人以上同时说话，大家就无法听清其中任何一人的发言，这种情况称为发生了 "冲突"。发言人在发言过程中要及时检测是否发生了冲突，这个动作叫作"冲突检测"。如果发言人发现冲突已经发生，这时他要停止讲话，然后"随机后退延迟"，之后再次重复上述过程，直至发言成功。如果失败的次数太多，他也许就会放弃这次发言。因此，可以将CSMA/CD 的发送流程概括为：先听后发，边听边发，冲突停止，延迟重发。图 2-16 给出了 Ethernet 节点的帧发送流程。

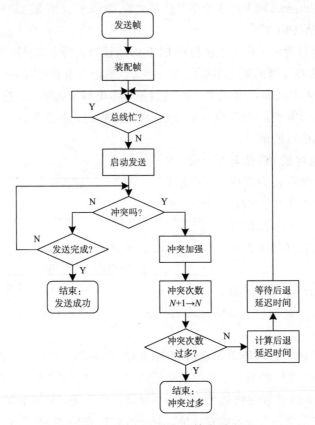

图 2-16　Ethernet 节点的帧发送流程

（1）载波侦听过程

Ethernet 中任何一个节点在发送数据帧之前，首先要"侦听"总线的忙/闲状态。Ethernet 网卡的收发器一直在接收总线上的信号。如果总线上有其他节点发送的数据信号，那么曼彻斯特解码器的解码时钟一直有输出；如果总线上没有数据信号发送，那么曼彻斯特解码器的时钟输出为 0。因此，接收电路的曼彻斯特解码器的时钟信号能够反映出总线忙/闲状态（如图 2-17 所示）。

（2）冲突检测方法

载波侦听并不能完全消除冲突。电信号在同轴电缆中传播速度只有光速的 2/3 左右，

约为 2×10^8 m/s。例如，局域网中相隔最远的两个节点 A 和 B 相距 1000 米，那么节点 A 发送的数据信号通过传输介质传播到节点 B 大约需要 5μs。也就是说，在节点 A 开始发送数据信号 5μs 之后，节点 B 可能接收到这个数据信号。在这 5μs 时间内，节点 B 并不知道节点 A 已发送数据，节点 B 和没有接收到信号的节点有可能也发送了数据信号。当出现这种情况时，节点 A 与所有同时发送的节点就出现"冲突"（Collision）。因此，节点在利用共享传输介质发送数据信号时必须进行冲突检测。

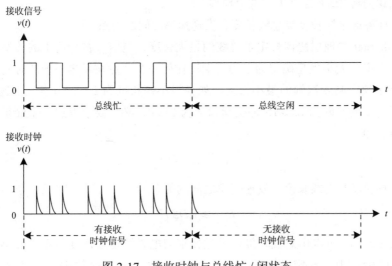

图 2-17　接收时钟与总线忙 / 闲状态

有一种极端的情况是：节点 A 向节点 B 发送了数据信号，在数据信号快要到达节点 B 时，节点 B 也发送了数据信号，此时冲突发生。等到冲突的信号传送回节点 A 时，传播延迟为 2τ，其中 $\tau = D/V$，D 为总线传输介质的最大长度，V 是电磁波在介质中的传播速度。图 2-18 描述了冲突域与冲突窗口的概念。

理解冲突与冲突窗口的概念需要注意以下几个问题。

第一，理解冲突域与冲突窗口的概念。

- **冲突域**（Collision Domain）：由于连接在一条总线上的所有节点争用一条共享总线，因此连接在总线上的所有节点组成了

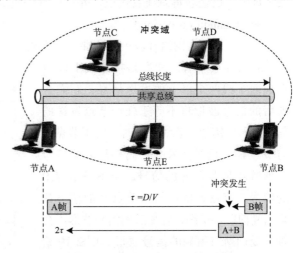

图 2-18　冲突域与冲突窗口的概念

一个"冲突域"。

- **冲突窗口**（Collision Window）：连接在一条总线上的所有节点都能检测到冲突发生的最短时间。

如果信号在总线上传播的时间为 τ（$\tau=D/V$），那么经过 2 倍时间（$2D/V$）之后，冲突的信号可以传遍整个总线。总线上连接的所有节点都可以检测到冲突。

如果超过两倍的传播延迟时间（2τ）没有检测到冲突，就能肯定该节点已取得总线访问权，因此我们将 $2D/V$ 定义为"冲突窗口"。

第二，理解最小帧长度与总线长度、发送速率之间的关系。

由于 Ethernet 物理层协议规定了总线的最大长度，电信号在介质中的传播速度是确定的，因此冲突窗口大小也是确定的。为了保证任何一个节点在发送一帧的时间内能够检测到冲突，就必须限制发送帧的最小长度。如果最小帧长度为 L_{min}，节点发送速率为 S，发送最小帧所需要的时间为 L_{min}/S，冲突窗口值为 $2D/V$，必须要求发送一个最小帧的时间超过冲突窗口，即

$$L_{min}/S \geqslant 2D/V \tag{2-1}$$

那么，最小帧长度与总线长度、发送速率之间的关系为

$$L_{min} \geqslant 2DS/V \tag{2-2}$$

根据式（2-2），可以由总线长度、发送速率与电磁波传播速度估算出最小帧长度。在 Ethernet 协议标准中，规定的冲突窗口为 51.2μs。Ethernet 的数据传输速率为 10Mbps，51.2μs 的冲突窗口意味着可以发送 512bit（64B）数据。64B 是 Ethernet 的最小帧长度。也就是说，当一个节点发送一个最小帧或发送一个帧的前 64 个字节时没有发现冲突，则表示该节点已经获得总线发送权，并可以继续发送后续的字节。因此，冲突窗口又称为**争用周期**（Contention Period）。

第三，理解在网络环境中检测冲突的方法。

从物理层来看，冲突是指总线上同时出现两个或两个以上的发送信号，它们叠加后的信号波形将不等于任何节点发送的信号波形。例如，总线上同时出现了节点 A 与节点 B 的发送信号，它们叠加后的信号波形既不是节点 A 的信号，也不是节点 B 的信号。节点 A 的信号与节点 B 的信号都采用曼彻斯特编码，叠加后的信号波形不会符合曼彻斯特编码的信号波形。图 2-19 给出了曼彻斯特编码信号的波形叠加情况。

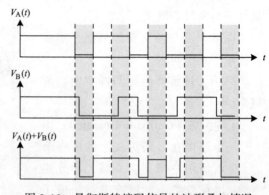

图 2-19 曼彻斯特编码信号的波形叠加情况

从电子学实现方法的角度，冲突检测可以有两种方法：比较法和编码违例判决法。

- 比较法是指发送节点在发送帧的同时，将其发送信号波形与从总线上接收到的信号波形进行比较。当发送节点发现这两个信号波形不一致时，表示总线上有多个节点同时发送数据，意味着冲突已经发生。如果总线上同时出现两个或两个以上的发送信号，它们叠加后的信号波形将不等于任意一个节点的发送信号波形。
- 编码违例判决法是指检查从总线上接收的信号波形。接收的信号波形不符合曼彻斯特编码规则，说明已经出现了冲突。如果总线上同时出现两个或两个以上的发送信号，它们叠加后的信号波形将不符合曼彻斯特编码规则。

如果在发送数据过程中没有检测到冲突，则在发送完所有的数据之后，报告发送成功，进入接收正常的结束状态。

（3）发现冲突、停止发送

如果在发送数据的过程中检测出冲突，为了解决信道争用冲突，发送节点要进入停止发送数据、随机延迟后重发的流程。随机延迟重发的第一步是发送"冲突加强干扰序列（jamming sequence）信号"。冲突加强干扰序列信号为 01010…0101，长度为 32bit。发送冲突加强干扰序列信号的目的是用 32bit 信号占用 32μs。信号在传输介质中的传播速度为光速的 2/3。冲突加强干扰序列信号在 32μs 的时间内可以在传输介质上传播约 672 米，超过 10BASE-5 规定的总线长度最长为 500 米的距离，这样就可以确保有足够的冲突持续时间，使得网络中的所有节点都能检测到冲突，并立即丢弃冲突帧，以提高信道利用率。

（4）随机延迟重发

Ethernet 协议规定一个帧的最大重发次数为 16。如果重发次数超过 16，则认为线路故障，进入"冲突过多"结束状态。如果重发次数 $n \leq 16$，则允许节点随机延迟再重发。

为了公平地解决信道争用问题，需要确定后退延迟算法。典型的 CSMA/CD 后退延迟算法是**截止二进制指数后退延迟**（truncated binary exponential backoff）算法。该算法可以表示为：

$$\tau = 2^k \cdot R \cdot a \tag{2-3}$$

其中，τ 为重新发送所需的后退延迟的时间，a 是冲突窗口值，R 是随机数。如果一个节点需要计算后退延迟时间，则需要以其地址为初始值来产生一个随机数 R。

节点重发后退的延迟时间是冲突窗口值的整数倍，并与以冲突次数为二进制指数的幂值成正比。为了避免延迟过长，截止二进制指数后退延迟算法限定作为二进制指数 k 的范围，定义了 $k = \min(n, 10)$。其中：

- 如果重发次数 $n < 10$，则 k 取值为 n。
- 如果重发次数 $n \geq 10$，则 k 取值为 10。

例如，第一次冲突发生时，重发次数 $n=1$，取 $k=1$，即在冲突的 2 个时间片后重发；

如果第二次冲突发生，重发次数 $n=2$，取 $k=2$，即在冲突的 4 个时间片后重发；在 $n<10$ 时，随着 n 的增加，重发延迟时间按 $2n$ 幂值增长；在 $n>10$ 时，重发延迟时间不再增长，n 的取值截止到 10。由于限制了二进制的指数 k 的范围，则第 n 次重发延迟分布在 $0 \sim [2^{\min(n,10)}-1]$ 个时间片内，最大可能延迟时间为 1023 个时间片。在达到后退延迟时间后，节点将重新判断总线忙 / 闲状态，重复发送流程。当冲突次数超过 16 时，表示发送失败，放弃该帧的发送。

从以上讨论中可以看出，任何节点发送数据都要通过 CSMA/CD 方法争取总线的使用权，从准备发送到成功发送的等待延迟时间是不确定的。因此，Ethernet 使用的 CSMA/CD 方法被定义为一种随机争用型介质访问控制方法。

3. Ethernet 帧结构

（1）Ethernet V2.0 规范和 IEEE 802.3 标准的 Ethernet 帧结构的区别

Ethernet V2.0 规范是在 DEC、英特尔与 Xerox 公司合作研究的 Ethernet 协议的基础上改进而成的，因此有些文献中将 Ethernet V2.0 帧结构称为 DIX 帧结构。IEEE 802.3 标准对 Ethernet 帧结构也做出了规定，通常称之为 IEEE 802.3 帧。DIX 帧和 IEEE 802.3 帧结构是有差异的。图 2-20 给出了 DIX 帧与 IEEE 802.3 帧结构的比较。

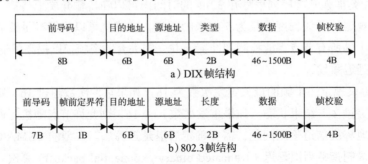

图 2-20　DIX 帧与 IEEE 802.3 帧结构的比较

DIX 帧与 IEEE 802.3 帧结构的差异主要表现在以下两点：

1）前导码部分。DIX 帧的前 8B 是前导码，每个字节都是"10101010"。接收电路通过提取曼彻斯特编码的自含时钟，实现收发双方的比特同步。

IEEE 802.3 帧规定 7B 前导码由 56bit 的"10101010…10101010"比特序列组成，之后有一个结构为"10101011"的帧前定界符。从物理层的角度，接收电路在曼彻斯特解码时需要采用锁相电路，而锁相电路从开始接收状态到同步状态需要 10 ~ 20μs 的时间。设置 56 位前导码的目的是保证接收电路在接收帧的目的地址字段之前，已进入稳定接收的状态，能够正确地接收。如果将前导码与帧前定界符结合在一起看，在 62 位"101010…1010"比特序列后出现"11"。在这 11 比特之后，才是 Ethernet 帧的目的地址字段。

2）类型 / 长度字段。DIX 帧规定了一个 2B 的类型字段。类型字段表示网络层使用的协议类型。例如，类型字段值等于 0x0800，表示网络层使用 IPv4 协议；类型字段值等于 0x8106，表示网络层使用地址解析协议（ARP）；类型字段值等于 0x86DD，表示网络层使用 IPv6 协议。

IEEE 802.3 帧规定该字段为"长度"。长度字段值表示的是数据字段的长度。由于帧的最小长度为 64B，帧头部分长度为 18B（目的地址 6B、源地址 6B、长度 2B、帧校验 4B），数据字段的最小长度为 64B–18B = 46B；数据字段的最大长度为 1500B。这样数据字段长度为 46 ~ 1500B，不是固定的。因此，在帧头中设置"长度"字段是合理的。

由于 DIX 帧没有设定长度字段，因此接收端只能根据帧间隔来判断一帧的接收是否完成。当一帧发送结束时，物理线路上就不会出现电平的跳变，表明一帧发送结束。当接收端认为已经完整地接收一帧时，去掉最后的 4B 校验字段，就能够取出数据字段。

由于 Ethernet V2.0 标准已经广泛应用，因此 IEEE 802.3 标准在之后的修订中给出了一个折中的方案，将 2B 的"长度"字段改为"长度 / 协议"字段。为了使一个字段能够表示长度与协议，802.3 协议通过该字段不同的数值来区分不同的含义。Ethernet 帧的最大长度小于 1518B，用十六进制表示，长度字段值一定小于 0x0600；IEEE 802.3 规定表示协议类型的值最小为 0x0800（IP 协议）。这样，Ethernet 的 MAC 层可以根据该字段的数值来区分是表示帧长度还是表示上层协议的类型。这样做可以很好地解决 IEEE 802.3 标准与 Ethernet V2.0 标准之间存在的矛盾。本书将以 IEEE 802.3 帧为对象，分析 Ethernet 帧结构的特点。

（2）Ethernet 帧结构分析

1）前导码字段与帧前定界符字段。

前导码由 7B（56bit）的 10101010…101010 比特序列组成。前导码的作用是实现收发双方的比特同步与帧同步。帧前定界符字段为 1B，比特序列为 10101011，其中前 6bit 与前导码比特序列相似，为 101010；后 2bit 是 11，提示接收电路，即下面开始接收目的地址字段。

2）源地址和目的地址字段。

Ethernet 的 MAC 地址分为三类：单播地址、组播地址和广播地址。Ethernet 帧的源地址一定是发送节点 48bit 的单播 MAC 地址。目的地址与源地址可以是单播地址，也可以是多播地址或广播地址。如果目的地址是单播地址，那么该帧是从源节点发送到目的节点；如果目的地址是多播地址，那么该帧是发送给一组节点；如果目的地址是全 1（FF-FF-FF）的广播地址，那么该帧将发送给局域网中的所有节点。

3）长度 / 协议字段。

修改后的"长度 / 协议"字段为 2B，根据字段值区分表示的是帧长度还是协议。

4）数据字段。

数据字段是网络层发送的数据部分。数据字段的长度为 46 ~ 1500B，加上帧头部分的 18B，Ethernet 帧的最大长度为 1518B。因此，Ethernet 帧的最小长度为 64B，最大长度为 1518B。如果发送端高层数据长度小于 46B，那么在组帧之前要填充到 46B。

在 DIX 帧中，由于没有设置长度字段，接收端并不知道发送端是否对数据字段做了填充，以及填充了多少个字节。如果高层使用的是 IP 协议，IP 协议分组头有"总长度"字段。总长度字段值表示的是发送端发送的 IP 分组长度，接收端根据总长度字段值就可以方便地确定填充字节的长度，并且删除填充字节。

5）帧校验字段。

帧校验字段采用 32 位的 CRC 校验。CRC 校验的范围是目的地址、源地址、长度、数据等字段。CRC 校验的生成多项式为：

$$G(X) = X^{32} + X^{26} + X^{23} + X^{22} + X^{16} + X^{12} + X^{11} + X^{10} + X^8 + X^7 + X^5 + X^4 + X^2 + X + 1$$

4. Ethernet 节点的帧接收流程的分析

图 2-21 给出了 Ethernet 节点的帧接收流程。

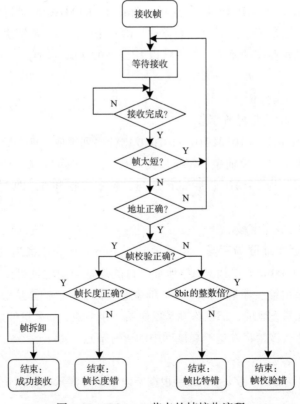

图 2-21 Ethernet 节点的帧接收流程

理解 Ethernet 节点的帧接收流程时，需要注意以下几个问题：

（1）Ethernet 节点只要不发送数据帧就应处于接收状态

如果一个 Ethernet 节点成功利用总线发送数据帧，则其他节点都应该处于接收状态。当节点入网并启动接收后，就处于接收状态。所有节点只要不发送数据，就应该处于接收状态。当某个节点完成一帧数据接收后，首先要判断接收的帧长度。如果接收的帧长度小于规定的帧最小长度 64B，则表明发生冲突，丢弃该帧，节点重新进入等待接收状态。

（2）帧目的地址检查

如果没有发生冲突，则节点完成一帧接收后，首先需要检查帧的目的地址。如果目的地址为单播 MAC 地址，并且是本节点的 MAC 地址，则接收该帧。如果目的地址是组地址，而接收节点属于该组，则接收该帧。如果目的地址是广播地址，也应该接收该帧。如果目的地址不符，则丢弃该帧。

需要注意的是：在编写网络监听软件时，允许网卡被置为"混杂模式"，即接收所有经过网卡的帧，不验证目的 MAC 地址。混杂模式不会影响网卡的正常接收工作。网卡混杂模式需要预先设置。例如，Linux 下混杂模式的设置命令是 ifconfig eth1 promisc。

（3）帧接收

接收节点进行地址匹配后，如果确认是应该接收的帧，下一步则进行 CRC 校验。若 CRC 校验正确，帧长度检查也正确，则将数据部分交给网络层，报告成功接收后，进入帧接收结束状态。

（4）帧校验

Ethernet 协议将接收出错分为三种：帧校验错、帧长度错与帧比特错。如果 CRC 校验正确，则进一步检测帧长度是否正确。CRC 校验之后，可能有以下三种情况：

- CRC 校验正确，但是帧长度不对，则在报告"帧长度错"后进入结束状态。
- 如果帧校验中发现错误，首先判断接收帧是不是 8bit 的整数倍。如果帧的长度是 8bit 的整数倍，表示传输过程中发现二进制比特出错，则在报告"帧校验错"后进入结束状态。
- 如果帧长度不是 8bit 的整数倍，则在报告"帧比特错"后进入结束状态。

（5）帧间最小间隔

从接收流程的讨论中可以看出，网卡在接收一帧时需要做一系列的检测和处理。为了保证网卡能正确和连续地处理接收帧，IEEE 802.3 标准规定连续发送的两帧之间的最小间隔时间是 9.6μs。接收节点可以利用这段时间处理已接收的帧，并准备接收下一帧，或从接收状态转入发送状态。

在剖析了 CSMA/CD 基本工作原理，并分析了 Ethernet 帧结构发送与接收流程之后，读者可能会问："我的计算机已经接入 Ethernet，能否告诉我这台计算机的网络功能是怎么实现的？网卡与这台计算机的主板和操作系统到底有什么关系？"

这是一个很有意义的问题。只有正确地回答了这个问题，才能真正深入地理解计算机网络的工作原理与设计方法。但是，计算机专业的"计算机体系结构""计算机组成原理"教材几乎都不涉及计算机硬件和网络硬件设计与实现的问题；"操作系统"教材也很少讨论计算机操作系统与网络分布式进程通信软件的关系；"程序设计"相关的教材基本上不讨论网络系统软件与网络应用软件编程方法。同样，"计算机网络"教材虽然详细地分析了各层通信协议，但都不涉及网络硬件、软件与计算机体系结构、操作系统的关系，以及网络软件编程方法的问题。这也恰恰反映出计算机网络作为一门交叉学科，涉及计算机专业与通信专业两个学科的知识。

这种现象是造成人们认为"计算机网络课程受通信技术的思路'绑架'"的主要起因，也是计算机网络课程不能很好地融入计算机专业课程体系的主要原因之一。我们常常听到一些计算机专业人士评论计算机网络教材多是站在通信技术的角度讲授计算机网络知识，给计算机专业学生的学习带来了困难，毕业之后问学生掌握了哪些网络知识，是否能写网络程序，很多人的回答令人失望：只记住了一些术语，不会写网络程序。从实际教学效果来看，这种批评不是没有道理的，而解决这个问题的关键是如何从计算机专业的角度切入和诠释计算机网络知识，这是一件非常有意义的工作。

接下来，我们将尝试从 Ethernet 网卡的设计和实现方法切入，从计算机组成原理、操作系统、外设与接口、软件编程的角度，分析计算机网络硬件的设计与实现，讨论计算机在网络环境中实现分布式进程通信的方法，以及网络软件编程的问题，逐步贴近"深入理解互联网"的目标。

2.4.3 Ethernet 网卡的设计方法

在讨论了 Ethernet 的基本工作原理之后，我们进一步讨论如何通过 Ethernet 网卡实现 CSMA/CD 访问控制。

计算机是通过 Ethernet 网卡接入 Ethernet 的。"网卡"的全称为**网络接口卡**（Network Interface Card，NIC）或**网络接口适配器**（Network Interface Adapter，NIA）。图 2-22 给出了 Ethernet 网卡的原理和结构示意图。

Ethernet 网卡由三部分组成：网卡与 Ethernet 传输介质的接口、Ethernet 数据链路控制器（EDLC）、网卡与主机的接口。

1. 网卡与 Ethernet 传输介质的接口

收发器实现 Ethernet 网卡与总线传输介质之间的电信号连接，完成数据发送与接收功能。早期 Ethernet 总线传输介质使用的是同轴电缆，目前常用符合 10BASE-T 标准的 RJ-45 接口和非屏蔽双绞线将网卡连接到交换机或集线器，接入 Ethernet 中。

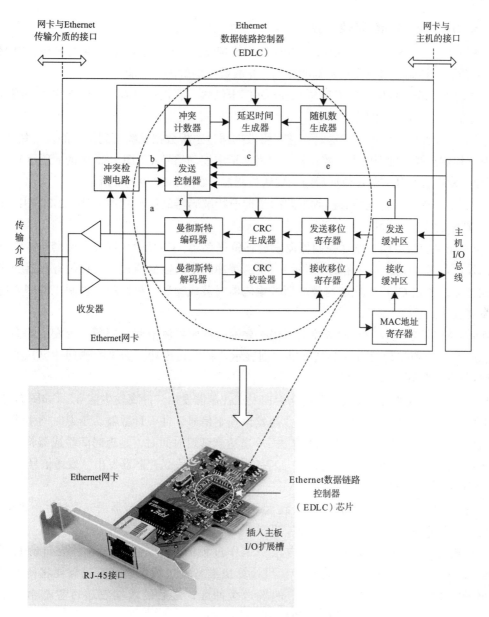

图 2-22 Ethernet 网卡的原理和结构示意图

2. 网卡与主机的接口

Ethernet 网卡要插入联网计算机的 I/O 扩展槽中，作为计算机的一个外设来工作。网卡在主机 CPU 的控制下进行数据的发送和接收。这时，网卡与其他 I/O 外设卡（例如显示卡、磁盘控制器卡、异步通信接口适配器卡）没有本质区别。

3. Ethernet 数据链路控制器

网卡要完成 MAC 层与物理层的功能，实现帧装配与拆封、CRC 产生与校验、CSMA/CD 介质访问控制，以及发送数据的编码、接收数据的解码等功能。

结合 Ethernet 数据发送流程与 Ethernet 网卡结构，我们可以看出，网卡完成一帧数据的发送需要经过以下过程：

1）当计算机有数据要发送时，它先将数据通过主板数据总线写到网卡的发送缓冲区，同时，控制总线向网卡的发送控制器发出发送请求控制信号（如图 2-22 中的 e 所示）。

2）发送缓冲区准备好数据后通知发送控制器（如图 2-22 中的 d 所示）。

3）发送控制器首先检查接收电路的曼彻斯特解码器的接收时钟（如图 2-22 中的 a 所示），判断总线忙 / 闲状态。

4）如果总线空闲，发送控制器向发送移位寄存器、CRC 生成器以及曼彻斯特编码器发出发送信号（如图 2-22 中的 f 所示）。发送缓冲区中的数据通过发送移位寄存器变成串行比特流，通过 CRC 生成器与曼彻斯特编码器封装成帧后，将帧的二进制比特序列通过收发器发送到总线上。

5）在帧发送过程中，发送控制器仍然要通过冲突检测电路，判断是否发生冲突。如果在一个冲突窗口内没有检测到冲突，则表示该帧发送成功。如果检测到冲突，则进入"延迟重发"阶段。

6）如果出现冲突，冲突检测电路会向发送控制器发出"冲突发生信号"（如图 2-22 中的 b 所示）。冲突检测电路向冲突计数器发出控制信号，冲突计数器、延迟时间生成器与随机数生成器协同执行"后退延迟算法"。当达到延迟时间时，延迟时间生成器将向发送控制器发出"重发指示信号"（如图 2-22 中的 c 所示），发送控制器发出"发送信号"（如图 2-22 中的 f 所示）指令。

当冲突检测电路检测到帧重发次数达到 16 时，通知发送控制器丢弃该帧，不再重发，并向本节点的网络层发出"冲突过多，发送失败"的报告。

从 Ethernet 网卡的设计、实现方法与工作过程的分析中可以看出：在计算机通过 Ethernet 网卡接入 Ethernet 的过程中，当计算机准备发送数据时，它只需要将待发送的数据通过 I/O 口传送到 Ethernet 网卡的发送缓冲区，之后的数据发送过程都由网卡在 Ethernet 数据链路控制器（EDLC）的控制下独立完成。

2.4.4 从计算机组成原理的角度认识计算机是如何接入计算机网络的

1. Ethernet 网卡与主机的关系

从计算机组成原理的角度，Ethernet 网卡与计算机的关系如图 2-23 所示。网卡将接收到的数据通过计算机的 I/O 总线，以直接存储器访问（DMA）方式传送到计算机内存中；待发送数据从内存传送到网卡的发送缓冲区。网卡中的 EDLC 芯片独立于主机 CPU，自主控制网卡的数据发送与接收过程。网卡与主机在数据发送与接收过程中以并发方式协同工作，以提高网络与主机系统的运行效率。从计算机组成的角度，Ethernet 网卡与异步通信接口适配器、磁盘控制器、图形控制器等外部设备的地位相同。

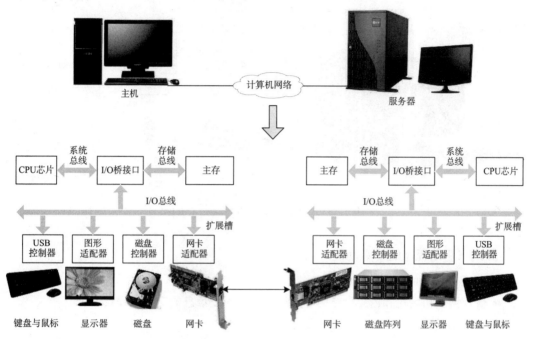

图 2-23　从计算机组成原理的角度认识 Ethernet 网卡

2. Ethernet 网卡电路结构

Ethernet 网卡的 EDLC 芯片与主机 CPU、总线与内存的关系如图 2-24 所示。

从实现原理的角度，Ethernet 连接设备包括三部分：网卡、收发器和收发器电缆。网卡的 CSMA/CD 控制算法、收发器与冲突检测、CRC 校验、曼彻斯特编码与解码功能都是由专用的 VLSI 芯片实现的。英特尔、AMD 等公司都提供了 Ethernet 网卡的 VLSI 专用芯片，千兆以太网卡芯片主要由博通、英特尔、Realtek 等公司提供。例如，利用英特尔公司的 82586、82588 Ethernet 链路控制处理器与 82501 Ethernet 串行接口、82502 收发器芯片，可以方便地构成 Ethernet 网卡，涵盖 IEEE 802.3 协议的介质访问控制（MAC）子层与物理层的主要功能。

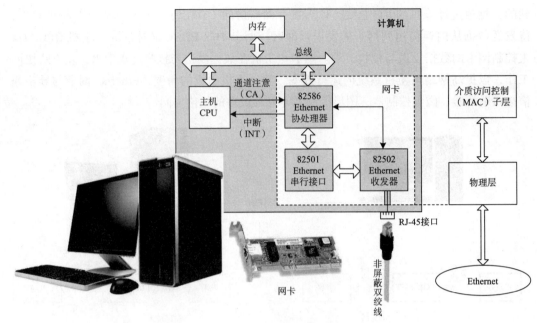

图 2-24　Ethernet 网卡电路结构示意图

3. 网卡驱动程序的基本功能

网卡驱动程序的基本功能包括：

- 管理网卡初始化和退出网络时，网卡与主机配置信息的交互过程。
- 独立完成数据帧接收与数据帧发送的过程。
- 主机与网卡通过 I/O 系统中断信号，通知网卡"数据发送"指令；网卡正确接收数据帧之后，通知主机"读取接收数据"。
- 网卡 DMA 控制器与主机 DMA 控制器配合，通过数据通道，将主机待发送数据写入网卡的发送缓冲区，将网卡正确接收的数据从接收缓冲区传送到主机内存。

4. 网卡驱动程序编程方法

从计算机外设驱动程序设计的角度，Ethernet 网卡通过计算机主板的控制总线、数据总线与地址总线同 CPU、内存交换信息和数据（如图 2-25 所示）。由于 Ethernet 数据链路控制器能够独立于主机 CPU，自主控制网卡的帧发送和接收功能，因此网卡驱动程序编程不涉及网卡与传输介质的接口部分。

个人计算机分配给 Ethernet 网卡的中断一般是中断 3 与中断 5（可选），I/O 端口地址为 300 ~ 30F，DMA 通道可选通道 1、2 或 3。

（1）主机发送数据的过程

主机有数据发送时，只需要将数据提交给网卡，主机不参与数据的发送过程。主机数据发送的过程大致可以分为三步：

1）主机在内存 RAM 中写入"目的 MAC 地址""源 MAC 地址"与"长度 / 协议"与"数据"字段等组成数据帧的主要字段值，等待下一步传送给网卡发送缓冲区。

2）主机通过控制总线向网卡发送"通道注意（CA）"信号，向 EDLC 发出"发送（WR）"指令。

3）EDLC 获取主机"发送（WR）"指令之后，确定允许发送数据，则向网卡 DMA 控制器发出指令。网卡 DMA 控制器接收到 EDLC 与主机 DMA 控制器的指令之后，控制网卡发送缓冲区接收来自主机 RAM 的待发送数据。至此，主机与网卡发送数据的交互过程完成，以下工作由网卡独立完成。

4）发送缓冲区将待发送的数据发送到网卡的发送移位寄存器、CRC 生成器与曼彻斯特编码器，将数据封装成帧，在 EDLC 的控制下完成数据帧的发送。如果该帧重发了 16 次未成功，EDLC 通过中断 IRQ 信号，通知主机"数据发送失败"，由高层软件进行差错处理。

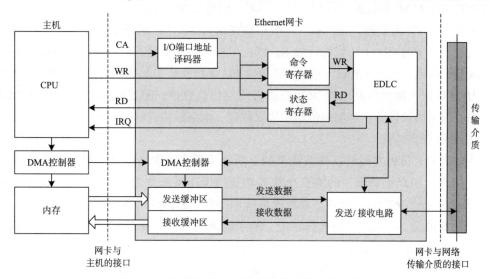

图 2-25　与网卡驱动程序相关的电路结构示意图

（2）网卡接收数据后的动作

网卡接收数据后，将执行以下动作：

1）网卡独立于主机完成数据帧的接收。当网卡通过 CRC 校验、地址匹配检查等方法确定正确接收一个帧之后，EDLC 将接收帧的详细信息写到接收缓冲区中。

2）网卡 EDLC 用中断 IRQ 信号通知主机读取（RD）接收的数据，主机通过 DMA 控制器与 DMA 通道将接收缓冲区中的帧传送到主机 RAM，交给高层软件处理。

从以上讨论中可以得出两点重要的结论：

第一，网卡驱动程序实现网卡与主机 I/O 接口控制、数据交互的功能，使得网卡可以与主机并发地工作。网卡独立地完成数据的发送与接收，与主机协同工作。

第二，无论是普通的 PC、刀片计算机、云计算系统中的主板，还是超级计算机接入 Ethernet，Ethernet 网卡的设计方法与网卡驱动程序的编程方法都是相同的。

2.4.5 从操作系统的角度认识网络中计算机之间的协同工作

在计算机网络中，客户程序与服务器程序运行在不同的计算机系统中，它们各自在本地主机的操作系统管理下，通过协同工作来实现分布式进程通信。我们可以通过一台 PC 接入 Ethernet 的例子来说明这个问题。

如果 PC 不需要连入 Ethernet，那么这台 PC 可以在自己的操作系统的控制下完成单机环境下的各种应用。这台 PC 不必配置网卡与网卡驱动程序，单机操作系统不需要有执行传输层 TCP/UDP 协议的程序；不需要有执行网络层 IP 协议的程序，不需要分配 IP 地址；不需要有执行 MAC 协议的硬件和软件，不需要使用 MAC 地址。

如果这台 PC 需要连入 Ethernet，则必须在这台 PC 的扩展槽中插上一块 Ethernet 网卡，通过符合 10BASE-T 协议标准的 RJ-45 网卡接口与非屏蔽双绞线接入 Ethernet 交换机或集线器，从而接入 Ethernet。同时，需要在 PC 操作系统中配置 Ethernet 网卡驱动程序；配置 IP 地址以及能执行网络层 IP 协议的网络层协议软件；配置能执行传输层 TCP/UDP 协议的传输层协议软件。增加的传输层协议软件、网络层协议软件与网卡驱动程序就使得主机具有联网的功能。

早期研究人员将在传统操作系统基础上增加了网卡设置与网络功能配置管理、网络监控、用户与用户组管理、网络安全管理功能的操作系统称为网络操作系统（Network Operating System, NOS）。随着计算机网络技术的普及，网络功能成为各种类型操作系统必备的基本功能，因此"网络操作系统"的术语也就不再使用。图 2-26 给出了增加网络功能的操作系统结构示意图。

需要注意的是：在传统的操作系统基础上增加的执行传输层 TCP/UDP 协议与网络层 IP 协议的网络协议软件，属于操作系统内部的系统软件；应用层的各种网络应用软件不属于操作系统的系统软件，它们是运行在操作系统之上的应用软件。

2.5 Ethernet 技术的发展

2.5.1 交换式 Ethernet 的研究与发展

1. 交换式 Ethernet 的基本概念

在传统的 Ethernet 中，联网主机共享一个传输介质，因此不可避免会发生冲突。随着局域网规模的扩大，网络中的节点数量不断增加，网络通信负荷不断加重，网络效率就会急剧下降。为了解决网络规模与网络性能之间的矛盾，人们提出将共享介质方式改为交换方式，从而推动了交换式 Ethernet 的研究与发展。在交换式 Ethernet 中，**交换机**（Switch）是一种关键网络硬件设备，它工作在数据链路层，根据接入交换机帧的 MAC 地址，过滤并转发数据帧。通过交换机可以将多台计算机以星形拓扑结构构成交换式 Ethernet。

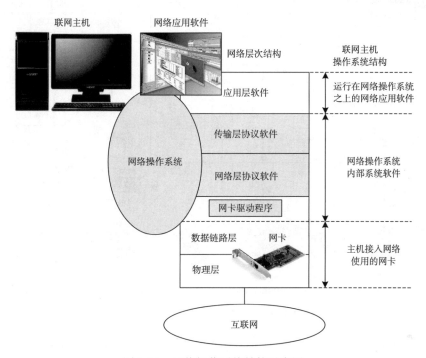

图 2-26　网络操作系统结构示意图

交换机具有四个基本功能：
- 建立和维护一个表示 MAC 地址与交换机端口号对应关系的映射表。
- 在发送主机与接收主机端口之间建立多个并发的连接。
- 完成帧的过滤与转发。
- 执行生成树协议，防止出现环路。

2. Ethernet 交换机的工作原理

Ethernet 交换机的设计灵感源于局域网桥。网桥可以通过不同的端口连接多个缆段，不转发每一个缆段内部节点之间的交换的帧。交换式 Ethernet 的核心设备是 Ethernet 交换机（LAN Switch），它相当于局域网桥。局域网桥利用存储转发的方式，实现连接在不同缆段节点之间的帧交互；而交换机则是利用交换芯片在多个端口之间同时建立多个并发的虚拟连接,以实现多对端口之间帧的多路传输。图 2-27 给出了 Ethernet 交换机的结构与工作原理示意图。

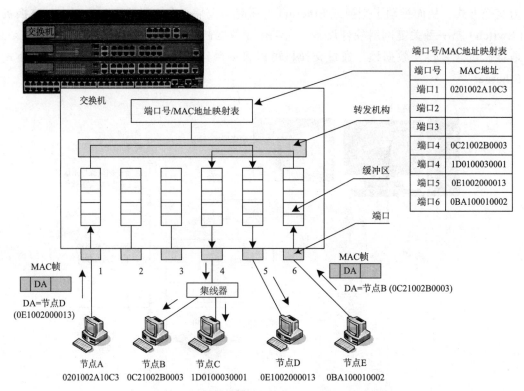

端口号	MAC地址
端口1	0201002A10C3
端口2	
端口3	
端口4	0C21002B0003
端口4	1D0100030001
端口5	0E1002000013
端口6	0BA100010002

图 2-27　Ethernet 交换机结构与工作原理示意图

图 2-27 中的 Ethernet 交换机有 6 个端口,其中端口 1、4、5、6 分别连接节点 A、B 与 C、D、E。交换机的"端口号 /MAC 地址映射表"记录端口号与节点 MAC 地址的对应关系。如果节点 A 与节点 E 要同时发送数据,它们可以分别在发送帧的目的地址(DA)字段中填上目的地址。例如,节点 A 要向节点 D 发送帧,就应在目的地址字段写入节点 D 的 MAC 地址"0E1002000013";节点 E 要向节点 B 发送帧,就应在目的地址字段写入节点 B 的 MAC 地址"0C21002B0003"。节点 A、D 同时通过交换机端口 1 和 5 发送 Ethernet 帧时,交换机的交换控制机构根据"端口号 /MAC 地址映射表"(简称端口转发表或地址表)的对应关系,找出对应的输出端口号,它可以将节点 A 发送的帧通过端口 5 发送到节点 D;同时,将节点 E 发送的帧转发到端口 4,连接在端口 4 的节点 B 就可以接收到节点 E 发送的帧。节点 A 向节点 D、节点 E 向节点 B 可以同时发送数据帧,而相互不干扰。

交换机端口可以连接单一的节点,也可以连接**集线器**(Hub)、交换机或路由器。如图 2-27 所示,端口 1 只与节点 A 连接,端口 1 是节点 A 的独占端口;端口 4 通过集线器与节点 B、C 连接,它是节点 B、C 的共享端口。

3. 端口转发表的建立与维护

由于交换机是根据端口转发表来转发帧，因此端口转发表的建立和维护十分重要。建立和维护端口转发表需要解决两个问题：一是交换机如何知道哪个节点连接到哪个端口；二是当节点从交换机的一个端口转移到另一个端口时，交换机如何更新端口转发表。解决这两个问题的基本方法是"地址学习"。

地址学习是交换机通过检查帧的源地址与帧进入的交换机端口号之间的对应关系，从而不断完善端口转发表的方法。例如，节点 A 通过端口 1 发送帧。这个帧的源地址是 0201002A10C3，那么交换机就可以建立"端口号 1/MAC 地址 0201002A10C3"的对应关系。在获得 MAC 地址与端口的对应关系后，交换机将检查端口转发表中是否已存在该对应关系。如果该对应关系不存在，交换机就将该对应关系加入端口转发表；否则，交换机将更新该表项的记录。

在每次加入或更新端口转发表时，加入或更改的表项被赋予一个计时器，使得该端口与 MAC 地址的对应关系能存储一段时间。如果计时器到时，而没有再次捕获该端口与 MAC 地址的对应关系，该表项将被删除。通过不断删除过时、已经不使用的表项，交换机就能够维护一个动态的端口转发表。

4. 虚拟局域网

在实际组建一个公司的局域网时，如果公司的财务总监在四楼办公，而财务报销办公室在一楼，财务结算办公室在三楼，要将这几个办公室的计算机组建在一个局域网中，就需要在一楼到四楼之间布线。但是，如果有一个办公室从三楼搬到五楼，那么就需要改变现有的布线并重新布线。如果一个公司要在财务、市场、销售、设计与仓库各个部门分别建立局域网，这种布线、管理的工作量与造价就会很大。于是，技术人员提出两个解决思路：一是在建造一座办公楼时，预先在所有可能使用计算机的位置都布好线，工作人员只要将计算机插到预先安置好的插头中，就可以连接到局域网；二是计算机之间组成的"逻辑工作组"可通过软件设置的方法来实现。沿着这两个研究思路产生了两项技术：结构化布线技术与**虚拟局域网**（Virtual LAN，VLAN）技术。

1999 年，IEEE 公布了关于 VLAN 的 802.1Q 标准。VLAN 建立在局域网交换机之上，可以根据交换机的端口、MAC 地址、IP 地址与网络层协议等方式来划分逻辑工作组，并以软件方式来组建与管理逻辑工作组。

综上所述，交互式 Ethernet 具有以下特点：用交换机取代集线器；用交换机的并发连接取代共享总线方式；可以选择全双工或半双工方式，也可以选择独占或共享方式；为了保持大量传统 Ethernet 节点的兼容性，交互式 Ethernet 保留了传统 Ethernet 的帧结构、最小与最大帧长度等基本特征；建立在 Ethernet 交换机之上的 VLAN 技术，以软件方式实现逻辑工作组划分与管理。新技术的应用提高了 Ethernet 的性能、灵活性与可扩展性，进一步扩大了 Ethernet 的市场竞争优势。

2.5.2 高速 Ethernet 的研究与发展

1. 高速 Ethernet 的发展过程

1983 年，Ethernet 最初推出 IEEE 802.3 标准时，是为了满足局部区域范围内的计算机组网需求，其物理层标准 10BASE-5 采用的传输介质是同轴电缆，组网不方便、造价高，并且故障率高。

1995 年，为了满足办公室、实验室的大量 PC 的组网需求，IEEE 推出了传输速率为 100Mbps 的快速以太网（Fast Ethernet，FE）标准和产品。

1998 年，为了满足集中式服务器集群，以及软件开发与计算机辅助设计等传输速率要求较高的应用的需求，IEEE 推出了传输速率为 1Gbps 的千兆以太网（Gigabit Ethernet）标准与产品（Gigabit Ethernet 也记作 GE）。

2002 年，为了满足高速服务器集群、宽带城域网与广域网，以及 ISP/NSP 主干网中的交换机与路由器高速互联的需求，IEEE 推出了传输速率为 10Gbps 的 Ethernet 标准与产品（10 Gigabit Ethernet 也记作 10GE）。

2010 年，为了适应 IDC、云计算与高性能计算平台的构建，以及视频传输与互联网内容提供商 ICP 网络的应用需求，IEEE 推出了传输速率为 40Gbps 或 100Gbps 的 Ethernet 标准与产品（40/100 Gigabit Ethernet 也记作 40GE/100GE）。

社会对 Ethernet 性能需求的不断增加是推动 Ethernet 技术发展的真正动力。图 2-28 给出了 Ethernet 技术发展过程的示意图。

2. 快速以太网的发展

快速以太网是在传统 10Mbps 的 Ethernet 基础上发展起来的一种高速局域网。1995 年 9 月，IEEE 802 委员会正式批准了 FE 标准——IEEE 802.3u。

要了解 IEEE 802.3u 标准的内容与特点，需要注意以下几个问题：

1）FE 的传输速率达到了 100Mbps，但仍然保留传统 Ethernet 的帧格式与最小、最大帧长度等基本特征。这样在网络速率提高之后，只是在物理层出现了不同，高层软件不需要做任何变动。

2）定义了**介质专用接口**（Media Independent Interface，MII），将 MAC 层与物理层分隔开。这样，物理层在实现 100Mbps 速率时使用的传输介质和信号编码方式的变化不会影响 MAC 层。

3）制定了针对非屏蔽双绞线（UTP）、屏蔽双绞线（STP）、多模或单模光纤，以及全双工的物理层标准。全双工模式不存在争用问题，MAC 层不需要采用 CSMA/CD 方法。

4）增加了速率自动协商机制，使得一个 Ethernet 中能够同时存在 10Mbps 与 100Mbps 两种速率的节点。

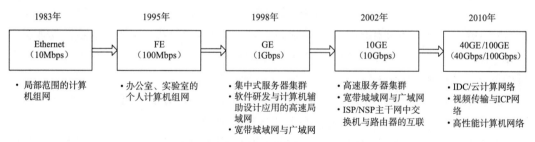

图 2-28　Ethernet 技术发展过程的示意图

3. 千兆以太网的发展

快速以太网是一个里程碑，它确立了 Ethernet 技术在 PC 联网中的主流地位，但是在高性能计算机、存储区域网与云计算平台建设时，需要更高带宽的局域网。**千兆以太网**就是在这种背景下产生的，它又被称为吉比特以太网。

GE 标准从 1995 年开始研究，1996 年 8 月，成立了 IEEE 802.3z 工作组；1998 年 2 月，IEEE 802 委员会正式批准了 GE 标准——IEEE 802.3z。

关于 IEEE 802.3z 标准的特点，需要注意以下几个问题：

1）GE 的传输速率达到了 1Gbps，但仍然保留传统 Ethernet 的帧格式与最小、最大帧长度等基本特征。

2）定义了**千兆介质专用接口**（Gigabit Media Independent Interface，GMII），将 MAC 层与物理层分隔开。这样，物理层实现 1Gbps 速率时使用的传输介质和信号编码方式的变化不会影响 MAC 层。

3）目前应用的 GE 物理层标准主要分为两类：双绞线与光纤。1000BASE-CX 标准规定双绞线的最大长度为 25m，主要用于高性能计算机机房网络、云计算网络与 IDC 网络。1000BASE-ZX 标准规定光纤的最大长度为 70km，主要用于宽带城域网与广域网。

4. 10 GE 的发展

1999 年 3 月，IEEE 成立了研究更高传输速率的 802.3ae 工作组；2002 年，802.3ae 工作组完成了 10GE 的 IEEE 802.3ae 标准。10GE 并非简单地将 GE 的速率提高到 10 倍，而是蕴含很多复杂的技术问题要解决。10GE 主要具有以下特点：

1）10GE 保留着传统 Ethernet 的帧格式与最小、最大帧长度的特征。

2）10GE 定义了专用的万兆介质专用接口（10GMII），将 MAC 层与物理层分隔开。

3）10GE 仅工作在全双工方式。在网卡与交换机之间使用两根光纤连接，分别完成发送与接收的任务，不再采用 CSMA/CD 方式，使得 10GE 的覆盖范围不受传统 Ethernet 标准的限制。

4）10GE 的物理层协议分为两类：局域网物理层（LAN PHY）标准与广域网物理层（WAN PHY）标准。这标志着 10GE 的应用领域已经从局域网逐渐扩展到城域网与广域网。

5）LAN PHY 标准使用的传输介质分为两类：光纤与双绞线。基于双绞线的物理层标准包括两种：最大长度分别为 15m 与 100m 的双绞线。基于光纤的物理层标准允许单模光纤的最大长度达到 80km。

6）WAN PHY 标准采用的技术路线有两种：①使用 SONET/SDH 的 OC-192/STM-64 标准速率；②直接采用光纤密集波分复用（DWDM）技术。

由于 10GE 技术的出现，使得 Ethernet 的应用范围从局域网扩大到城域网和广域网。同样规模的 10GE 造价只有 SONET 的 1/5。从 10Mbps 的 Ethernet 到 10Gbps 的 10GE 都使用相同的 Ethernet 帧格式，有利于保护已有的软硬件投资，减少网络使用与维护的培训工作量。

5. 40GE/100GE 的发展

（1）40GE/100GE 研究的背景

随着用户对有线和无线接入带宽要求的不断提升，伴随着 3G/4G/5G 与移动互联网应用、三网融合的高清视频业务的增长，以及云计算、物联网应用的兴起，城域网与广域网的传输带宽面临着巨大挑战，现有的 10GE 技术已难以满足日益增长的需求，研究更高速率的 40Gbps 与 100Gbps 的高速 Ethernet 技术很自然地被提上议事日程，并且呈现出从 10GE 向 40GE、100GE 的平滑过渡的发展趋势。

40Gbps 的波分复用（WDM）技术早在 1996 年就出现了。2004 ～ 2006 年在局部范围内开始商用，同时路由器开始提供 40Gbps 接口；2007 ～ 2008 年有多个厂商能提供 40Gbps 的波分复用设备。同时，电信业对 40Gbps 波分复用系统的业务需求日益增多。40GE 技术大量用于 IDC、高性能服务器集群与云计算平台。

2004 年，100Gbps 技术开始出现，并受到广泛关注。100GE 不是一个单项技术研究，而是一系列技术的综合，其中包括 Ethernet 技术、DWDM 传输技术等。

随着数据中心、运营商网络和其他流量密集的高性能计算环境的需求不断提高，云计算的数据中心内部虚拟化和虚拟机数量快速增长以及三网融合业务、视频点播和社交网络等应用的需求不断增加，IEEE 于 2007 年成立 802.3ba 研究组，开始研究 40GE 与 100GE 标准。2010 年 6 月，IEEE 802 委员会正式批准了 100GE 标准——IEEE 802.3ba 标准。100GE 仍然保留着传统 Ethernet 的帧格式与最小、最大帧长度的规定。

（2）100GE 物理接口的主要类型

100GE 物理接口主要有 3 种类型：10×10GE 短距离互联的 LAN 接口、4×25GE 中短距离互联的 LAN 接口、10m 的铜缆接口和 1m 的系统背板互联技术。

1）10×10GE 短距离互联的 LAN 接口方案是采用并行的 10 根光纤，每根光纤的传输

速率为 10Gbps，从而实现 100Gbps 的传输速率。这种方案的优点是可以沿用现有的 10GE
器件，技术比较成熟。

2）4×25GE 中短距离互联的 LAN 接口方案采用波分复用的方法，在一根光纤上复
用 4 路 25Gbps，以达到 100Gbps 的传输速率。这种方案主要考虑的是 25Gbps 的 Ethernet
技术相对成熟、实现容易、性价比较高，因此一些主流的云计算网络供应商（包括谷歌公
司、微软公司）组成了 25Gbps 的 Ethernet 联盟。IEEE 也正在组织制订 25Gbps 与 50Gbps
的 Ethernet 标准。

3）10m 的铜缆接口和 1m 的系统背板互联方案主要针对电接口的短距离和内部互联，
采用 10 对、每对速率为 10Gbps 的并行互联方式。

从目前发展趋势来看，下一步的高速以太网研发目标是 400Gbps 与 1Tbps 的工业标准。

6. IDC/ 云计算中心的高速以太网

研究人员曾经将连接互联网中服务器集群与数据中心的局域网称为后端网络。后端网
络中的服务器、存储器之间的距离很近，但是要求的传输速率很高。针对这种需求，研究
人员提出了 InfiniBand 与光纤通道等技术。

随着 Ethernet 技术的快速发展，高速、交换式、虚拟 Ethernet 与结构化布线技术已
广泛应用于 IDC、云计算中心的建设中，成为组建 IDC 与云计算中心网络的核心技术。
Ethernet 技术已经在 IDC、云计算网络中呈现一统天下的局面。这种新的高速 Ethernet 应
用主要有三个特征：

第一，由于 IDC 与云计算中心的服务器和存储器的位置相对集中，因此基本组网方式
是采用高速 Ethernet 光纤链路、交换机形成网络基础设施。

第二，为了便于实现结构化布线，IDC 与云计算中心采用的是背板 Ethernet（backplane
Ethernet）。通过在背板 Ethernet 中使用短距离的铜质跳线与刀片服务器（blade server）[⊖]，
可方便地实现刀片服务器之间的高速数据传输。

第三，每个刀片服务器通过 10GE 端口与机架顶部（Top-of-Rack，ToR）交换机连接。
ToR 交换机用 10GE 或 40GE 与更高端的交换机连接，然后通过 100GE 核心路由器接入互
联网。通过在交换机之间实现全连接，进一步提高数据中心网络的可靠性，增加服务器之
间、服务器与外部用户之间的带宽。

需要注意的是，ToR 交换机是网络结构中的常用术语，并不专指交换机一定要放在刀
片服务器顶端。

图 2-29 给出了通过高速 Ethernet 技术将刀片服务器组互联起来构建的 IDC 与云计算

⊖　刀片服务器是一种在一块背板上安装多个服务器模块的服务器系统。刀片服务器广泛应用于 IDC 与云
　　计算系统中。每个服务器模块叫作一个 "刀片"。采用刀片服务器体系结构的优点是节省服务器集群空
　　间，改善系统管理。不管是使用一块刀片服务器背板，还是将多个服务器背板插到服务器机柜中，每
　　个刀片服务器都有自己的 CPU、内存与硬盘。

中心的网络结构。

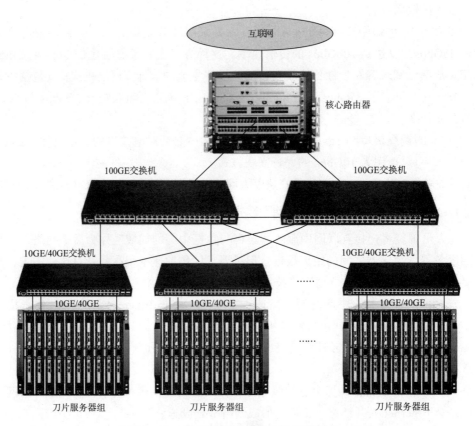

图 2-29　典型的云计算中心的网络结构

参考文献

[1]　William Stallings. 数据与计算机通信 [M]. 10 版 . 王海，等译 . 北京：电子工业出版社，2015.

[2]　Behrouz A Forouzan，等 . 数据通信与网络 [M]. 4 版 . 吴时霖，等译 . 北京：机械工业出版社，2007.

[3]　William Stallings，等 . 数据通信：基础设施、联网和安全 [M]. 7 版 . 陈秀真，等译 . 北京：机械工业出版社，2015.

[4]　Cory Beard，等 . 无线通信网络与系统 [M]. 朱磊，等译 . 北京：机械工业出版社，2017.

[5]　Irv Englander. 现代计算机系统与网络 [M]. 5 版 . 朱利，译 . 北京：机械工业出版社，2018.

[6]　Jorge L Olenewa，等 . 无线通信原理与应用 [M]. 3 版 . 金名，等译 . 北京：清华大学出版社，2016.

[7]　Rajiv Ramaswami，等 . 光网络 [M]. 3 版 . 徐安士，等译 . 北京：电子工业出版社，2013.

[8]　Zach Shelby，等 . 6LoWPAN：无线嵌入式物联网 [M]. 韩松，等译 . 北京：机械工业出版社，2016.

[9]　Sam Halabi. 城域以太网 [M]. 邢京武，等译 . 北京：人民邮电出版社，2005.

[10]　三轮贤一 . 图解网络硬件 [M]. 盛荣，译 . 北京：人民邮电出版社，2014.

[11]　蒋建峰 . 广域网技术：精要与实践 [M]. 北京：电子工业出版社，2017.

[12]　李世银，等 . 传输网络技术 [M]. 北京：人民邮电出版社，2016.

[13]　张成良，等 . 光网络新技术解析与应用 [M]. 北京：电子工业出版社，2016.

[14]　孙学康，等 . SDH 技术 [M]. 3 版 . 北京：人民邮电出版社，2015.

[15]　刘化军，等 . 城域网与广域网 [M]. 北京：电子工业出版社，2015.

[16]　孙利民，等 . 无线传感器网络：理论及应用 [M]. 北京：清华大学出版社，2018.

[17]　汪双顶，等 . 无线局域网技术与实践 [M]. 北京：高等教育出版社，2018.

[18]　周昕，等 . 数据通信与网络技术 [M]. 2 版 . 北京：清华大学出版社，2014.

第 3 章 ●—○—●—○—●

网络层协议的研究与发展

IP 协议是 TCP/IP 协议体系中的网络层核心协议，也是互联网的基本协议之一。本章将在讨论传输网技术发展与演变的基础上，系统地讨论网络层的基本概念、IPv4 与 IPv6 协议、路由协议与路由算法、路由器硬件与软件技术等。

3.1　网络层与 IP 协议的演变与发展

3.1.1　网络层的基本概念

我们设计与组建计算机网络，不仅要覆盖一定的地理范围，如一所大学校园、一个家庭、公司或一个政府机关，而且要接入互联网。

在互联网环境中，当你向远在欧洲的朋友发一封电子邮件时，并不知道这封邮件是通过怎样的传输路径，经过哪些路由器、邮件服务器的转发，怎么会在很短的时间内传送到对方的邮箱；当你通过搜索引擎查询"IPv6 单播地址分配方法"的资料时，并不需要知道浏览的 Web 服务器位于何处，它通过什么样的传输路径将查询结果传送给你；当南开大学网络实验室的一名学生与美国 UCLA 网络实验室的一个合作伙伴协同编写一个 WSN 软件时，他们也不需要知道整个进程通信的过程所经过的网络，以及数据传输的正确性是如何保证的。我们之所以能够方便地在互联网上享受各种网络服务，正是因为有网络层 IP 协议的支持。

设计网络层 IP 协议的目的就是：对通信主机的传输层与应用层屏蔽数据通过传输网的细节，自主地在复杂的互联网络结构中为通信的计算机找出一条最佳的传输路径，使得分布在不同地理位置的主机之间的分布式进程通信就像在一个单机操作系统控制下那样流畅地进行。IP 协议的两个基本功能是：路径选择与分组转发。

IP 协议是支撑互联网运行的基础，也是互联网的核心协议之一。因此，人们也经常将互联网简称为"IP 网络"。

3.1.2　IP 协议的主要特点

理解 IP 协议的特点时，需要注意以下几个基本问题。

1. IP 协议提供"尽力而为"的服务

IP 协议提供的是一种无连接的分组传送服务，它不对分组的传输过程进行跟踪。因此，它提供的是一种"尽力而为"（best-effort）的服务。理解 IP 协议尽力而为服务的特点与内涵，对于深入理解互联网的工作原理非常有帮助。

（1）无连接的含义

无连接（connectionless）意味着 IP 协议不是在预先建立从源节点到目的节点的传输路径之后，才开始传输数据分组，一般是由源主机的默认路由器启用路由选择算法，根据网络拓扑与通信线路状态来选择下一跳转发路由器，下一跳转发路由器再寻找它的下一跳路由器。这样通过"路由器 – 路由器"的点 – 点方式，形成从源主机到目的主机的通过传输网的传输路径，最终将 IP 分组发送到目的主机。

（2）不可靠的含义

不可靠（unreliable）意味着在 IP 分组发送之后，源节点并不维护 IP 分组在传输过程中的任何状态信息，不保证属于同一个报文的每个 IP 分组都能够正确、不丢失地通过传输网，以及能够按顺序到达目的节点。这就决定了 IP 协议只能提供尽力而为的服务。

因此，IP 协议的尽力而为服务有两个主要的特点：

第一，源主机发出的同一个报文的不同分组的传输过程是相互独立的。IP 协议不能保证从源主机发送的属于同一个报文的多个 IP 分组，在传送到目的主机时不出现乱序、重复与丢失等现象。如果出现分组丢失，则由高层协议处理。

第二，IP 协议不能保证从源主机发送的 IP 分组在规定的时间内传送到目的主机，且不能保证分组传输的实时性。

互联网要求网络层 IP 协议必须能适应互联网结构随时改变、链路传输状态瞬息万变的局面。IP 协议设计的重点应放在系统的适应性、可操作性与可扩展性上，而在分组交付的可靠性方面只能做出一定的牺牲。这正反映出 IP 协议"用简单方法处理复杂问题"的设计思路，也是 IP 协议能够广泛应用的秘诀。

2. IP 协议是"点 – 点"的网络层协议

网络层需要在互联网络中为进行通信的两台主机寻找一条跨越传输网的端 – 端传输路径，而这条端 – 端传输路径是由多个路由器的点 – 点链路组成。IP 协议的作用就是要保证分组从一个路由器传送到下一个路由器，并最终从源主机到达目的主机。因此，IP 协议是针对"源主机 – 路由器""路由器 – 路由器""路由器 – 目的主机"之间的数据传输的点 – 点链路的网络层协议。

3. IP 协议屏蔽了互联网络在数据链路层、物理层协议与实现技术上的差异性

作为一个面向互联网络的网络层协议，它必然要面对各种异构的低层网络和协议。IP 协议的设计者必须充分考虑到这个问题。互联的网络可能是广域网，也可能是城域网或局域网。即使都是局域网，它们的 MAC 层与物理层协议也可能不同。网络的设计者希望通过 IP 协议，将结构不同的数据帧按统一的分组格式封装起来，向传输层提供格式一致的 IP 分组。传输层不需要考虑互联网络的 MAC 层、物理层使用的协议与实现技术上的差异，只需要考虑如何使用低层提供的服务。IP 协议使得异构网络的互联变得更容易。IP 协议对低层协议与技术差异的屏蔽作用如图 3-1 所示。

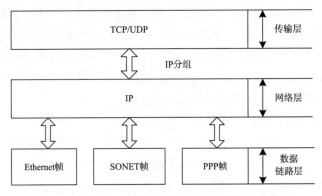

图 3-1　IP 协议对低层协议与技术差异的屏蔽作用

3.1.3　IP 协议的演变与发展

1. IPv4 协议研究的背景

IP 协议在发展过程中存在着多个版本，最主要的版本有两个：IPv4 与 IPv6。最早描述 IPv4 协议的文档 RFC 791 出现在 1981 年。当时互联网的规模还很小，计算机网络主要用于连接科研部门的计算机，以及部分参与 ARPANET 研究的大学计算机。在这样的背景下产生的 IPv4 协议，不可能适应以后互联网大规模的扩张，必然要进行修改和完善。随着互联网的规模扩大和应用扩展，IPv4 协议一直处于不断补充、完善中。但是，在 IPv4 协议的完善过程中，协议的主要内容并没有发生实质性改变。实践证明，IPv4 协议是健壮和易于实现的，并且具有很好的可操作性。在互联网从一个小型的科研与教育网络，发展到今天这样的全球性、大规模的网际网的过程中，IPv4 协议已通过各种考验，说明 IPv4 协议的设计是成功的。

2. IPv4 协议发展与演变的过程

1981 年，IPv4 文档 RFC 791 发布。RFC 791 只对 IPv4 分组的结构，32 位标准分类的

IPv4 地址、寻址，以及分片与重装做出了规定。图 3-2 描述了 RFC 791 的主要内容。

要理解 IPv4 协议研究与发展的过程，需要注意以下几个问题：

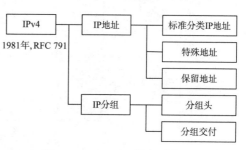

图 3-2　RFC 791 的主要内容

1）我们应该肯定 IPv4 协议设计思路的正确性，以及它对互联网的发展产生的重要作用。IPv4 协议发展的过程可从不变和变化的两个层面去认识。IPv4 协议中对于分组结构与头部结构的规定是不变的，变化的部分主要是 IP 地址处理方法、分组交付的路由算法与路由协议，以及如何提高协议的可靠性、可管理性、服务质量与安全性。

2）早期设计的 IP 分组结构、IPv4 地址、服务质量（QoS）、安全性都不能满足互联网的大规模发展，以及移动互联网、物联网发展的要求。今后除了计算机之外，各种智能手机、传感器以及各种移动数字终端都要在 IP 网络中工作，使得 IP 协议必然要进行改进。IPv4 协议的局限性主要表现在地址空间的限制，缺乏对服务质量、移动性与安全性的支持，节点配置过程复杂等方面。

随着互联网应用的快速发展，IP 协议存在的问题日益突出。研究人员针对这些具体的问题，通过不断"打补丁"的办法来完善 IPv4 协议，但是 IP 协议框架一直没有发生根本性的改变。

当互联网规模发展到一定程度时，局部的修改已无济于事，人们不得不研究一种新的网络层协议，以解决 IPv4 协议面临的所有困难，这个新的协议就是 IPv6 协议。图 3-3 描述了从 IPv4 不断完善和向 IPv6 发展过程。

3）早在 1991 年 12 月，RFC 1287 文档"Future of Internet Architecture"中就已经开始讨论下一代 IP 协议（IPng）的问题；1992 年，IETF 公开征集对 IPng 的建议；1993 年，IETF 成立 IPng Area 工作组；1994 年 12 月，IPng Area 工作组公布了 RFC 1726 文档，提出了关于下一代 IP 协议的 17 条评议标准；1995 年，Cisco 公司的 Deering 与 Nokia 公司的 Hinden 起草了 IPv6 协议的最初草案；1995 年 12 月，IETF 在 RFC 1883 中公布了 IPv6 协议的建议标准；1996 年 7 月与 1997 年 11 月，先后公布了版本 2.1、2.2 的草案标准；1998 年，IETF 启动了建设全球 IPv6 试验床 6Bone；1998 年 12 月，IETF 正式公布 IPv6 标准 RFC 2460；1999 年，成立 IPv6 论坛，分配 IPv6 地址，并设计出用于测试 IPv6 设备互操作性的 Plugtest 方案；2001 年，主流的操作系统（Windows、Linux、Solaris 等）开始支持 IPv6；2003 年，主要的网络设备制造商开始推出支持 IPv6 的产品。

4）在 2011 年 2 月的美国迈阿密会议上，国际 IP 地址管理部门宣布：最后五块 IPv4 地址被分配给全球五大区域互联网注册机构，IPv4 地址全部分配完毕。这意味着 IPv4 向 IPv6 的过渡已经迫在眉睫。

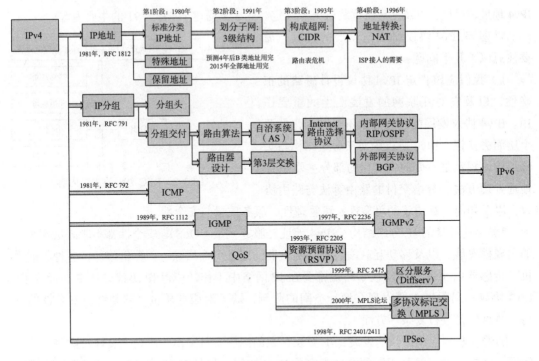

图 3-3　IPv4 不断完善和向 IPv6 发展的过程

5）在看到 IPv6 技术优点与发展趋势的同时，也必须正视 IPv4 向 IPv6 过渡中存在的困难。这些困难既表现在技术方面，也表现在经济方面。现在的 IPv4 网络运行稳定，从网络设备制造商、网络运营商、ISP、ASP 到操作系统、网络应用软件开发商的整个产业链都处于从 IPv4 网络中稳定获益的阶段。相比之下，构建新的 IPv6 网络环境投资大、建设周期长、成本回收困难，因此拥有大量 IPv4 地址资源与 IPv4 网络设备的国家与地区并不急于向 IPv6 过渡。以中国为代表的发展中国家由于受到 IP 地址的限制，则需要抓住 IPv6 的机遇，发展具有自主知识产权的信息技术与信息产业。

6）发展 IPv6 更重要的原因是互联网安全性的需求。网民访问互联网时都需要得到**域名系统**（Domain Name System，DNS）的支持。根域名服务器对于 DNS 系统的整体运行具有极为重要的作用，支持 IPv4 的 13 个 DNS 根域名服务器中，唯一的主根服务器部署在美国，其余 12 台辅助根服务器中有 9 台部署在美国、2 台部署在欧洲、1 台部署在日本。这种局面对于我国发展"互联网 +"是非常不利的。

3. 我国政府高度重视 IPv6 的发展

我国政府高度重视并积极推动 IPv6 的研究与试验工作。2003 年，我国启动下一代网络示范工程（CNGI），国内的网络运营商与网络通信产品制造商纷纷研究支持 IPv6 的软件技术与网络产品。2008 年，北京奥运会成功地使用 IPv6 网络，使我国成为全球较早商用

IPv6 的国家之一。2008 年 10 月，CNGI 正式从前期的试验阶段转向试商用。目前，CNGI 已成为全球最大的示范性 IPv6 网络。这些工作都为"互联网＋"的发展奠定了坚实的基础。

随着全球范围内 IPv6 的快速部署，我国的华为、中兴等网络设备制造公司陆续发布了大量的 IPv6 产品，涵盖路由器、交换机、接入服务器、防火墙、VPN 网关、域名服务器等领域，部分产品已达到国际领先的水平，能够满足商用 IPv6 部署的需求。

我国政府在 2017 年 11 月发布的《推进互联网协议第六版（IPv6）规模部署行动计划》中明确提出：

1）加强 IPv6 环境下的工业互联网、物联网、车联网、云计算、大数据、人工智能等领域的网络安全技术、管理及机制研究，增强新兴领域网络安全保障能力。

2）用 5 ~ 10 年时间，形成下一代互联网自主技术体系和产业生态，建成全球最大规模的 IPv6 商业网络，实现下一代互联网在经济社会各领域深度融合应用，成为全球下一代互联网发展的重要主导力量。

3）2020 年，IPv6 活跃用户数超过 5 亿。2025 年，我国 IPv6 网络规模、用户规模、流量规模都位居世界第一，网络、应用、终端全面支持 IPv6，全面完成向下一代互联网的平滑升级，形成全球领先的下一代互联网技术产业体系。

2018 年 1 月，我国下一代互联网国家工程中心正式宣布推出 IPv6 公共 DNS 服务体系，并在北京、广州、芝加哥、伦敦、法兰克福等地部署了 DNS 服务器，向全球免费提供公共 DNS 服务。

下一代互联网的推进将有力地支持我国"互联网＋工业""互联网＋农业""互联网＋交通""互联网＋医疗""互联网＋物流""互联网＋政府管理"等领域应用的发展。

3.1.4 IPv6 协议的主要特点

IPv6 的主要特点可以总结为：新的协议报头格式、巨大的地址空间、有效的分级寻址和路由结构、有状态和无状态的地址自动配置、内置的安全机制、能更好地支持 QoS 服务。

1. 新的协议报头格式

IPv6 报头采用了一种新的格式，可以最大限度地减少转发路由器对 IP 报头的处理开销。与 IPv4 相比，IPv6 协议对报头的调整如下：

第一，IPv4 报头由 14 个字段组成，IPv6 报头只有 8 个字段。

第二，IPv4 报头长度可变，而 IPv6 报头长度固定为 40 字节。IPv6 将一些非根本性和可选择的字段移到固定的基本报头后的**扩展报头**（extension header）中。

第三，IPv6 报头通过设置多种扩展报头，使得 IPv6 变得非常灵活。当一个新的应用出现时，设计者可通过设定一个特殊的**下一个报头**（next header）值来定义。除了**逐跳选项报头**（hop-by-hop option header）是中间转发路由器唯一需要处理的扩展报头之外，其他的扩展报头只需要由目的主机接收处理。

2. 巨大的地址空间

IPv6 拥有巨大的地址空间，其优势主要表现在以下几个方面：

第一，IPv6 的地址长度为 128 位，因此可以提供超过 3.4×10^{38} 个 IPv6 地址。如果我们用十进制数表示可能有的地址数，结果为：

$$340\ 282\ 366\ 920\ 938\ 463\ 463\ 374\ 607\ 431\ 768\ 211\ 456$$

第二，人们经常用地球表面每平方米平均可以获得多少个 IP 地址来形容 IPv6 的地址数量之多。如果地球表面面积按 5.11×10^{14} 平方米计算，那么地球表面每平方米平均可以获得的 IP 地址数为 6.65×10^{23}（即 $665\ 570\ 793\ 348\ 866\ 943\ 898\ 599$）个。今后，移动电话、传感器、汽车、智能仪器、其他移动智能终端等设备都可以获得 IP 地址。接入互联网、移动互联网与物联网的节点数量将会不受限制地持续增长。IPv6 协议可以从根本上解决 IP 地址匮乏问题，不需要使用可能带来很多问题的网络地址转换（NAT）技术。

第三，IPv6 的地址长度定为 128 位的更深层次的原因是：巨大的地址空间允许采用多层地址结构，以适应现代互联网的 ISP 层次结构与机构内部层次性网络结构的快速寻址需要，从而提高路由器工作效率与网络性能。

3. 有状态和无状态的地址自动配置

为了简化主机与路由器节点的网络配置过程，IPv6 支持两种地址自动配置方法：有状态地址自动配置与无状态地址自动配置。理解地址自动配置要注意以下几点：

第一，支持有状态地址自动配置的网络需要配置 DHCPv6 服务器。客户端主机可以从 DHCPv6 服务器地址池中自动获取 IPv6 地址。

第二，在无状态的地址配置中，主机可以通过路由器定期广播的邻居发现协议与路由器通知报文，获取该接口配置的全局地址的前缀，结合自己的 MAC 地址，自动生成**可集聚全球单播地址**（Aggregatable Global Unicast Address）。

第三，IPv6 的地址自动配置方法使得主机接入 IPv6 网络后，可以在无须用户干预的情况下获得 IP 地址，做到机器的即插即用。同时，可以大大减轻网络管理员的工作量。

4. 内置的安全性

IPSec 协议在 IPv4 协议中是可选的，而在 IPv6 中是必备的部分。

5. 更好地支持 QoS

IPv6 协议头中用一个 8 位的**流量类型**（Traffic Class）与一个 20 位的**流标识**（Flow Label），允许源主机在发送的 IP 分组上加上优先级处理标识。

6. 基于 IPv6 的下一代互联网特点

在 IPv6 协议的基础上组建的新一代互联网的有利条件包括以下几点：

- 能够继续保持 IP 协议的开放、简单与共享的特点。
- 通过建立完备的安全体系，保证向用户提供可信、可控、可管的网络通信平台。
- 实现任何人（anyone）、任何物（anything）、任何时间（anytime）、任何地点（anywhere）、任何应用（any application）与任何系统（any system）的人与人、人与物、物与物之间的通信。

3.2 IPv4 与 IPv6 协议的比较

3.2.1 IPv4 与 IPv6 报头

在了解了 IPv6 协议的特点后，我们可以通过与 IPv4 协议对比的方法，来进一步介绍 IPv6 协议的基本内容。

1. IPv4 与 IPv6 报头结构的区别

IPv4 与 IPv6 报头的结构的区别主要表现在以下几点：

1）组成 IPv4 报头的字段（包括选项）共有 14 个，而组成 IPv6 基本报头的字段数量已经减少到 8 个。IPv6 报头取消了 IPv4 报头中的以下字段：报头长度、标识、标志、片偏移、头校验和、选项与填充域等（如图 3-4a 中阴影部分所示）。IPv6 报头增加的字段是流标识（如图 3-4b 中阴影部分所示）。

2）IPv4 报头长度是可变的，IPv6 报头长度是固定的。因此，IPv6 报头可以取消 IPv4 报头的"头长度"（header length）字段。

3）由于目前大量使用的 Ethernet 网 MAC 层与 PPP 协议，在帧处理过程中，低层协议都采用了数据传输差错校验与差错控制机制，因此取消 IPv4 协议中"头校验和"（header checksum）不会对数据传输可靠性产生很大的影响，同时能减轻路由器的工作负荷，缩短路由器的转发延时，提高传输网的工作效率。

4）IPv6 用"载荷长度"（playload length）字段取代了 IPv4 的"总长度"（total length）字段。IPv4 的"总长度"字段值指包括报头在内的报文总长度，而 IPv6"载荷长度"字段的数值只表示报文的有效载荷长度。

5）IPv6 用"流量类型"（traffic class）字段取代了 IPv4"服务类型"（type of service）字段；用"跳数限制"（hop limit）字段取代了"生存时间"（time to live）字段；用"下一个报头"（next header）字段取代了"协议"（protocol）字段。IPv6 用"扩展报头"字段取代了"选项"（options）字段。

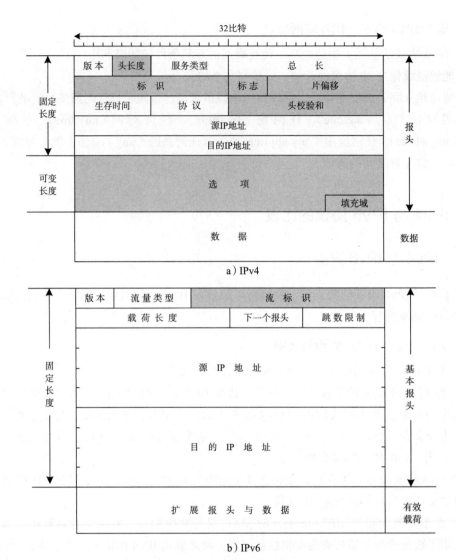

图 3-4　IPv4 与 IPv6 报头的结构的比较

6）IPv6 协议规定，源主机可以通过"路径 MTU 发现"报文，了解转发路径中 MTU 值，可以不发送大于 MTU 长度的分组，转发路由器不执行分片操作。因此，IPv6 报头不需要有 IPv4 报头中的"标识""标志"与"片偏移"字段。

表 3-1 给出了 IPv6 与 IPv4 报头对应字段的作用的比较。

表 3-1　IPv6 与 IPv4 报头对应字段作用的比较

IPv4 报头字段	作用	IPv6 报头字段	作用
版本（version）4bit	协议版本号（数值为 4）	版本（version）4bit	协议版本号（数值为 6）
报头长度（header length）4bit	以 4 字节为单位的报头长度数，包括报头选项		
服务类型（type of service）8bit	指定优先级、可靠性与延迟参数	流量类型（traffic class）8bit	允许源主机高层用户根据应用的需求，确定 IP 分组的不同的处理类型或不同优先级；默认值为 0
		流标记（flow label）20bit	路由器根据流标记值，在转发时采用不同策略；默认值为 0
总长度（total length）16bit	以字节为单位的报文总长度	载荷长度（playload length）16bit	表示包括报文的有效载荷长度
标识（identification）16bit	标识属于同一个报文的不同分片		
标志（flag）3bit	表示报文"还有分片"与"不能分片"		
片偏移（flagment offest）13bit	分片的偏移量		
		下一个报头（next header）8bit	如果报文有附加的扩展报头，该字段之后为下一个扩展报头；如果没有，则用于标识传输层的协议类型是 TCP 或 UDP
生存时间（time to live）8bit	报文在网络中以秒为单位的寿命	跳数限制（hop limit）8bit	报文在网络中经过路由器最多转发的次数
协议（protocol）8bit	高层协议的类型		
头校验和（header checksum）16bit	只校验报文头，不包括数据部分		
源地址（source address）32bit	发送方的 IPv4 地址	源地址（source address）128bit	发送方的 IPv6 地址
目的地址（destination address）32bit	接收方的 IPv4 地址	目的地址（destination address）128bit	接收方的 IPv6 地址
选项（options）24bit	用户可以选择的，用于控制与测试目的报头选项		
填充位（padding）	用于保证报头是 32bit 的整数倍		

2. IPv6 基本报头的特点

要深入理解 IPv6 基本报头的内容与特点，需要与 IPv4 进行一下对比和分析。

（1）版本字段

版本（version）字段的意义与 IPv4 相同，版本字段值为 6 表示使用的是 IPv6 协议。需要注意的是，在 Ethernet 帧封装时，帧头的 EtherType 字段在使用 IPv4 协议时，值为 0x800；在使用 IPv6 协议时，值为 0x86DD。

（2）流量类型字段

通过**流量类型**（traffic class）字段，源主机可以通过设定不同数值来区分不同分组的类型或优先级。例如，流量类型字段值为 0 ~ 7，表示在拥塞发生时允许延时处理；流量类型字段值为 8 ~ 15，表示优先级较高的实时业务，需要以固定速率传输。传输路径中的转发路由器可根据流量类型来提供不同类型的服务。在源主机不区分优先级与传输服务类型时，流量类型字段的默认值为 0。

（3）流标记字段

流标记（flow label）字段的长度为 20bit。这里所说的"数据流"是指从某个源主机向另一个目的主机发送的单播或组播分组序列。当源主机要求转发路由器对该分组序列采用特殊服务时，需要使用流标记字段。源节点不要求转发路由器采用特殊服务时，将流标记字段值置 0。这里所说的特殊服务包括资源预留协议（RSVP）与实时流协议 / 实时传输协议（RTP/RTCP）服务。RSVP 与 RTP/RTCP 服务对于要求固定带宽、固定延迟以及实时性要求很高的音频、视频等应用至关重要。源主机根据实际应用需求对属于同一数据流的分组设定一个流标记字段的值。属于同一数据流的分组具有相同的源 IPv6 地址、目的 IPv6 地址与流标记字段值。路由器可以通过区分具有相同流标记字段值的分组，提供保证 QoS 的转发服务。

RFC 2460 对流量类型、流标记字段的使用没有做出明确的定义。目前，IPv6 的流标记字段的相关问题正在试验与改进中。使用流量类型、流标记字段，需要 IPv6 路由器与主机通过 RSVP 或 RTP/RTCP 协议的协助，才能够实现 QoS 服务功能。

（4）载荷长度字段

由于 IPv6 报头长度固定，因此不需要像 IPv4 那样专门设置一个"报头长度"字段。**载荷长度**（playload length）字段值表示报文的有效载荷长度。

IPv6 载荷长度字段长度为 16bit，可表示长度最大为 65535B 的有效载荷。如果有效载荷长度超过最大长度，则载荷长度字节置 0，需采用扩展报头中**逐跳**（hop-by-hop）选项中的"超大有效载荷"（jumbo payload）来处理。

（5）下一个报头字段

"下一个报头"（next header）字段长度为 8bit，它的作用与 IPv4 报头中的"协议"

（protocol）相似。IPv6 的"下一个报头"字段与 IPv4 报头中的"**协议**"字段的值都是由 RFC 1700 定义。区别在于 IPv4 的"协议"字段的值表示高层协议的类型；而 IPv6"下一个报头"字段的值表示 IPv6 基本报头之后的字段是扩展报头，还是 TCP 或 UDP 协议的数据。

3. IPv6 扩展报头

在 IPv4 网络中，IP 报头在经过每个中间转发路由器时，路由器都必须检查报头的"选项"是否存在。如果存在，就必须对长度可变的报头进行处理。这种做法势必增加路由器处理报头的计算负荷，降低路由器转发 IPv4 报文的效率。在 IPv6 中，报头只保留路由器必须处理的内容，并且长度固定，而将"选项"放到扩展报头中。扩展报头由源主机按需要添加。每个转发 IPv6 报文的中间路由器只处理固定长度的基本报头，而唯一需要处理的扩展报头就是"逐跳选项报头"。显然，这种做法必然会提高路由器处理 IPv6 报头的速度，缩短路由器转发 IPv6 报文的延迟时间。

关于 IPv6 扩展报头，需要注意以下几个问题：

1）IPv6 分组中可以没有扩展报头，可以只有一个扩展报头，也可以有多个扩展报头。如果有多个扩展报头，则按照"逐跳选项报头""目的地选项报头""路由报头""分片报头""认证报头"到"封装安全载荷报头"的顺序排列。

2）IPv6 的基本报头中的"下一个报头"字段与扩展报头的"下一个报头"组成有关扩展报头的指针链表。每个指针表示紧接着它的下一个扩展报头的类型，最后一个扩展报头的"下一个报头"指出高层协议的类型。其中，基本报头长度固定为 40B，而扩展报头长度是可变的，其报头长度值标明扩展报头的长度。

3）一般的 IPv6 报文并不需要这么多的扩展报头，仅在需要转发路由器或目的主机需要配合做一些特殊处理时，例如在网管软件、网络软件测试与网络故障诊断中，源主机才会添加一个或几个必要的扩展报头。获得"下一个报头"字段意义的最新列表地址是 http://www.ian6.org/assignments/protocol-numbers。

3.2.2 IPv4 与 IPv6 地址

1. IPv4 地址技术发展的背景与发展阶段

IPv4 地址方案大致在 1981 年制定。IPv4 地址分配主要存在几个缺点：地址少，分配不合理，地址利用率低；地址与网络拓扑无关，不利于路由寻址。

由于初期的 ARPANET 是一个用于科研的网络，因此网络规模比较小，用户一般是通过终端，经过大、中、小型机接入到 ARPANET。设计者在估算 ARPANET 接入点数量时认为：即使把美国 2000 多所大学和一些研究机构，连同其他国家的一些大学接入

ARPANET，总数也不会超过 16 000 个。IPv4 的 A 类、B 类与 C 类地址的总数在当时看来足够多。ARPANET 设计者没有预见到互联网会发展得如此之快。1987 年，有人预言：互联网的主机数量可能增加到 10 万个，大多数专家都不相信。但在 1996 年，第 10 万台计算机已接入互联网；到 2011 年 3 月，最后 5 块 IPv4 地址被分配完毕，世界上再无 IPv4 地址可供分配。

回顾从 IPv4 地址概念被提出到划分地址新技术的研究，大致可以分为四个阶段。图 3-5 给出了 IPv4 地址与划分地址新技术的研究过程。

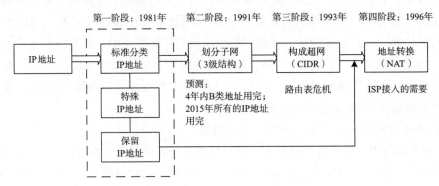

图 3-5　IPv4 地址与划分地址新技术的研究过程

第一阶段：标准分类的 IP 地址

这个阶段采用的是标准分类的 IPv4 地址，即网络号与主机号的两级结构。A 类地址的网络号长度为 7 位，那么 A 类地址允许分配的网络只能有 125 个。B 类地址的网络号长度为 14 位，允许分配 B 类地址的网络只能有 16 384 个。标准分类的 IP 地址在使用过程中暴露出的第一个问题是地址利用率低，浪费了很多地址资源。同时，简单地将 IPv4 地址划分类的方法，使得 IPv4 地址结构与网络拓扑无关，IPv4 地址不能反映任何与主机地理位置相关的信息。随着网络规模的扩大，路由器的路由表信息会快速增长。

第二阶段：划分子网的三级地址结构

1991 年，针对标准分类地址利用率低的问题，研究人员提出"子网"（subnet）与"掩码"（mask）的概念。划分子网就是将一个大的网络分成几个较小的子网络，将传统的"网络号 – 主机号"的两级结构变为"网络号 – 子网号 – 主机号"的三级结构。

第三阶段：构成超网的无类别域间路由技术

1993 年，RFC 1519 提出了无类别域间路由（Classless Inter Domain Routing，CIDR）的概念。由于 IPv4 发展初期的分配规划的问题，造成分配的许多 IPv4 地址块不连续，不能有效汇聚路由。CIDR 不是按标准的地址分类规则，并支持任意长度的地址掩码，使得 ISP 能够按需分配地址空间。同时，CIDR 地址涉及 IP 寻址与路由选择，正是有这两种重要的特征，这项技术因此得名。采用 CIDR 技术，提高了地址空间利用率，从而有效地抑制了全球 IPv4 路由表过快增长的趋势。

第四阶段：网络地址转换技术

1996 年，RFC 2993、RFC 3022 提出了**网络地址转换**（Network Address Translation，NAT）的概念。尽管 CIDR 的出现大大缓解了地址紧张问题，但由于各种网络设备、主机不断出现，对 IP 地址的需求也越来越多，CIDR 还是无法解决 IPv4 地址空间过小的问题。IPv4 地址严重短缺，但 IPv4 向 IPv6 迁移进程缓慢，人们需要一种在短期内快速缓解地址短缺、支持 IP 地址重用的方法，这种需求导致了 NAT 的出现。同时，NAT 技术又带来了IP 协议应用的限制与安全性等问题。

实践结果表明：这些地址技术的出现只是暂时缓解了全球 IP 地址短缺的情况，要彻底解决这个问题只能依赖新的 IPv6 协议设计的更大地址空间。

2. IPv6 地址与 IPv4 地址的比较

IPv6 地址与 IPv4 地址的比较如表 3-2 所示。

表 3-2　IPv6 地址与 IPv4 地址的比较

比较的项目	IPv4	IPv6
长度	32 位	128 位
表示法	点分十进制	冒号十六进制，带零压缩与双冒号简化表示
分类	分为 A、B、C、D、E 五类地址	不按地址类型划分，而是按传输类型划分
网络地址表示	子网掩码或前缀长度	前缀长度
回送地址	127.0.0.0	::1/128
公网地址	单播地址	可汇聚全局单播地址
自动配置地址	169.254.0.0/16	链路本地地址 FE80::/10
多播地址	224.0.0.0/4	FF00::/8
未指定地址	0.0.0.0	::(0:0:0:0:0:0:0:0)
专用地址	10.0.0.0/8 172.16.0.0/12 192.168.0.0/16	FEC0::/48

3. IPv6 地址的表示方法

我们可以从以下几个方面来认识 IPv6 地址的表示方法。

（1）基本表示方法

2006 年，RFC 4291 " IPv6 Addressing Achitecture" 中描述了 IPv6 地址空间结构与地址基本表示方法，定义了冒号十六进制（colon hexadecimal）表示法，其中：

- IPv6 的 128 位地址按每 16 位划分为一个位段。
- 每个位段被转换为一个 4 位的十六进制数。
- 位段之间用冒号隔开。

我们可以按以下步骤形成一个冒号十六进制 IPv6 地址。

第一步：用二进制格式表示的一个 IPv6 地址如下：

0010000000000001000000000000000000000000000000000000000000000000

0000000101010101000000000000011111111111100000100010011100010111010

第二步：将这个 128 位的地址按每 16 位划分为 8 个位段，如下所示：

0010000000000001 0000000000000000 0000000000000000 0000000000000000

0000001010101010 0000000000001111 1111111000001000 1001110001011010

第三步：将每个位段转换成十六进制数，并用冒号隔开，结果如下：

2001:0000:0000:0000:02AA:000F:FE08:9C5A

可见，得到的这个用冒号十六进制表示的 IPv6 地址与最初给出的用 128 位二进制数表示的 IPv6 地址是等效的。由于十六进制和二进制之间的进制转换比十进制和二进制之间的进制转换更容易，因此 IPv6 的地址采用十六进制表示法。每一位十六进制数对应 4 位二进制数。128 位的 IPv6 的地址实在太长，人们很难记忆。在 IPv6 网络中，节点的 IPv6 地址都是自动配置的。

（2）零压缩法

一个 IPv6 地址中可能会出现多个二进制数 0，因此可以规定一种方法，通过压缩某个位段中的前导 0，从而进一步简化 IPv6 地址的表示。例如，"000A" 可以简写为 " A"，"00D3" 可以简写为 " D3"，"02AA" 可以简写为 "2AA"。但是，" FE08" 不能简写为 " FE8"。需要注意的是，每个位段至少应该有一个数字，如果出现 "0000"，可以将其简写为 "0"。

对于前面给出的 IPv6 地址的例子：

2001:0000:0000:0000:02AA:000F:FE08:9C5A

根据前导零压缩法，这个地址可以进一步简化表示为：

2001:0:0:0:2AA:F:FE08:9C5A

为了进一步简化 IP 地址的表示，在一个以冒号十六进制表示法表示的 IPv6 地址中，如果几个连续位段的值都为 0，那么这些 0 可以简写为 ::。这种表示法也称为双冒号表示法（double colon）。

据此，前面的结果又可以简化为 2001::2AA:F:FE08:9C5A。

同样，根据零压缩法，链路本地地址 FE80:0:0:0:0:FE:FE9A:4CA2 可以简写为 FE80::FE:FE9A:4CA2，组播地址 FF02:0:0:0:0:0:0:2 可以简写为 FF02::2。

在使用零压缩法时，还需要注意以下几个问题：

• 在使用零压缩法时，不能把一个位段内部的有效 0 也压缩掉。例如，不能将 FF02:30:0:0:0:0:0:5 简写为 FF2:3::5，而应该简写为 FF02:30::5。

• 双冒号 :: 在一个地址中只能出现一次。例如，地址 0:0:0:2AA:12:0:0:0 的一种简

化表示法是 ::2AA:12:0:0:0，另一种表示法是 0:0:0:2AA:12::，但不能把它表示为 ::2AA:12::。

- 要确定 :: 之间代表多少位被压缩的 0，可以数一下地址中还有多少个位段，然后用 8 减去这个数，再将结果乘以 16。例如，在地址 FF02:3::5 中有 3 个位段（FF02、3 和 5），可以根据公式计算出 (8–3)×16=80，则 :: 表示有 80 位的二进制数字 0 被压缩。

（3）IPv6 前缀

在理解 IPv6 **前缀**（Format Prefix，FP）的概念时，需要注意以下几个问题：

- IPv6 不支持子网掩码，只支持前缀长度表示法。
- IPv6 地址类似于 IPv4 的 CIDR，IPv6 前缀可以表示为"地址 / 前缀长度"。

如果一个节点的 IPv6 地址为 2001:FA2:0:FE08::9C5A，地址前缀长度为 48。那么：

- 节点的子网号为 2001:FA2::/48。
- 同时表示节点地址与前缀时写为 2001:FA2:0:FE08::9C5A/48。
- 前缀 48 位表示地址的前 48 位为网络地址，之后的 80 位可以分配给网络中的主机，可以分配给主机的地址数量共有 2^{80} 个。

4. IPv6 地址的分类与特点

（1）IPv6 地址的类型

根据 RFC 4291 对 IP 地址的分类，IPv6 地址可分为 3 种基本类型：单播地址、组播地址、任播地址等（其结构如图 3-6 所示）。

IPv6 单播地址分为全局单播地址、链路本地地址、回送地址、内嵌 IPv4 地址等。源地址必须是单播地址。了解全局单播地址的分配策略，可以很好地理解 IPv6 与 IPv4 在地址分配上的区别。

（2）IPv6 单播地址的特点

全 局 单 播 地 址（Global Unicast

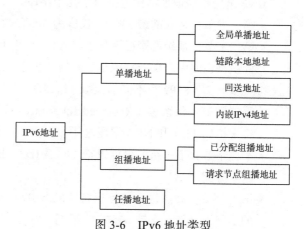

图 3-6 IPv6 地址类型

Address）的特点是能有效地支持多级寻址和路由。它又称为**可汇聚全局单播地址**（Aggregatable Global Unicast Address），类似于 IPv4 的公网地址，可以在全球 IPv6 网络中路由。RFC 2450 推荐的全局单播地址的分配策略如图 3-7a 所示。

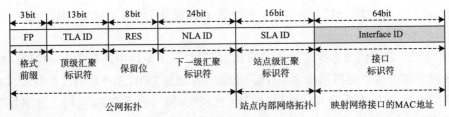

a）全局单播地址分配策略

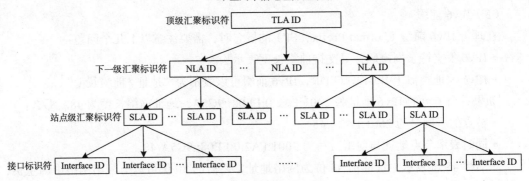

b）全局单播地址层次结构

图 3-7 IPv6 全局单播地址

IPv6 全局单播地址结构包括以下几个字段。

- 第一字节：**格式前缀**（FP） 长度为 3bit，数值为 001。
- 第二字节：**顶级汇聚标识符**（TLA ID） 由 IANA 分配给指定的注册机构。顶级汇聚标识符在路由层次结构中是最高级。由于 TLA ID 的长度是 13bit，因此 IPv6 网络中最多有 $2^{13}=8192$ 个不同的顶级 TLA ID。
- 第三字节：**保留位**（Reserved for future use，RES） 保留位字段长度为 8bit，留作将来扩展 TLA 和 NLA 字段之用。目前，保留位必须置 0。
- 第四字节：**下一级汇聚标识符**（NLA ID） 长度为 24bit，由申请 TLAID 地址块的机构来分配。
- 第五字节：**站点级汇聚标识符**（SLA ID） 长度为 16bit，由站点机构分配给它下属的子网，可最多支持 65535 个子网。
- 第六字节：**接口标识符**（Interface Identifier，Interface ID） 标识一个子网节点的网络接口。单播地址接口 ID 长度为固定的 64bit，目的是便于将常用 Ethernet 的 48 位 MAC 地址映射为 EUI-64 地址。

从 IPv6 全局单播地址的分配方式可以看出：任何一个网络节点的 IPv6 地址都可以聚合成具有带有 " TLA ID-NLA ID-SLA ID" 结构特征的路由，支持如图 3-7b 所示的三层网络拓扑结构。

- 第一层：由 TLA ID 与 NLA ID 描述的是全局路由前缀，它反映出多级的 ISP 的公网拓扑结构。
- 第二层：SLA ID 反映出站点内部的网络拓扑结构。
- 第三层：接口 ID 标识唯一地标识出节点的网络接口。

这种按 ISP 层次结构有序分配的单播地址，清晰地反映了互联网络的层次结构。这样的地址结构既有利于路由器快速选择路由，又能够有效控制骨干网的路由规模。

IPv6 全局单播地址看起来复杂，但是它符合"3-1-4 法则"，"3"表示全局路由前缀长度是 3 个十六进制位组（48bit）；"1"表示子网 ID 长度是 1 个十六进制位组（16bit）；"4"表示接口 ID 长度是 4 个十六进制位组（64bit）。这样，我们就能很容易地识别一个全局单播 IP 地址的结构。

例如，/48 路由前缀的全局多播地址是"2001:06BD:AAAA:0026:0000:0000:1A0B:0001"，那么全局路由前缀是"2001:06BD:AAAA"，子网 ID 是"0026"，接口 ID 是"0000:0000:1A0B: 0001"。

由于 IPv6 地址一直处于改进中，因此在发现问题之后，一定会有新的 RFC 文档发布，以修订地址分配方案。因此，研究 IPv6 地址时需密切注意新的 RFC 文档。

5. IPv6 地址的自动配置

在了解 IPv6 地址基本结构之后，需要讨论如何在路由器与主机上配置 IPv6 地址。主机接入 IPv4 网络时，需要手工配置一个 IPv4 地址、子网掩码、默认网关地址，以及 DNS 服务器的地址。IPv6 地址的自动配置功能可实现即插即用的入网方式，减轻了网络管理员的很多工作负担。

理解 IPv6 地址自动配置时，需要注意以下三个问题。

1）IPv6 协议定义了两种方法：无状态地址自动配置与有状态地址自动配置。

2）在节点不特别关注主机使用的 IP 地址，只要求该地址在全网是唯一的，并且能通过适当的方式进行路由选择时，就可以使用无状态地址自动配置。当节点对 IP 地址分配要求严格时，就应该使用有状态地址自动配置。在有状态地址自动配置中，DHCP 服务器维护一个数据库，记录被分配的地址与主机的配置信息，主机可从 DHCP 服务器中获得地址及其他配置信息。

3）在路由器公告中，无状态与有状态地址自动配置相互独立，主机可同时使用无状态与有状态地址自动配置。主机可使用无状态自动配置来配置自己的地址，但还是需要使用有状态自动配置来获取其他参数与信息。

3.2.3 ICMPv4 与 ICMPv6

1. ICMPv4 协议的研究背景

IP 协议提供的是尽力而为的服务，其优点是简洁，缺点是缺少差错控制与查询机制。IP 报文发送后是否到达目的主机，以及在传输过程中出现哪些错误，源主机的 IP 协议无从知晓。在这种情况下，就会出现问题，例如路由器找不到可到达的目的网络、分组超过生存时间而丢弃，以及目的主机在规定时间内不能收到属于同一分组的所有分片。因此，必须通过一种差错报告、查询与控制机制来了解差错信息，进而决定如何处理。ICMPv4协议就是为解决以上问题而设计的，它配合 IPv4 协议使用。

ICMPv4 协议的特点主要表现在以下两个方面：

1）从协议体系来看，ICMPv4 只用于解决 IPv4 协议可能出现的不可靠问题，不能独立于 IPv4 协议而单独存在，它是 IPv4 协议的一个组成部分。

2）ICMPv4 用于报告 IPv4 协议在分组传输过程中的出错情况，实际上是由转发路由器向源主机报告分组传输出错的类型，对出错分组的处理与控制需要由高层协议完成。

2. ICMPv6 协议的特点

IPv6 中也设计了 ICMPv6（RFC 4443），它的主要功能也是进行错误报告和网络诊断等。和 IPv4 一样，ICMPv6 是 IPv6 协议的一个组成部分，它具备 ICMPv4 的所有基本功能，不同之处主要有两点：一是它删除了不再使用的过时报文，定义了一些新的功能与报文；二是它合并了 ICMP、IGMP 与 ARP、RARP 等多个协议的功能（如图 3-8 所示）。

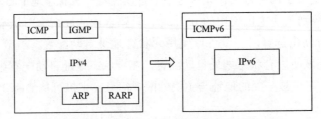

图 3-8　ICMPv4 与 ICMPv6 的区别

ICMPv6 的控制信息类型主要分为两种：差错报文与信息报文。其中，差错报文主要用于报告 IPv6 报文在传输过程中出现的错误。信息报文主要用于提供网络诊断功能与附加的主机功能。

所有 ICMPv6 报文都封装在 IPv6 报文中传送，ICMPv6 报文与 IPv6 报文的关系如图 3-9 所示。每个 ICMPv6 报文在传送时都必须加上一个 IPv6 基本报文，如果有扩展报头，还需要加上一个或多个扩展报头。在离它最近的扩展报头中，"下一个报头"值应该为 58。因此，对于 IPv6 报文来说，它将 ICMPv6 报文作为一般的报文来处理，只是根据扩展报头中的"下一个报头"值是否为 58 来判断它发送的是不是 ICMPv6 报文。

图 3-9 ICMPv6 报文与 IPv6 报文的关系

3. ICMPv6 的报文类型

ICMPv6 的报文类型与结构如图 3-10 所示。

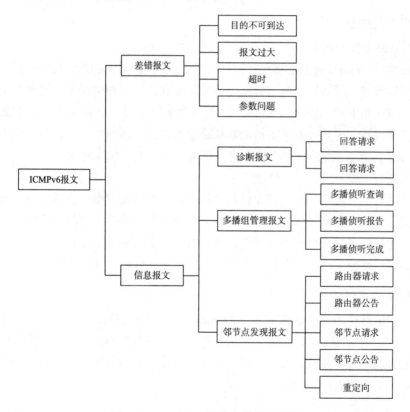

图 3-10 ICMPv6 的报文类型与结构

ICMPv6 差错报文主要包括四种类型：目的不可到达、报文过大、超时与参数问题。

ICMPv6 信息报文主要包括三种类型：诊断报文、多播组管理报文与邻节点发现报文。

IPv4 的多播组管理是通过 IGMP 协议实现的。IPv6 采用**多播侦听发现**（Multicast Listener Discovery，MLD）协议与 ICMPv6 多播组管理报文实现对多播组的管理。RFC

2710 对 MLD 协议进行了描述和定义。

邻节点发现（Neighbor Discovery，ND）是通过一组 ICMPv6 信息报文来确定邻节点之间关系的过程。IPv6 的邻节点发现协议取代了 IPv4 的 ARP 协议、ICMPv4 的路由器发现协议与重定向协议。邻节点发现报文主要有五种：路由器请求报文、路由器公告报文、邻节点请求报文、邻节点公告报文与重定向报文。

3.3 路由技术与路由协议的发展

3.3.1 分组交付和路由选择的概念

1. 分组交付的基本概念

（1）默认路由器的概念

分组交付（Forwarding）是指在互联网中主机、路由器转发 IP 分组的过程。多数主机先接入一个局域网，局域网通过一台路由器接入互联网。这种情况下，这台路由器就是局域网主机的**默认路由器**（Default Router）。当一台主机发送一个 IP 分组时，首先将该分组发送到默认路由器。因此，发送主机的默认路由器称为源路由器，与目的主机连接的路由器称为目的路由器。早期的文献中通常将默认路由器称为"默认网关"。

（2）直接交付和间接交付的概念

分组交付可以分为两类：直接交付和间接交付。路由器根据分组的目的地址与源地址是否属于同一网络来判断是采用直接交付还是间接交付。图 3-11 显示了分组交付的过程。当分组的源主机和目的主机在同一网络，或是目的路由器向目的主机传送时，分组将直接交付；当分组的目的主机与源主机不在同一网络时，分组就要间接交付。

2. 评价路由选择的依据

分组交付的路径由**路由选择算法**（Routing Algorithm）决定。为一个分组选择从源主机传送到目的主机的路由问题，可归结为从源路由器到目的路由器的路由选择问题。路由选择的核心是路由选择算法，路由选择算法是生成路由表的依据。一个理想的路由选择算法应具有以下几个特点：

第一，算法必须是正确、稳定和公平的。

沿着路由表所指引的路径，分组能够从源主机到达目的主机。在网络流量和网络拓扑相对稳定的情况下，路由选择算法应收敛于一个可以接受的解。算法对所有用户是平等的。网络系统一旦投入运行，要求算法能够长时间、连续和稳定地运行。

第二，算法应该尽量简单。

路由选择算法的计算必然要耗费路由器的计算资源，影响分组转发的延时。路由器在选择算法时，必然要在路由效果与路由计算代价之间做出选择。算法简单、有效才有实用价值。

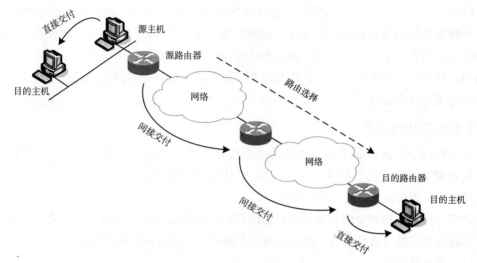

图 3-11　分组交付的过程

第三，算法必须能适应网络拓扑和通信量的变化。

实际网络的拓扑与通信量随时在变化。当路由器或通信线路发生故障时，算法必须能及时改变路由，绕过故障的路由器或链路。当网络的通信量发生变化时，算法应该能自动改变路由，以均衡链路的负载。

第四，算法应该是最佳的。

"最佳"的算法是指以低的**开销**（Overhead）转发分组。衡量开销的因素可以是链路长度、数据速率、链路容量、安全、传播延时与费用等。正是需要考虑很多因素，因此不存在一种绝对最佳的路由算法，而是指算法能根据某种特定条件和要求给出较为合理的路由。因此，算法的"最佳"是相对的。

3. 路由选择算法的主要参数

在讨论路由选择算法时，将涉及以下几个参数。

1）**跳数**（hop count）：跳数是指从源主机到目的主机的路径上，转发分组的路由器数量。一般来说，跳数越少的路径越好。

2）**带宽**（bandwidth）：带宽指链路的传输速率，例如 T1 链路的传输速率为 1.544Mbps，也可以说 T1 链路的带宽为 1.544Mbps。

3）**延时**（delay）：延时是指一个分组从源主机到达目的主机花费的时间。

4）**负载**（load）：负载是指通过路由器或线路的单位时间通信量。

5）**可靠性**（reliability）：可靠性是指传输过程中的分组丢失率。

6）**开销**（overhead）：开销通常与使用的链路类型、长度、数据速率、链路容量、安全等因素相关。

路由选择是个非常复杂的问题，它涉及网络中的所有主机、路由器、通信线路。同时，网络拓扑与网络流量随时在变化，这种变化是无法预知的。当网络发生拥塞时，路由选择算法应具有一定的缓解能力，因为在这种条件下，很难从网络中的各主机处获得所需的路由选择信息。由于路由选择算法与拥塞控制算法直接相关，因此只能找出对于某种条件相对合理的路由选择。

4. 路由算法的分类

在互联网中，路由器采用表驱动的路由选择算法。路由表是根据路由选择算法产生的。路由表存储可能的目的地址与如何到达目的地址的信息。路由器在传送 IP 分组时需查询路由表，以决定通过哪个端口转发分组。

根据对网络拓扑和通信量变化的自适应能力，路由选择算法可分为两大类：静态路由选择算法与动态路由选择算法。路由表可以是静态的，也可以是动态的。

（1）静态路由表

静态路由表主要有两个特征：

1）静态路由选择算法也称为非自适应路由选择算法，其特点是简单、开销较小，但不能及时适应网络状态（网络拓扑与流量）的变化来改变路由，而是按照原先设计好的路径传输。路径的设定与修改是静态的。静态路由选择算法包括扩散式、随机式与固定式。

2）静态路由表由人工方式建立，网管人员将每个目的地址的路径输入路由表。当网络结构发生变化时，路由表无法自动更新。静态路由表的更新工作必须由管理员手工完成。因此，静态路由表一般只用在小型的、结构不经常改变的局域网，或者是执行故障查找的试验性网络中。

（2）动态路由表

动态路由表主要有两个特征：

1）动态路由选择算法也称为自适应路由选择算法，其特点是能较好地适应网络状态的变化，但是实现起来比较复杂，开销也比较大。自适应路由选择算法分为集中式、分布式、孤立式、混合式与分层式等类型。当前的互联网采用分层、分布式路由算法。

2）大型互联网络通常采用动态路由表。在网络系统运行时，系统自动运行动态路由协议，建立路由表。当网络结构变化时，例如某个路由器出现故障或某条链路中断，动态路由协议就会自动更新所有路由器中的路由表。不同规模的网络需要选择不同的动态路由选择协议。

5. 路由表的生成与使用

互联网中的每台路由器都会保存一个路由表，路由选择是通过表驱动的方式进行的。

在 IP 网络中，网络号相同的主机属于一个子网。例如，主机 IP 地址为 181.55.0.65/26，表示它所在的网络地址长度为 26 位（/26，255.255.255.192），网络地址为 181.55.0.64，IP 地址为 181.55.0.65~181.55.0.126 的主机属于同一网络。也就是说，当 IP 分组传输时，在分组到达转发路径中的最后一个路由器（目的路由器）之前，转发路由器只需关心 IP 分组的目的地址中的网络部分。只有当分组到达目的路由器时，该路由器才需要通过 ARP 协议，将目的 IP 地址转换为目的主机的 MAC 地址，再通过 MAC 层与物理层将 IP 分组中的有效载荷传送到目的主机。显然，在 IP 分组的转发过程中，对中间节点有用的信息是分组的网络地址。因此，路由器只需记录子网掩码、目的网络地址、下一跳路由器地址与路由器转发端口，而不可能是完整的路径。图 3-12 给出了一个小型校园网的简化网络结构。

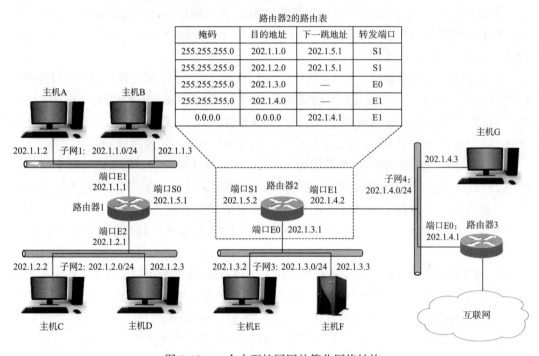

路由器2的路由表

掩码	目的地址	下一跳地址	转发端口
255.255.255.0	202.1.1.0	202.1.5.1	S1
255.255.255.0	202.1.2.0	202.1.5.1	S1
255.255.255.0	202.1.3.0	—	E0
255.255.255.0	202.1.4.0	—	E1
0.0.0.0	0.0.0.0	202.1.4.1	E1

图 3-12　一个小型校园网的简化网络结构

（1）网络结构与 IP 地址

这个简化的校园网结构中用 3 个路由器连接 4 个子网，校园网通过路由器 3 接入互联网。为了将讨论重点放在路由表的生成与使用上，假设校园网使用一个标准的 C 类 IP 地址块。4 个子网的地址分别为 202.1.1.0/24、202.1.2.0/24、202.1.3.0/24 与 202.1.4.0/24；对于连接路由器 1 与路由器 2 的串行链路，分别分配了地址 202.1.5.1 与 202.1.5.2。

（2）路由表的生成原理

下面我们通过路由器 2 的路由表生成过程来说明路由表生成与应用的基本原理。连接路由器的串行线路接口用 S0（serial 0）、S1（serial 1）表示，Ethernet 接口用 E0、E1 表示。

1）如果路由器 2 接收到一个目的地址为 202.1.1.2/24 的分组，那么路由器 2 可根据掩码 255.255.255.0 确定该分组是发送到目的网络为 202.1.1.0 的子网 1。路由器 2 通过转发端口 S1 将分组传送到路由器 1。下一跳路由器的地址是 202.1.5.1。那么，路由表的第一项内容为掩码（255.255.255.0）、目的网络（202.1.1.0）、下一跳地址（202.1.5.1）与转发端口（S1）。

2）如果路由器 2 接收到一个目的地址为 202.1.2.2/24 的分组，那么路由器 2 根据掩码 255.255.255.0 确定该分组要发送到目的网络为 202.1.2.0 的子网 2。路由器 2 仍然通过转发端口 S1 将分组传送到路由器 1 的端口 S0。下一跳路由器的地址是 202.1.5.1。那么，路由表的第二项内容为掩码（255.255.255.0）、目的网络（202.1.2.0）与下一跳地址（202.1.5.1）、转发端口（S1）。

3）如果路由器 2 接收到一个目的地址为 202.1.3.2/24 的分组，那么路由器 2 可根据掩码 255.255.255.0 确定该分组要发送到目的网络为 202.1.3.0 的子网 3。路由器 2 与子网 3 直接连接。路由器 2 通过端口 E0 以直接交付方式转发该分组。那么，路由表的第三项内容为掩码（255.255.255.0）、目的网络（202.1.3.0）、下一跳地址（—）与转发端口（E0）。

4）如果路由器 2 接收到一个目的地址为 202.1.4.3/24 的分组，那么路由器 2 可根据掩码 255.255.255.0 确定该分组要发送到目的网络为 202.1.4.0 的子网 4。路由器 2 与子网 4 直接连接。路由器 2 通过端口 E1 以直接交付方式转发该分组。那么，路由表的第四项内容为掩码（255.255.255.0）、目的网络（202.1.4.0）、下一跳地址（—）与转发端口（E1）。

5）如果路由器 2 接收到一个目的地址为 128.12.8.20/18 的分组，那么路由器 2 判断该分组的目的主机不在校园网内，需要通过接入互联网的**默认路由器**（Default Router）转发。路由器 2 通过端口 E1 以直接交付方式将该分组传送到路由器 3 的 E0 端口。那么，路由表的第五项内容为掩码（0.0.0.0）、目的网络（0.0.0.0）、下一跳地址（202.1.4.1）与转发端口（E1）。

在路由选择过程中，如果路由表中没有明确指明一条到达目的网络的路由信息，就可以将该分组转发到默认路由器。在这个例子中，路由器 3 就是路由器 2 的默认路由器。特殊地址 0.0.0.0/0 用来表示默认路由。

6. IP 路由汇聚

（1）最长前缀匹配原则

路由器的路由表项数量越少，路由选择查询的时间就越短，通过路由器转发分组的延迟时间也就越少，路由汇聚是减少路由表项数量的重要手段之一。

在使用 CIDR 协议后，IP 分组的路由通过和子网划分的相反的过程进行汇聚。由于网络前缀越长，其地址块所包含的主机地址数越少，寻找目的主机就越容易。在使用 CIDR 的网络前缀记忆法后，IP 地址由网络前缀和主机号两部分组成，因此实际使用的路由表的项目也要相应改变。路由表项由"网络前缀"和"下一跳地址"组成。这样，路由选择就变成从匹配结果中选择具有最长网络前缀的过程，这就是**最长前缀匹配**（Longest-Prefix Matching）的路由选择原则。

（2）路由汇聚过程

图 3-13 给出了一个 CIDR 路由汇聚过程的实例。其中，路由器 R_G 通过两条串行接口 S0、S1 与两台汇聚路由器 R_E、R_F 连接；路由器 R_E、R_F 分别通过两个 Ethernet 接口与四台接入路由器 R_A、R_B、R_C、R_D 连接。R_A、R_B、R_C、R_D 分别连接网络地址为 156.26.0.0/24 ～ 156.26.3.0/24、156.26.56.0/24 ～ 156.26.59.0/24 的 8 个子网。

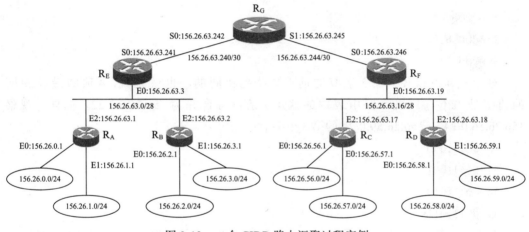

图 3-13　一个 CIDR 路由汇聚过程实例

图 3-13 中包括连接核心路由器与汇聚路由器的 2 个子网，共有 12 个子网。表 3-3 给出了路由器 R_G 的路由表，包括 12 个路由条目。

表 3-3　路由器 R_G 的路由表

路由器	输出接口
156.26.63.240/30	S0（直接连接）
156.26.63.244/30	S1（直接连接）
156.26.63.0/28	S0
156.26.63.16/28	S1
156.26.0.0/24	S0
156.26.1.0/24	S0
156.26.2.0/24	S0

（续）

路由器	输出接口
156.26.3.0/24	S0
156.26.56.0/24	S1
156.26.57.0/24	S1
156.26.58.0/24	S1
156.26.59.0/24	S1

从表 3-3 可以看出，路由器 R_G 的路由表可以简化。其中，前 4 项可以保留，后 8 项可以考虑合并成 2 项。

按照"最长前缀匹配"的原则，可以寻找 156.26.0.0/24 ~ 156.26.3.0/24 这 4 项的最长相同的前缀。在这个例子中，只要观察地址中的第 3 个字节：

0=00000000

1=00000001

2=00000010

3=00000011

对于这 4 条路径，第 3 字节的前 6 位都是相同的。也就是说，4 项的最长相同的前缀是 22 位。因此，路由表中的这 4 项条目可合并为 156.26.0.0/22。同样，观察 156.26.56.0/24 ~ 156.26.59.0/24 的第 3 个字节：

56=00111000

57=00111001

58=00111010

59=00111011

对于这 4 条路径，第 3 字节的前 6 位都是相同的。也就是说，4 项的最长相同的前缀是 22 位。因此，路由表中的这 4 项条目可合并为 156.26.56.0/22。表 3-4 给出了汇聚后的路由器 R_G 的路由表，路由条目由 12 个减少到 6 个。

表 3-4 汇聚后的路由器 R_G 的路由表

路由器	输出接口
156.26.63.240/30	S0（直接连接）
156.26.63.244/30	S1（直接连接）
156.26.63.0/28	S0
156.26.63.16/28	S1
156.26.0.0/22	S0
156.26.56.0/22	S1

如果路由器 R_G 接收到目的地址为 156.26.2.37 的分组，在路由表中寻找一条最佳的匹

配路由。它将分组的目的地址与一条路由比较:

156.26.2.37/32=10011100 00011010 00000010 00100101

156.26.0.0 /22 =10011100 00011010 00000000 00000000

目的地址与 156.26.0.0 /22 的地址前缀之间有 22 位是匹配的,那么路由器 R_G 将接收到目的地址为 156.26.2.37 的分组从 S0 接口转发。

7. IP 地址与 MAC 地址的关系

IP 地址标识的是主机或路由器的一个网络接口,理解这一点很重要。图 3-14 给出了网络接口与 IP 地址的关系。

假设局域网 LAN1 与 LAN2 都是 Ethernet,它们通过路由器互联。主机 1 ~ 3 通过 Ethernet 网卡连接 LAN1;主机 4 ~ 6 通过 Ethernet 网卡连接 LAN2;路由器 1 通过安装在机箱内的两块网卡分别连接 LAN1 与 LAN2。

以主机 1 为例,网卡一端插入主机 1 的主板扩展槽,将主机与 Ethernet 网卡连接;另一端通过 RJ-45 端口与双绞线连接到 LAN1。主机 1 的网卡 MAC 地址是 "01-2A-00-89-11-2B"。IP 协议为主机 1 连接 LAN1 的 "接口" 分配 IP 地址 "202.1.12.2"。这样,主机 1 的 Ethernet 网卡 MAC 地址 "01-2A-00-89-11-2B" 与 IP 地址 "202.1.12.2" 就形成了一一对应的关系。同样,主机 2 ~ 6 也会形成 MAC 地址与 IP 地址的对应关系。

实际上,路由器是一台专门处理网络层路由与转发功能的计算机。在图 3-14 中,路由器通过接口 1 的 Ethernet 网卡连接 LAN1,通过接口 2 的网卡连接 LAN2。这两块网卡都有固定的 MAC 地址。同时,它要执行 IP 协议,需要给它分配 IP 地址。接口 1 的网卡连接 LAN1,它与主机 1 ~ 3 在同一网络中,需要分配对应于 LAN1 的 IP 地址 "202.1.12.1"。对于路由器插入 Ethernet 网卡的接口 1 通常记为 E1。这样,E1 的 MAC 地址为 "21-30-15-10-02-55",对应的 IP 地址为 "202.1.12.1"。同样,接口 E2 的 MAC 地址为 "01-0A-1B-10-02-55",对应的 IP 地址为 "192.22.1.1"。

在讨论 IP 分组在网络中的转发过程时,有一个问题经常困惑我们:IP 分组在转发过程中,IP 地址与 MAC 地址是否会变?要回答这个问题,实际上是要理解在 IP 协议执行过程中,MAC 层协议起什么作用。图 3-15 给出了 IP 协议的执行过程。我们可以观察主机 A 的帧传送到主机 B 的过程,根据帧的 IP 地址与 MAC 地址的变化情况来回答。

如果主机 A 要向主机 B 发送 IP 分组,那么该分组的源地址是主机 A 的 IP 地址 (128.1.0.6),目的地址是主机 B 的 IP 地址 (128.4.0.2)。这个分组由主机 A 的 MAC 层封装在 MAC 帧中,帧头的源 MAC 地址是主机 A 的 Ethernet 网卡的 MAC 地址 (06-56-00-34-12-80);该帧在 LAN_A 上发送出去之后,由路由器 A 的 E0 端口的 Ethernet 网卡接收,该网卡的 MAC 地址是这个帧的目的地址。从图中的端口 IP 地址与 MAC 地址表中,可以知道 E0 端口的 Ethernet 网卡的 MAC 地址 (05-2A-00-12-88-11),它应该是该帧的目的地址。讨论了 ARP 协议之后，就很容易理解这一点了。

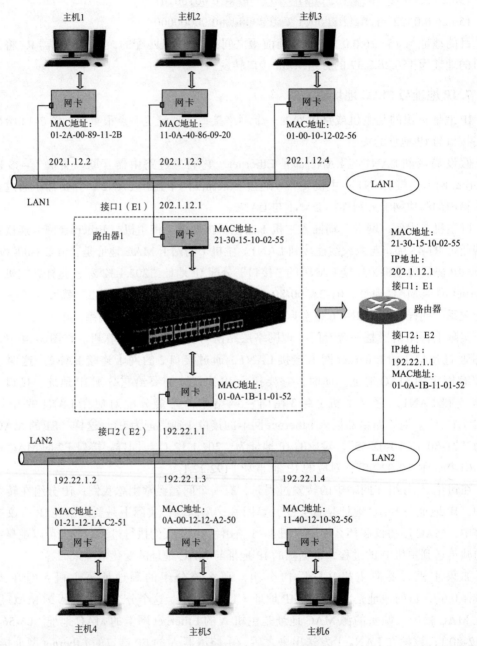

图 3-14　网络接口与 IP 地址的关系

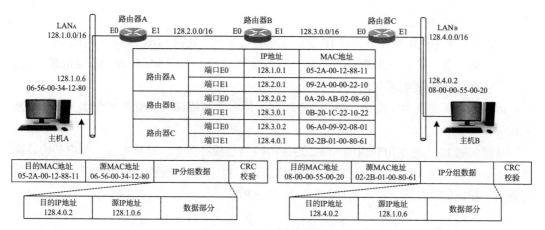

图 3-15　IP 协议的执行过程

　　路由器 A 接收到目的 IP 地址为 128.4.0.2 的分组之后，从路由表中查出应该从它的 E1 端口发送到路由器 B 的 E0 端口，那么路由器 A 要将接收到的 IP 分组不加改变地重新封装成发送帧，该帧的源地址是路由器 A 的 E1 端口 MAC 地址（09-2A-00-00-22-10），目的地址是路由器 B 的 E0 端口 MAC 地址（0A-20-AB-02-08-60）。

　　最后一步是从路由器 C 的端口 1 发送到主机 B。路由器 C 同样将接收到的 IP 分组封装成 LAN$_B$ 上传输的帧。该帧的源地址是路由器 C 的 E1 端口 MAC 地址（02-2B-01-00-80-61）。主机 B 接收并拆开帧后，将帧中封装的 IP 分组传递给主机 B 的 IP 层。整个 IP 分组通过传输网的传输过程结束。

　　从以上分析中可以看出，IP 分组在整个转发过程中的 IP 地址不变，但是每经过一个路由器，封装 IP 分组的 Ethernet 帧的源 MAC 地址与目的 MAC 地址改变。这从另外一个侧面说明 IP 协议独立于低层协议，无论在低层使用 Ethernet、Wi-Fi，还是采用点 – 点通信协议，它们对 IP 分组通过传输网的传输过程没有影响。

8. ARP 协议

　　对于 TCP/IP 协议来说，主机和路由器的网络层用 IP 地址来标识，在数据链路层用 MAC 地址来标识。描述一个计算机网络的工作过程时，实际上是做了一个假设：已知目的主机的域名与 IP 地址，并且知道这个 IP 地址对应的 MAC 地址。这个假设成立的条件是：在任何一台主机或路由器中都有一张"IP 地址 –MAC 地址对照表"，它应该包括通信所需的任何一台主机或路由器的地址信息。

　　通过"静态映射"的方法，可以方便地从一个已知的 IP 地址获取其对应的 MAC 地址。但是，这是一种理想的解决方案，在小型网络中容易实现，在大型网络中几乎不可能实现，其原因在于：

　　• 如果有一个主机或路由器刚加入网络，其他节点的"IP 地址 –MAC 地址对照表"中不会有它的信息。

- 如果一个主机更换网卡，在 IP 地址不变的情况下，它的 MAC 地址发生改变。
- 如果一个主机从一个物理网络移到另一个物理网络，在 MAC 地址不变的情况下，它的 IP 地址发生了变化。

因此，在互联网中应设计一种"动态映射"的方法与协议，以解决 IP 地址与 MAC 地址的映射问题。

从已知的 IP 地址找出对应的 MAC 地址的映射过程称为正向地址解析，相应的协议称为地址解析协议（ARP）。从已知的 MAC 地址找出对应的 IP 地址的映射过程称为反向地址解析，相应的协议称为反向地址解析协议（RARP）。

3.3.2 自治系统与路由协议

1. 分层路由与自治系统的基本概念

在讨论了 IP 协议基本概念的基础上，需要进一步研究在实际网络环境中路由器的路由表建立、更新问题。在讨论路由表的建立、更新方法时，首先需要认识采用"自治系统"与"分层次路由"的必要性。

第一，互联网复杂性的要求。

面对规模庞大、结构复杂多变的互联网，试图找出一种能够达到全局最优的路由协议是不切实际的。20 世纪七八十年代，大量的学者研究路由选择算法与协议问题，例如简单路由算法与自适应路由算法，试图面对复杂的网络结构找出最优的路由选择算法与协议。随着互联网的发展，人们最终发现：用复杂的方法处理复杂的问题是没有出路的，只有用简单的方法去处理复杂问题，才有可能找到接近满意的答案。"大道至简"，分层路由与自治系统解决方法的成功证明了这个朴素的真理。

第二，互联网规模的要求。

互联网是由数亿台主机组成的。在这些主机中存储路由信息将占据巨大的内存空间。如果所有路由器都要通过网络更新路由信息，会导致占用大量的带宽。在如此多的路由器中进行迭代的距离向量算法肯定无法收敛。因此，必须采用分层与自治的思路，以"化整为零"的办法来处理这个复杂问题。

第三，管理自治的需求。

出于安全的目的，很多企业网、政务网与校园网都希望按照自己的意愿去运行和管理自己网络中的路由器，并且希望对外屏蔽网络内部的结构。因此，这些网络系统都希望采取"分而治之"的方法，以"自治"的方式去独立运行和管理自己的网络。

出于以上三个原因，人们提出**自治系统**（Autonomous System，AS）与分层路由的概念，将整个互联网划分为很多较小的自治系统，将互联网的路由分成"自治系统内部路由"

和"自治系统与自治系统之间路由"两个层次来解决。引进自治系统的概念可以使复杂互联网的运行与管理变得更加有序。

2. 自治系统的基本概念

在理解自治系统的概念时，需要注意以下几个问题：

1）自治系统的核心是路由选择的"自治"。由于一个自治系统中的所有网络都属于一个行政单位，例如一所大学、一个公司、政府的一个部门，因此它们有权自主地决定在自治系统内部采用的路由协议。

2）自治系统的内部路由器之间能使用动态的路由协议，及时地交换路由信息，精确地反映自治系统网络拓扑的当前状态。

3）自治系统内部的路由选择称为域内路由选择；自治系统之间的路由选择称为域间路由选择。路由协议分为两大类：**内部路由协议**（Interior Gateway Protocol，IGP）和**外部路由协议**（External Gateway Protocol，EGP）。由于早期的文献将路由器称为网关，因此路由协议也称为网关协议。

需要注意的是，**路由算法**（Routing Algorithm）与**路由协议**（Routing Protocol）的概念是不同的。路由算法的目标是产生一个路由表，为路由器转发 IP 分组找出合适的下一跳路由器；而路由协议的目标是实现路由表路由信息的动态更新。

3. 互联网路由协议的分类

路由器根据路由表来转发分组，路由协议生成路由表需要两种机制：路由器之间交互路由信息的机制以及一种路由算法。路由器通过交互机制获得到达目的节点的路由信息；通过路由算法计算出到达目的节点的最短路径，不断更新路由表。

（1）内部路由协议

内部路由协议是在一个自治系统内部使用的路由协议，它与互联网中的其他自治系统选用的路由协议无关。目前，常用的内部路由协议主要有：**路由信息协议**（Routing Information Protocol，RIP）和**开放最短路径优先**（Open Shortest Path First，OSPF）协议。

（2）外部路由协议

每个自治系统的内部路由器之间通过 IGP 交换路由信息，而连接不同自治系统的路由器之间使用 EGP 交换路由信息。目前，应用最多的外部路由协议是 BGP-4。图 3-16 给出了自治系统与 IGP、EGP 之间的关系。

在研究路由协议时，需要注意以下几个问题：

1）IGP 与 EGP 是两种类型的路由协议的统称，但是早期有一种外部路由协议也叫 EGP（RFC827），二者容易造成混淆。近年来，一种新的外部路由协议 BGP（RFC1771 与 1772）取代了 EGP（RFC827），成为当前广泛使用的边界路由协议。

2）目前的内部路由协议主要是 RIP 和 OSPF，外部路由协议主要是 BGP。

3）如图 3-16 所示，路由器 R_{A1} 是自治系统 A 的边界路由器。R_{A1} 有两个端口，其中端口 1 连接自治系统 C 的 R_{C1} 路由器，那么路由器 R_{A1} 对应的网络层执行的是 EGP；端口 2 连接本自治系统中的 R_{A4} 路由器，那么路由器 R_{A1} 对应的网络层执行的是 IGP。

当前应用的各种路由协议不是距离矢量协议，就是链路状态协议。例如，RIP、RIPv2、RIPng、BGP 等属于距离矢量协议，而 OSPF、IS-IS 等属于链路状态协议。

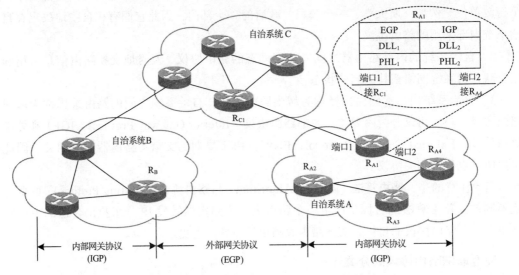

图 3-16   自治系统与 IGP、EGP 之间的关系

3.3.3 路由信息协议 RIPng

1. 矢量路由协议的基本概念

在理解矢量路由协议的概念时，需要注意两个问题：

第一，**矢量**（Vector）集方向与数值于一身。IP 路由就是一种矢量，它有方向（指向目的网络的下一跳路由器）和数值（IP 路由的度量值）。IP 路由的度量值称为路由的**开销**（overhead）。衡量路由算法开销的参数有：延时、带宽、跳数、可靠性、费用等。

第二，以传输延时为例，分组通过一个路由器产生的总延时等于处理延时、排队延时、发送延时与传播延时之和（如图 3-17 所示）。其中，处理延时取决于路由器的计算能力，以及通信协议的复杂度；排队延时取决于路由器输出端口排队等待发送分组队列的长度与端口发送速度；发送延时取决于路由器发送端口的发送速率与分组长度；传播延时取决于链路长度。如果一个分组从路由器 A 发送到路由器 B，以及从路由器 B 发送到路由器 A，在构成传输延时的 4 个因素中，只要传播延时相同，路由器计算能力、输出端口的排队等待发送队列长度、发送端口的发送速率等因素都可能相同，两个方向的传输延时显然会不同。因此，路由器 A 与路由器 B 生成的路由都是有大小与方向的矢量。也就是说，无论是距离矢量协议还是链路状态协议，它们生成的路由都是矢量。

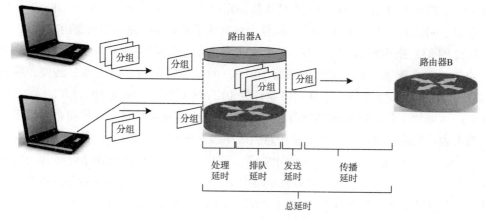

图 3-17　分组通过一个路由器所产生的总延时示意图

2. 矢量路由协议的收敛

当一个网络中的所有路由器都"学习"了通向每个子网的路由信息时，我们才能够说"路由收敛"。图 3-18 给出了矢量路由协议的路由信息以逐跳方式收敛的过程。

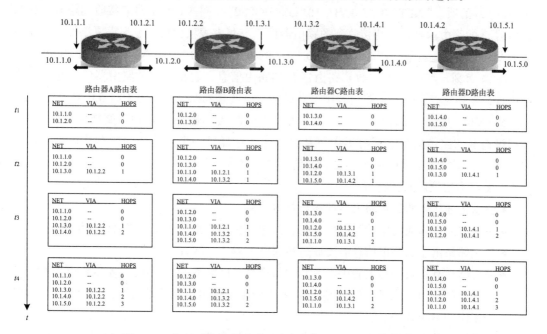

图 3-18　矢量路由协议的路由信息以逐跳方式收敛的过程

图 3-18 描述了路由器 A ~ D 以逐跳方式获取路由信息的过程。在 t1 时刻，每个路由器只知道与自己直接连接的路由器的路由信息。例如，路由器 A 只知道与它直接连接的网络 "NET（网络地址）为 10.1.1.0，HOPS（跳数）为 0"，以及路由器 B "NET 10.1.2.0 HOPS 0"。路由器 B 也只知道与它直接连接的路由器 A "NET 10.1.1.0，HOPS 0"，以及路由器 C "NET 10.1.3.0，HOPS 0"。这样，就形成了最初 4 个路由器的路由表项。

在 t2 时刻，路由器 A 接收到路由器 B 的路由信息，它发现地址为 10.1.3.0 的网络与路由器 B 直接连接，那么发送到网络 10.1.3.0 的分组需要通过路由器 B 转发，跳数为 1。这样，路由器 A 就添加一条到网络地址为 10.1.3.0 的项："NET 10.1.3.0 VIA 10.1.2.2 HOPS 1"。同样，路由器 B 收到路由器 A 与路由器 C 的路由信息，它将接收的路由器信息与路由表项比较，发现需要添加一条路由表中没有的项，那就是到网络地址为 10.1.4.0 的项："NET 10.1.4.0 VIA 10.1.3.2 HOPS 1"。同样，路由器 C 接收到路由器 B 与路由器 D 的路由信息，它将接收的路由器信息与路由表项比较，发现需要添加两条路由表中没有的项，一条到网络地址为 10.1.2.0 的项："NET 10.1.2.0 VIA 10.1.3.1 HOPS 1"，以及一条到网络地址为 10.1.5.0 的项："NET 10.1.5.0 VIA 10.1.4.2 HOPS 1"。

在 t3 时刻，路由器 A 接收到路由器 B 的路由信息，它将接收的路由器信息与路由表项比较，发现需要添加一条路由表中没有的项，也就是到网络地址为 10.1.4.0 的项："NET 10.1.4.0 VIA 10.1.2.2 HOPS 2"。路由器 B 接收到路由器 A 与路由器 C 的路由信息，它将接收的路由器信息与路由表项比较，发现需要添加一条路由表中没有的项，也就是到网络地址为 10.1.5.0 的项："NET 10.1.5.0 VIA 10.1.3.2 HOPS2"。同样，路由器 C 接收到路由器 B 与路由器 D 的路由信息，它将接收到的路由器信息与路由表项比较，发现需要添加一条路由表中没有的项，也就是到网络地址为 10.1.1.0 的项："NET 10.1.1.0 VIA 10.1.3.1 HOPS 2"。

在 t4 时刻，路由器 A 接收到路由器 B 的路由信息，它将接收的路由器信息与路由表项比较，发现需要添加一条路由表中没有的项，也就是到网络地址为 10.1.5.0 的项："NET 10.1.5.0 VIA 10.1.2.2 HOPS 3"。路由器 B、路由器 A 与路由器 C 相互交换路由信息后，发现没有新的路由信息，暂时不用更新路由表。这样，一个网络中的所有路由器都"学习"到了通向每个子网的路由信息，这就是"路由收敛"。

矢量路由协议的共同特点是：

• 路由传播途中的每台路由器都参与路由计算。

• 只有在完成本地路由计算之后，路由器才向相邻的路由器通告路由计算结果。

• 非相邻路由器的路由信息需要通过相邻路由器来"转告"。

• 路由器只有在收到路由表中没有到达某个目的网络 NET 的项时，才需要添加对应目的网络的路由信息项，转发端口 VIA 为传送该路由信息的路由器，"跳数 +1"后记为相应的 HOPS 值。

• 如果路由器的路由表中已包含接收到的路由信息项，那么只有在"跳数 +1"的数值

小于路由表中对应的值时，路由器才按照"最短路径"的原则修改相关路由表项的
"HOPS"值。

矢量路由协议主要有以下几个缺点：

- 每台运行矢量路由协议的路由器只从相邻路由器中获得路由信息，没有一台路由器能够知道网络完整的拓扑，很容易出现路由环路问题。
- 每台路由器都参与路由计算，那么任何一台路由器出现错误都会影响到所有路由表的正确性。
- 路由收敛的时间与网络规模相关。网络中的路由器越多，路由收敛的时间就会增加。矢量路由协议一般只适用于小型网络。

因此，所有矢量路由协议的研究都是考虑如何发挥协议简单的优点，如何克服容易出现"以讹传讹""路由环路"与"慢收敛"的缺点。

3. RIP 协议的发展

路由信息协议（RIP）是基于**距离 – 矢量**（Vector-Distance，V-D）路由选择算法的内部路由协议，它是目前常用的内部路由协议。距离 – 矢量路由算法来源于 1969 年的 ARPANET，它是由 Bellman-Ford 提出的。20 世纪 80 年代，加州大学伯克利分校研发的 Berkeley UNIX 中的 routed 程序就实现了 RIP 协议。1988 年，RFC 1058 描述了 RIPv1 的基本内容。1993 年，RFC 1388 对 RIPv1 进行了扩充，成为 RIPv2 协议。尽管出现了 OSPF 与 IS-IS 等域内路由协议，但是 RIP 协议仍有自身的优点。RIP 协议适用于小型网络环境，运行开销小，距离 – 矢量（V-D）路由选择算法实现容易。

为了适应 IPv6 协议的推广，RIP 工作组于 1997 年公布 RIPng 协议（RFC 2080）。1998 年，RIP 成为正式的互联网标准（STD-56）。

4. RIPng 的工作原理

在理解 RIPng 的工作原理时，需要注意以下几个问题。

1）RIPng 将所有的路由器分为两类：主动与被动。主动路由器向其他路由器通告路由，被动路由器接收并更新路由表。被动路由器不通告路由信息，只处于被动方式。

2）运行 RIPng 的路由器维护一个到所有目的网络的路由表，路由器每隔 30 秒在相邻路由器之间交换一次路由更新信息。

3）根据距离 – 矢量路由选择算法，只有当一个开销小的路径出现时，才会修改路由表中的一项路由记录，否则就会一直保留下去。这样可能出现一个弊端，那就是如果某条路径已经出现故障，而对应这条路径的记录可能一直保留在路由表中，导致出现路径环路而使路由表的距离不断扩大。这种现象在 RIP 协议中称为"慢收敛"。为了避免这种情况的发生，RIPng 采取了四项对策：

- 限定路径的跳数值为 0 ~ 15，直接连接该路由器的跳数值为 0，跳数值为 16 表示目

的网络不可达。

- 如果路由器 R1 从相邻的路由器 R2 获得距离信息，R1 不再向 R2 发送该距离信息，这在 RIP 协议中称为"水平分割"。
- 路由器在得知目的网络不可达之后 60 秒内，不接受关于目的网络可达的信息。
- 当某条路径故障时，最早广播该路由的路由器在若干个路由刷新报文中继续保留该信息，并将距离设定为 16。同时，可以触发路由刷新，立即广播刷新信息，这在 RIP 协议中称为"毒性逆转"。

5. RIPng 定时器

RIPng 协议设置了 4 个定时器，下面分别介绍。

（1）周期更新定时器

由于每个路由器的周期更新定时器相对独立，因此它们同时以广播方式发送路由信息的可能性很小。

（2）延迟定时器

为了防止出现因触发更新而引起广播风暴，RIP 协议增加一个延迟定时器。延迟定时器为每次路由更新产生一个随机延迟时间，它被控制在 1 ~ 5 秒。

（3）超时定时器

为每个路由表项增加一个超时定时器，在路由表中的一项记录被修改时开始计时，当该项记录在 180 秒（相当于 6 个 RIP 刷新周期）没有收到刷新信息时，表示该路径已经出现故障，路由表将该项记录设置为"无效"，而不是立即删除该项记录。

（4）清除定时器

RIP 协议另外设置了一个清除定时器。如果路由表的一项路由记录被设置为"无效"后，超过 120 秒没收到更新信息，则立即从路由表中删除该项记录。

6. RIPv1、RIPv2 与 RIPng 的比较

理解 RIP 协议在 IPv4 与 IPv6 两种环境中的应用，以及 RIPv1、RIPv2 与 RIPng 的区别，需要注意以下几个问题：

1）RIPv1、RIPv2 基于 IPv4，使用的 IP 地址长度为 32 位；RIPng 基于 IPv6，使用的 IP 地址长度为 128 位。

2）RIPv1 是在 IPv4 地址掩码概念提出之前制定的，它没有掩码的概念，因此它不能用于可变长度子网地址与 CIDR 的 IPv4 地址。1993 年，RFC 1388 对 RIPv1 进行了扩充，成为 RIPv2 协议。RIPv2 增加了对子网的支持，可以用子网掩码来识别子网及其路由；而 IPv6 不再使用掩码，取而代之的是地址前缀。

3）RIPv1、RIPv2 的使用范围并不局限于 TCP/IP 协议，也可以支持其他协议（尽管这种情况在实际应用中很少出现）。RIPng 仅支持 TCP/IP 协议。

4）RIPv1、RIPv2 对路由更新报文的长度有限制，它允许每个报文最多携带 25 个路由表项（Route Table Entry，RTE）。RIPng 对报文长度与 RTE 数量没有限制，报文的长度由链路的 MTU 决定。

5）RIPv1 中不包括下一跳的信息，接收端的路由器把报文中的源地址作为到目的网络路由的下一跳地址。为了便于选择最优路由，防止出现环路与慢收敛，RIPv2 增加了下一跳的信息。为了防止 RTE 过长，RIPng 将下一跳字段作为一个独立的 RET。

RIP 优点是配置与部署比较简单，缺点是不适用于大型或路由变化剧烈的网络。

3.3.4 最短路径优先协议 OSPFv3

1. OSPF 协议的发展

随着互联网规模的不断扩大，RIP 的缺点表现得更加突出。为了克服 RIP 协议的这些缺点，1989 年出现了开放最短路径优先（OSPF）协议。其中，"开放"表示它是一种通用的技术，而不是某个厂商专有的技术。最短路径优先协议的路由选择算法是基于 Dijkstra 提出的**最短路径算法**（Shortest Path First，SPF）设计的。

（1）Dijkstra 算法的工作原理

图 3-19 给出了 Dijkstra 最短路径算法原理。图 3-19a 表示路由表的初始状态，以及节点 A ~ D 组成的网络拓扑和节点之间的距离值。路由表包括三项内容：节点、距离、前一个节点。

我们以节点 A 用 Dijkstra 最短路径算法生成路由表为例，说明最短路径算法的基本工作原理。

初始状态路由表节点 A 到自身的距离为 0，未生成时的距离值用 –1 表示。

第一步，求节点 A 到节点 B、C 的最短距离。从图 3-19b 可以看出，节点 B、C 是节点 A 的相邻节点，距离分别为 4 和 1。那么，路由表中到节点 B 的距离为 4，计算从 A 到 B 的最短距离，前一个节点为 A。同理，路由表中到节点 C 的距离为 1，计算从 A 到 C 的最短距离，前一个节点为 A。

第二步，求节点 A 以节点 C 为转发节点到节点 B、D 的最短距离。从图 3-19c 可以看出，从节点 A 到节点 B 有两条路径，一条是"A–B"，距离为 4；另一条是"A–C–B"，距离为 1+2=3，显然路径"A–C–B"距离比"A–B"短。因此，修改路由表中节点 B 的项，距离值改为 3，前一个转发节点是 C。从节点 A 到节点 D 有多条路径，但是最短的路径是"A–C–D"，距离值是 1+4=5。因此，修改路由表中节点 D 的项，距离值改为 5，前一个转发节点是 C。

第三步，求节点 A 以节点 C、B 为转发节点到节点 E 的最短距离。从图 3-19d 可以看出，从节点 A 到节点 B 有三条路径："A–C–B–E""A–B–E"与"A–C–D–E"，三条路径的距离分别为 1+2+4=7、4+4=8 与 1+4+4=9。显然，路径"A–C–B–E"路径的距离最短，那么路由表中节点 E 的距离值为 7，前一个转接节点是 B。

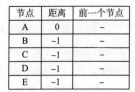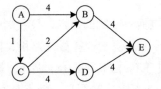

节点	距离	前一个节点
A	0	-
B	-1	-
C	-1	-
D	-1	-
E	-1	-

a）初始状态

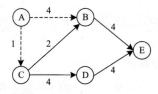

节点	距离	前一个节点
A	0	-
B	4	A
C	1	A
D	-1	-
E	-1	-

b）从 A 到达 B、C

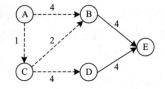

节点	距离	前一个节点
A	0	-
B	3	C
C	1	A
D	5	C
E	-1	-

c）以 C 为转接节点到达 B、D 的最短距离

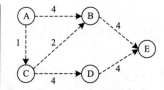

节点	距离	前一个节点
A	0	-
B	3	C
C	1	A
D	5	C
E	7	B

d）以 C、B 为转接节点到达 E 的最短距离

图 3-19 Dijkstra 最短路径算法示意图

这样，根据 Dijkstra 最短路径算法计算出的节点 A 的路由表与对应的最短路径树如图 3-20 所示。

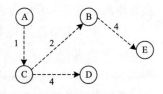

节点	距离	前一个节点
A	0	-
B	3	C
C	1	A
D	5	C
E	7	B

图 3-20 节点 A 的路由表与对应的最短路径树

（2）OSPF 与 RIP 的不同之处

虽然同样是内部路由协议，但 OSPF 与 RIP 相比主要有以下区别：

1）RIP 使用的是距离-矢量路由协议，OSPF 使用的是链路状态协议（Link State Protocol）。一个路由器的 OSPF 路由通告将会报告该路由器连接的所有链路的状态数据。

2）RIP 只能根据相邻路由器的信息更新路由表，路由器虽然可以知道到达目的网络的跳数，以及下一跳是哪个路由器，但是不知道全网的拓扑结构。OSPF 要求每个路由器周期性地发送链路状态信息，使区域内的所有路由器最终都能形成一个跟踪网络链路状态的**链路状态数据库**（Link State Database）。

3）利用链路状态数据库，每个路由器都能以最短路径优先的原则，计算出以自己为"根"的最短路径树（SPT）。最短路径树描述了从该路由器出发，到达每个目的网络所需的开销。开销的度量标准可以是到达目的网络的跳数，或者是线路带宽、延迟、服务质量等因素。以最短路径树形成的路由表一定是"最优"的。

4）RIP 仅与自己相邻的路由器通报路由信息。OSPF 要求路由器在链路状态发生变化时，用**洪泛法**（Flooding）向区域内的所有路由器发送链路状态变化信息。

5）RIP 限定跳数值小于 16，它只适用于小型网络。OSPF 协议通过在自治系统中划分区域的方法，使它能够适用于更大的网络。

6）OSPFv3 工作在网络层，它直接使用 IPv6 分组传送 OSPFv3 报文。IPv6 报头的协议字段值为 89，标识其数据部分是 OSPFv3 报文。

1998 年，RFC 2328 发布，它描述了用于 IPv4 的 OSPFv2 协议。1999 年，RFC 2740 文档发布，该文档讨论了基于 IPv6 的 OSPFv3 协议与 OSPFv2 协议的区别。2008 年 7 月，RFC 5340 发布了"OSPF for IPv6"文档。

2. OSPF 主干区域与区域的概念

为了适应更大规模的网络路由选择的需要，自治系统内部又可以进一步分为两级：**主干区域**（Backbone Area）与**区域**（Area）。**主干路由器**（Backbone Router）构成主干区域。区域要通过**区域边界路由器**（Area Border Router）与主干路由器连接，接入主干区域。区域路由器要向主干路由器报告内部路由信息。区域内部的分组交换通过区域路由器实现。区域之间的分组交换通过主干路由器实现。自治系统之间通过 AS 边界主干路由器实现互联。

图 3-21 给出了自治系统的内部结构。每个区域用一个 32 位的区域标识符（用点分十进制标识）。一个区域内的路由器数不超过 200 个。区域边界路由器接收来自其他区域的信息。主干区域内有一个 AS 边界路由器，专门和其他自治系统交换路由信息。

采用 OSPF 协议的路由器通过洪泛法每隔 30 分钟向所有路由器广播链路状态信息，建立并维护一个区域内同步的链路状态数据库。每个路由器中的路由表从这个链路状态数据库出发，计算出以本路由器为"根"的最短路径树，并根据最短路径树得出路由表。

划分区域的好处是：可以将洪泛法交换的链路状态信息限制在一个区域内，而不是整个自治系统中。一个区域的路由器只知道本区域的网络拓扑，而不知道其他区域的网络拓扑情况。采用分层次划分区域的方法能够将复杂问题简化，使得 OSPF 能够用于大型自治系统。

为了使讨论简化，假设链路两个传输方向的传输开销相同。网络与路由器直接连接的开销为 0。我们可以将图 3-22 转换成图 3-23 所示的方便计算最短路径的拓扑图。

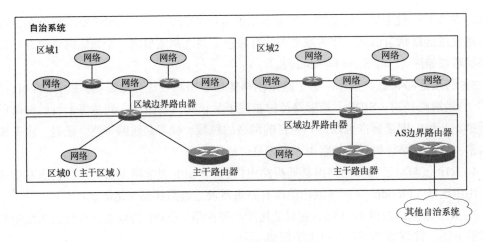

图 3-21　自治系统的内部结构

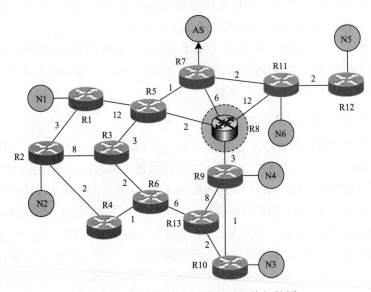

图 3-22　需要计算最短路径的网络拓扑图

图 3-23 给出了根据最小开销计算方法，计算出从路由器 R8 出发到目的网络 N1 至 N5 的最短路径。

如果将这个结果用图 3-24 表示，我们会发现：用最小路径优先计算的最终结果是形成以 R8 为根的最短路径树。根据最短路径树很容易得出路由器 R8 的路由表。

从以上讨论中可以看出，OSPF 算法的基本特征是：自治系统中的每个路由器周期性地向其他路由器广播自己与相邻路由器的连接关系，使每个路由器都可以形成一张网络拓扑图，结合最短路径的计算方法，每个路由器都形成一张以自己为根的最短路径树。以最短路径树形成的路由表一定是"最优"的。

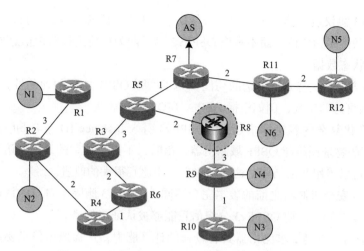

图 3-23 根据最小开销计算方法得出的最短路径

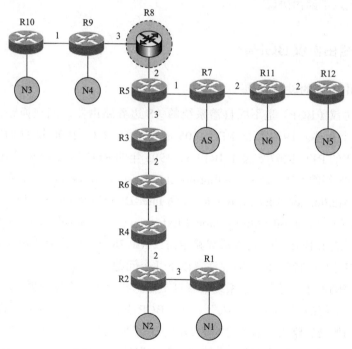

图 3-24 形成以 R8 为根的最短路径树

3. OSPFv3 的特点

OSPF 协议的核心机制是：划分区域，用洪泛法交换路由信息，最短路径优先。OSPFv3 在保持这些特点的基础上，基于大量的理论研究与实际运行经验，对 OSPF 协议做了很多改进。OSPFv3 的新特点主要表现在以下方面：

1）OSPFv3 协议设计体现了"独立于任何一个具体网络层协议"的目标。OSPFv3 协议处理是以每条链路为单位，而不是像 OSPFv2 以子网为单位进行路由信息处理。OSPFv3 计算的是链路状态数据。

2）OSPFv2 只能支持 8 项可选的功能，为了增强 OSPF 协议的通用性，OSPFv3 可以支持多达 24 项可选的功能，例如组播 OSPF（MOSPF）等。

3）为了简化复杂的容错网络建设，OSPFv3 引入 Instance ID 与 R-bit 选项。Instance ID 使控制共享的物理网络与 OSPF 域路由器通信时，不需要复杂的认证与访问清单。R-bit 选项使服务器可以采用冗余结构，这与 OSPFv2 相比有很大的改进。

4）OSPFv3 安全机制与之前的版本完全不同。OSPFv3 删除了自身的认证，而是利用 IPv6 分组的安全扩展头，使 OSPFv3 分组信息能够被认证与加密。

OSPF 算法的缺点是要求路由器具有较强的计算能力，广播路由信息要占用一定的带宽资源。目前，大多数生产路由器的厂商都支持 OSPF，并开始在一些网络中取代 RIP 协议，成为主要的内部路由协议。

3.3.5 外部路由协议 BGP4+

1. 外部路由协议的设计思想

边界路由协议（BGP）是不同自治系统的 AS 边界路由器之间交换路由信息的协议。BGP 协议有 4 个版本：1989 年的 RFC 1105 定义了 BGP-1，1990 年的 RFC 1160 定义了 BGP-2，1991 年的 RFC 1267 定义了 BGP-3，1995 年的 RFC 1771 定义了 BGP-4。

IETF 在 1998 年的 RFC 2283（Multiprotocol Extensions for BGP-4）、1999 年的 RFC 2545（Use of BGP-4 Multiprotocol Extensions for IPv6 Inter-Domain Routing），以及 2000 年的 RFC 2858 与 2007 年的 RFC 4760（Multiprotocol Extensions for BGP-4）文档中通过增加一些新的字段属性，形成了 BGP 的多协议边界路由协议 MP-BGP，也称为"BGP4+"。

在理解 BGP 协议的特点时，需要注意以下几个问题：

1）在配置 BGP 时，每个自治系统的管理员要选择至少一个路由器（通常是 BGP 边界路由器）作为该系统的"BGP 发言人"。一个 BGP 发言人与其他 BGP 发言人之间需要交换路由信息，例如增加路由、撤销过时的路由、差错信息等。

2）BGP 协议有三个主要功能：支持邻居路由器节点发现机制，持续测试 BGP 邻居路由器节点的可达性，BGP 邻居路由器节点周期性地交换目的网络可达性的路由更新报文。BGP-4 采用**路径向量**（Path Vector）路由协议。

3）当 BGP 路由器之间建立对等关系后，仅需要在初始化过程中交换整个路由表，之后只是在自身路由表发生变更时，才会产生更新报文通知其他路由器。更新报文仅包含发生变化的路由信息，从而减少路由器的计算工作量，节省占用的带宽。

4）与 RIP、OSPF 协议不同，RIP、OSPF 报文封装在 IP 分组中，而 BGP4+ 使用 TCP 协议来传输 BGP 报文。它能够在 IPv4 或 IPv6 上运行，与低层的 IP 协议无关。BGP4+ 将 BGP 传输机制与 MP-BGP 能力相结合，使 BGP 协议与承载网络无关。例如，BGP4+ 可在 IPv4 网络上传输 IPv6 路由信息，同样也可在 IPv6 网络上传输 IPv4 路由信息。这个能力决定 BGP4+ 在 IPv6 过渡阶段的重要作用。它说明 BGP 协议可用于纯 IPv6 网络，也可用于 IPv4/IPv6 混合的网络中。

5）BGP 报文封装在 TCP 报文中传输，默认端口号为 179。通过 BGP 协议交换路由信息的两个路由器也称为"BGP 对等节点"，它们之间首先通过"三次握手"建立一个 TCP 连接，然后打开一个 BGP 连接来交换路由信息。

2. BGP 路由协议的工作原理

图 3-25 给出了 BGP 发言人和自治系统的关系。图中有三个自治系统中的五个 BGP 发言人。每个 BGP 发言人除了必须运行 BGP 协议外，还必须运行该自治系统使用的内部路由协议（OSPF 或 RIP）。BGP 交换的网络可达性信息要到达某个网络经过的一系列自治系统。当 BGP 发言人之间交换网络可达性信息后，各个 BGP 发言人将根据所采用的策略，从接收到的路由信息中找出到达各个自治系统的最佳路由。

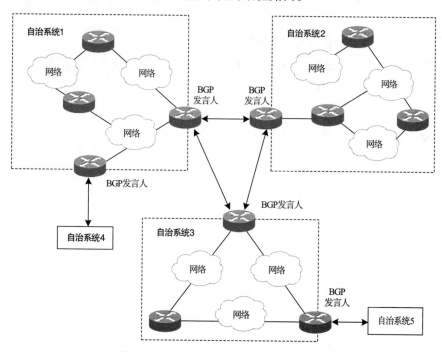

图 3-25　BGP 发言人与自治系统的关系

BGP 路由信息用来建立一个表示多个自治系统之间所有连接的逻辑路径树。图 3-26

给出了以自治系统 2 为根的逻辑树结构。BGP 交换路由信息的主机数是以自治系统数为单位，这比自治系统内部的网络数少很多。为了在很多自治系统之间寻找一条较好的路由，就要寻找正确的 BGP 边界路由器，而每个自治系统中的边界路由器的数量很少，因此这种方法可以大大降低互联网路由选择的复杂度。

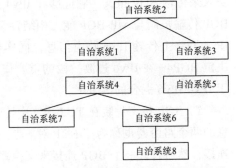

图 3-26　以自治系统 2 为根的逻辑树结构

3.3.6　路由、寻址体系面临的问题与未来的发展

1. 互联网路由与寻址体系面临的问题

对于单播的 RIP、OSPF 或 BGP 协议，目前的研究工作主要集中在协议算法自身的收敛性与稳定性，以及如何在域内提供灵活的路由上。随着互联网应用的扩展，服务质量路由 QoSR 逐渐成为新的研究重点。但是，IP 协议从本质上只能提供"尽力而为"的服务，这些改进型的研究无法从根本上解决互联网的路由与寻址存在的"可扩展性"问题。

2. 造成核心路由表增长过快的原因

互联网的路由与寻址体系面临的最严重问题是可扩展性，而可扩展问题又具体表现在核心路由器的路由表膨胀过快，其原因主要有以下三点：

（1）多宿主技术

多宿主（Multi-homing）是指 AS 为了提高自身的鲁棒性通常会连接多个 ISP 的现象。AS 连接多个 ISP 会引入大量不可聚合的路由和路由更新，必然增大核心路由器的路由表和转发表。多宿主是源自同一 AS 的同一地址前缀公告到多个 ISP 而导致的不可聚合。多宿主前缀的增长速度高于核心路由表的增长速度。

（2）流量工程

AS 为了实现流量工程会将自己拥有的多个前缀分别公告到不同 ISP，使得原本可能被聚合的前缀，由于使用了不同路径变得无法聚合。为了使流量能够在多条链路上实现负荷均衡，只单独发布流量工程涉及的地址范围的前缀。这样，虽然局部性地满足了流量工程的需求，却损害了路由的可聚合性。

（3）地址碎片

地址碎片是指路由表中存在很多不可聚合，但是却使用相同 AS 路径的前缀。这种情况主要是由于 IP 地址分配不合理造成的。

从 2005 年 2 月到 2009 年 8 月，所有多宿主的前缀与使用 Provider Aggregatable 地址

的多宿主前缀的比例从 23% 上升到 31%，前缀总数增加 1 倍，并且增长势头强劲；未聚合前缀所占比例约为 30%，但是 5 年仅增长 6.4%；地址碎片约占整个路由表的一半，但增长速度慢于整个路由器的增长速度。流量工程导致的问题比例只占到 15% ~ 20%。因此，具体分析造成未聚合前缀的原因，正确地制定地址分配策略，可以有效地缓解核心路由表快速扩展的问题。

需要注意的是，IPv6 拥有很多比 IPv4 大的地址空间，如果缺乏一个合理的地址分配策略与规则，未来面临的问题会更为严峻，因此我们既需要解决目前遇到的问题，又要适应未来更大的发展。因此，新的路由、寻址体系问题已成为学术界研究的热点问题。

3.4　QoSR、RSVP、DiffServ 与 MPLS

3.4.1　QoSR 技术研究

1. QoSR 的基本概念

RIP、OSPF、BGP 与 QoSR 路由协议都属于单播路由协议。**服务质量路由**（Quality of Service Routing，QoSR）是一种基于数据流 QoS 请求与网络可用资源进行路由的动态路由协议，它在路由选择中根据可用带宽、链路与端 – 端路径的利用率、跳数、延时与延时抖动、开销等 QoS 参数。要理解单播 QoSR 的基本概念，需要注意以下几个问题。

（1）QoSR 涵盖的内容

QoSR 本身包含三方面的内容：

- 用于网络节点之间交换信息和收集网络状态信息的 QoSR 协议。
- 用于根据已知的网络状态信息计算满足 QoS 要求的 QoSR 算法。
- 配合 QoSR 实现的支撑技术，如资源预留协议（RSVP）、区分服务（DiffServ）与多协议标记交换（MPLS）等。

（2）QoSR 与流量工程的关系

流量工程（Traffic Engineering）的研究目标是如何通过平衡负载来降低分组通过传输网络时出现拥塞的概率，而 QoSR 是在流量工程中平衡负载的一个重要手段；同时，通过平衡负载来提高传输网络吞吐率，也是 QoSR 研究的一个重要内容。因此，流量工程与 QoSR 相辅相成，不能互相替代。例如，QoSR 可通过 RSVP 在不增加资源利用率的情况下，使不同的业务都得到满意的服务。

2. QoSR 的研究

互联网的 IP 协议不区别用户业务的种类，而是将网络带宽、路由器 CPU 与队列资源等公平地分配给各种类型的应用，在分组传输延时、丢失与出错等方面一视同仁，提供"尽力而为"地服务，而无法满足在网络带宽、分组丢失率、端 – 端传输延时与延时抖动、开销等方面有特殊要求的应用。

研究 QoSR 的主要目标是：为每个业务流提供服务质量 QoS 保证，使网络资源得到最佳的利用。

下面来看看 QoSR 的研究目标、特点与难点。

（1）QoSR 具有面向连接的特性

为了在网络层提供 QoS 保证，数据分组在传输之前需要按资源预留的思路，首先找出能够满足 QoS 的可行路径；然后沿着计算好的路径，从源端到目的端传播一个消息，通知路径上的所有节点为这个 QoS 业务保留相应的带宽、缓存资源；这样后续的数据分组就可以沿着这条已预留资源的路径传输。从这个角度来看，QoSR 具有面向连接的特性。这是它与传统 IP 协议提供的"尽力而为"服务的最大区别。

（2）计算可行路径的预计算和在线计算

根据计算可行路径的时间，QoSR 可以分为两种类型：预计算和在线计算。**预计算**（Pre-computation）是指采用一个后台进程，根据网络状态信息来构造路由表，当有 QoS 请求时，只需通过查找路由表就能确定可行路径。

在典型的网络设置中，QoS 连接请求的到达速率远大于网络变化速度，因此可以使用预计算模式。由于 QoS 业务的多样性，路由表为了包含每个可能的 QoS 业务，导致其规模会相当庞大而降低可扩展性。

在线计算是指有 QoS 请求到达时，再根据状态信息计算可行路径。这种方式虽然不需要事先构造路由表，但每次路由计算延迟较大，并且路由器的负担很重。

（3）QoSR 研究的问题

目前，QoSR 研究的问题主要集中在网络模型与 QoS 度量、QoSR 算法及其有效性分析等方面。其中，单播 QoSR 算法研究主要集中在多项式非启发类算法、QoS 度量算法、探测方法、扩展距离向量算法、限定 QoS 度量、路径子空间搜索、开销函数等方面。算法有效性分析研究主要集中在路由回路问题、陈旧信息影响等方面。

多项式非启发类算法只能解决单一可加性约束与优化问题；基于 QoS 度量相关的算法只能用于基于速率调度的特定网络下，而且不支持对传输延迟的考虑；基于探测的启发式算法路由时间长、通信开销大，可能阻塞其他业务，并且中间节点需要保存大量状态；限定 QoS 度量的算法复杂度与 QoS 度量粒度的关系密切；路径子空间搜索算法需要较好的启发函数，以增大路由失败率和降低路由性能为代价，减小计算开销；基于特定开销函数的算法难以实现开销的可扩充性，同时开销的计算代价较高。

（4）QoSR 问题研究的难点

QoSR 研究的难点体现在以下几个方面：

- 寻找同时满足两个以上路径约束（优化）的可行路径具有 NPC（NP-complete）的计算复杂度。
- 为了提高可扩展性所使用的层次化模型，产生了多种参数如何聚集的问题。
- 网络状态信息的陈旧性极大地影响了 QoSR 算法的性能。
- 将 QoSR 融入到当前这种"尽力而为"的传统 IP 路由体系结构中，原有的 IP 业务将受到很大的冲击。

3.4.2　RSVP 协议与 DiffServ 协议

网络中不同的层次都会涉及服务质量（QoS）问题。评价网络层 QoS 的参数主要是带宽与传输延时。IP 协议提供的"尽力而为"服务，对于音频、视频数据传输服务显然不适用。在网络层引入 QoS 保障机制的目的是：通过协商为某种网络服务提供所需的网络资源，防止个别服务独占共享的网络资源。因此，QoS 保障机制实际上是一种网络资源分配机制。在讨论 IP 网络的 QoS 问题时，出现了资源预留协议、区分服务与多协议标记交换等技术。

1. RSVP 的基本概念

资源预留协议（Resource Reservation Protocol，RSVP）的核心是为一个应用会话的数据流提供 QoS 保证。

RSVP 协议与 QoSR 紧密相关，共同为业务流提供 QoS 服务。RSVP 的主要工作是：找出一条可行的路径，沿着这条路径预留资源。流（Flow）被定义为"具有相同的源 IP 地址、源端口号、目的 IP 地址、目的端口号、协议标识符与 QoS 要求的分组序列"。资源预留协议的设计思想是：源主机和目的主机在会话之前建立一个路径，路径上的所有路由器都要预留出此次会话所需的带宽与缓冲资源。

由于 RSVP 是基于单个数据流的端 – 端资源预留，调度处理和缓冲管理、状态维护机制太复杂，开销太大，因此它不适用于大型网络。在当前的网络上推行 RSVP 服务，需要对现有的路由器、主机与应用程序做出相应的调整，实现难度很大。因此，单纯的 RSVP 结构实际上无法被业界接受，也无法在互联网上得到广泛应用。

2. DiffServ 的基本概念

RSVP 应用的受阻，促进了**区分服务**（Differentiated Services，DiffServ）技术的研究与发展。针对 RSVP 存在的问题，DiffServ 的设计者注意解决协议的简单性、有效性与可扩展性问题，使它适用于骨干网的多种业务服务需求。

DiffServ 与 RSVP 的区别主要表现在以下方面：

1）RSVP 是基于某个会话流，而 DiffServ 是基于某类应用。以 IP 电话为例，RSVP

只为一对通话用户建立一个连接，预约带宽与缓冲区，以保证这对用户的通话质量。而 DiffServ 则针对 IP 电话这类应用。如果 ISP 为 IP 电话设置保证 QoS 的一类服务，那么 IP 电话的数据分组中的服务类型字段就会带有标记。当 IP 电话的数据分组进入 ISP 网络时，需要为 IP 电话的数据分组提供高质量的传输服务。

2）RSVP 要求所有路由器修改软件，以支持基于流的传输服务。而 DiffServ 只需要一组路由器（例如 ISP 网络中的路由器）支持，就可以实现 DiffServ 服务。

在 IETF 完成了 RSVP 与 DiffServ 的研究后，有些路由器厂商又提出了改善 IP 分组传输质量的方案，这就是多协议标识交换（MPLS）技术。

3.4.3 MPLS 协议与 MPLS VPN

1. MPLS 的主要功能

MPLS 是一种快速交换的路由方案，它对实现 QoS 路由有重要的实用价值。从设计思想上来看，MPLS 将数据链路层的第二层交换技术引入网络层，实现快速 IP 分组交换。在这种网络结构中，核心网络是 MPLS 域，构成它的路由器是**标记交换路由器**（Label Switching Router，LSR），在 MPLS 域边缘连接其他子网的路由器是边界标记交换路由器（E-LSR）。MPLS 在 E-LSR 之间建立**标记交换路径**（Label Switching Path，LSP），这种标记交换路径与 ATM 的虚电路非常相似。MPLS 减少 IP 网络中每个路由器逐个分组处理的工作量，进一步提高路由器性能和传输网络的服务质量。

IETF 于 1997 年初成立 MPLS 工作组，以开发一种通用的、标准化的技术。1997 年 11 月形成 MPLS 框架文件；1998 年 7 月形成 MPLS 结构文件；1998 年形成 MPLS 标记分布协议（LDP）、标记编码与应用等基本文件；2001 年提出第一个建议标准 RFC 3031。MPLS 文档可以从 http://www.ietf.org/html.charters/mpls-charter.html 获得。

MPLS 可以提供以下四个主要的服务。

（1）面向连接与保证 QoS 的服务

MPLS 的设计借鉴了 ATM 面向连接和提供 QoS 保障的设计思想，在 IP 网络中提供一种面向连接的服务。

（2）合理利用网络资源

流量工程的研究目的是合理利用网络资源，提高服务质量。流量工程不是特定于 MPLS 的产物，而是一种通用的概念和方法，也是拥塞控制中的负载均衡方法。MPLS 引入**流**（Flow）的概念。流是从某个源主机发出的分组序列，利用 MPLS 可以为单个流建立路由。

（3）支持虚拟专网服务

MPLS 提供**虚拟专网**（Virtual Private Network，VPN）服务，能够提高分组传输的安

全性与服务质量。

（4）支持多协议

支持 MPLS 协议的路由器可以与普通 IP 路由器、ATM 交换机、支持 MPLS 的帧中继（RF）交换机共存。因此，MPLS 可用于纯 IP 网络、ATM 网络、帧中继网及多种混合网络，同时可支持 PPP、SDH、DWDM 等底层网络协议。

2. MPLS 的工作原理

图 3-27 给出了 MPLS 的工作原理示意图。支持 MPLS 功能的路由器分为两类：标记交换路由器（LSR）和边界路由器（E-LSR）。由 LSR 组成、实现 MPLS 功能的网络区域称为 MPLS 域（MPLS Domain）。

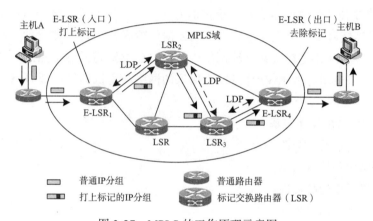

图 3-27　MPLS 的工作原理示意图

（1）"路由"和"交换"的区别

在讨论标记交换概念的时候，需要注意"路由"和"交换"的区别。路由是网络层的问题，是指路由器根据 IP 分组的目的地址、源地址，在路由表中找出转发到下一跳路由器的输出端口的过程。交换只需使用第二层的地址，例如 Ethernet 的 MAC 地址或 ATM 的虚通路号。标记交换的意义在于：LSR 不是使用 IP 路由器查找下一跳的地址，而是根据 IP 分组"标记"，通过交换机硬件在第二层实现快速转发。这样，就省去了分组到达每个主机时通过软件查找路由的费时过程。

（2）MPLS 的工作原理

下面来看看 MPLS 的工作原理。

1）MPLS 域中的 LSR 使用专门的**标记分配协议**（Label Distribution Protocol，LDP）交换报文，找出与特定标记对应的路径，即标记交换路径（LSP），对应主机 A 到主机 B 的路径（E-LSR$_1$—LSR$_2$—LSR$_3$—E-LSR$_4$），形成 MPLS 标识转发表。

2）当 IP 分组进入 MPLS 域入口的边界路由器 E-LSR$_1$ 时，E-LSR$_1$ 为分组打上标记，并根据标识转发表，将打上标记的分组转发到标记交换路径 LSP 的下一跳路由器 LSR_2。

3）标记交换路由器 LSR_2 根据标识直接利用硬件，以交换方式传送给下一跳路由器 LSR_3。LSR_3 利用同样的方法，将标记分组快速传送到下一跳路由器。

4）当标记分组到达 MPLS 域出口的边界路由器 $E\text{-}LSR_4$ 时，$E\text{-}LSR_4$ 去除标记，将 IP 分组交付给非 MPLS 的路由器或主机。

MPLS 工作机制的核心是：路由仍使用第三层的路由协议来解决，而交换则是用第二层的硬件完成，这样可将第三层成熟的路由技术与第二层快速的硬件交换相结合，达到提高主机性能和 QoS 服务质量的目的。例如，Cisco 的 LS1010 与 BPX 交换机都是典型的 LSR。

3. MPLS VPN 的应用

VPN 是指在公共传输网络中建立虚拟的专用数据传输通道，将分布在不同地理位置的网络或主机连接起来，提供安全的端–端数据传输服务。VPN 概念的核心是虚拟和专用。"虚拟"表示 VPN 是在公共传输网络中，通过建立隧道或虚电路的方式建立的一种逻辑的覆盖网。"专用"表示 VPN 可以为接入的网络与主机提供保证 QoS 与安全性的传输服务。

人们对 VPN 系统设计的基本要求是：

- 保证数据传输的安全性。
- 保证网络服务质量 QoS。
- 保证网络操作的简便性。
- 保证网络系统的可扩展性。

MPLS 将面向连接的标记路由机制与 VPN 建设需求相结合，在所有连入 MPLS 网络的用户之间方便地建立第三层 VPN。图 3-28 给出了 MPLS VPN 的原理示意图。

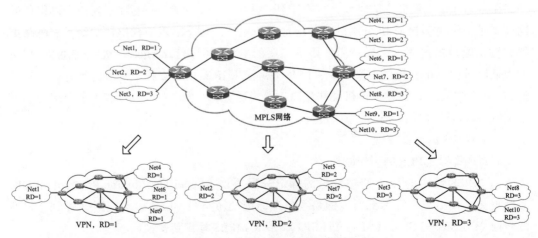

图 3-28   MPLS VPN 原理示意图

在 MPLS VPN 中，网络服务提供商为每个 VPN 分配一个路由标识符（RD），它在一个 MPLS 网络中是唯一的。在标记交换路由器（LSR）与边界路由器（E-LSR）的标记转发表中，记录了该 VPN 中的用户 IP 地址与路由标识符 RD 的对应关系。如图 3-28 所示，根据分配的标识符 RD（1、2、3）分别建立了 3 个 MPLS VPN。例如，RD=1 的 Net1、Net4、Net6 与 Net9 构成了一个 VPN，只有连接在 Net1、Net4、Net6、Net9 上的主机之间才能够通过 MPLS 实现通信。因此，MPLS VPN 是一种在 PDN 上组建的覆盖网（Overnet）。

4. MPLS VPN 的主要特点

MPLS VPN 主要有两个特点：

1）在基于 MPLS 的 VPN 中，服务提供商为每个 VPN 分配一个路由标识符（RD），这个 RD 在 MPLS 网络中是唯一的。标记交换路由器（LSR）和边界路由器（E-LSR）的标记转发表中记录了该 VPN 中用户 IP 地址与 RD 的对应关系。只有属于同一 VPN 的用户之间才能通信。

2）MPLS VPN 技术可以满足用户对于保证数据通信的安全性、QoS 方面的要求，操作方便，具有很好可扩展性。

对于大型网络信息系统与大型企业、跨国公司来说，组成大型网络系统的子网可能分布在不同的地理位置。构建一个大型网络系统有两种基本路线：一是自己建立一个大型广域网将不同地区的网络互联起来；二是利用公共传输网络实现不同子网之间的互联。显然，第一种方案的造价太高，第二种方案的安全性受到质疑。因此，吸收了两种方案优势的 VPN 的研究引起了人们的关注。特别是物联网，它与互联网的一个重要区别是：互联网提供的是全球信息交互与信息共享服务；物联网提供的是专业性、行业性与区域性的服务，例如智能电网、智能交通、智能医疗等应用。物联网应用系统对网络的实时性、可靠性与安全性要求很高，支撑物联网应用的网络系统会更多地应用 VPN 技术。目前，MPLS VPN 技术已经在大型信息网络系统、物联网应用系统、云计算系统中得到广泛应用。

3.5　路由器技术的研究与发展

路由器是构建互联网的核心设备。了解路由器的工作原理、结构、配置、性能指标与发展趋势等，对于了解互联网的组网与运行至关重要。

3.5.1　路由器的概念

1. 网络设备的基本类型

互联网由主机、网络设备与传输介质组成。网络设备可以分为两类：一类是用于有线网络组建的设备，另一类是用于无线网络组建的设备。用于有线网络组建的设备主要包括：**中继器**（Repeater）、**集线器**（Hub）、**网桥**（Bridge）、**交换机**（Switch）、**路由器**（Router），以及**网关**（Gateway）。无线网络设备主要包括用于组建无线局域网 Wi-Fi 的无线 AP 与无线路由器。网络设备分别工作在物理层、数据链路层、网络层，以及高层。网络设备与对应的工作层次关系如图 3-29 所示。

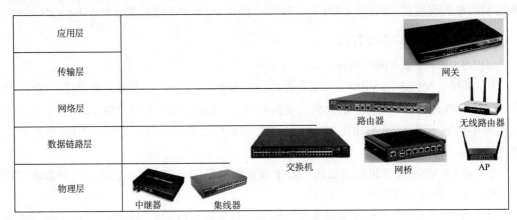

图 3-29　网络设备与对应的层次关系

中继器与集线器工作在物理层。中继器是早期 Ethernet 物理层采用 10BASE-5 标准时，用于扩展单根同轴电缆长度的连接设备；集线器是 Ethernet 物理层采用 10BASE-T 标准时，用于组建一个基于冲突域的局域网的组网设备。

网桥与交换机工作在数据链路层。网桥用于连接多个相同或不同 MAC 层协议的局域网。交换机用硬件交换的方式通过多端口连接主机或局域网，组成交换式局域网。

路由器工作在网络层，网关工作在传输层或应用层。

目前，无线网络应用最为广泛的是 IEEE 802.11（Wi-Fi）无线局域网。组建 Wi-Fi 的设备主要包括**无线访问点**（Access Point，AP）与**无线路由器**（Wireless Router）。AP 用于连接无线信号覆盖范围内的移动节点，同时实现无线局域网与有线 Ethernet 的连接。无线访问点与无线路由器的最大区别是：无线访问点工作在 MAC 层，而无线路由器工作在网络层。无线路由器一般都支持 Ethernet、专线 ADSL 等多种接入方式，还可以提供 DHCP、NAT、防火墙与 MAC 地址过滤等服务。

2. 路由器的基本功能

工作在网络层的路由器是互联网的核心设备，路由器主要有两个基本功能。

（1）建立并维护路由表

为了实现分组转发功能，路由器建立一个路由表。在路由表中，保存路由器每个端口对应连接的目的网络地址，以及默认路由器的地址。路由器通过定期与其他路由器交换路由信息来自动更新路由表。

（2）分组转发

当一个分组进入路由器时，路由器检查报文分组的目的地址，然后根据路由表决定该分组是直接交付，还是间接交付。如果是直接交付，则将分组直接传送给目的主机。如果是间接交付，路由器将确定下一跳路由器的 IP 地址与转发的端口。

当路由表很大时，如何减少路由表查找时间成为一个重要问题。理想的状况是路由器分组处理速率等于输入端口线路的传送速率，这种情况称为路由器能够以**线速**（Line Speed）转发。如果使用的是 OC-48 链路，速率为 2.488Gbps。如果路由器的处理能力达到线速，以分组长度为 64B 计算，要求路由器每秒能处理 485.92×10^6 个**分组**（Packet），记作 485.92Mpps。路由器每秒能处理的分组数是衡量路由器性能的重要指标之一。

在很多情况下，路由器还需要完成网络安全、流量控制、计费等网络管理与控制功能。

3. 路由器的分类

如图 3-30 所示，路由器可以按照性能、部署位置、信道类型进行分类。

（1）高端路由器与中低端路由器

按照设备性能可以将路由器分为高端路由器与中低端路由器。实际上，各个路由器生产商的分类标准不同，通常将背板交换能力大于 40Gbps 的路由器称为高端路由器，将背板交换能力低于 40Gbps 的路由器称为中低端路由器。

（2）核心路由器、汇聚路由器与接入路由器

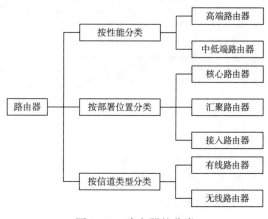

图 3-30　路由器的分类

按照部署位置可以将路由器分为**核心路由器**（Core Router）、**汇聚路由器**（Aggregation Router）、接入路由器或**端路由器**（Edge Router）。从传输网层次结构的角度，核心路由器是构成主干网的路由器，它仅需要支持 IP 协议。在实际应用中，人们进一步地将核心路由器分为 Gbps 路由器、Tbps 路由器与交换路由器等。

汇聚路由器用于将大量的接入路由器汇聚到主干网。核心路由器仅需支持 IP 协议，而汇聚路由器要面对不同的接入网络，因此需要考虑对不同协议的支持，对防火墙、流量均衡设备、网络安全设备，以及对 MPLS、VPN 功能的支持。

核心路由器通常需要选用高端路由器。但是，随着网络规模扩大与设备价格降低，汇聚路由器也需要采用高端路由器。路由器的分类是相对的，它是在不断变化的。

（3）有线路由器与无线路由器

按照信道类型可以将路由器分为有线路由器与无线路由器。由于移动互联网的大规模应用，越来越多的办公室、实验室、家庭选择使用无线路由器。相对于无线路由器，目前互联网大量使用的路由器都属于有线路由器，我们习惯将它简称为路由器。

4. 路由器的结构与工作原理

路由器是一种具有多个输入 / 输出端口，完成 IP 分组转发功能的专用计算机系统。它由两部分组成：路由选择处理机、分组处理与交换部分。图 3-31 给出了典型路由器结构示意图。

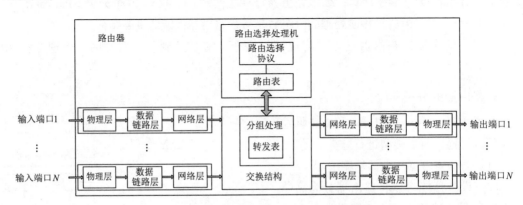

图 3-31　典型的路由器结构示意图

（1）路由选择处理机

路由选择处理器是路由的控制部分，它的任务是生成和维护路由表。

（2）分组处理与交换部分

分组处理与交换部分主要包括：

- **交换结构**（Switching Fabric）的作用是根据路由表和接收分组的目的 IP 地址，选择合适的输出端口进行转发。路由器根据转发表转发分组，而转发表是根据路由表形成的。

- 路由器通常有多个输入端口和输出端口。每个端口中各有三个模块，分别对应于物理层、数据链路层和网络层。物理层模块完成比特流的收发，数据链路层模块完成帧的拆封，网络层模块处理 IP 分组头。

如果接收到的分组是路由器之间交换路由信息的分组（例如 RIP 或 OSPF 分组），则将这类分组送交路由器的路由选择处理机。如果接收到的是数据分组，则按照分组的目的地址在转发表中查找，决定合适的输出端口。

典型的路由器外形如图 3-32 所示。

图 3-32　典型的路由器外形结构

5. 路由器的配置

路由器是互联网的核心设备，了解路由器配置的相关知识，对于深入学习路由器的工作原理、网络设计与设备选型很重要。图 3-33 给出了路由器配置涉及的基本内容。

（1）接口类型

路由器常见的接口类型包括 Ethernet 接口、串行接口、E1/T1 接口、E3/T3 接口、POS 接口、ISDN 接口等。Ethernet 接口可进一步分为 10Mbps、100Mbps、1Gbps、10Gbps 或 100Gbps 接口；串行接口可进一步分为 RS-232、RS-449、X.21 DTE/DCE、高速 E1 同步串口等；POS（Packet-Over-SONET）接口可进一步分为 155Mbps、622Mbps、2.5Gbps、10Gbps 或 40Gbps 接口。

（2）用户可用插槽数

用户可用插槽数是指除了 CPU 板卡、时钟板卡等专用插槽之外，用户可以在路由器中自行插入的**线卡**（Line Card）数量。我们可根据路由器的可用插槽数，以及每块线卡连接的端口数，计算出路由器所能支持的最大端口数。

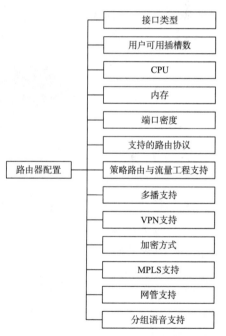

图 3-33　路由器配置涉及的基本内容

（3）CPU

无论是高端路由器还是中低端路由器，都需要使用一个或多个 CPU。CPU 的处理能力决定了路由表查找速度与路由计算速度，直接影响到路由器的吞吐率和转发延迟。

（4）内存

当路由器正在为一个接收分组查找转发表时，从这个输入端口可能连续收到多个分组，由于不能及时处理，后到的这些分组必须在输入队列中排队等待。同样，输出端口从交换结构接收分组，然后将它们发送到输出端口的线路上，也需要一个缓存来存储等待转发的分组。只要路由器接收、处理或输出分组的速率小于线速，无论是输入端口、输出端口都会排队等待，进而产生分组转发延时，严重时会因缓存不够而溢出，造成分组丢失。

路由器会使用不同类型的内存，例如 Flash、DRAM 与 SRAM。存储器用来存放路由器的操作系统、配置文件、协议软件等。中低端路由器的路由表、转发表通常存放在内存中，高端路由器的路由表存放在内存中，而转发表通常存放在线卡的存储器中。内存大小将直接影响路由表查找速度与路由计算速度。

（5）端口密度

随着路由器连接节点的增多，路由器需要插入多块线卡，每块线卡有多个外接端口。不同类型的线卡端口数不同。图 3-34 给出了线卡结构示意图。其中，图 3-34a 是一个 8 端口的 POS 线卡，图 3-34b 是一个 48 端口的扩展 RJ-45 线卡。

a）8 端口的 POS 线卡　　　　b）48 端口的扩展 RJ-45 线卡

图 3-34　线卡结构示意图

路由器体积与能提供的接入端口数相关。端口密度用来描述路由器制造的集成化程度，应折合成机架内每英寸的端口数。

（6）支持的路由协议

路由器支持的路由协议主要包括 RIP、OSPF、IS-IS、BGP、IEEE 802.3/802.1Q、源地址路由、透明网桥、PPP、MLPPP、PPPoE 等。其中，源地址路由是策略路由中的一种，路由器通常都应该支持；透明网桥是指路由器端口以透明方式执行网桥的功能，只做 MAC 帧的桥接，不对分组做路由检查与转发；早期网络用路由器采用点 – 点方式连接，多数用户使用 PPP 协议接入路由器，使用串口的路由器应支持 PPP 协议。

（7）策略路由与流量工程支持

除了将目的地址作为路由选择的依据之外，路由器还可以根据 TOS、源地址、源端口与目的端口为分组选择路由。策略路由可在一定程度上实现流量工程，使不同服务质量的数据流按不同路径传输。路由器可通过选择流量工程或虚拟专网的方式来实现对多协议标记交换 MPLS 功能的支持。

（8）多播支持

随着网络会议、视频播放、计算机协同工作的发展，越来越多的应用需要路由器支持多播服务。在这种应用中，路由器需要支持互联网多播组管理协议（IGMP）、距离矢量多播路由协议（DVMRP），以及协议无关多播（PIM）等。

（9）VPN 支持

很多网络都需要路由器支持 VPN 服务，包括 MPLS VPN 协议、**第二层隧道协议**（Layer 2 Tunneling Protocol，L2TP）、**通用路由封装协议**（Generic Routing Encapsulation，GRE），以及 IP over IP 协议等。

（10）加密方式

为了解决 IP 协议的安全性问题，IETF 提出了 IPSec 协议。IPSec 不是一个简单的协议，而是一个协议包。它由三个主要的协议与加密、认证算法构成。对于支持 IPv4 的路由器，IPSec 是可选的；对于支持 IPv6 的路由器，IPSec 协议是必选的。

（11）网络管理支持

路由器必须支持网络管理员通过 SNMP 或基于 Web 的网管程序，对路由器进行配置管理、性能管理、安全管理、差错管理与记账管理。网管程序可管理路由器的端口、网段、IP 地址与 MAC 地址。目前，很多路由器集成了 NAT、防火墙等功能。

（12）分组语音支持

在企业与办公环境中，支持语音分组的 IP 电话能力很重要。IP 语音分组功能需要支持 H.323、G.723 与 G.729 标准。路由器支持 IP 电话能力一般是以 E1 计算。一个 E1 信道支持 30 路电话。中低端路由器通常支持 DSS1 与中国 1 号信令。

3.5.2　路由器的性能指标

评价路由器的性能指标涉及四方面：转发性能、QoS 能力、安全性、可靠性与可用性。

1. 路由器的转发性能

路由器的转发性能主要包括线速转发能力、吞吐量、背靠背帧数、路由表容量、背板能力、丢包率、延时、延时抖动等。

（1）线速转发能力

线速转发能力是指路由器端口以最大速率双向接收与发送分组时，没有出现丢包的情况。线速转发是评价路由器性能的一个重要指标。所谓端口的线速转发意味着：从路由器的接收端口接收多少个分组，就能通过发送端口转发多少个分组，不会由于路由器处理能力的限制而造成分组丢失。线速转发能力是在转发最小报文长度（Ethernet 帧长 64B、

POS 帧长 40B），以及符合协议规定的最小帧间隔的条件下测量出来的。线速转发能力的单位是 pps（packet per second）。

（2）吞吐量

吞吐量分为端口吞吐量与整机吞吐量。端口吞吐量是指路由器某个端口每秒转发的分组数。对于不同线卡、同一线卡的不同端口，端口吞吐量的实际测量值可能不同。

设备吞吐量是指路由器整机在不丢包的情况下，每秒最多能转发的分组数。设备吞吐量与路由器的端口数量、速率、分组长度、类型、路由计算模式（集中或分布），以及测量方法相关。一般情况下，设备吞吐量小于所有端口吞吐量之和。

（3）背靠背帧数

背靠背（back-to-back）帧数是指在不丢失报文的前提下，以最小帧间隔发送的分组数。背靠背帧数指标用来测试路由器的缓存能力。

（4）路由表容量

路由表容量是指路由表能够存储的路由表项数量。高端路由器通常应支持 250 000 条路由。

（5）背板能力

背板是路由器的输入端口与输出端口之间的物理通道。低端路由器采用共享背板的结构，中高端路由器一般采用交换结构。背板能力决定路由器的吞吐量。

（6）丢包率

丢包率是指在稳定状态和持续负荷的状态下，由于缺少资源而造成丢失的分组所占的比例。丢包率是衡量路由器在超负荷状态下的性能指标。

（7）延时

延时是指从分组的第一个比特进入路由器到最后一个比特离开路由器的时间间隔。延时表示存储转发模式中，路由器处理分组所需的时间。延时与报文长度、链路传输速率相关。延时通常在端口吞吐量的测量范围内测试，它对网络性能影响很大。

（8）延时抖动

延时抖动是指在正常工作状态下延时的变化量。普通的数据传输对延时抖动不敏感，而语音与视频传输中对延时抖动的要求很高。

2. QoS 能力

路由器保证 QoS 的能力主要包括队列管理机制、端口硬件队列数、QoS 分类方式、分类业务带宽保证、RSVP 与 DiffServ 支持、承诺接入速率等。

（1）队列管理机制

队列管理机制涉及路由器的拥塞管理机制与队列调度算法，例如**随机早期检测**（Random Early Detection，RED）、**加权随机早期检测**（Weighted Random Early Detection，

WRED)、**加权循环**（Weighted Round Robin，WRR）、**加权公平队列算法**（Weighted Fair Queuing，WFQ）等队列调度算法。

（2）端口硬件队列数

路由器支持的优先级是由端口硬件队列来保证的。每个队列中的优先级由端口硬件队列调度算法来保证。端口硬件队列数与队列调度算法对路由器的 QoS 很重要。

（3）QoS 分类方式

路由器支持的 QoS 根据信息不同有一定的差异。最基本的 QoS 分类可以是传输层的端口，可以基于 IEEE 802.1Q 中规定的数据链路层，也可以基于网络层 IP 报头中的 TOS 字段、源地址与目的地址等。

（4）分类业务带宽保证

分类业务带宽保证体现在路由器是否对不同业务等级做出带宽保证，通常是由队列调度算法等方法实现。

（5）RSVP、DiffServ 与 MPLS 支持

在 IP 协议之上支持 QoS 服务的协议主要有 RSVP、DiffServ 与 MPLS。目前，很多路由器支持 MPLS 协议。

（6）承诺接入速率

承诺接入速率（Committed Access Rate，CAR）也称为速率限制，它是对特定种类通信的带宽进行控制，以保证这些流量不会影响重要服务。CAR 可起到流量控制的作用，在接入路由器上设定 CAR，通过限速策略可以抵御 DoS 攻击。这类攻击的一个重要特征是网络中存在大量带有非法源地址的 ICMP 报文，在路由器上对 ICMP 报文配置 CAR，以设置速率上限的方法及时中断攻击。

3. 安全性

了解路由器的安全性指标，可以从支持 VPN 的能力、访问控制能力与对网络流量过滤的能力入手。

（1）支持 VPN 的能力

路由器通常都应该具有支持 VPN 的能力。这方面差异表现在支持哪种 VPN（例如 IPSec VPN），以及最多可建立几条 VPN 安全隧道。

（2）访问控制能力

路由器的访问控制能力表现在通过分组的源地址、源端口、目的地址、目的端口以及设定的时间段，控制网络内部主机对外网的访问。访问控制能力较强的路由器还可以通过定义工作组、服务端口与协议，实现对内部用户访问外部网络，或外部用户访问内部网络的控制；还可以通过 IP 地址 /MAC 地址的绑定功能，实现用户身份的识别，防止 IP 地址盗用、MAC 地址盗用等常见攻击。

（3）流量过滤能力

路由器可以采用对特定报文流量限制，例如对 ICMP 报文配置 CAR，通过设置速率上限的方法，及时发现和中止 DoS/DDoS 等攻击。

4. 可靠性与可用性

（1）冗余

路由器冗余的目的是保证设备的可靠性与可用性。路由器冗余包括接口线卡冗余、电源冗余、系统板冗余、时钟板冗余与设备冗余。至于采用哪类冗余，需要在设备可靠性与成本之间加以折中。

在高性能路由器设计中，应注意"多级冗余保护、避免单点故障"，实现板卡的冗余，有故障的交换链路、控制卡、交换卡都不会影响分组转发。同时，可以考虑将一个接口线卡与多个交换卡互联，实现数据交换网络内部连接的冗余。硬件检测机制快速检查出故障之后，可通过冗余连接的线路绕过故障卡。Tbps 路由器采用超立方、三维环等多级交换网络，提供更多的冗余路径。

路由器冗余需要 RFC 2338 的**虚拟路由器冗余协议**（Virtual Router Redundancy Protocol，VRRP）支持。

（2）部件的热插拔

路由器需要 24 小时连续工作，更换部件应该不影响或尽量减少对路由器可用性的影响。热插拔是指在不影响系统运行的情况下，对出现问题的模块进行插拔操作。路由器选型时需要了解该型号的路由器是否支持热插拔，以及支持哪些部件的热插拔。

（3）内部时钟精度

当使用 POS 端口的路由器互联时，需要考虑路由器与 POS 设备的同步问题。因此，需要按照 POS 设备的要求，注意路由器内部时钟精度与配置方法。

路由器的可用性的描述参数有无故障连续工作时间、系统故障恢复时间、主备用系统切换时间、SDH 接口自动保护切换时间等。可用性是网管人员最关心的路由器指标之一。如果路由器的可用性达到 99.9%，每年停机时间不超过 8.8 小时；可用性达到 99.99% 时，每年停机时间不超过 53 分钟；可用性达到 99.999% 时，每年停机时间不超过 5 分钟。

在实际应用中，高端路由器的可靠性与可用性指标应控制在：

① 系统可用性 > 99.999%

② 系统无故障连续工作时间 MTBF > 10 万小时

③ 系统故障恢复时间 < 30 分钟

④ 系统应具有自动保护功能，主备用切换时间 < 50 毫秒

路由器应具有高可靠性与高稳定性。主处理器、主存储器、交换矩阵、电源、总线仲裁器与管理接口等主要部件应该具有热备份冗余。线卡要求实现 $m + n$ 备份，并提供远程测试诊断功能。

3.5.3　路由器的体系结构的变革

1. 路由器结构的特点

最初的简单路由器可以由一台普通计算机（例如改装的小型机 DDP316）安装特定的软件，并增加一定数量的网络接口卡构成。特定的软件主要实现路由选择、分组接收和转发功能。为了满足网络规模不断扩大的需要，高性能、高吞吐量与低成本的路由器研究、开发与应用，一直是网络设备制造商与学术界关注的问题。

在讨论路由器的发展背景时，需要注意两个信息技术领域的预测定律。一是摩尔定律，即半导体器件的计算能力每 18 个月翻一番。路由器作为一种特殊结构和用途的计算机，其计算能力也应该按照这个速度增长。二是吉尔德定律，即主干网的带宽将每 6 个月增加一倍。显然，受到半导体器件计算能力限制的路由器计算能力增长，要远远低于互联网带宽的增长速度。目前，随着光纤通信技术的快速发展，作为互联网主干网主要传输介质的光纤带宽与路由器计算能力相比，光纤带宽已不是限制网络性能的瓶颈。传统的路由器已成为互联网带宽增长的瓶颈。如果仍然采用传统的路由器体系结构，那么按照摩尔定律增长的半导体器件的计算能力无法满足实际应用的需求。因此，要从根本上解决路由器的瓶颈，出路在设计新的路由器体系结构上。

随着互联网的广泛应用，路由器的体系结构经历了几次大的变革。这些变化主要集中在两个方向：

- 从基于通用功能芯片的结构向使用专用芯片结构的方向发展。
- 从基于系统的串行处理向并行处理的方向发展。

随着集成度的不断增长，针对路由器设计的专用芯片的性能不断提高。典型的路由器专用芯片是**网络处理器**（Network Processor，NP）。2013 年 9 月，Cisco 公司发布当前性能最高的可编程网络处理器 nPower，内部集成了 40 亿个晶体管。高性能、可编程网络处理器 nPower 的出现，使得路由器的一些关键运算可采用独立硬件来完成。路由器针对路由运算特点优化算法设计，并采用多个处理单元并行处理，从而大幅度提高路由器的系统性能。

路由器的体系结构大致经历了 4 次较大的变革：

- 第一次变革：单总线单 CPU 结构的路由器。
- 第二次变革：多总线多 CPU 结构路由器。
- 第三次变革：交换结构的 Gbps 路由器与第三层交换。
- 第四次变革：多级互联的集群结构。

2. 单总线单 CPU 结构路由器

最初的路由器采用传统的计算机体系结构，它包括 CPU、内存 RAM 和挂在总线 BUS

上的多个接口卡。采用单总线单 CPU 结构的路由器与一台通用的计算机没有太大区别。
1986 年，Cisco 公司生产出世界第一台路由器产品 AGS（Advanced Gateway Server），其
外形与结构如图 3-35 所示。

图 3-35　世界上第一台路由器产品

Cisco AGS 采用单总线单 CPU 结构，其 CPU 使用的是 Motorola 的 MC 68020 处理
器。图 3-36a 给出了 Cisco AGS 的原理结构，图 3-36b 给出了内部结构，图 3-36c 给出了
外形结构。

讨论路由器的结构时，需要注意以下几个问题：

1）从原理结构示意图中看出，AGS 路由器
中的 CPU 负责检查 IP 分组头、计算校验和与生
存时间，以及计算路由和维护路由表。NIC 负责
IP 分组的接收与发送。

2）从内部结构示意图中看出，CPU 与**存储
器**（Memory）的主板、所有 NIC 都插在路由器
背板的扩展槽中。背板总线负责几种板卡之间的
信息交互。路由器采用这种结构的好处是：当接
入子网的协议发生变化，网卡改变或需要增减网
卡时，可以通过拔插网卡的方式来实现。背板总
线带宽对路由器的吞吐率等性能有很大影响。

3）由于 AGS 路由器采用单总线单 CPU 结
构，当 NIC 从连接的网络中接收到 IP 分组时，
NIC 通过单总线将数据存放在内存中，同时通知
CPU 对接收的 IP 分组头进行处理。CPU 判断接
收的分组正确之后，查找路由表，决定 IP 分组

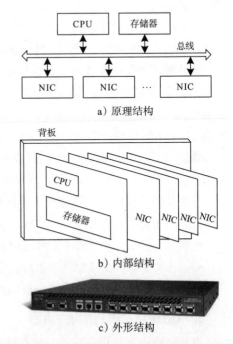

图 3-36　单总线单 CPU 结构的路由器结构

由哪个 NIC 转发。负责转发该 IP 分组的 NIC 通过 MAC 层、物理层，将它转发到下一个路由器。

4）NIC 与 CPU、存储器通过总线的多次交互才能完成一个分组的转发。当路由器背板插入的 NIC 增多时，不同板卡对总线、CPU 的争用会引起冲突，导致系统处理能力下降。因此，单总线单 CPU 结构的路由器存在着处理速度慢，CPU 故障将导致系统瘫痪的缺点。

3. 多总线多 CPU 结构的路由器

为了提高路由器的性能，出现了多总线多 CPU 结构路由器。多总线多 CPU 结构路由器可进一步分为三种类型：单总线主从 CPU 结构、单总线对称多 CPU 结构、多总线多 CPU 结构。

（1）单总线主从 CPU 结构

在单总线主从 CPU 结构的路由器中，两个 CPU 是非对称的主从式结构关系，一个 CPU 负责数据链路层的协议处理，另一个 CPU 负责网络层的协议处理。典型产品有 3COM 公司的 Net Builder2 路由器。这种路由器是第一代单总线单 CPU 结构的简单延伸。路由器的系统容错能力有较大提高，但是分组的转发处理速度并没有明显提高。

（2）单总线对称多 CPU 结构

针对单总线主从 CPU 结构的缺点，在单总线对称多 CPU 结构中开始采用并行处理技术。每个 NIC 位置使用一个独立的 CPU，负责接收和转发本接口的数据包，包括队列管理、查询路由表和决定转发。主控 CPU 完成路由器配置、控制与管理等非实时任务。典型产品有 Bay 公司的 BCN 系列路由器，它的 CPU 使用的是 Motorola 的 MC68060 和 MC68040 处理器。尽管这种结构的路由器的网络接口处理能力有所提高，但是单总线与软件实现转发处理这两个因素成为限制路由器性能提高的瓶颈。

（3）多总线多 CPU 结构

针对单总线与软件转发处理的问题，多总线多 CPU 结构与路由和交换技术相结合。多总线多 CPU 结构路由器至少需要使用三种或三种以上的 CPU 与总线。

Cisco 7000 系列路由器是典型的多总线多 CPU 结构的产品。Cisco 7000 系列路由器使用三种 CPU 与三种总线。三种 CPU 是接口 CPU、交换 CPU 和路由 CPU，三种总线是 CxBUS、dBUS 与 SxBUS。

图 3-37a 给出了多总线多 CPU 路由器的原理结构，图 3-37b 给出了外形结构。多总线多 CPU 结构路由器也称为 "单机分布式总线结构路由器"。

讨论多总线多 CPU 结构路由器的特点时，需要注意以下几个问题：

第一，多总线多 CPU 结构路由器的内部结构主要由主板、线卡组成。一台路由器可以插入多块线卡。线卡是线路接口子系统，它为路由器提供多种类型的外部接口，实现路由器与外部子网的连接。

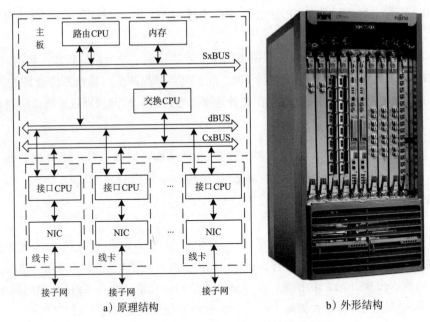

a）原理结构　　　　　　　　　　　b）外形结构

图 3-37　多总线多 CPU 路由器结构示意图

路由器的每块线卡都有自己的接口 CPU、内存与网卡 NIC，构成能够独立处理 IP 分组的子系统。多块线卡可以并行处理接收不同子网的 IP 分组，将接收到的分组存储在自己的内存中。接口 CPU 在判断分组接收正确，并根据目的地址查找路由表后，再通过分组传输到对应的线卡。

第二，主板基本不参与路由转发操作。主板主要执行路由协议，与邻居路由器交换路由信息，生成、更新和维护各线卡存储的路由表，而分组转发操作分布在各线卡中进行。在路由与交换技术方面，系统采用硬件 Cache 快速查找路由表，以提高转发处理的速度。

第三，在使用单总线的路由器中，多个 NIC 争用共享总线时出现冲突是造成路由器性能下降的重要原因。尽管多总线多 CPU 结构路由器增加不同用途的总线，但是多个线卡共享一条总线的局面仍然存在，理论上这类路由器的最高转发能力可达到 5Gbps。例如，Cisco 公司的 7000 系列路由器的最高转发能力达到 2Gbps。它是第一款用作 IP 主干网的多总线多 CPU 结构路由器。

3.5.4　基于交换结构的路由器

1. 基于硬件交换路由器的设计思想

研究人员发现，借用传统的计算机结构设计思想、软件交换的方式，无法实现路由器端口 10Gbps 或 2.5Gbps 的线速转发，必须在设计思想上加以改进，采用基于硬件的交换结构来替代传统路由器共享总线的软件交换结构。基于硬件交换的路由器结构有三种设计思路：基于内存交换、基于总线交换与基于交叉结构。图 3-38 给出了基于硬件交换的三种路由器结构示意图。

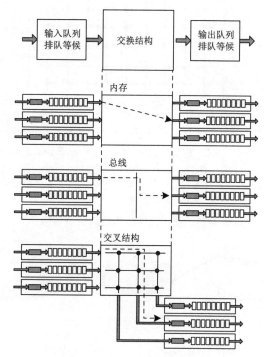

图 3-38　基于硬件交换的路由器结构

2. 基于交叉结构的路由器

第三种方案是通过专用大规模集成电路 ASIC 实现的**交叉开关**（Crossbar）与相关电路，完成多路数据的并发交换。基于交叉开关的结构又称为交换结构，图 3-39 给出了基于交叉开关的路由器结构示意图。

在基于交换结构的路由器中，交叉开关代替了共享总线。由于各个线卡接收到 IP 分组后可以并行、独立地处理，然后分别通过交叉开关中的不同线路，直接传送到输出的线卡，因此可以有效提高路由器的吞吐率，降低转发延时。这样，路由器性能取决于交叉开关芯片与各板卡的性能，而不仅取决于总线的带宽。由于路由器省去了大量的存储器模块，因此可减少路由器系统结构的复杂性，降低成本。

基于交换结构路由器的典型产品有 Cisco 12000 路由器，最多能支持 16 个 2.5Gbps 的 POS（Packet Over SONET/SDH）端口，可以实现多路数据的并发线速转发。由于该路由器没有集中的核心 CPU，所有线卡都有功能相同的 CPU，因此这种结构的路由器扩展性好。路由与转发软件采用并行处理方法设计，可以有效提高路由器的性能。基于交换结构路由器是核心路由器设备的首选类型。图 3-40 给出了基于交换结构的 Gbps 路由器结构。

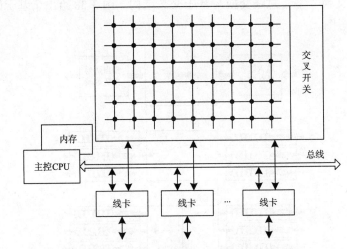

图 3-39　基于交换结构的路由器结构

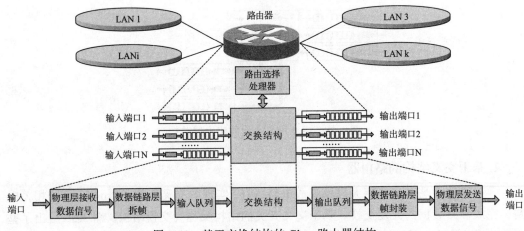

图 3-40　基于交换结构的 Gbps 路由器结构

3. 共享并行处理器的路由器结构

随着互联网大规模的应用，用户对路由器性能要求越来越高。在研发新的路由器时，人们发现两个问题：第一，专用 ASIC 芯片使路由器成本增加，同时路由器生产商需要一支熟悉专用 ASIC 芯片的研发队伍。第二，由于互联网的新应用不断涌现，不同网络应用对网络性能要求不断改变，而专用 ASIC 芯片的研发周期较长，不能适应网络应用快速发展的局面。在这样的背景下，路由器设计思想上出现了两个重要的变化。

（1）变化一：网络处理器（NP）概念的提出

NP 是针对网络应用共性的需求，专门设计的一类适合开发网络应用的大规模集成电路 VLSI 芯片。NP 采用了**多微处理器**（Multi-Microprocessor）的并行处理模式，具有很好的可编程能力。同时，网络设备制造商与网络处理器制造商共同提出了**通用交换接口**（Common Switch Interface，CSI）标准，使 NP 成为一种标准的网络处理器件。典型的 NP 芯片产品包括 Intel 公司的 IXP 系列、IBM 公司的 NP4GS3 系列、MMC 公司的 NP7000 系列，以及 EZchip 的 NP-2、NP-4 系列等。

路由器开发人员在掌握了 NP 开发思路与并行软件编程方法的基础上，可以通过灵活的软件编程，以较快的速度开发出适合不同性能要求的路由器产品，以适应网络应用快速发展的需要。NP 芯片可用于路由器、防火墙、QoS 控制与流量均衡设备中。基于 NP 的共享处理器的路由器结构如图 3-41 所示。

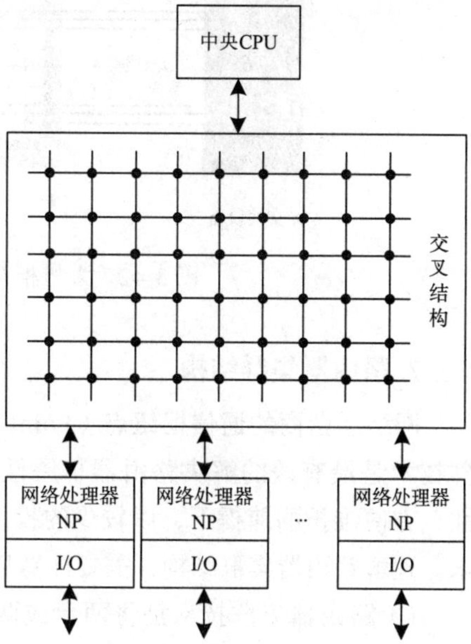

（2）变化二："第三层交换"概念的提出

最初，人们将"第三层交换"的概念限制在网络层。但是，有一种发展趋势是：将第三层成熟的路由技术与第二层高性能的硬件交换技术相结合，可以实现快速转发并保证 QoS，以便达到提高路由器性能的目的。

图 3-41　基于 NP 的共享处理器路由器结构

Ipsilon 公司最早开展将第三层路由与第二层交换结合的研究，并开发了 IP Switching 产品。随后，其他公司纷纷推出各自的产品，例如 Cisco 公司的**标记交换**（Tag Switching）产品、IBM 公司的基于路由汇聚 IP 交换产品、东芝公司的信元交换路由（CSR）产品等。这些产品都希望提高 IP 分组的转发速度，改善 IP 网络的吞吐量与延时特性。第三层交换机通过内部路由协议（例如 RIP 或 OSPF）创建和维护路由表。出于安全方面的考虑，第三层交换机通常提供分组过滤等服务功能。

3.5.5　多级路由器互联的集群结构

随着互联网、移动互联网与物联网应用的大规模扩展，接入路由器的节点数、吞吐量 Tbps 级的快速增长，路由器的应用形态与体系结构发生了很大变化。这种变化表现在两个方面：一种是高可扩展路由器结构，另一种是多级路由器互联的集群结构。

1. 高可扩展路由器结构

随着接入节点数越来越密集，汇聚或接入路由器的端口数需求不断增加。当路由器的各类线卡达到数百个时，一个机柜插入的线卡数已不能满足，需要通过多个机柜容纳大量线卡。由于网络流量的增加，对路由器提出 Tbps 级别的交换需求，要求交换结构具有更高的扩展能力。这时，可采用多机柜互连的高可扩展路由器结构（图 3-42 所示）。

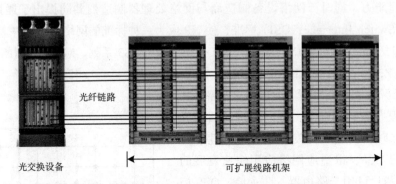

图 3-42　多机柜互连的高可扩展路由器结构示意图

2. 路由器集群结构

网络运营商的**通信枢纽点**（Point of Presence，POP）机房需集中放置多台路由器，集群技术是最有效的解决路由器扩展性问题的技术。路由器集群结构可在不增加网络复杂性、方便维护的前提下，以较少的投入满足业务高速增长、网络性能及容量快速提升的需求。理解路由器集群结构，需要注意以下几个问题：

1）路由器集群技术是将两台或两台以上的核心路由器互连起来，对外仅表现为一台逻辑上的路由器；内部采用相应的结构与并行算法，形成多级、多平面的交换矩阵系统，使核心路由器之间能够协同工作，并且能够并行处理路由转发任务。路由器集群结构又称为路由器矩阵或**多机箱**（Multi-Chassis）组合技术。

2）根据集群设备数量的不同，路由器集群的结构可以分为两框集群、四框集群和多框集群（如图 3-43 所示）。

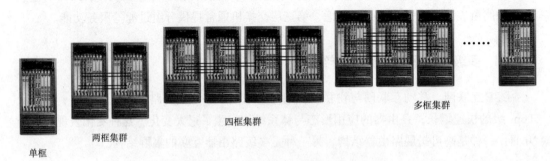

图 3-43　路由器集群的结构

从实现技术的角度来看，集群中的多台路由器之间的连接，可采用对等互连或中心交换框连接方式。集群的结构形态又可分为"背对背""1 拖 *m*""2 拖 *m*"，以及"*n* 拖 *m*"方式。"背对背"是指将 2 台用户框直接互连，不需要通过中心交换框；"1 拖 *m*"是指将 *m* 台用户框通过 1 台中心交换框进行集群互连；"2 拖 *m*"是指将 *m* 台用户框通过 2 台中心交换框进行集群互连。集群技术将朝着"*n* 拖 *m*"的结构发展，集群路由器的数量可以达到 64 框以上，系统容量也可达到 100T 以上。

目前，两框集群技术已具备商用能力，四框及多框集群也将逐步成熟。对于两框集群技术，又可采用"背对背""1 拖 2""2 拖 2"这三种方式来实现（如图 3-44 所示）。

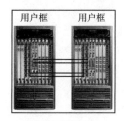
a）背对背方式

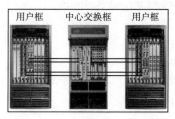
b）1 拖 2 方式

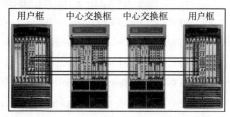
c）2 拖 2 方式

图 3-44　两框集群的三种实现方式

常用的两框集群"背对背"结构如图 3-45 所示。很多校园网或宽带城域网都采用这种结构。

3）集群中的每个路由器机箱之间都是通过高速光背板互连，需要使用专用的大容量光纤。目前，每条用于连接路由器机箱的光缆可包含 72 芯 2.5Gbps 光纤，光缆的传输能力达到 180Gbps。通过光纤实现路由器集群内部互连，能够将核心路由器容量平滑扩充到原有的 2 倍、4 倍、8 倍甚至更高，而且不会增加路由的跳数和复杂度。

4）从网管的角度来看，路由器集群中有一个统一的管理和路由控制引擎，集群中的路由

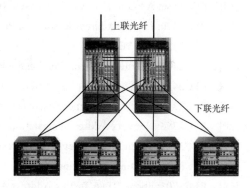

图 3-45　常用的"背对背"结构示意图

器属于一台逻辑路由器，使网络拓扑和路由结构变得简洁、维护简便。

目前，核心路由器集群技术正逐步走向成熟，其商用能力、硬件结构的可靠性、软件体系的稳定性等方面，都还需要经受市场长时间的验证。

互联网、移动互联网与物联网的广泛应用，以及网络规模的不断扩大，对路由器不断提出更高的要求，而路由器性能改善只能从硬件与软件两方面着手。当路由器硬件改进到一定程度时，要继续提高路由器性能与增加功能，就只能从软件的角度去思考。目前，进

一步拓展路由器性能与功能的研究重点主要集中在路由器软件的可编程、虚拟化与可重用，以及软件定义网络 / 网络功能虚拟化（SDN/NFV）等方面。

参考文献

[1]　RFC791: Internet Protocol

[2]　RFC792: Internet Control Message Protocol

[3]　RFC826: An Ethernet Address Resolution Protocol: Or Converting Network Protocol Addresses to 48.bit Ethernet Address for Transmission on Ethernet Hardware

[4]　RFC827: Exterior Gateway Protocol (EGP)

[5]　RFC1058: Routing Information Protocol

[6]　RFC1131: OSPF Specification

[7]　RFC1160: Internet Activities Board

[8]　RFC1163: A Border Gateway Protocol (BGP)

[9]　RFC1267: A Border Gateway Protocol 3 (BGP-3)

[10]　RFC2080: RIPng for IPv6

[11]　RFC2205: Resource ReSerVation Protocol (RSVP) - Version 1 Functional Specification

[12]　RFC2236: Internet Group Management Protocol, Version 2

[13]　RFC2328: OSPF Version 2

[14]　RFC2386: A Framework for QoS-based Routing in the Internet

[15]　RFC2390: Inverse Address Resolution Protocol

[16]　RFC2453: RIP Version 2

[17]　RFC2460: Internet Protocol, Version 6 (IPv6) Specification

[18]　RFC2475: An Architecture for Differentiated Services

[19]　RFC2710: Multicast Listener Discovery (MLD) for IPv6

[20]　RFC2766: Network Address Translation - Protocol Translation (NAT-PT)

[21]　RFC3022: Traditional IP Network Address Trans-lator (Traditional NAT)

[22]　RFC3031: Multiprotocol Label Switching Architecture

[23]　RFC3701: 6bone (IPv6 Testing Address Allocation) Phaseout

[24]　RFC3587: IPv6 Global Unicast Address Format

[25]　RFC3596: DNS Extensions to Support IP Version 6

[26]　RFC3768: Virtual Router Redundancy Protocol (VRRP)

[27]　RFC3810: Multicast Listener Discovery Version 2 (MLDv2) for IPv6

[28]　RFC3956: Embedding the Rendezvous Point (RP) Address in an IPv6 Multicast Address

[29]　RFC4007: IPv6 Scoped Address Architecture

[30]　RFC4213: Transition Mechanisms for IPv6 Hosts and Routers

[31]　RFC4271: A Border Gateway Protocol 4 (BGP-4)

[32]　RFC4291: IP Version 6 Addressing Architecture

[33]　RFC4443: Internet Control Message Protocol (ICMPv6) for the Internet Protocol Version 6 (IPv6) Specification

[34]　RFC4632: Classless Inter-domain Routing (CIDR): The Internet Address Assignment and Aggregation Plan

[35]　RFC4760: Multiprotocol Extensions for BGP-4

[36]　RFC4861: Neighbor Discovery for IP version 6 (IPv6)

[37]　RFC4862: IPv6 Stateless Address Autoconfiguration

[38]　RFC5340: OSPF for IPv6

[39]　RFC5735: IPv4 Address Blocks Reserved for Documentation

[40]　RFC5798: Virtual Router Redundancy Protocol (VRRP) Version 3 for IPv4 and IPv6

[41]　RFC6052: IPv6 Addressing of IPv4/IPv6 Translators

[42]　RFC6830: The Locator/ID Separation Protocol (LISP)

[43]　RFC6890: Special-Purpose IP Address Registries

[44]　RFC7020: The Internet Numbers Registry System

[45]　RFC8415: Dynamic Host Configuration Protocol for IPv6 (DHCPv6)

[46]　Zaheer Aziz，等 . IP 路由协议疑难解析 [M]. 孙余强，译 . 北京：人民邮电出版社，2013.

[47]　Jeff Doyle，等 . TCP/IP 路由技术（第 1 卷）（第 2 版）[M]. 葛建立，等译 . 北京：人民邮电出版社，2007.

[48]　Douglas E Comer. 网络处理器与网络系统设计 [M]. 张建忠，等译 . 北京：机械工业出版社，2004.

[49]　唐明董，等 . 互联网可扩展路由 [J]. 软件学报，2010，21(10)：2524-2541.

[50]　刘媛妮，等 . 未来互联网路由体系结构研究 [J]. 重庆邮电大学学报（自然科学版），2013，25(1)：52-58.

[51]　中国下一代互联网示范工程 [OL]. http://www.cngi.cn/.

[52]　Internet2[OL]. https://www.internet2.edu/.

[53]　Asia Pacific Advanced Network[OL]. https://apan.net/.

[54]　GEANT Project[OL]. https://geant3plus.archive.geant.net/Pages/default.aspx.

第4章 ●—○—●—○—●

传输层协议的研究与发展

要想深入理解互联网的工作原理，就必须搞清楚一个基本的问题：连接在互联网不同地理位置的计算机操作系统之间的分布式进程通信是如何实现的。本章将从进程通信的基本概念出发，讨论传输层功能与服务、传输层 TCP/UDP 协议的基本内容，以及传输层协议的发展，为读者进一步研究互联网应用程序设计奠定基础。

4.1 传输层的基本概念

4.1.1 传输层在网络层次结构中的位置与作用

1. 设置传输层的目的

网络层的 IP 地址标识了主机、路由器的位置信息，路由选择算法可以为源主机发送的数据分组在互联网中选择到达目的主机的传输路径，IP 协议通过这条传输路径完成 IP 分组数据的传输。传输层协议将利用网络层所提供的服务，在源主机的应用进程与目的主机的应用进程之间建立端 – 端连接，实现分布式进程通信。因此，设置传输层有两个主要的目的：

第一，互联网中的路由器与通信线路构成了传输网（或承载网）。传输网一般是由电信公司运营和管理的。如果传输网提供的服务不可靠（例如频繁丢失分组），用户就无法对传输网加以控制。解决这个问题需要从两个方面入手：一是电信公司进一步提高传输网的服务质量；二是传输层对分组丢失、线路故障进行检测，并采取相应的差错控制措施，以满足分布式进程通信对服务质量（QoS）的要求。因此，传输层要改善 QoS，以达到计算机进程通信所要求的服务质量问题。

第二，传输层可以屏蔽传输网实现技术的差异性，弥补网络层所提供服务的不足，使得应用层在设计各种网络应用系统时，只需要考虑选择怎样的传输层协议能够满足应用进程通信的要求，而不需要考虑数据传输的细节问题。

从网络层的点－点通信到传输层的端－端通信是一次质的飞跃，为此传输层需要引入很多新的概念和机制。图 4-1 给出了传输层为端－端进程通信提供服务的原理图。

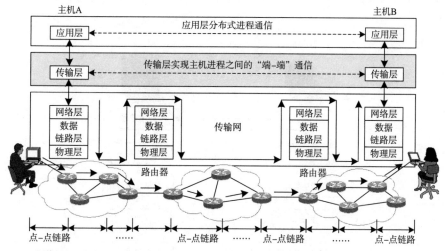

图 4-1　传输层为端－端进程通信提供服务

2. 网络层、传输层和应用层的关系

传输层的最终目标是向应用层的进程提供有效、可靠的服务。为了达到这个目标，传输层利用了网络层所提供的服务。在传输层中，完成这个工作的硬件或软件称为**传输实体**（Transport Entity）。传输实体可能在操作系统内核中，或在一个单独的用户进程中，也可能包含在网络应用程序中。

3. 面向连接和无连接服务

传输服务也有两种类型：面向连接服务和无连接服务。

面向连接传输服务包括三个阶段：建立连接、数据传输和释放连接，而无连接传输服务没有建立连接和释放连接的过程。

4. 传输协议数据单元

传输层之间传输的报文称为**传输协议数据单元**（Transport Protocol Data Unit，TPDU）。

TPDU 有效载荷是应用层的数据，传输层在 TPDU 有效载荷之前加上 TPDU 头，就形成了完整的 TPDU（如图 4-2 所示）。

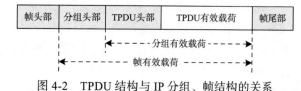

图 4-2　TPDU 结构与 IP 分组、帧结构的关系

4.1.2　应用进程、传输层接口与套接字

传输层接口与套接字是传输层两个重要概念。图 4-3 给出了应用进程、套接字与 IP 地址的关系。

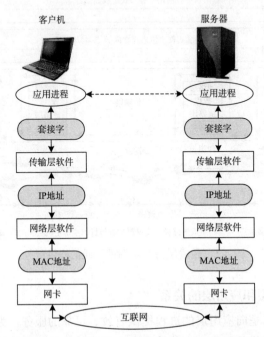

图 4-3　应用进程、套接字与 IP 地址的关系

理解应用进程、传输层接口与套接字的关系时，需要注意以下几个问题：

1. 应用程序、传输层软件与本地主机操作系统的关系

应用程序与传输层的 TCP 或 UDP 协议都在主机操作系统的控制下工作。应用程序开发者只能根据需要在传输层选择 TCP 或 UDP 协议，设定最大缓存、最大报文长度等参数。当传输层协议的类型和参数被设定后，实现传输层协议的软件在本地主机操作系统的控制下，为上层应用程序提供进程通信服务。

2. 进程通信、传输层端口号与网络层 IP 地址的关系

我们可以举一个例子来形象地说明应用进程、传输层端口号与网络层 IP 地址的关系。如果一位同学要到计算机系网络实验室找老师讨论问题。那么，这位同学要先找到计算机系办公室，办公室的工作人员告诉这位同学，网络实验室位于伯苓楼的 501 室。这里的"伯苓楼"相当于"IP 地址"，"501"相当于"端口号"。IP 地址只能告诉这位同学实验室在哪座教学楼里。只有知道要去哪座教学楼的哪个房间，才能顺利地找到老师。当这位同学找到老

师之后，才能开始讨论问题。在计算机网络中，只有知道了 IP 地址与端口号，才能唯一地找到准备通信的应用进程。在网络原理的讨论中"应用进程"也常简称为"进程"。

3. 套接字的概念

传输层需要解决的一个重要问题是进程标识。在一台计算机中，不同应用进程需要用不同的进程号（Process ID）来唯一地标识。图 4-4 给出了进程的标识方法。

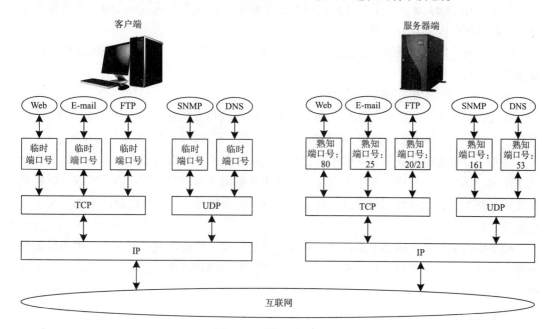

图 4-4　进程的标识方法

在网络环境中，标识一个进程必须同时使用 IP 地址与端口号。RFC 793 定义的套接字（Socket）是由 IP 地址与端口号（IP 地址：端口号）组成。例如，一个 IP 地址为 202.1.2.5 的客户端使用端口号 30022，希望与一个 IP 地址为 151.8.22.51、端口号为 80 的 Web 服务器建立连接，那么标识客户端的套接字为"202.1.2.5:30022"，标识服务器端的套接字为"151.8.22.51:80"。

术语 Socket 有多种不同的含义：

- 在网络原理的讨论中，Socket= IP 地址 + 端口号。
- 在网络软件编程中，API（Application Programming Interface）是网络应用程序的可编程接口，称为 Socket。
- 在 API 中，有一个函数的名字就叫 Socket。
- 在操作系统的讨论中，也会出现术语 Socket。例如，在 Windows 操作系统中称为 Winsock。

4.1.3 传输服务与服务质量

网络层、数据链路层与物理层在数据传输过程中会出现差错。传输层的主要作用是提高"端－端"数据传输服务的可靠性，提高服务质量，从而弥补传输网服务的不足。

1. 服务

服务（Service）这个术语在计算机网络中很重要，它是描述相邻层之间关系的重要概念，主要体现在以下几个方面：

第一，服务体现在网络中低层向相邻上层提供的一组操作。低层是服务的提供者，高层是服务的用户。

第二，任何服务都有服务质量的问题。

第三，对于面向连接的传输层，衡量其服务质量的重要指标有：连接建立时延／释放时延、连接建立／释放失败概率、传输时延、吞吐率、残留误码率、传输失败概率。

第四，很多传输层服务质量指标都和低层协议的服务质量直接相关，不是本层所能单独决定的。例如，时延指标在很大程度上取决于传输网本身的结构和性能，广域网时延总是比局域网要大，无论高层协议设计得如何合理，它只能尽可能减少时延的增加，而不可能减少时延。

网络中的某层要向相邻上层提供比相邻下层更完善、更高质量的服务，否则该层就没有存在的价值。这个思想贯穿在整个网络层次结构和网络设计中，传输层的协议设计也遵循这个基本设计思想。

2. 服务质量

传输网到底需要提供什么样的服务与**服务质量**（QoS），是由应用层的网络应用类型所决定的。例如，文本信息检索类的网络应用对数据传输的带宽、延时、延时抖动等参数要求不敏感，那么传输层协议就会比较简单。如果网络应用属于远程视频、多媒体会议、可视化和虚拟现实的应用，这类应用是对于数据传输的带宽、延时、延时抖动要求很高的实时性应用，那么传输层协议就会很复杂。

从 QoS 的角度，传输层在网络结构中起着承上启下的作用，它要向应用层提供一个标准的、完善的 QoS 服务，就必须通过传输层协议屏蔽网络层、数据链路层与物理层提供的 QoS 的差异与不足。因此，从 QoS 研究的角度，一般将传输层及以下各层称为"传输服务提供者"，传输层以上应用层称为"传输服务用户"。

传输层协议的设计有两种基本的方法。第一种方法是针对每种传输网和传输服务需求都设计一个传输协议。这种方法的好处是可以有的放矢地解决问题，没有额外开销，效率很高，但是传输层协议缺乏通用性。第二种方法是针对传输网可能的服务类型和传输服务需求，设计一个通用的传输层协议。这种标准化的设计思想可能将传输层协议变得大而全，效率低。一种折中的方案是将传输网分类，针对每种传输网设计相应的传输协议，既保证效率又不失通用性。

按照传输网面向连接与无连接的特点，根据传输网的可靠性，传输层协议也分为两类。在 TCP/IP 协议体系中，尽管网络层都采用无连接的 IP 协议，但是传输层 TCP 是面向连接服务的协议，UDP 是无连接服务的协议。TCP 与 UDP 协议有不同的适用范围。

4.2　网络环境中的分布式进程通信

4.2.1　单机系统中的进程通信方法

进程和进程通信是操作系统中的一个基本的概念。为了理解网络环境中的分布式进程通信，我们先回忆一下操作系统课程中关于单机系统中的进程与进程通信问题的描述。

1）程序是一个在时间上具有严格次序的操作序列，是一个静态的概念。程序体现了编程人员要求计算机完成功能应采取的顺序步骤。进程是一个动态的概念，它是一个程序对某个数据集的执行过程。进程具有并发的特性，是分配计算机资源的基本单位。进程的静态描述由三个部分组成：**程序控制块**（Process Control Block，PCB）、有关的程序段与对其操作的数据。在引进进程的概念之后，可将并发的程序划分成若干个并发活动的进程，这些进程由一个调度程序统一控制和管理，以保证协调地完成各种任务。

2）单机系统中的多个进程共享单一的 CPU，在一个时刻，某个进程在使用 CPU，某些进程在等待分配 CPU，还有一些进程在等待其他条件。一个进程在不同时刻处于不同状态。正在运行的进程称为处在运行态，等待分配 CPU 的进程称为处在就绪态，等待其他条件的进程称为处在等待态。进程的状态反映出进程执行的过程。这些状态随着进程执行与外界条件发生变化的情况如图 4-5 所示。

3）为了保证系统正常工作，操作系统必须对进程的创建、撤销与状态转换进行控制。在操作系统的支持下，计算机系统中的各个进程独立地并发运行。但是，由于它们需要共享计算机资源，因此进程在运行中互相之间存在着互斥和同步的关系。

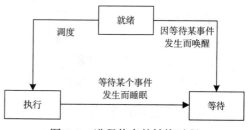

图 4-5　进程状态的转换过程

4）进程在并发运行过程中需要进行信息交换，当前常用的通信机制有消息缓冲区、管道与信箱等。进程调度程序记录系统中所有进程的执行状态，选择占有处理机的进程，进行一个进程上下文的切换。所有这一切均在操作系统的控制下有条不紊地进行。从进程的观点来看，操作系统由可同时独立运行的程序和一个对这些程序进行协调的核心组成，这些同时运行的程序叫作进程，每个进程完成一种特定的任务，而操作系统的核心则是控制和协调这些进程的运行，并解决进程之间的通信。

5）一般意义下的操作系统是指没有连入网络的单机操作系统。操作系统一般包括两层含义：一是指操作系统的**内核**（Kernel），例如 UNIX 内核。一旦 UNIX 操作系统启动，其内核总是常驻内存，它将提供设备驱动、进程调度、资源管理等基本服务。二是指包括操作系统在内的广义服务功能。它应该包括除了内核之外的一组外部命令，以及软件开发环境与窗口系统等。外部命令、软件开发环境与窗口系统属于**应用程序**（Application）的范畴。为了与用户自己开发的应用程序进行区分，通常将它叫作**系统应用程序**（System Application）。一个广义的操作系统应包括内核和系统应用程序。应用程序只有通过内核才能访问各种硬件资源。

4.2.2　网络环境中的分布式进程通信的特点

1. 网络环境中进程通信需要解决的主要问题

如果一台计算机连接到网络环境中，那么在网络环境中的计算机系统之间的进程通信与单机状态下的进程通信将有较大的差别。要用一句最简单的话描述计算机网络，那就是"计算机网络是分布在不同地理位置的多台独立的计算机系统的集合"。

"独立的计算机系统"意味着联网的每台计算机的操作与资源由自己的操作系统管理。用户共享的网络资源及网络所能提供的服务功能，最终是通过网络环境中的分布式进程通信来实现。这种网络环境中的进程通信与单机系统内部的进程通信的主要区别在于网络中主机的高度自主性。由于网络中不同的主机系统之上没有一个高层的操作系统进行统一的进程与资源的控制与管理，因此网络中的一台主机对其他主机的活动状态、位于这台主机系统中的各个进程状态、这些进程在什么时间参与网络活动，以及它们希望与网络中哪台主机的哪个进程通信等情况一概不知。如果要实现网络环境中分布在不同主机系统中的进程间通信，必须对这些重要的问题提出解决办法。

分布式进程通信的实现必须解决以下三个主要问题：进程命名与寻址方法、多重协议的识别与进程间相互作用的模式。

2. 网络环境中的进程标识

网络环境中进程通信要解决的第一个问题是进程标识。在一台计算机中，不同进程可以用进程号或**进程标识**（Process ID）唯一地标识出来。网络环境中的进程标识需要使用主机地址。那么，网络环境中一个完整的进程标识应该是：本地主机地址–本地进程标识、远程主机地址–远程进程标识。从用户使用的角度来看，用户服务程序是用名字表述的，例如电子邮件 E-mail、域名服务（DNS）等。但是，计算机系统需要使用它能理解的数字代码，即进程地址。因此，必须建立起"进程名字"与"进程地址"之间的映射关系，并且通过名字服务程序来完成进程名字与进程地址之间的转换。

进程地址也叫作**端口号**（Port Number）。端口号是 TCP 与 UDP 协议与应用程序连接的访问点，它是 TCP 与 UDP 协议软件的一部分。TCP/IP 的传输层协议规定了一些标准的保留端口号，用于服务器进程；用户可以申请使用非保留端口，这些非保留端口的端口号在本机中也是唯一的。因此，端口号可作为网络环境中的进程标识。

3. 多重协议的识别

如果网络环境中的两台主机希望实现进程通信，那么它们首先要约定好传输层协议类型。考虑到进程标识和多重协议的识别，网络环境中一个进程的全网唯一的标识需要用一个三元组来表示。这个三元组是：协议、本地地址、本地端口号。在 UNIX 操作系统中，这个三元组又叫作**半相关**（Half-Association）。

由于网络环境中的进程通信涉及两个不同主机的进程，因此一个完整的进程通信标识需要一个五元组来表示。这个五元组是：协议、本地地址、本地端口号、远程地址、远程端口号。在 UNIX 操作系统中，这个五元组叫作一个**相关**（Association）。

4.2.3 对进程间相互作用模式 C/S 的理解

1. 什么是 C/S 模式

在计算机网络中，每台联网的计算机既要为本地用户提供服务，又要为网络的其他主机的用户提供服务。网络的每项服务都对应一个"服务程序"进程。这些进程要为每个获准的网络用户请求执行一组规定的动作，以满足用户网络资源共享的需要。请求服务、发起本次进程通信的本地计算机进程叫作**客户进程**（Client），远程计算机提供服务的进程叫作**服务器进程**（Server）。在网络环境中，进程通信采用 Client 进程发出服务请求，远程 Server 进程响应客户端请求的方式，这种通信模式叫作**客户机 / 服务器**（Client/Server）模式，简称为 C/S 模式。

2. 采用 C/S 模式的原因

在 TCP/IP 协议体系中，进程间的相互作用之所以采用 C/S 模式，主要基于以下原因。

（1）网络资源分布的不均匀性

网络资源分布的不均匀性表现在硬件、软件和数据三个方面。

从硬件的角度看，网络中的主机系统类型、作用和能力存在很大差异。它可以是一台大型机、高档服务器，也可以是一台个人计算机，甚至是一个 PDA 或者是一个家用电器。它们在运算能力、存储能力和外部设备的配备等方面存在很大差异。早期的无盘工作站本身没有硬盘，每次启动时首先要访问一台主机，从这台主机下载启动程序，它在工作过程中产生的数据也必须保存在主机的硬盘中。

从软件的角度来看，出于所属权、管理与运行环境要求等原因，很多大型应用软件都安装在某台主机系统中，网络用户可以通过网络去访问它，成为合法用户，然后提出和完成计算任务。

在网络环境中，某些信息以数据库方式集中存放在一台或几台具有收集、维护和更新特权的主机系统中，其他合法用户可以访问这些信息资源。这样做对保证信息使用的合法性、安全性，以及保证数据的完整性、一致性是非常必要的。

网络资源分布的不均匀性是网络应用系统设计者的设计思想的体现。组建网络的主要目的是实现资源的共享，"资源共享"表现在不同网络节点之间在硬件配置、运算能力、存储能力，以及数据分布等方面存在着差距与不均匀性。能力强、资源丰富的节点充当"Server"，能力弱或需要某种资源的节点作为"Client"。因此，从互联网资源分布不均匀性的角度，采用 C/S 模式是恰当的。

（2）网络环境中进程通信的异步性

网络环境中进程通信的异步性表现在以下几个方面：

- 网络环境中的进程通信是异步性的。这些进程分布在不同主机系统中，进程在什么时间发出通信请求，希望和哪台主机的哪个进程通信，以及对方进程是否能接受通信请求，这些都是不知道的。
- 不存在一个统一调度与协调的高层操作系统。
- C/S 模式的工作实质是"请求驱动"。每次通信由 Client 进程随机发起。
- Server 进程从开机之时就处于等待状态，以保证及时响应 Client 的服务请求。为了实现 Server 的功能，在 Server 设计中需要解决并发请求处理能力、并发 Server 的进程标识，以及 Server 安全等问题。

因此，从进程通信中的数据交换同步的角度，采用 C/S 模式是恰当的。

4.2.4 进程通信中 C/S 模式的实现方法

1. Server 对并发请求处理的能力

在网络环境中，Client 进程发出请求完全是随机的。在同一个时刻，可能有多个 Client 进程向一个 Server 发出服务请求。因此，Server 必须有处理并发请求的能力。解决 Server 处理并发请求的方案有以下两种：并发服务器、重复服务器。

并发服务器（Concurrent Server）的核心是使用一个**守护程序**（Daemon），该程序在系统启动的时候随之启动。在没有客户服务请求到达时，并发服务器处于等待状态。当客户服务请求到达，服务器根据客户请求的进程号，激活相应的子进程，由子进程为客户提供服务，而服务器回到等待状态。服务器必须有一个全网熟知的进程地址。客户进程可根据服务器进程的熟知地址，向服务器提出服务请求。在实现进程通信的过程中，客户与服务器进程分别形成自己的三元组，然后客户根据服务器熟知的进程地址建立五元组。

重复服务器（Interative Server）通过设置一个请求队列来存储客户的服务请求。服务器采用先来先服务的原则来顺序处理客户的请求。

并发服务器适合面向连接的服务类型，而重复服务器适合无连接的服务类型。

由于服务器的特殊地位，它控制着网络共享的资源，具有更高的权限，它要完成用户合法身份的识别、资源访问的管理等工作，因此服务器的安全性非常重要。这是系统安全性设计中的一个重点问题。

2. Socket 的基本概念

在 BSD UNIX 中，Socket 称为"套接字"。

在进程地址命名中，本地的每个进程用一个半相关描述，即协议、本地地址、本地端口；一个完整的进程连接需要用一个全相关描述，即协议、本地地址、本地端口、远程地址、远程端口。在计算机网络应用的讨论中，一个 Socket 定义为一个主机的 IP 地址与该主机中的一个进程的端口号。

应用层可利用 Socket 建立进程连接，实现数据交换。Socket 是面向 C/S 模式设计的，针对客户和服务器程序提供不同的 Socket 调用。客户随机申请一个 Socket，服务器使用全局的熟知 Socket，客户可随时向服务器发出服务请求。

3. UNIX Socket 调用

我们将以 BSD UNIX 为例，直观地解释网络环境中进程通信的实现方法。

对于 UNIX 系统，Socket 调用与文件访问操作有很多相似之处。文件访问是本地的输入 / 输出，文件号对应一个具体的块文件或字符文件。Socket 调用是网络的输入 / 输出。UNIX 文件访问操作常用的风格是 open-read-write-close，即打开文件 – 读文件 – 写文件 – 关闭文件。Socket 调用与它类似。UNIX 主要的 Socket 调用有以下几种。

（1）创建套接字

socket() 函数的作用是创建套接字。当应用程序调用该函数时，操作系统会为应用程序创建指定类型的套接字，并为该套接字分配合适的系统资源。

socket() 函数的原型为：

```
SOCKET socket(int af,int type,int protocol)
```

其中，af 指定通信协议族，通常设为 AF_INET；type 指定套接字类型，流式套接字为 SOCK_STREAM，数据报套接字为 SOCK_DGRAM，原始套接字为 SOCK_RAW；protocol 依赖于第二个参数，指定套接字使用的协议，通常设为 IPPROTO_IP。该函数执行成功后返回新创建的套接字描述符，失败后返回 SOCKET_ERROR。

（2）绑定套接字

bind() 函数的作用是绑定本地地址与套接字。当应用程序按要求创建一个套接字后，套接字结构中会有一个默认的 IP 地址和端口号。无论是服务器还是客户端进程，都需要将本地地址绑定到新创建的套接字上。

bind() 函数的原型为：

```
int bind(SOCKET s,const struct sockaddr *name,int namelen)
```

其中，s 指定要绑定的套接字描述符。name 指定 sockaddr 结构的套接字地址，通常使用 sockaddr_in 结构，使用时可将它强制转换为 sockaddr 结构。namelen 指定套接字地址结构的长度。该函数执行成功后返回 0，失败后返回 SOCKET_ERROR。

（3）服务器侦听连接请求

listen() 函数的作用是监听端口的连接建立请求，它是专门为流式套接字设计的。服务器程序调用 listen() 函数使流式套接字处于监听状态。

listen() 函数的原型为：

```
int listen(SOCKET s,int backlog)
```

其中，s 指定要监听的套接字描述符。backlog 指定流式套接字维护的客户连接请求队列。该函数执行成功后返回 0，失败后返回 SOCKET_ERROR。

（4）客户端请求建立连接

connect() 函数的作用是请求与服务器建立连接，它是专门为流式套接字设计的。客户端程序调用 connect() 函数向服务器 Socket 发出建立连接请求。

connect() 函数的原型为：

```
int connect(SOCKET s,const struct sockaddr *name,int namelen)
```

其中，s 指定客户端的套接字描述符，name 返回服务器套接字地址结构，namelen 返回服务器套接字地址长度。该函数执行成功后返回 0，失败后返回 SOCKET_ERROR。

（5）服务器接受连接请求

accept() 函数是对连接建立请求的响应，它是专门为流式套接字设计的。服务器程序调用 accept() 函数从处于监听状态的流式套接字的客户连接请求队列中取出排在最前面的客户请求，并创建一个新的套接字与客户端套接字建立连接。

accept() 函数的原型为：

```
SOCKET accept(SOCKET s,struct sockaddr *addr,int addrlen)
```

其中，s 指定要监听的套接字描述符，addr 返回新创建的套接字地址结构，addrlen 返回新创建的套接字地址长度。该函数执行成功后返回新创建的套接字描述符，失败后返回 SOCKET_ERROR。此后，与客户端通信使用新创建的套接字。

（6）发送数据

send() 与 sendto() 函数的作用都是发送数据。无论是服务器还是客户端程序，都需要使用 send() 或 sendto() 函数向对方发送数据。其中，send() 函数是专门为流式套接字设计的；sendto() 函数是为数据报套接字设计的。

send() 函数的原型为：

```
int send(SOCKET s,const char *buf,int len,int flags)
```

其中，s 指定发送端套接字描述符，buf 指定发送端等待发送数据的缓冲区，len 指定要发送数据的字节数。flags 指定需要附加的标志位，通常设置为 0。该函数执行成功后返回发送数据的字节数，失败后返回 SOCKET_ERROR。

（7）接收数据

recv() 与 recvfrom() 函数的作用都是接收数据。无论是服务器还是客户程序，都需要使用 recv() 或 recvfrom() 函数从对方接收数据。其中，recv() 函数是专门为流式套接字设计的，recvfrom() 函数是为数据报套接字设计的。

recv() 函数的原型为：

```
int recv(SOCKET s,char *buf,int len,int flags)
```

其中，s 指定接收端套接字描述符，buf 指定接收端等待接收数据的缓冲区，len 指定要接收数据的字节数。flags 指定需要附加的标志位，通常设置为 0。该函数执行成功后返回接收数据的字节数，失败后返回 SOCKET_ERROR。

（8）关闭套接字

closesocket() 函数的作用是关闭套接字。当应用程序调用 closesocket() 时，操作系统关闭套接字并释放相应的系统资源。

closesocket() 函数的原型为：

```
int closesocket(SOCKET s)
```

其中，s 指定要关闭的套接字描述符。该函数执行成功后返回 0，失败后返回 SOCKET_ERROR。

在介绍了 UNIX Socket 调用后，我们通过研究 C/S 模式的实现框架来进一步理解进程通信实现方法。图 4-6 给出了面向连接的

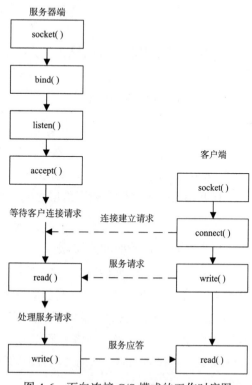

图 4-6　面向连接 C/S 模式的工作时序图

C/S 模式的工作时序。

图 4-7 给出了无连接的 C/S 模式的工作时序。

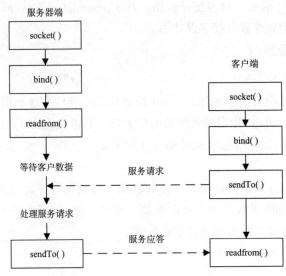

图 4-7　无连接 C/S 模式的工作时序图

4.3　传输控制协议 TCP

4.3.1　TCP 的主要特点

尽管 TCP 和 UDP 都使用网络层 IP 协议，但是 TCP 与 UDP 向应用层提供不同的服务。TCP 是一种面向连接的、可靠的传输层协议。TCP 定义在 RFC 793、RFC 1122、RFC 1323、RFC 2018、RFC 2581 等文档中。

TCP 协议位于应用层和网络层之间，它在 IP 服务的基础上增加了面向连接和可靠性的特点，提供面向连接的流传输。

1. 支持可靠性的面向连接服务

面向连接服务主要通过以下方式保证可靠性：首先，它在进行实际数据传输之前，必须在发送端与接收端的进程之间建立一条传输连接。发送端 TCP 将数据流分割成单元（称为报文），将它们编号并逐个发送。接收端 TCP 等待属于同一进程的所有单元到达，检查这些单元是否出错，并将它们作为一个流交付给进程。当整个流发送完毕后，传输层关闭这个连接。同时，面向连接传输的每个报文都需要对方确认，未确认的报文被认为出错。

2. 支持流传输

流（Stream）是一个无报文丢失、重复和失序的正确的数据序列。流相当于一个管道，从一端放入什么，从另一端可以照原样取出什么。图 4-8 描述了 TCP 协议支持字节流传输的过程。

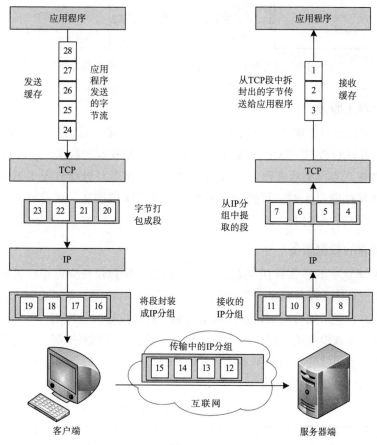

图 4-8　TCP 协议支持字节流传输的过程

为了支持字节流交付，发送端 TCP 和接收端 TCP 都要使用缓存。发送端进程使用"写"操作将数据字节递交给发送缓存。例如，如果用户在键盘上键入数据，则是将逐个键入的字符包含的字节交付给发送缓存。如果数据来自文件，则是将逐行或逐块包含的字节顺序交付给发送缓存。发送端 TCP 将发送缓存中的数据字节组合成多个报文段，通过已经建立的 TCP 连接，顺序发送到接收端。

接收端 TCP 将接收到的报文段存储在接收缓存中，接收端进程使用"读"操作将数据从接收缓存中读出，但是它不一定必须通过一次操作将一个报文段中的所有字节全部读出，剩余的字节仍留在缓存中。发送缓存与接收缓存在字节流传输中的作用如图 4-9 所示。

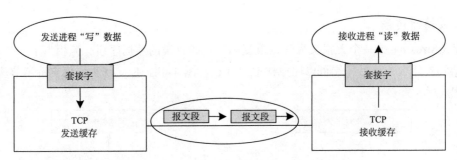

图 4-9　发送缓存与接收缓存在字节流传输中的作用

3. 支持全双工服务

　　TCP 协议支持全双工服务。在两个应用程序已建立传输连接之后，Client 与 Server 进程可同时发送和接收数据。TCP 连接可从进程 A 向进程 B 发送数据，同时可从进程 B 向进程 A 发送数据。当报文从进程 A 发往进程 B 时，可携带对进程 B 发送报文的确认。当报文从进程 B 发往进程 A 时，可携带对进程 A 发送报文的确认。这种捎带确认方法与数据链路层的帧确认方法类似。

4. 支持可靠的数据服务

　　由于 TCP 建立在不可靠的 IP 协议之上，IP 协议不能提供任何可靠性机制，因此 TCP 的可靠性完全由自己实现。TCP 采用的技术是确认与超时重传。流量控制也是保证可靠性的一个重要措施，它采用可变窗口进行流量控制。假如没有流量控制，可能因接收缓冲溢出而丢失数据，导致很多重传操作。另外，TCP 还需要进行拥塞控制，以便进一步提供可靠性。TCP 为实现可靠的流传输需要花费大量开销。

　　TCP 与 UDP 协议的特点如表 4-1 所示。

表 4-1　TCP 与 UDP 协议特点的比较

比较内容	UDP	TCP
设计思路	简单、快速	可靠
发送过程	基于报文段	基于字节流
是否连接	无连接	面向连接
是否确认	不确认	确认
是否检测	不检测，不重传	检测，重传
是否进行流量控制	没有流量控制机制	通过滑动窗口机制控制流量
传输可靠性	不可靠	可靠
开销	很低	低，但高于 UDP
传输速率	很高	高，但低于 UDP
适应传输的数据量	少量到中等数量，最多几百个字节	少量到大量的数据

（续）

比较内容	UDP	TCP
适用的应用场景	提供给不要求传输层提供可靠性、确认与流量控制的应用层协议使用	提供给对传输层的可靠性、确认与流量控制要求较高的应用层协议使用
适用的协议类型	DNS、DHCP、SNMP、RIP、IP phone	HTTP、SMTP、DNS、FTP、POP、IMAP、BGP、IRC

4.3.2　TCP 的端口号分配

1. 传输层协议与其他协议的关系

图 4-10 给出了传输层协议与其他协议的关系，以及与应用层协议的单向依赖关系。根据应用层协议与传输层协议的单向依赖关系，应用层协议可以分为三类：第一类依赖于 UDP 协议，第二类依赖于 TCP 协议，第三类既依赖于 UDP 又依赖于 TCP 协议。依赖于 TCP 的应用层协议主要是需要大量传输交互式报文的应用，例如虚拟终端协议（Telnet）、文件传输协议（FTP）、超文本传输协议（HTTP）等。

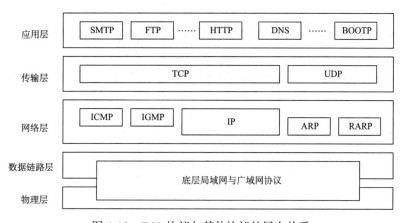

图 4-10　TCP 协议与其他协议的层次关系

2. TCP 端口号分配方法

TCP 端口号的分配方法与 UDP 在原则上相同，只是根据应用层协议的关系，具体应用类型是不同的。TCP 端口号也是 0 ~ 65 535 之间的整数。在本地计算机上运行的 Client，可由本地的 TCP 软件随机选取临时端口号。在远程计算机上运行的 Server，必须使用公认的端口号。表 4-2 给出了 TCP 常用的一些熟知端口号。

表 4-2　TCP 常用的熟知端口号

端口号	服务进程	说明
7	Echo	将接收的数据报回送到发送端
13	Daytime	返回日期和时间
20	FTP	文件传输协议（数据连接）
21	FTP	文件传输协议（控制连接）
23	Telnet	虚拟终端协议
25	SMTP	简单邮件传输协议
53	DNS	域名服务
67	DHCP	动态主机配置协议（服务器）
68	DHCP	动态主机配置协议（客户端）
80	HTTP	超文本传送协议
110	POP	邮局协议
111	RPC	远程过程调用

和 UDP 协议相同，TCP 协议在全网唯一地标识一个进程需要使用网络层的 IP 地址和传输层的端口号，一个 IP 地址与一个端口号合起来就是 Socket 地址。为了在源进程和目的进程之间建立一条传输连接，需要一对 Socket 地址：Client Socket 地址和 Server Socket 地址。实际上，我们承认源进程和目的进程是通过 TCP 建立的传输连接的，这与讨论 C/S 模式中的五元组的概念是一致的。

1994 年 10 月，IANA 曾发布过 RFC 1700 文档，其中给出了相关端口号的分配列表。显然，随着网络应用软件的大量出现，端口号会不断增加与变化，后来 IANA 改用 Web 文档定期发布端口号的分配列表。

软件开发人员可以随时登录网页 http://iana.org/assignments/port-numbers 获取最新的 TCP/UDP 端口号。

4.3.3　TCP 报文段格式

TCP 协议通过以下方式来提供可靠性：

第一，应用数据将被分割成 TCP 协议认为最适合发送的数据块。这与 UDP 协议完全不同。在 UDP 协议中，应用程序产生的数据报长度保持不变。TCP 协议传递给 IP 协议的信息单位称为报文段或**段**。

第二，当发送端发送出一个报文段后，它立刻启动一个定时器，等待接收端确认收到这个报文段。如果不能及时收到确认，发送端将重发这个报文段。TCP 协议中有自适应的超时及重传策略。

第三，当 TCP 接收到来自连接的另一端的数据后，它将发送一个确认。这个确认不是立即发送，通常会推迟几分之一秒。

第四，TCP 将保持它头部和数据的校验和。这是一个端到端的校验和，目的是检测数据在传输过程中的任何变化。如果收到报文段的校验和有差错，TCP 将丢弃这个报文段，并且不确认收到该报文段，则发送端将会超时并重发。

第五，由于 TCP 报文段作为 IP 数据报来传输，而 IP 数据报的到达可能是乱序的，因此 TCP 报文到达时也可能是乱序的。TCP 需要对接收到的数据报进行重新排序，然后将正确的数据传送给应用层。

第六，由于 IP 数据报可能发生重复，因此接收端 TCP 必须检查并丢弃重复的数据。

第七，TCP 采用可变窗口方法进行流量控制，根据接收端缓冲区的大小来协调发送端的发送速度，以防止由于接收缓冲溢出而造成数据丢失。同时，TCP 还要进行拥塞控制，以进一步提供可靠性。

第八，TCP 对字节流的内容不作任何解释。TCP 不知道传输的数据流是二进制数据，还是 ASCII 字符、EBCDIC 字符或其他数据。对数据流的解释由双方的应用程序处理。

根据协议的基本设计思想，TCP 协议必须根据以上工作过程，设计一定结构的数据传输单元来实现协议要求。TCP 协议的数据传输单元叫作**报文段**（Segment），报文段的格式如图 4-11 所示。

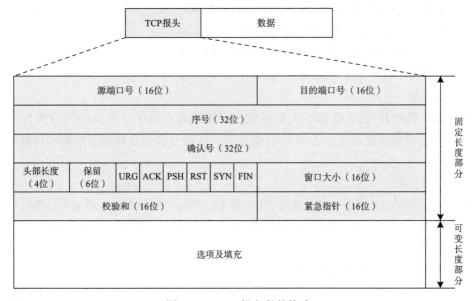

图 4-11　TCP 报文段的格式

报文段报头由固定长度部分与可变长度部分组成，其中固定部分长度为 20B，选项部分长度最多为 40B。报头长度为 20 ~ 60B。TCP 报文段报头主要包括以下字段：

（1）端口号

端口号字段包括源端口号与目的端口号，两个字段的长度均为 16 位，分别表示发送与接收该报文段的应用进程的端口号。

（2）序号

序号字段长度为 32 位，序号范围在 0 ~（$2^{32}-1$），即 0 ~ 4 284 967 295。理解序号字段的作用时，需要注意以下几个问题：

- TCP 是面向字节流的，它要为发送字节流中的每个字节按顺序编号。
- 在 TCP 连接建立时，连接双方均需要使用随机数产生器产生一个**初始序号**（Initial Sequence Number，ISN）。
- 由于是连接双方各自随机产生初始序号，因此一个 TCP 连接的通信双方的序号是不同的。

例如，一个 TCP 连接需要发送 6000 字节的文件，初始序号 ISN 为 10 010，分为 5 个报文段发送。前 4 个报文段长度为 1000 个字节，第 5 个报文段长度为 2000 个字节。那么，根据 TCP 报文段序号分配规则，第 1 个报文段的第一字节的序号取初始序号 ISN 为 10 010，第 1000 个字节的序号为 11 009。依次类推，可以得出：

第 1 个报文段的字节序号范围为：10 010 ~ 11 009

第 2 个报文段的字节序号范围为：11 010 ~ 12 009

第 3 个报文段的字节序号范围为：12 010 ~ 13 009

第 4 个报文段的字节序号范围为：13 010 ~ 14 009

第 5 个报文段的字节序号范围为：14 010 ~ 16 009

（3）确认号

确认号字段的长度为 32 位，表示接收端已正确地接收了序号从初始值到 N 的报文段，要求发送端接着发送序号为 N+1 的报文段。这种方法与数据链路层帧的捎带确认方法相同。

（4）报头长度

报头长度字段的长度为 4 位。由于 TCP 报头长度以 4 字节为一个单元来计算，实际报头长度是在 20 ~ 60 字节，因此该字段的值在 5（5×4=20）至 15（15×4=60）之间。

（5）保留

保留字段的长度为 6 位，留做今后使用。

（6）控制

控制字段用于 TCP 的连接建立和终止、流量控制，以及数据传送过程。

控制字段定义了 6 种不同的控制位或标志，使用时，在同一时间可设置一位或多位。

（7）窗口大小

窗口大小字段的长度为 16 位，表示要求对方必须维持的窗口以字节为单位大小。由于该字段长度为 16 位，因此窗口大小不超过 65 535 字节。

要理解窗口字段的作用，需要注意以下几个问题：

- 窗口字段长度为 16 位，窗口的最大长度是在 0 ~（2^{16}–1），即 0 ~ 65 535 字节。
- 由于接收端的接收缓冲区是受到限制的，因此需要设置一个窗口字段表示下一次传输时接收端还有多大的接收容量。
- 发送端将根据接收端通知的窗口值来调整自己的发送窗口值大小。
- 窗口字段值是动态变化的。

窗口字段值是准备接收下一个 TCP 报文段的接收端向即将发送报文的发送端通知下一次最多可以发送报文段的字节数。如果节点 A 发送给节点 B 的 TCP 报文的报头中的确认号的值是 502、窗口字段的值是 1000，这就表示下一次节点 B 要向节点 A 发送 TCP 报文段时，字段的第一字节号应该是 502，字段最大长度为 1000，最后一个字节号最大是 1501。

（8）紧急指针

紧急指针字段的长度为 16 位，只有紧急标志 URG 置 1 时，这个字段才会生效，这时在报文段中包含紧急数据。TCP 软件要在优先处理完紧急数据之后才能够恢复正常操作。

（9）选项

TCP 报头可以有多达 40 字节的选项字段。选项包括以下两类：单字节选项和多字节选项。单字节选项有两个：选项结束和无操作。多字节选项有三个：最大报文段长度、窗口扩大因子和时间戳。我们将重点讨论窗口扩大因子与时间戳选项。

（10）校验和

计算校验和与 UDP 校验和的过程类似。但是，UDP 中的校验和是可选的，而 TCP 必须包括校验和。在 TCP 校验和的计算过程中，同样需要使用伪报头，唯一不同的是协议字段的值是 6。

4.3.4　TCP 传输连接的建立、维护与释放

图 4-12 给出了 TCP 工作原理示意图。TCP 包括连接建立、报文传输与 TCP 连接释放三个阶段。

1. TCP 连接建立

TCP 连接建立需要经过"**三次握手**"（Three -Way Handshake）。这个过程具体描述如下：

1）最初的客户端 TCP 进程处于 CLOSE（关闭）状态。当客户端准备发起一次 TCP 连接，进入 SYN-SEND（准备发送）状态时，它首先向处于 LISEN（收听）状态的服务器端 TCP 进程发送第一个控制位 SYN=1 的"连接建立请求报文"。"连接建立请求报文"不携带数据字段，但是需要给报文一个序号，图中标为 SYN=1，seq=x。

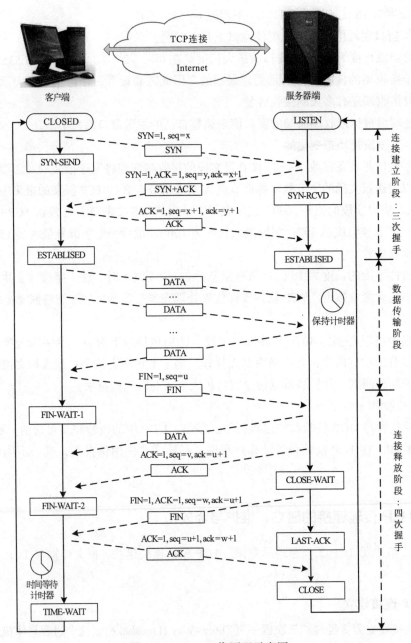

图 4-12　TCP 工作原理示意图

　　需要注意的是，"连接建立请求报文"的序号 seq 值 x 是随机产生的，但是不能为 0。随机数 x 不能为 0 的理由是：避免因 TCP 连接非正常断开而引起混乱。在连接突然中断时，可能有一个或两个进程同时等待对方的确认应答，如果这个时候有一个新连接的序号也是从 0 开始，那么接收进程就有可能认为是对方重传的报文，这样就有可能造成连接过程的错误。为了避免可能引起的问题，协议规定 SYN 报文序号 seq 值 x 必须随机产生，并且不能为 0。

2）服务器端在接收到"连接建立请求报文"之后，如果同意建立连接，则向客户端发送第二个控制位 SYN=1、ACK=1 的"连接建立请求确认报文"。确认号 ack=x+1，表示对第一个"连接建立请求报文"（序号 seq=x）的确认。同样，"连接建立请求确认报文"不携带数据字段，但是需要给报文一个序号（seq=y）。图中标为 SYN=1，ACK=1，seq=y，ack= x+1。这时服务器进入 SYN-RCVD（准备接收）状态。

3）在接收到"连接建立请求确认报文"之后，客户端发送第三个控制位 ACK=1"连接建立请求确认报文"。由于该报文是对"连接建立请求确认报文"（序号 seq=y）的确认，因此确认序号 ack=y+1。同样，"连接建立请求确认报文"不携带数据字段。但是需要给报文一个序号。按照 TCP 协议规定，这个"连接建立请求确认报文"的序号仍然为 x+1。图中标为 ACK=1，seq= x+1，ack=y+1。这时客户端进入 ESTABLISHED（已建立连接）状态。服务器端在接收到 ACK 报文之后也进入 ESTABLISHED（已建立连接）状态。

经过"三次握手"之后，客户进程与服务器进程之间建立起 TCP 连接。图 4-13 给出了 Sniffer 软件截获的一个浏览器访问 Web 服务器的 TCP 连接建立过程的简化示意图。

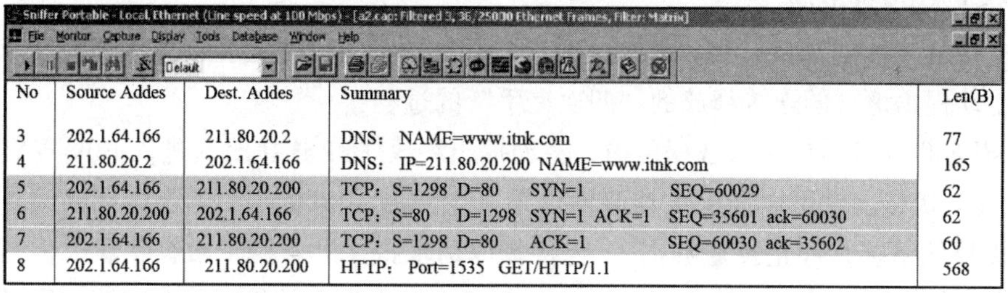

No	Source Addes	Dest. Addes	Summary	Len(B)
3	202.1.64.166	211.80.20.2	DNS：NAME=www.itnk.com	77
4	211.80.20.2	202.1.64.166	DNS：IP=211.80.20.200 NAME=www.itnk.com	165
5	202.1.64.166	211.80.20.200	TCP：S=1298 D=80　SYN=1　　　SEQ=60029	62
6	211.80.20.200	202.1.64.166	TCP：S=80　D=1298 SYN=1 ACK=1　SEQ=35601 ack=60030	62
7	202.1.64.166	211.80.20.200	TCP：S=1298 D=80　ACK=1　　　SEQ=60030 ack=35602	60
8	202.1.64.166	211.80.20.200	HTTP：Port=1535 GET/HTTP/1.1	568

图 4-13　TCP 连接建立过程示意图

浏览器访问 Web 服务器时，首先需要通过 DNS 查找 Web 服务器的 IP 地址，图中 No.1 ~ No.4 完成域名解析的过程。我们需要注意 No.5 ~ No.7 所示的 TCP 连接建立的"三次握手"过程序号的改变。IP 地址为 202.1.64.166、端口号 S=1298 的浏览器要和 IP 地址为 211.80.20.200、端口号 D=80 的 Web 服务器建立 TCP 连接。

1）第一个"连接建立请求报文"（No.5）中，控制位 SYN=1，序号 SEQ=60 029。这个报文表示：客户端用序号 SEQ=60 029 的 SYN 报文向服务器端请求建立 TCP 连接。

2）第二个"连接建立请求确认报文"（No.6）中，控制位 SYN=1、ACK=1，序号 SEQ = 35 601，确认序号 ack= 60 029+1=60 030。这个报文表示：服务器端用序号 SEQ=35 601 的确认报文表示接受客户端的连接建立请求，同时用序号 ack=60 030 对上一个序号为 60 029 的 SYN 报文进行确认。

3）第三个"连接建立请求确认报文"（No.7）中，控制位 ACK=1，序号 SEQ 值仍然为 60 030，确认序号 ack= 35 601+1=35 602。这个报文表示：客户端用序号 ack=35 602 对上一个确认报文进行确认。

当服务器端接收到 No.7 的"连接建立请求确认报文"之后，双方的 TCP 连接建立，进入 HTTP 协议交互状态。

2. 报文传输

当客户进程与服务器进程之间的 TCP 传输连接建立之后，客户端的应用进程与服务器端的应用进程就可以使用这个连接进行全双工的字节流传输。

为了保证 TCP 协议工作的正常、有序地进行，TCP 协议设置了保持计时器（Keepalive Timer），用来防止 TCP 连接长时间空闲。如果客户端建立到服务器端的连接，传输一些数据，然后停止传输，这个客户端可能出现故障。在这种情况下，这个连接将永远处于打开状态。为了解决这类问题，多数实现中都在服务器端设置保持计时器。当服务器端收到客户端的报文时，就将保持计时器复位。如果超过设定的时间，服务器端仍没有收到客户端的信息，它就发送探测报文。如果发送 10 个探测报文（每个报文相隔 75 秒）后还没有响应，就假设客户端出现故障，进而终止该连接。

3. TCP 连接释放

TCP 传输连接的释放过程较复杂，客户与服务器都可以主动提出连接释放请求。下面是客户主动提出请求的连接释放的"四次握手"的过程：

1）当客户准备结束一次数据传输，主动提出释放 TCP 连接时，进入 FIN-WAIT-1（释放等待 –1）状态。它可以向服务器端发送第一个控制位 FIN=1 的"连接释放请求报文"，提出连接释放请求，停止发送数据。"连接释放请求报文"不携带数据字段，但是需要给报文一个序号，图中标为 FIN=1，seq=u。u 等于客户端发送的最后一个字节的序号加 1。

2）服务器在接收到"连接释放请求报文"之后，需要向客户发回"连接释放请求确认报文"，表示对接收第一个连接释放请求报文的确认，因此 ack=u+1。这个"连接释放请求报文"的序号为 v，等于服务器发送的最后一个字节序号加 1。图中标为 ACK=1，seq= v，ack=u+1。

TCP 服务器进程向高层应用进程通知客户请求释放 TCP 连接，客户到服务器的 TCP 连接断开。但是，服务器到客户的 TCP 连接还没有断开，如果服务器还要需要发送时，它还可以继续发送直至完毕。这种状态称为"半关闭"（helf-close）状态。这个状态需要持续一段时间。客户在接收到服务器发送的 ACK 报文之后进入 FIN-WAIT-2 状态，服务器进入 CLOSE-WAIT 状态。

3）服务器的高层应用程序已经没有数据需要发送时，它会通知 TCP 可以释放连接，这时服务器向客户发送"连接释放请求报文"。这个"连接释放请求报文"的序号取决于在“半关闭”(helf-close) 状态时，服务器端是否发送过数据报文。因此序号只能假定为 w。图中标为 FIN=1，ACK=1，seq= w，ack=u+1。服务器端经过 LAST-ACK 状态之后转回到 LISEN（收听）状态。

4）客户在接收到 FIN 报文之后，向服务器发送“连接释放请求确认报文”报文，表示对服务器“连接释放请求报文”的确认。图中 ACK 报文为 ACK=1，seq= u+1，ack=w+1。

图 4-14 给出了 TCP 连接释放“四次握手”的过程示意图。

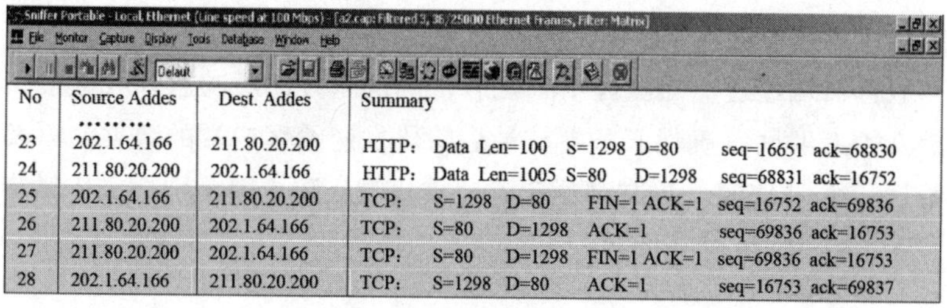

No	Source Addes	Dest. Addes	Summary
	....		
23	202.1.64.166	211.80.20.200	HTTP: Data Len=100 S=1298 D=80 seq=16651 ack=68830
24	211.80.20.200	202.1.64.166	HTTP: Data Len=1005 S=80 D=1298 seq=68831 ack=16752
25	202.1.64.166	211.80.20.200	TCP: S=1298 D=80 FIN=1 ACK=1 seq=16752 ack=69836
26	211.80.20.200	202.1.64.166	TCP: S=80 D=1298 ACK=1 seq=69836 ack=16753
27	211.80.20.200	202.1.64.166	TCP: S=80 D=1298 FIN=1 ACK=1 seq=69836 ack=16753
28	202.1.64.166	211.80.20.200	TCP: S=1298 D=80 ACK=1 seq=16753 ack=69837

图 4-14　TCP 连接释放过程示意图

图 4-14 中的 No.23 与 No.24 分别是浏览器进程向 Web 服务器进程、Web 服务器进程向浏览器进程发送的数据报文。No.25 与 No.28 是连接释放过程“四次握手”的报文。

1）这次 TCP 连接释放过程由浏览器进程发起，No.25 是浏览器进程向 Web 服务器进程发出“连接释放请求报文”。TCP 连接释放请求的 TCP 报头中控制位 FIN=1，表示浏览器将停止发送数据。请求报文不携带数据字段。但是需要给报文一个序号。在这个例子中，seq=16 651+100+1=16 752。ack 是对服务器已经发送报文的确认，其值 ack = 68 830+1005+1=69 836。请求报文为 FIN=1、ACK=1，seq=16 752，ack=69 836。

2）No.26 是服务器进程向浏览器进程发出“连接释放请求确认报文”。确认报文是用 TCP 报头中控制位 ACK=1 标识，表示服务器进程已经正确接收浏览器的释放 TCP 连接请求报文。确认报文为 ACK=1，seq=69 836，ack=16 752。

需要注意的是，服务器进程发出对浏览器进程请求释放 TCP 连接请求的确认报文，表示目前 TCP 处于“半关闭状态”，浏览器与服务器的连接已经断开，但是服务器到浏览器的连接仍然存在，服务器还可以向浏览器发送报文。为了简化讨论，图中假设服务器进程也没有发送数据报文，直接进入释放服务器与浏览器连接的过程。

3）No.27 是服务器进程向浏览器进程发出“连接释放请求报文”。服务器的请求报文是用 TCP 报头中控制位 FIN=1、ACK=1 标识的，需要注意的是，这个报文的 seq 与 ack 值与上一个报文一致。请求报文为 FIN=1、ACK=1，seq=69 836，ack=16 752。

4）No.28 是浏览器进程向服务器进程发出“连接释放请求确认报文”。服务器的确认报文是用 TCP 报头中控制位 ACK=1 标识的。确认报文为 ACK=1，seq=16 753， ack=69 837。

当浏览器进程接收到服务器的"连接释放请求确认报文"之后，服务器与浏览器之间的双向 TCP 连接释放过程就完成了。

4. 时间等待计时器的作用

为了保证 TCP 连接释放过程正常进行，TCP 协议设置了时间等待计时器（TIME-WAIT timer）。当 TCP 关闭一个连接时，它并不认为这个连接马上就真正地关闭。这时，客户端进入 TIME-WAIT 状态，需要再等待 2 个**最长报文生命周期**（Maximum Segment Lifetime，MSL）时间之后，才真正进入 CLOSE（关闭）状态。

客户端与服务器端经过"四次握手"之后，确认双方已经同意释放连接，客户端仍然需要采取延迟 2MSL 时间，确保服务器在最后阶段发送给客户端的数据，以及客户端发送给服务器的最后一个"ACK"报文都能正确地被接收，防止因个别报文传输错误导致连接释放失败。

4.3.5 TCP 滑动窗口与确认、重传机制

1. TCP 的差错控制

TCP 协议通过滑动窗口机制来跟踪和记录发送字节的状态，实现差错控制功能。理解 TCP 协议差错控制原理时，需要注意以下几个问题：

1）TCP 协议的设计思想是让应用进程将数据作为一个字节流传送给它，而不是限制应用层数据的长度。应用进程不需要考虑发送数据的长度，由 TCP 协议来负责将这些字节分段打包。

2）发送端利用已经建立的 TCP 连接，将字节流传送到接收端的应用进程，并且是顺序的，没有差错、丢失与重复。

3）TCP 发送的报文是交给 IP 协议传输的，IP 协议只能提供尽力而为的服务，IP 分组在传输过程中出错是不可避免的，TCP 协议必须提供差错控制、确认与重传功能，以保证接收的字节流是正确的。

2. 字节流传输状态分类与窗口的概念

（1）滑动窗口的基本概念

TCP 协议使用以字节为单位的**滑动窗口协议**（Sliding-Windows Protocol）来控制字节流的发送、接收、确认与重传过程。理解滑动窗口协议时需要注意以下几个问题：

1）TCP 使用两个缓存和一个窗口来控制字节流的传输过程。发送端的 TCP 有一个缓存，用来存储应用进程准备发送的数据。发送端对这个缓存设置一个发送窗口，只要这个窗口值不为 0 就可以发送报文段。TCP 的接收端也有一个缓存，接收端将正确接收到字节

流写入缓存，等待应用进程读取。接收端设置一个接收窗口，窗口值等于接收缓存可以继续接收字节流的数量。

2）接收端通过 TCP 报头通知发送端已经正确接收的字节号，以及发送端还能够连续发送的字节数。

3）接收窗口的大小由接收端根据接收缓存剩余空间的大小，以及应用进程读取数据的速度决定。发送窗口的大小取决于接收窗口的大小。

4）虽然 TCP 协议是面向字节流的，但它不可能每传送一个字节就对这个字节进行确认。它是将字节流分成段，一个段的多个字节打包成一个 TCP 报文段一起传送、一起确认。TCP 协议通过报头的"序号"来标识发送的字节，用"确认号"来表示哪些字节已经被正确地接收。

（2）传输的字节流状态分类

为了达到利用滑动窗口协议控制差错的目的，TCP 引入了"字节流传输状态"的概念。图 4-15 给出了字节流传输状态分类示意图。本例假设发送的第一个字节的序号为 1。

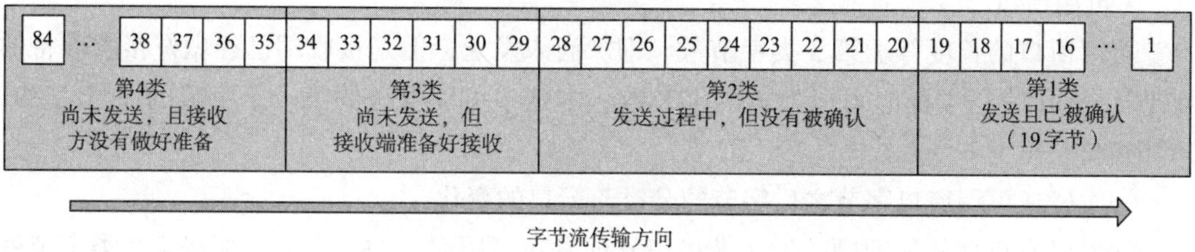

图 4-15　字节流传输的状态分类

为了对正确传输的字节流进行确认，就必须对字节流的传输状态进行跟踪。根据图 4-15 所示的发送状态，可以将发送的字节分为以下四种类型。

- 第 1 类：已经发送，且已得到确认的字节。例如，序号在 19 之前的字节已经被接收端正确接收，并给发送端发送了确认信息，因此序号在 1 ~ 19 的字节属于第 1 类。
- 第 2 类：已发送，但没有被确认的字节。例如，序号在 20 ~ 28 的字节属于已经发送，但是目前尚未得到接收端确认，属于第 2 类，字节数为 9。
- 第 3 类：尚未发送，但是接收端表示接收缓冲区已经准备好，发送端可以发送序号为 29 ~ 34 的 6 个字节。如果发送端准备好就可以立即发送这些字节。
- 第 4 类：尚未发送，且接收端也未做好接收准备的字节。对于第 3 类字节之后的一些准备发送的字节，接收端目前尚没有做好接收的准备，它们属于第 4 类。假设这些字节共有 50 个，那么第 4 类字节的序号为 35 ~ 84。

（3）发送窗口与可用窗口

发送端在每一次发送过程中能够连续发送的字节数取决于发送窗口的大小。图 4-16 给出了发送窗口与可用窗口的概念。

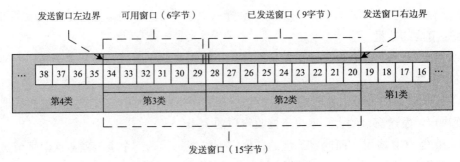

图 4-16　发送窗口与可用窗口的概念

- 发送窗口

发送窗口的长度等于第 2 类与第 3 类字节数之和。在图 4-16 中，第 2 类"已发送，但没有被确认的字节"数为 9，第 3 类"尚未发送，但是接收端已经做好接收准备的字节"数为 6，发送窗口长度应该为 9+6=15。

- 可用窗口

可用窗口的长度等于第 3 类字节数，即"尚未发送，但是接收端已经做好接收准备的字节"，表示发送端随时可以发送的字节数。本例中可以发送的第一个字节的序号为 29，可用窗口长度为 6。

（4）发送可用窗口字节之后字节的分类与窗口的变化

如果没有出现任何问题，发送端可以立即发送可用窗口的 6 字节，那么第 3 类字节就变成第 2 类字节，等待接收端确认。图 4-17 给出了窗口发送与字节类型的变化。

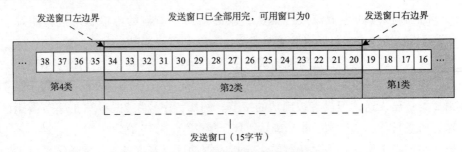

图 4-17　窗口发送与字节类型的变化

- 第 1 类：已经发送，并且已得到确认的字节序号为 1 ~ 19。
- 第 2 类：已发送，但没有被确认的字节序号为 20 ~ 34。
- 第 3 类：可以随时发送的字节数为 0。
- 第 4 类：尚未发送，并且接收端也未做好接收准备的字节序号为 35 ~ 84。

（5）处理确认并滑动发送窗口

经过一段时间之后，接收端向发送端发送 1 个报文，确认序号为 20 ~ 25 的字节，保持发送窗口值仍然为 15，那么将窗口向左滑动。图 4-18 给出了窗口滑动与字节类型的变化。

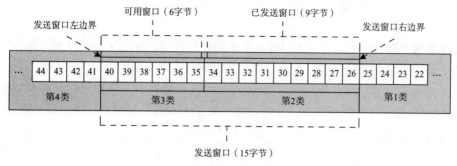

图 4-18　窗口滑动与字节类型的变化

- 第 1 类：已经发送，并且已得到确认的字节序号为 1 ~ 25。
- 第 2 类：已发送，但没有被确认的字节序号为 26 ~ 34。
- 第 3 类：可以随时发送的序号为 35 ~ 40。
- 第 4 类：尚未发送，并且接收端也未做好接收准备的字节序号为 41 ~ 84。

从以上讨论中可以看出，TCP 滑动窗口协议主要有以下几个特点：

- TCP 使用发送与接收缓冲区，以及滑动窗口机制来控制 TCP 连接上的字节流传输。
- TCP 滑动窗口是面向字节的，它可以起到差错控制的作用。
- 接收端可以在任何时候发送确认，窗口大小可以由接收端根据需要来增大或减小。
- 发送窗口值可以小于接收窗口的值，不能超过接收窗口值。发送端可以根据自身的需要来决定。

3. 选择重传策略

在以上讨论中，我们没有考虑报文段丢失的情况。但是在 Internet 中，报文段丢失是不可避免的。图 4-19 给出了接收字节流序号不连续的例子。如果原有 5 个报文段，在传输过程中丢失了 2 个报文段，就会造成接收的字节流序号不连续的现象。

图 4-19　接收字节流序号不连续的例子

接收字节流序号不连续的处理方法有两种：拉回方式与选择重传方式。

（1）拉回方式

如果采取拉回方式处理接收的字节流序号不连续，需要在丢失第 2 个报文段时，不管之后的报文段接收是否正确，都要求从第 2 个报文段（第一个字节序号为 151）开始，重传所有的后 4 个报文段。显然，拉回方式的效率是很低的。

（2）选择重传方式

选择重传（Selective ACK，SACK）方式允许接收端在发现字节流序号不连续时，只要这些字节的序号都在接收窗口之内，则首先完成接收窗口内字节的接收，然后将丢失的字节序号通知发送端，发送端只需要重传丢失的报文段，而不需要重传已经接收的报文段。RFC 2018 给出了选择重传方式中接收端向发送端报告丢失字节信息的报文格式。

4. 重传计时器

（1）重传计时器的作用

TCP 协议使用**重传计时器**（Retransmission Timer）来控制报文确认与等待重传的时间。当发送端 TCP 发送一个报文时，首先将它的一个报文的副本放入重传队列，同时启动一个重传计时器。重传计时器设定一个值，例如 400ms，然后开始倒计时。在重传计时器倒计时到 0 之前收到确认，表示该报文传输成功；如果在计时器倒计时到 0 之时没收到确认，表示该报文传输失败，准备重传该报文。图 4-20 给出了重传计时器的工作过程。

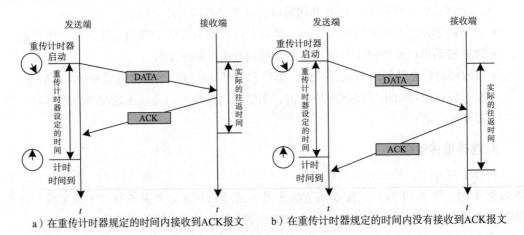

a）在重传计时器规定的时间内接收到 ACK 报文   b）在重传计时器规定的时间内没有接收到 ACK 报文

图 4-20 重传计时器的工作过程

（2）影响超时重传时间的因素

设定重传计时器的时间值是很重要的。如果设定值过低，有可能出现已被接收端正确接收的报文被重传，导致接收报文重复的现象。如果设定值过高，会造成一个报文已经丢失，而发送端长时间等待，导致效率降低的现象。研究 TCP 超时重传方法时，必须对超时重传时间确定的复杂性，以及影响超时重传时间的因素有清晰地了解。为了说明这个问题，我们需要注意以下几点：

1）如果一个主机同时与其他两个主机建立两条 TCP 连接，那么它就需要分别为每个 TCP 连接启动一个重传计时器。如果其中一个 TCP 连接是用于在本地局域网中传输文本文件，而另一个 TCP 连接要通过多个 Internet 访问远程的 Web 服务器视频文件，那么两个 TCP 连接的报文发送和确认信息返回的**往返时间**（Rout-Trip Time，RTT）相差很大。因此，我们就需要为不同的 TCP 连接设定不同的重传计时器的时间。

2）由于 Internet 在不同时间段的用户数量变化很大，流量与传输延迟变化也很大，因此即使是相同的两个主机在不同时间建立的 TCP 连接，并且完成同样的 Web 访问操作，客户端与服务器端之间的报文传输延迟也不会相同。

3）传输层的重发纠错机制与数据链路层有很多相似之处。两者的不同之处在于：由于数据链路层讨论的是点 – 点链路之间的帧往返时间，一般情况下在一条链路上的帧往返时间波动不会太大，在设定的帧往返时间内，如果接收不到对发送帧的确认信息，就可以判断该帧传输出错被丢弃。而传输层要面对复杂的互联网络结构，要在只能够提供"尽力而为"服务的 IP 协议之上处理端 – 端报文传输问题，报文往返时间在数值上离散较大是很自然的事。

正是由于这些原因，在 Internet 环境中为 TCP 连接确定合适的重传计时器数值是很困难的。TCP 协议不会采用简单的静态方法，而是采用动态的自适应方法，根据对端 – 端报文往返时间的连续测量，不断调整和设定重传计时器的超时重传时间。

5. 超时重传时间的选择

RFC 2988（2000 年发布）对"计算 TCP 重传计时器"进行了详细讨论。理解重传时间计算方法时，需要注意以下问题：

（1）当前最佳返回时间 RTT 估算值

对于一个 TCP 连接，TCP 维护一个变量，它代表当前最佳往返时间 RTT 的估算值。当一个报文段发送的时候，会启动一个重传计时器。重传计时器有两个作用，一是测量该报文段从发送到被确认的往返时间；二是如果出现超时，启动重传。如果此次测量的往返时间为 M，那么更新的当前最佳返回时间 RTT 的估算值按下式计算：

$$RTT = \alpha \times RTT + M \qquad (4\text{-}1)$$

在式（4-1）中，α 是一个常数加权因子（$0 \leqslant \alpha < 1$）。α 决定 RTT 对延迟变化的反应速度。当 α 接近 0 时，短暂的延迟变化对 RTT 影响不大；当 α 接近 1 时，RTT 将紧紧跟随往返时间变化，影响很大。RFC 2988 建议 α 的参考值为 1/8，即 0.125。

我们可以举一个例子来说明加权因子 α 的作用。例如，最初的往返时间 RTTS 的估算值是 30ms，已知收到了 3 个确认报文段，测量的往返时间 M 分别为 26ms、32ms 与 24ms。

根据公式可以计算出：

- RTTS0=30ms，RTTS1=0.125×30+26 ≈ 29.75（ms）
- RTTS1=29.75ms，RTTS2=0.125×29.75+32 ≈ 35.72（ms）

- RTTS2=35.72ms，RTTS3=0.125×35.72+24≈28.47（ms）

经过加权处理之后，新的 RTTS 的估计值分别为 29.75（ms）、35.72（ms）与 28.47（ms）。

（2）超时重传时间

超时重传时间（Retransmission Time-Out，RTO）应略大于加权计算出的 RTTS 估计值。RFC 2988 建议的 RTO 计算公式为：

$$RTO=RTTS+4×RTTD \tag{4-2}$$

式（4-2）中的 RTTD 是 RTT 的偏差加权平均值。RTTD 值和 RTTS 与测量值 M 之差相关。RFC 2988 建议：

- 第一次测量时，取

$$RTTD1=M1/2 \tag{4-3}$$

- 在以后的测量中，使用下式计算加权平均的 RTTD：

$$RTTD=（1–\beta）×（旧的 RTTS）+\beta×|RTTS–M| \tag{4-4}$$

其中，β 为一个大于 1 的常数加权因子。公式中的 β 因子很难确定。当 β 接近 1 时，TCP 能迅速检测报文丢失，及时重传，减少等待时间，但是可能引起很多的重传报文；当 β 太大时，重传报文减少，但是等待确认的时间太长。RFC 2988 建议 β 取 1/4，即 0.25。

（3）RTO 计算举例

我们可以举一个例子来说明超时重传时间 RTO 的计算方法。假设 β=0.25，旧的 RTTS=30ms，新的 RTTS=35ms、M=32ms。

- 根据式（4-4），计算

$$RTTD=（1–0.25）×30+0.25×|35–32|≈22.5+0.75≈23.25（ms）$$

- 根据式（4-2），计算

$$RTO=35+4×23.25=128（ms）$$

根据 RFC 2988 建议的 RTO 计算公式，可以选择超时重传时间 RTO 为 128ms。

4.3.6　TCP 流量控制与拥塞控制

1. TCP 窗口与流量控制

研究**流量控制**（Flow Control）算法的目的是控制发送端发送速率，使之不超过接收端的接收速率，防止由于接收端来不及接收送达的字节流而导致报文段丢失的现象。滑动窗口协议可以利用 TCP 报头中窗口字段方便地实现流量控制。

（1）利用滑动窗口进行流量控制的过程

在流量控制过程中，接收窗口又称为**通知窗口**（Advertised Window）。接收端根据接收能力选择一个合适的接收窗口（rwnd）值，将它写到 TCP 的报头中，将当前接收端的接收状态通知发送端。发送端的发送窗口不能超过接收窗口的数值。TCP 报头的窗口数值的单位是字节，而不是报文段。这里有两种情况：

　　1）当接收端应用进程从缓存中读取字节的速度小于或等于字节到达的速度时，接收端需要在每个确认中发送一个"非零的窗口"通告。

　　2）当发送端发送的速度比接收端快时，缓冲区将被全部占用，之后到达的字节将因缓冲区溢出而丢弃。这时，接收端必须发出一个"零窗口"的通知。发送端接收到一个"零窗口"通知时，停止发送，直到下一次接收到接收端重新发送的一个"非零窗口"通知为止。

　　（2）利用滑动窗口进行流量控制的举例

　　图 4-21 给出了 TCP 利用窗口进行流量控制的过程示意图。

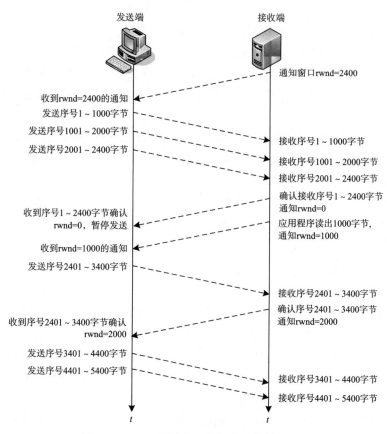

图 4-21　TCP 利用窗口进行流量控制的过程

　　分析流量控制的过程，需要注意以下几个问题：

　　1）接收端通告发送端 rwnd=2400，表示接收端已经做好连续接收 2400 字节的准备。

2）发送端接收到 rwnd=2400 的通知后，准备发送 2400 字节的数据。假设报文段长度为 1000 字节，需要分成 3 个报文段来传输，其中两个报文段的数据是 1000 字节，而第三个报文段的数据是 400 字节。

3）接收端在分别接收序号为 1～1000、1001～2000 与 2001～2400 的 3 个报文段之后，将其存放在输出队列中，等待应用进程读取。应用进程忙而不能够及时读取。TCP 输出缓冲区被占满，不能接收新的报文段。因此，接收端在向发送端发出对序号 1～2400 的字节正确接收确认的同时，发出一个"零窗口"（rwnd=0）的通知。

4）发送端接收到接收端对序号 1～2400 的字节确认，知道 3 个报文段都已经被正确接收。同时根据 rwnd=0 的通知，将发送窗口也置 0，停止发送，直到接收到接收端重新发送的一个"非零窗口"通知为止。

5）当接收端的应用进程从接收缓冲区中读取了 1000 字节的数据，腾空了 1000 字节的存储空间，接收端发出 rwnd=1000 的"非零窗口"通知。

6）发送端接收到 rwnd=1000 的通知后，发送序号为 2401～3400 的字节。

7）当接收端正确接收序号为 2401～3400 的字节之后，同时接收缓冲区中已经有了 2000 字节的存储空间，接收端发出对序号为 2401～3400 字节的确认与 rwnd=2000 的窗口通知。

8）发送端接收到接收端对序号为 2401～3400 的字节确认与 rwnd=2000 的通知之后，将发送序号为 3401～4400、4401～5400 的两个报文段。这个过程一直持续下去，直到数据全部传输完为止。

从以上的分析过程可以看出，由于 TCP 协议采取了滑动窗口控制机制，使得发送端发送报文段的速度与接收端的接收能力相协调，从而实现了流量控制。

（3）坚持计时器

在执行滑动窗口控制的过程中，要求发送端在接收到零窗口通告之后就停止发送，这个过程直到接收端的 TCP 再发出一个非零窗口通告为止。但是，如果下一个非零窗口通告丢失，发送端将无休止地等待接收端的通知，这就会造成死锁。为防止非零窗口通知丢失造成的"死锁"现象，TCP 协议设置了一个**坚持计时器**（Persistence Timer）。

当发送端的 TCP 收到一个零窗口通知时，会启动坚持计时器。当坚持计时器时间到，发送端的 TCP 就发送一个零窗口探测报文。这个报文只有一个字节的数据，它有一个序号，但不需要确认这个序号。零窗口探测报文的作用是提示接收端：非零窗口通知丢失，必须重传。

坚持计时器的值设置为重传时间的数值，最大为 60 秒。如果发出的第一个零窗口探测报文没有收到应答，则应发送第二个零窗口探测报文，直到收到非零窗口为止。

（4）传输效率问题

在发送端应用进程将数据传送到 TCP 的发送缓存之后，控制整个传输过程的任务就由 TCP 协议来承担。考虑到传输效率的问题，TCP 协议必须注意解决好"什么时候"发送"多长报文段"的问题，这受到应用进程产生数据的速度与接收端发送能力的限制，因此是一个很复杂的问题。

同时，还有一些极端的情况存在。例如，一个用户使用 TELNET 协议进行通信时，他可能只发出了 1 字节。在这种情况下，第一步是将这 1 字节的应用层数据加上 20 字节的报头，封装在一个 TCP 报文段中；在网络层加上 20 字节分组头封装到一个 IP 分组中。那么，在 41 字节长的 IP 分组中，TCP 报头占 20 字节，IP 分组头占 20 字节，应用层数据只有 1 字节。第二步是接收端接收之后没有数据发送，但是也要立即返回一个 40 字节的确认分组。其中，TCP 报头占 20 字节，IP 分组头占 20 字节。第三步是接收端向发送端发出一个窗口更新报文，通知将窗口向前移 1 字节，这个分组的长度也是 40 字节。第四步是如果也要发送 1 字节的数据，那么发送端返回一个 41 字节的分组，作为对窗口更新报文的应答。从上述过程可以看出，如果用户以比较慢的速度键入字符，每键入 1 个字符就可能发送总长度为 162 字节的 4 个报文段。这种方法显然是不合适的。

为了提高传输效率，人们提出了 Nagle 算法。

1）当数据是以每次 1 字节的方式进入发送端时，发送端第一次只发送 1 字节，其他字节存入缓存区。当第一个报文段确认符合时，再把缓存中的数据放在第 2 个报文段中发送出去。这种一边发送、等待应答，一边缓存待发送数据的处理方法可以有效地提高传输效率。

2）当缓存的数据字节数达到发送窗口的 1/2 或接近最大报文段长度（MSS）时，立即将它们作为 1 个报文段发送。

还有一种情况，人们将其称为**"糊涂窗口综合征"**（Silly Windows Syndrome）。假设 TCP 接收缓存已满，而应用进程每次只从接收缓存中读取 1 字节，那么接收缓存就腾空 1 字节，接收端向发送端发出确认报文，并将接收窗口设置为 1。发送端发送的确认报文长度为 40 字节。紧接着发送端以 41 字节的代价发送 1 字节的数据。在第 2 轮中，应用进程每次只从接收缓存中读取 1 字节，接收端向发送端发出确认报文，继续将接收窗口设置为 1。发送端发送的确认报文长度为 40 字节。接着，发送端以 41 字节的代价发送 1 字节的数据。这样继续下去，会造成传输效率极低。

Clark 解决这个问题的方法是禁止接收端发送只有 1 字节的窗口更新报文，让接收端等待一段时间，使接收缓存有足够的空间接收一个最大长度的报文段，或者缓冲区空出一半之后，再发送窗口更新报文。

Nagle 算法与 Clark 提出的"糊涂窗口综合征"的思路是相同的，即发送端不要发送太小的报文段，接收端通知的 rwnd 不能太小。

2. TCP 窗口与拥塞控制

（1）拥塞控制的基本概念

拥塞控制用于防止由于过多的报文进入网络而造成的路由器与链路过载。需要注意的是：流量控制的重点是点 – 点链路的通信量的局部控制，而拥塞控制重点是进入网络的报文总量的全局控制。

造成网络**拥塞**（Congestion）的原因十分复杂，它涉及链路带宽、路由器处理分组的能力、节点缓存与处理数据的能力，以及路由选择算法、流量控制算法等一系列的问题。人们通常把网络出现拥塞的条件写为：

$$\sum 对网络资源的需求 > 网络可用资源$$

如果在某段时间内用户对网络某类资源要求过高，就有可能造成拥塞。例如，如果一条链路的带宽是 100Mbps，而连接在这条链路上的 100 台计算机都要求以 10Mbps 的速率发送数据，显然这条链路无法满足计算机对于链路带宽的要求。人们自然会想到将这条链路的带宽升级到 1Gbps，以满足用户的要求。当某个节点缓存的容量过小或处理速度太慢，造成进入节点的大量报文不能及时被处理，于是不得不丢弃一些报文。为了解决这个问题，人们会想到把这个节点的主机升级，换成大容量的缓存、高速的处理器，改善这个节点的处理能力，确保不出现报文丢失的现象。但是，这些局部的改善都不能从根本上解决网络拥塞的问题，可能只是将造成拥塞的瓶颈从节点的计算或存储能力转移到链路的带宽或路由器上。

流量控制可以很好地协调发送端与接收端之间的端 – 端报文发送和处理速度，但是无法控制进入网络的总体流量。即使每个发送端与接收端的端 – 端之间流量是合适的，但是对于网络整体来说，随着进入网络的流量增加，也会使网络通信负荷过重，由此引起报文传输延时增大或丢弃。报文的差错确认和重传又会进一步加剧网络的拥塞。

图 4-22 给出了拥塞控制的作用示意图。图中横坐标是进入网络的**负载**（Load），纵坐标是**吞吐量**（Throughput）。负载表示单位时间进入网络的字节数，吞吐量表示单位时间内通过网络输出的字节数。从图中可以看出以下几个问题：

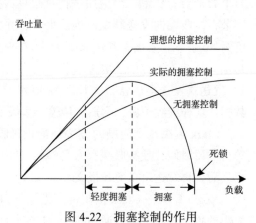

图 4-22　拥塞控制的作用

1）当没有采取拥塞控制方法时，在开始阶段，网络吞吐量随着网络负载的增加呈线性增长。当出现轻度拥塞时，网络吞吐量的增长小于网络负载的增加量。当网络负载继续增长而吞吐量不变时，达到饱和状态。在饱和状态之后，网络吞吐量随着网络负载的增加呈减小的趋势。当网络负载继续增加到一定程度，网络吞吐量为 0，系统出现**死锁**（Deadlock）的情况。

2）理想的拥塞控制是在网络负载到达饱和点之前，网络吞吐量一直保持线性增长的关系，到达饱和点之后的网络吞吐量维持不变。

3）实际的拥塞控制在网络负载开始增长的初期，由于要在拥塞控制过程中消耗一定的资源，因此它的吞吐量将小于无拥塞控制状态。但是，它可以在负载继续增加的过程中，通过限制进入网络的报文或丢弃部分报文的方法，使系统的吞吐量逐渐增长，而不会出现下降和死锁的现象。

拥塞控制的前提是网络能够承受现有的网络负荷。拥塞控制算法通过动态地调节用户对网络资源的需求来保证网络系统稳定运行。拥塞控制算法的设计涉及动态和全局性的问题，难度较大。有时拥塞控制算法失当本身就会引起网络的拥塞。因此，网络拥塞控制的研究已经开展多年，即使在对等网络和无线网络、网络视频应用出现之后的今天，拥塞控制仍然是一个重要的研究课题。

1999 年，RFC 2581 将 TCP 的拥塞控制方法分为：慢开始、拥塞避免、快重传与快恢复。以后的 RFC 2582、3390 对此做了一些改进。

（2）拥塞窗口的概念

TCP 滑动窗口是实现拥塞控制的基本手段。为了使讨论简单，假设报文是单方向传输，并且接收端有足够的缓存空间，发送窗口的大小只由网络拥塞程度来确定。

拥塞窗口（Congestion Window）是发送端根据网络拥塞情况确定的窗口值。发送端在真正确定发送窗口时，应该取"通知窗口"与"拥塞窗口"中的较小值。在没有发生拥塞的稳定工作状态下，接收端的通知窗口和拥塞窗口应该一致。发送端在确定拥塞窗口大小时，可以采用慢开始与拥塞避免算法。

3. 慢开始与拥塞避免算法

（1）慢开始（Slow-Start）与拥塞避免（Congestion Avoidance）算法的基本设计思想

在一个 TCP 连接中，发送端需要维持一个**拥塞窗口**（congestion window，cwnd）的状态参数。拥塞窗口的大小根据网络的拥塞情况来动态调整。只要网络没有出现拥塞，发送端就逐步增大拥塞窗口；当出现拥塞，就立即减小拥塞窗口。那么就存在一个问题：如何发现网络出现拥塞？在慢开始与拥塞避免算法中，网络是否出现拥塞是由路由器是否丢弃分组确定的。这里实际上做了如下假设：通信线路质量比较好，路由器丢弃分组的主要原因不是由于物理层比特流传输差错造成的，而是由于网络中分组传输的总量较大，超过路由器的接收能力，路由器由于负载过重而丢弃分组。

（2）慢开始的过程

当主机开始发送数据时，它不了解网络的负载状态，这时可以采取由小到大逐步增加拥塞窗口的方法。

如果我们第一次从发送端发送报文到接收端，接收端在规定的时间内返回了确认报文视为一个往返的话，那么，主机在建立一个 TCP 连接的初始化时，将慢开始的初始值定为 1（最大报文段长度 MSS）。第一个往返首先将拥塞窗口（cwnd）设置为 2，然后向接收端发送 2 个最大报文段。如果接收端在定时器允许的往返时间内返回确认，表示网络没有出现拥塞，拥塞窗口按二进制指数方式增长，即第二个往返将拥塞窗口值增大一倍为 4。如果报文正常传输，那么第三个往返发送端将拥塞窗口增加为 8。如果报文正确传输，第四个往返的拥塞窗口值增大一倍达到 16。以此类推，在第五个往返拥塞窗口值增大一倍为 32。但是，如果在规定的往返时间内没有收到确认报文，就表明网络开始出现拥塞。

这里需要注意两个问题。

第一个问题：每一次发送的往返时间（RTT）是不同的。如果在第一个往返过程中，拥塞窗口值为 2，那么这一次 TCP 协议可以连续发送 2 个报文段。发送端只有在连续发送的 2 个报文段的确认都收到之后，才能够判断网络没有出现拥塞。因此，在拥塞控制过程中，每一个往返过程的往返时间应该是从连续发送多个报文段，到接收到所有发送报文段确认消息需要的时间。往返时间的长短取决于连续发送报文段的多少。

第二个问题："慢开始"的"慢"并不是说拥塞窗口（cwnd）从 1 开始，按二进制指数方式成倍增长的速度"慢"，而是说这种方法是以一种逐步增大的方式推进，这比突然将很多报文发送网络上的情况要"慢"，发送报文段的数量存在着逐步加快的过程。

第三个问题：为了避免拥塞窗口（cwnd）增长过快引起网络拥塞，还需要定义一个参数：**慢开始阈值**（slow-start threshold，ssthresh）。在慢开始与拥塞避免算法中，对于拥塞窗口（cwnd）与慢开始阈值（ssthresh）之间的关系可以做如下规定：

- 当 cwnd < ssthresh 时，使用慢开始算法。
- 当 cwnd > ssthresh 时，停止使用慢开始算法，使用拥塞控制算法。
- 当 cwnd = ssthresh 时，既可使用慢开始算法，也可以使用拥塞控制算法。

在慢开始阶段，如果长度为 32 时出现超时，那么发送端就可以将慢开始阈值（ssthresh）设置为出现拥塞的 cwnd 值 32 的一半，即为 ssthresh 1=16。

（3）拥塞避免算法

当 cwnd > ssthresh 时，停止使用慢开始算法，使用拥塞控制算法。拥塞避免算法将每增加一个往返就将拥塞窗口值加倍的方法变为每增加一个往返就将拥塞窗口值加 1 的方法。在采取拥塞避免算法的阶段，拥塞窗口（cwnd）呈线性规律缓慢增长。和慢开始阶段一样，只要发现接收端没有按时返回确认就认为出现网络拥塞，将慢开始阈值设置为发生拥塞时拥塞窗口（cwnd）值的一半，并将重新进入下一轮的慢开始过程。

图 4-23 给出了 TCP 慢开始、拥塞避免

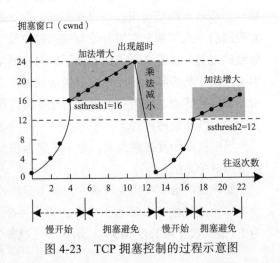

图 4-23 TCP 拥塞控制的过程示意图

的拥塞控制过程示意图。

* 慢开始阶段

当 TCP 连接初始化时，将 cwnd 设置为 1。慢开始的初始阈值 ssthresh 1 设置为 16（单位为 MSS）。在慢开始阶段，当 cwnd 经过 4 个往返传输之后，按指数算法已经增长到 16 时，进入"拥塞避免"控制阶段。往返次数 1 ~ 4 使用的拥塞窗口值分别是 2、4、8、16。

* 拥塞避免阶段

在进入拥塞避免阶段之后，cwnd 按照线性的方法增长，假如在 cwnd 值达到 24 时，发送端检测出现超时，那么拥塞窗口 cwnd 重新回到 1。因此，往返次数 5 ~ 12 使用的拥塞窗口值分别是 17 ~ 24。

* 重新进入慢开始与拥塞控制阶段

再出现一次网络拥塞之后，慢开始阈值 SST2 的值是出现超时的 cwnd 最大值的 1/2，即 24/2=12，然后重新开始慢开始与拥塞避免的过程。往返次数 13 ~ 17 使用的拥塞窗口值分别是 1、2、4、8 与 12。由于 ssthresh 2 的值设置为 12，那么第 17 次往返使用的拥塞窗口值不能大于 12，只能取值为 12。往返次数 18、19、20 使用的拥塞窗口值分别是 13、14、15。表 4-3 给出了图 4-23 所示的例子中往返次数与拥塞窗口值。

表 4-3　往返次数与拥塞窗口值

往返次数	拥塞窗口值	往返次数	拥塞窗口值
1	2	11	23
2	4	12	24
3	8	13	1
4	16	14	2
5	17	15	4
6	18	16	8
7	19	17	12
8	20	18	13
9	21	19	14
10	22	20	15

在慢开始或拥塞避免阶段，只要出现超时就将 ssthresh 减小一半的算法叫作**乘法减小**（Multiplicative Decrease）。在执行拥塞避免后，使拥塞窗口缓慢增大，以防止网络很快出现拥塞，这种算法称作**加法增大**（Addivitive Increase）。将这两种方法结合起来就形成了用于 TCP 拥塞控制的 AIMD 算法。

4. 快重传与快恢复

在慢开始、拥塞避免的基础上，人们又提出**快重传**（Fast Retransmit）与**快恢复**（Fast Recovery）的拥塞算法。图 4-24 给出了快重传与快恢复的研究背景。

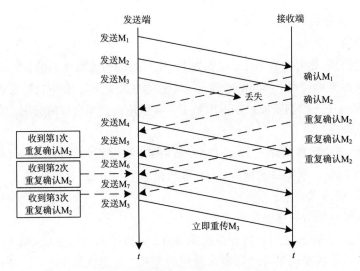

图 4-24　快重传与快恢复的研究背景

慢开始、拥塞避免的 AIMD 算法处理拥塞的思路是：如果发送端发现超时，就判断为网络出现拥塞，并将拥塞窗口 cwnd 置 1，执行慢开始策略；同时将 ssthresh 减小到一半，以延缓拥塞的出现。如果出现图 4-24 所示的情况，当发送端连续发送报文 M1 ~ M7，只有 M3 在传输过程中丢失，而 M4 ~ M7 都能正确接收，那么这时不能根据一个 M3 的超时而简单地判断网络出现拥塞。在这种情况下，需要采用快重传与快恢复拥塞控制算法。

图 4-25 给出了连续收到 3 个重复确认的拥塞控制过程。如果接收端正确接收 M1、M2 报文，但没有接收到 M3 报文，而接收端在返回对 M1、M2 的确认之后，接收到 M4，那么这时接收端不能对 M4 进行确认，这是因为 M4 属于乱序的报文。根据"快重传"算法的规定，接收端应该及时向发送端连续 3 次发出对 M2 的"重复确认"，要求发送端尽早重传未被确认的报文。

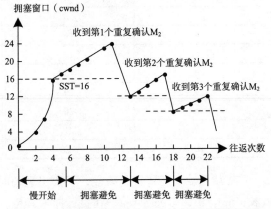

图 4-25　连续收到 3 个重复确认的拥塞控制过程

与快重传算法配合的是快恢复算法。快恢复算法规定：

1）当接收端收到第 1 个对 M2 的"重复确认"时，发送端立即将拥塞窗口（cwnd）设置为最大拥塞窗口值的 1/2。执行"拥塞避免"算法，"拥塞窗口（cwnd）"按线性方式增长。

2）当接收端收到第 2 个对 M2 的"重复确认"时，发送端立即减小拥塞窗口（cwnd）值。执行"拥塞避免"算法，"拥塞窗口（cwnd）"按线性方式增长。

3）当接收端收到第 3 个对 M2 的"重复确认"时，发送端立即减小拥塞窗口（cwnd）值。执行"拥塞避免"算法，"拥塞窗口（cwnd）"按线性方式增长。

5. 发送窗口的概念

在介绍拥塞窗口的概念时，我们曾经做了一个假设：接收端有足够的缓存空间，发送窗口的大小只由网络拥塞程度确定。但实际上接收缓存空间是有限的。接收端需要根据自己的接收能力给出一个合适的接收窗口（rwnd），并将它写入 TCP 的报头中，通知发送端。从流量控制的角度，发送窗口一定不能超过接收窗口。因此，实际的发送窗口的上限值应该等于接收窗口（rwnd）与拥塞窗口（cwnd）中最小的一个：

$$发送窗口上限值 =Min（rwnd，cwnd）$$

当 rwnd > cwnd 时，则表示为网络拥塞窗口限制发送窗口的最大值。当 rwnd < cwnd 时，则表示为接收端的接收能力限制发送窗口的最大值。rwnd 与 cwnd 中较小的一个限制发送端的报文发送速度。

4.4 用户数据报协议 UDP

4.4.1 UDP 的主要特点

设计 UDP 协议的主要原则是协议简洁，运行快捷。1980 年公布的文档 RFC 768 是 UDP 的协议标准，这份文档只有 3 页。RFC 1122 对 RFC 768 描述的 UDP 协议进行了修订。UDP 协议只提供端口形式的传输层寻址与一种可选的校验和功能。

UDP 协议的主要特点表现在以下几个方面。

（1）UDP 是一种无连接的、不可靠的传输层协议

理解 UDP 协议的无连接传输特点时，需要注意以下几个基本问题：

1）UDP 协议在传输报文之前不需要在通信双方之间建立连接，因此减少了协议开销与传输延迟。

2）UDP 对报文除了提供一种可选的校验和之外，几乎没有提供其他保证数据传输可靠性的措施。

3）如果 UDP 检测出收到的分组出错，它就丢弃这个分组，既不确认，也不通知发送端和要求重传。

因此，UDP 协议提供的是"尽力而为"的传输服务。

（2）UDP 是一种面向报文的传输层协议

图 4-26 描述了 UDP 对应用程序提交数

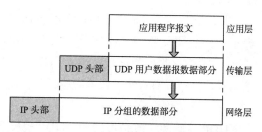

图 4-26　UDP 对应用程序提交数据的处理方式

据的处理方式。

要理解 UDP 协议面向报文的特点，需要注意以下几个基本的问题：

1）UDP 对于应用程序提交的报文，在添加了 UDP 协议头部，构成一个 TPDU 之后就向下提交给 IP 层。

2）UDP 对应用程序提交的报文既不合并也不拆分，而是保留原报文的长度与格式。接收端会将发送端提交传送的报文原封不动地提交给接收端的应用程序。因此，在使用 UDP 协议时，应用程序必须选择合适长度的报文。

如果应用程序提交的报文太短，则协议开销相对较大；如果应用程序提交的报文太长，则 UDP 向 IP 层提交的 TPDU 可能在 IP 层被分片，这样也会降低协议的效率。

4.4.2 UDP 数据报格式

图 4-27 给出了 UDP 用户数据报的格式。UDP 数据报有固定 8 字节的报头。

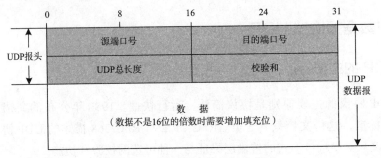

图 4-27　UDP 用户数据报的格式

UDP 报头主要有以下三个字段。

（1）端口号

端口号字段包括源端口号与目的端口号。源与目的端口号字段的长度都为 16 位。源端口号表示发送端进程端口号，目的端口号表示接收端进程端口号。如果源进程是客户端，则源端口号是由 UDP 软件分配的临时端口号，目的端口号使用服务器的熟知端口号。

（2）长度

长度字段也是 16 位，它定义了包括报头在内的用户数据报的总长度。因此，用户数据报的长度最大为 65 535 字节，最小为 8 字节。由于 UDP 报头长度固定为 8 字节，因此实际 UDP 数据报的数据长度为 65 535–8=65 527 个字节。如果长度字段是 8 字节，则说明该用户数据报只有报头，没有数据。

（3）校验和

UDP 校验和字段是可选的。UDP 校验和用来检验整个用户数据报、UDP 报头与伪报头在传输中是否出现差错，这正反映出效率优先的思想。如果应用进程对通信效率的要求高于可靠性，那么应用进程可以选择不使用校验和。

4.4.3　UDP 校验和的基本概念

1. 使用伪报头的目的

要理解在校验和中增加伪报头的目的，需要注意以下几个问题：

1）伪报头不是用户数据报的真正头部，只是在计算时临时加上去的。

2）伪报头只在计算时起作用，它既不向低层传输，也不向高层传送。

3）伪报头包括 IP 分组头的源 IP 地址（16 位）、目的 IP 地址（16 位）、协议字段（8 位）与 UDP 长度（16 位）。

4）如果没有伪报头，校验的对象只是 UDP 报文，也能够判断 UDP 报文传输是否出错。但是设计者考虑，如果 IP 分组头出错，那么分组就有可能会传送到错误的主机，因此在 UDP 的校验和中增加了伪报头部分。

2. 伪报头结构

UDP 校验和包括三个部分：**伪报头**（Pseudo Header）、UDP 报头与数据。在计算校验和时，在数据报之前增加了 12 个字节的伪报头。

图 4-28 给出了伪报头的结构。伪报头取 IP 分组头的一部分，其中填充域字段要填入 0，目的是使伪报头长度为 16 位的整数倍。IP 分组报头的协议号 17 表示的是 UDP 报文。UDP 长度是 UDP 数据报的长度，不包括伪报头的长度。

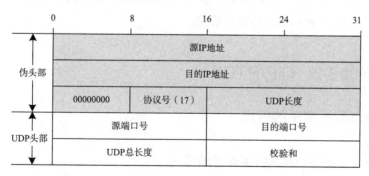

图 4-28　UDP 校验和校验的伪报头与报头的结构

4.4.4　UDP 的适用范围

要确定应用程序在传输层是否采用 UDP 协议，可以考虑以下几个原则：

1. 视频播放应用

在 Internet 上播放视频，用户最关心的是视频流能否尽快和不间断地播放，丢失个别数据报文对视频节目的播放效果不会产生重大的影响。如果采用 TCP 协议，它可能因为重传个别丢失的报文而加大传输延迟，反而会对视频播放造成不利的影响。因此，视频播放程序对数据交付实时性要求较高，而对数据交付可靠性要求相对较低，UDP 协议更为适用。

2. 简短的交互式应用

有一类应用只需要进行简单的请求与应答报文的交互，即客户端发出一个简短的请求报文，服务器端回复一个简短的应答报文。在这种情况下，应用程序应该选择 UDP 协议。应用程序可以通过设置定时器 / 重传机制来处理由于 IP 数据分组丢失问题，而不需要选择有确认 / 重传的 TCP 协议，以提高系统的工作效率。

3. 多播与广播应用

UDP 支持一对一、一对多与多对多的交互式通信，这是 TCP 协议不支持的。UDP 协议头部长度只有 8 字节，比 TCP 协议头部长度（20 字节）要短。同时，UDP 没有拥塞控制，因此在网络拥塞时不会要求源主机降低报文发送速率，而只会丢弃个别的报文。这对于 IP 电话、实时视频会议应用来说是适用的。由于这类应用要求源主机以恒定速率发送报文，在拥塞发生时允许丢弃部分报文。

当然，任何事情都有两面性。简洁、快速、高效是 UDP 协议的优点，但是它不能提供必需的差错控制机制，同时在拥塞严重时缺乏必要的控制与调节机制。这些问题需要使用 UDP 协议的应用程序设计者在应用层设置必要的机制加以解决。因此，UDP 协议是一种适用于实时语音与视频传输的传输层协议。

4.5 实时传输协议 RTP/RTCP

4.5.1 多媒体数据传输的特点

1. 实时多媒体通信与非实时多媒体通信

多媒体数据分为语音、图形、图像与视频等类型。近年来，网络多媒体技术已经广泛应用于人类的工作、学习、通信、娱乐、科研、医疗与军事等领域。移动互联网的应用使得网络音乐、网络电视、网络电影、网络广播、网络游戏、网络广告、网络地图等应用发展到更高的阶段。

并非所有的多媒体网络应用都是实时的（如图 4-29 所示）。在图 4-29a 中，通过 HTTP

协议从 Web 服务器下载视频节目。视频节目已事先录制好，并存放在 Web 服务器中，用户下载到本地计算机后观看。在这样的应用中，视频的录制、传输与观看不是发生在同一时间，这种情况属于非实时多媒体通信。在图 4-29b 中，视频会议中的摄像机连接在服务器上，它传输的视频数据流以帧形式，直接通过服务器与客户机的连接，传送到客户机并在屏幕上显示。如果忽略数据流通过网络所产生的传播延时，那么视频数据流的产生、传输、接收、显示可看作发生在同一时间，这种情况属于实时多媒体通信。

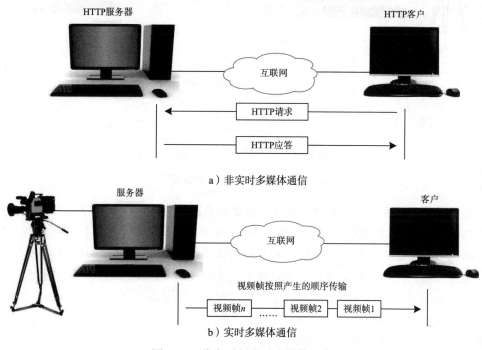

图 4-29 非实时与实时多媒体通信

2. 网络延时与延时抖动

网络多媒体应用与传统的网络应用对传输特性的要求有很大差异。传统的网络应用（例如 Web、E-mail、FTP、Telnet）对传输延时的要求不高，但是对数据传输的正确性要求很高。网络多媒体应用（例如 IP 电视、IP 电话等应用）对网络端 – 端**延时**（Delay）与**延时抖动**（jitter）会很敏感，有些数据在延时之后就不能再使用。延时与抖动如图 4-30 所示。在这个例子中，假定视频服务器产生的直播视频流封装在 3 个报文中。每个报文保留 10s 的视频信息。第一个报文从 00.00.00 开始，传播延时为 1s。在理想状态下，第一个报文在 00.00.11 到达；第二个报文在 00.00.10 发出，在 00.00.21 到达；第三个报文在 00.00.20 发出，在 00.00.31 到达。但是在图中，第一个报文从 00.00.00 开始，在 00.00.11 到达；第二个报文在 00.00.10 发出，在 00.00.28 到达；第三个报文在 00.00.20 发出，在

00.00.42 到达。那么，第一个报文的传播延时为 1s，第二个报文的传播延时为 7s，第三个报文的传播延时为 4s，这种传播延时的不同的情况叫作延时抖动。

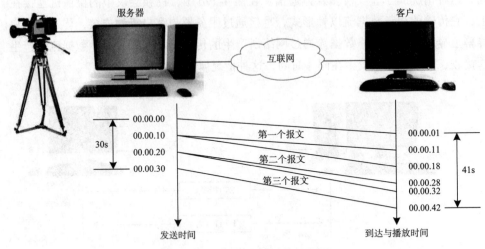

图 4-30　延时与延时抖动示意图

　　对于实时的会话应用，参考人们进行对话时自然应答的时间，网络中的单程传输延时应在 100~500ms 之间，一般为 250ms。在交互式多媒体应用中，系统对用户指令的响应时间也不应太长，一般小于 2 秒。延时抖动将破坏多媒体的同步，从而影响音频和视频的播放质量。例如，数字音频信号间隔的变化会使声音产生断续或变调的感觉。若图像各帧显示时间不同，会使人感到图像停顿或跳动。人耳对声音的变化比较敏感。即使从熟悉的音乐中删掉很小一段（例如 40ms），他也会立刻感觉到。人眼对图像的变化就没有那么敏感。如果在熟悉的视频中间删掉 1 秒钟（无伴音时）长的一段，人们未必能够感觉出来。因此，声音的实时传输对延时抖动的要求比较苛刻。考虑到网络性能与人的敏感度等实际情况，一般对不同应用给出以下的定量指标：对于经压缩的 CD 质量的声音，延时抖动不应超过 100ms；对于 IP 电话的语音信号，延时抖动不应超过 400ms；对于虚拟现实这类对传输延时有严格要求的应用，延迟抖动不应超过 30ms。由于视频一般是图像与音频同步传送，因此需要根据音频考虑对视频信号的传输延时要求：对于已压缩的 HDTV，延时抖动应不超过 50ms；对于已压缩的广播电视，延时抖动应不超过 100ms；对于电视会议应用，延时抖动应不超过 400ms。表 4-4 给出了 IPTV 业务的端 - 端 QoS 要求的具体指标。我们将网络多媒体的特点总结为**延时敏感**（Delay Senstive）与**丢失容忍**（Loss Tolerant）。

表 4-4　IPTV 业务的端 – 端 QoS 要求

业务类型	延时	延时抖动	丢包率	错误率
视频直播	1s	1s	0.01%	0.001%
视频点播	2s	2s	0.01%	0.001%
可视电话	150ms	50ms	0.01%	0.001%
视频会议	150ms	50ms	0.01%	0.001%
网络游戏	200ms	N/A	N/A	N/A

3. 网络多媒体数据的传输方式

网络多媒体应用有两种基本工作方式：一种是**下载后播放**（Download-and-then-Play）方式，另一种是**流媒体**（Streaming Media）的**边下载边播放**（Streaming and Playing）方式。典型的下载后播放应用是 MP3，即从互联网中下载喜欢的歌曲，然后用 MP3 播放器播放。但是，最有挑战性的是流媒体的传输方式。目前，流媒体方式可以进一步分为三类：流式存储视频与音频、流式实况视频与音频、实时交互视频与音频。

（1）流式存储视频与音频

流式存储视频与音频的主要特点是：边下载边播放。目前，很多网站都提供流式存储视频与音频服务。

提供这种视频服务的网站预先将视频节目录好，并存储在服务器中。用户可以根据个人兴趣向服务器提出服务请求。服务器响应时间一般控制在 1 ~ 10s。当服务器接受请求后，用户端开始接收服务器传送的视频数据，经过几秒或十几秒的启动延时即可进行观看。用户端一边播放，一边从服务器接收后续数据，直至完全接收为止。在播出期间，用户可以暂停、倒退、快进或检索视频内容。这种技术称为**流**（Streaming）或流媒体技术。在这种方式下，在播放视频前并不下载整个文件，只将开始部分的内容存入内存，后续数据流随时传送随时播放，因此在开始时会有些延迟。尽管流式存储视频与音频可满足一般用户连续播放视频节目的需求，但是它对端 – 端延时的要求低于实况与交互式的多媒体应用。

（2）流式实况视频与音频

传统的电台通过无线频道广播，例如天津音乐电台的频道是 100.5MHz，采用调频 FM 方式，用户在开车时想听音乐，只要将车载收音机调到 FM、100.5MHz 就可以收听音乐。如果这个时间电台正在播放"敖包相会"这首歌，用户只能听到这首歌曲。同样，我们在家可以用电视机收看不同频道的节目，但存在同一时间所有用户只能观看同一节目的缺点。如果用户想看"2014 年英超第 38 轮曼城对西汉姆的球赛"的直播，可是因为某些原因错过了直播。那么，我们自然会想到：如果能将电台、电视台的实况转播节目"搬到"互联网上，那么球迷或电视剧爱好者就可以在上班的路上或在机场候机时，通过手机、

iPad 或笔记本收听或收看当天球赛的实况转播或热播的电视剧。流式实况视频与音频应用可以实现收听、收看从世界任何角落发出的实况无线广播或电视直播节目的需求。目前，互联网上有数以千计的流式实况视频与音频网站。

由于是"实况"直播音频或视频节目，因此接收端的手机、iPad、笔记本电脑一般不会将接收的音频或视频数据进行本地存储。为了有效进行流式"实况"视频与音频的播放与分发，服务器端通常采取 P2P 或 CDN 方式实现多播，或者采用独立的服务器到客户端的单播流传播方式。流式实况视频与音频应用的实时性要弱于实时交互视频与音频应用。用户从请求传输、播放到播放开始，要容忍最多几十秒的延时。

（3）实时交互视频与音频

典型的实时交互视频与音频应用是 IP 可视电话与网络视频。IP 可视电话使人们在通话时能看到对方图像，它不仅适用于家庭生活，还可以广泛应用于各种商务活动、远程教学、安防监控、医院护理、科学考察等领域。

IP 电话又称为 VoIP（Voice over IP）或 IP phone。理解 IP 电话的概念时，需要注意以下几个问题：

第一，我们一般将 IP 电话理解为采用脉冲编码（PCM）技术将人类通话时的模拟语言信号转变成数字语音信号，然后通过 IP 分组来传输数字语音信号，在接收端将数字语音信号还原成模拟语音信号，从而实现双方的语音交互。这种情况相当于图 4-31a 所示的情况。实际上，市场上已出现了很多 IP 可视电话、网络视频与即时通信类的应用，它们既能实时传输会话双方的语音信号，还能够传输双方的图像与视频信号。

第二，IP 电话可理解为固定电话、手机，以及各种 IP 电话终端设备。通信方式可以是 IP 电话终端、互联网、IP 电话网关、电话交换网与固定电话的连接，如图 4-31b 所示；可以是固定电话、电话交换网、IP 电话网关、互联网、IP 电话网关的连接，如图 4-31c 所示。同时，IP 电话可以理解为固定电话、手机通过互联网、3G/4G 或 PSTN 互联的通信方式。

第三，IP 电话网关实现 IP 网络与电话交换网之间的互联。IP 电话网关有两个作用：一是在电话呼叫阶段与释放阶段完成电话信令的转换；二是在通话过程中实现语音编码标准的转换。

第四，传统电话与 IP 电话在通信质量上差异较大。由于传统电话通过线路连接的电话交换网传输，因此通话质量有保障。IP 电话通过只能提供"尽力而为"服务的 IP 网络传输，因此保证 IP 电话的通信质量是一个大问题。影响 IP 电话通信质量的因素主要有两个：通话双方的端–端延时与延时抖动、语音分组的丢包率。在实际应用中，人们发现：电话通信过程中端–端的延时不能大于 250ms，超过 250ms 就会使通话双方觉得不自然，超过 400ms 就会使通话双方无法忍受。

随着多媒体网络应用的发展，针对网络多媒体的通用、实时交互式应用的传输协议——**实时传输协议**（Real-Transport Protocol，RTP）与**实时传输控制协议**（Real-Transport Control Protocol，RTCP）应运而生。

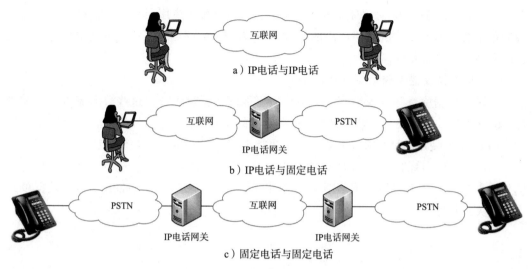

图 4-31　IP 电话的多种连接方式

4.5.2　RTP 协议

1. RTP 协议的特点及与相关协议的关系

RTP 由 IETF 的 AVT 工作组（Audio/Video Transport WG）提出。RFC 3550、RFC 3551 文档定义了 RTP 与 RTCP，之前的 RFC 1889 文档已废止。RTP 协议已成为 Internet 的正式标准，同时也成为 ITU-T 的 H.225.0 标准。

理解 RTP 协议的特点时，需要注意以下几个问题。

（1）RTP 协议运行在 UDP 协议之上

RTP 通常运行在用户空间，它位于 UDP 协议之上。从工作流程来看，由于 RTP 运行在用户空间，并且与应用层协议链接，因此它看上去更像应用层协议。另一方面，它又是一个与具体应用无关的通用协议，它将应用层的多媒体数据封装后，再利用 UDP、IP 及低层协议实现多媒体数据的传输。RTP 封装的多媒体信息可以是 PLC、GSM 与 MP3 音频流，也可以是 MPEG 与 H.263 视频流。

RTP 实际上是一个协议框架，它包含了传输实时应用数据流的共同特性。RTP 仅包含实时多媒体应用的一些共性的功能，它并不对多媒体数据流做任何特殊处理，只是通过与 RTP 协同工作的 RTCP 协议，向应用层提供当前网络条件下尽可能提高服务质量的相关信息。

当应用程序开始一个 RTP 会话时，将使用两个端口：一个用于 RTP，另一个用于 RTCP。同时需要注意的是，与其他应用层协议都是分配一个熟知端口号不同，RTP 会话需要在临时端口号（1025 ~ 65 535 之间）中选择一个未使用的偶数 UDP 端口号。例如，RTP 选择的端口号为 1210，那么属于同一会话的 RTCP 就选择加 1 的奇数端口号，即 1211。因此，从 TCP/IP 协议体系的角度来看，它应该位于应用层之下、UDP 之上，是一种专用于有实时性要求的网络应用的传输层协议。图 4-32 给出了引入 RTP/RTCP 协议之后的网络层次结构模型。

（2）RTP 协议提供端 – 端的传输服务

多媒体数据由音频、视频、文本与其他可能的数据流组成。这些数据流被送到 RTP 库。RTP 库软件按音频、视频、文本数据流之间的关系，将它们压缩编码后复用到 RTP 报文（RFC 3550 使用的是"RTP Packet"），再加上套接字（Socket），通过 UDP 软件封装成一个 UDP 报文。目的主机将接收到的 RTP 报文封装的多媒体数据传送到应用层。应用层的播放器负责播放多媒体数据。图 4-33 给出了 RTP 与 UDP、IP、Ethernet 协议数据单元之间的关系示意图。

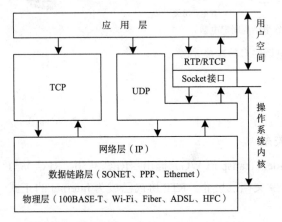

图 4-32 引入 RTP/RTCP 协议之后的网络层次结构模型

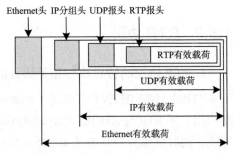

图 4-33 RTP 与 UDP、IP、Ethernet 协议数据单元之间的关系

UDP 报文封装在普通的 IP 分组中传输，传输路径中的所有路由器不会对该分组提供任何特殊的服务。RTP 不强调需要资源预留协议（RSVP）的支持，RTP 为应用层的实时应用提供端 – 端的传输服务，不提供任何 QoS 保证。

2. RTP 协议的结构

RTP 报头结构如图 4-34 所示。

RTP 报头由 12 字节的固定长度报头与可选的分信源标识符组成。长度为 12 字节的固定报头包括以下字段。

（1）版本

版本字段长度为 2 比特，目前使用的是版本 2。

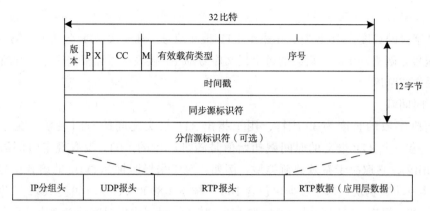

图 4-34　RTP 报头结构

（2）填充（P）

填充（P）字段的长度为 1 比特。在某些特殊情况下，需要对应用层数据进行加密，这就要求每个数据块有确定的长度，必须是 4 字节的整数倍。在有填充字节的情况下，填充位 P=1。在数据部分的最后一个字节值用来表示填充的字节数。

（3）扩展（X）

扩展（X）字段的长度为 1 比特。X=1 表示 RTP 报头之后有扩展报头。实际上，RTP 很少使用扩展报头。

（4）参与源数量

参与源（CSRC Counter，CC）字段的长度为 4 比特。CC 设置为最大值时，表示一次会话最多有 15 个参与源。

（5）标记（M）

标记（M）字段的长度为 1 比特。M=1 表示该 RTP 报文有特殊意义。例如，应用程序可以用该位表示视频流的每帧开始，也可以表示视频流传输结束。

（6）有效载荷类型

有效载荷类型字段的长度为 8 比特。表 4-5 给出了当前已定义的音频与视频类型。

表 4-5　当前已定义的音频与视频类型

有效载荷类型编号	音 / 视频类型	有效载荷类型编号	音 / 视频类型
0	PCMμ 音频	15	G.728 音频
1	1016 音频	26	运动 JPEG 视频
3	GSM 音频	31	H.261 视频
7	LPC 音频	32	MPEG1 视频
9	G.722 音频	33	MPEG2 视频
14	MPEG 音频		

（7）序号

序号字段的长度为 16 比特，用来给 RTP 报文编号。在一次 RTP 会话中，第一个 RTP 报文的编号是随机产生的，后续的每个报文序号加 1。接收端可以根据序号来判断 RTP 报文是否丢失或乱序。

（8）时间戳

时间戳字段的长度为 32 比特，用于指出 RTP 报文之间的时间关系。在一次会话开始时，第一个 RTP 报文的时间戳初始值是随机产生的。RTP 没有规定时间戳的**粒度**（Granularity），它取决于有效载荷类型。例如，对于采样时钟为 8kHz 的语音信号，每隔 20ms 产生一个数据块，每个数据块包含 160 个样本（8000×0.02=160）。那么，发送端每发送一个 RTP 报文，其时间戳的值增加 160。接收端可以根据时间戳来确定还原数据块的时间，以便消除延时抖动。同时，时间戳也可以用于视频应用中的音频与图像同步。

（9）同步源标识符

同步源标识符（Synchronous SouRCe identifier，SSRC）字段的长度为 32 比特，用来表示 RTP 流的来源。如果一次会话中只有一个源端，那么 SSRC 值就表示这个源端。如果存在多个源端，那么混合器就是同步源，而其他源端都是参与源。通过 SSRC 字段可将多个数据流复用在一个 UDP 报文中，或者从一个 UDP 报文中分离出多个数据流。

（10）参与源标识符

参与源标识符（Contributing SouRCe identifier，CCRC）字段的长度为 32 比特，用来标识参与源的源端。从长度为 4 比特的 CC 字段可以知道，一次会话的参与源数量最多为 15 个。

4.5.3　RTCP 协议

1. RTCP 协议与 RTP 协议的关系

源端利用 RTCP 报文同步一次会话中的不同媒体流。例如，在一次视频会议应用中，每一个源端都产生两个独立的媒体流，一个用于传输视频，一个用于传输音频。这时，需要将这些 RTP 报文头中的时间戳与视频、音频采样时钟建立关联。由于源端发出的 RTCP 报文包含与它关联的 RTP 报文流的时间戳与真实时间，因此接收端可以通过 RTCP 报文提供的关联来同步视频与音频的播放。

理解 RTCP 与 RTP 的关系时，需要注意以下几点：

- 实际上，RFC 3550 文档定义了两部分的内容。一部分是用于传输多媒体数据流的协议（RTP），另一部分是实时传输控制协议（RTCP）。
- RTCP 与 RTP 协议是相互配合的关系。RTP 与 RTCP 可以同时在一个多媒体应用中使用，都封装在 UDP 报文中传输。

- RTP 报文的有效载荷中封装音频、视频数据流，而 RTCP 报文不封装任何音频、视频数据流。

2. RTCP 报文类型

表 4-6 给出了 RTCP 报文的类型与功能。RTCP 报头中有一个长度为 8 比特的报文类型字段，不同报文类型字段值表示不同类型的 RTCP 报文。例如，报文类型字段值为 200，表示发送端报告的 RTCP 报文。

表 4-6　RTCP 报文的类型与功能

报文类型字段	英文缩写	功能
200	SR	发送端报告
201	RR	接收端报告
202	SDES	发送端描述报告
203	BYE	结束
204	APP	特定应用

（1）发送端报告（SR）

发送端与接收端的一次会话包含很多 RTP 流。发送端每次发送一个 RTP 流时，就会发送一个 SR 报文。SR 报文包括：

- 发送的 RTP 流的同步源标识符 SSRC。
- 该 RTP 流最新产生的 RTP 报文的时间戳与绝对时间。
- 该 RTP 流包含的报文数。
- 该 RTP 流包含的字节数。

绝对时间对于多媒体传输是非常重要的。在传输一个视频信号时，实际上需要同时传输音频流与图像流。这样，在播放一个视频节目时，通过 RTP 报文的时间戳与绝对时间可实现音频流与图像流的同步。

（2）接收端报告（RR）

接收端每次接收一个 RTP 流时，就会发送一个 RR 报文。RR 报文包括：

- 接收的 RTP 流的同步源标识符 SSRC。
- 该 RTP 流的报文丢失率。
- 该 RTP 流最后一个 RTP 报文的序号。
- 该 RTP 报文到达时间的延时抖动。

接收端可以使用 RTCP 报文，周期性地向发送端反馈与 QoS 相关数据。发送端可以根据 RTCP 报文反馈的信息，了解网络当前的延时与延时抖动、丢包率，以便决定数据传输速率。如果网络通信状态良好，发送端可以动态改变编码算法，以提高多媒体信息的播放质量。例如，如果网络延时、延时抖动与丢包率都很低，发送端可以将语音编码从 MP3 切换到占用更多带宽的 8 位 PCM，或者切换到增量编码方式。这样做可以在当前条件下提供尽可能好的服务质量。

（3）发送端描述报告（SDES）

发送端周期性地通过多播方式发送 SDES 报文，给出了会话参与者的**规范名**（Canonical Name）。规范名是会话参与者电子邮件地址的字符串。

（4）结束（BYE）

结束（BYE）报文用来关闭一个数据流。在视频会议应用中，一个发送端通过结束报文宣布退出这次会议。

（5）特定应用（APP）

特定应用（APP）报文用于应用程序定义一种新的 RTP 报文类型。

3. RTCP 报文的发送周期

对于一个规模比较大的组播应用，RTCP 报文占用的网络带宽可能变得很大。为了防止出现这种现象，所有节点自适应调节自己发送 RTCP 报文的速率，避免 RTCP 报文过多占用网络带宽而影响 RTP 报文传输。在通常情况下，RTCP 报文占用的网络带宽不应超过 5%。如果一个发送端正在以 2Mbps 速率发送视频流，那么该节点的 RTCP 报文占用带宽必须低于 100kbps。在具体的实现中，通常将这个带宽的 75%（75kbps）分配给接收端，剩余 25%（25kbps）留给接收端。如果在多播情况下有 n 个接收端，那么每个接收端用于发送 RTCP 报文的带宽应控制在 75/n（kbps）之内。

参考文献

[1]　RFC739: Assigned Numbers

[2]　RFC768: User Datagram Protocol

[3]　RFC793: Transmission Control Protocol

[4]　RFC813: Window and Acknowledgement Strategy in TCP

[5]　RFC1145: TCP Alternate Checksum Options

[6]　RFC2525: Known TCP Implementation Problems

[7]　RFC2923: TCP Problems with Path MTU Discovery

[8]　RFC3550: RTP: A Transport Protocol for Real-Time Applications

[9]　RFC3493: Basic Socket Interface Extensions for IPv6

[10]　RFC3551: RTP Profile for Audio and Video Conferences with Minimal Control

[11]　RFC3711: The Secure Real-time Transport Protocol (SRTP)

[12]　RFC3828: The Lightweight User Datagram Protocol (UDP-Lite)

[13]　RFC4022: Management Information Base for the Transmission Control Protocol (TCP)

[14]　RFC4113: Management Information Base for the User Datagram Protocol (UDP)

[15]　RFC4838: Delay-Tolerant Networking Architecture

[16]　RFC4961: Symmetric RTP / RTP Control Protocol (RTCP)

[17]　RFC5681: TCP Congestion Control

[18]　RFC5925: The TCP Authentication Option

[19]　RFC6298: Computing TCP's Retransmission Timer

[20]　RFC6928: Increasing TCP's Initial Window

[21]　RFC7242: Delay-Tolerant Networking TCP Convergence-Layer Protocol

[22]　RFC7323: TCP Extensions for High Performance

[23]　RFC7661: Updating TCP to Support Rate-Limited Traffic

[24]　RFC8085: UDP Usage Guidelines

[25]　Kevin R Fall，等 . TCP/IP 详解（卷 1：协议)(第 2 版）[M]. 吴英，等译 . 北京：机械工业出版社，2016.

[26]　Gary R Wright，等 . TCP/IP 详解（卷 2：实现）[M]. 陆雪莹，等译 . 北京：机械工业出版社，2019.

[27]　W Richard Stevens，等 . TCP/IP 详解（卷 3：TCP 事务协议、HTTP、NNTP 和 UNIX 域协议）[M]. 胡谷雨，等译 . 北京：机械工业出版社，2019.

[28]　James Pyles，等 . TCP/IP 协议原理与应用（第 5 版）[M]. 金名，等译 . 北京：清华大学出版社，2018.

[29]　Walter Goralski. 现代 TCP/IP 网络详解 [M]. 黄小红，等译 . 北京：电子工业出版社，2015.

[30]　尹圣雨 . TCP/IP 网络编程 [M]. 金国哲，译 . 北京：人民邮电出版社，2014.

[31]　吴英 . 计算机网络软件编程指导书 [M]. 2 版 . 北京：清华大学出版社，2017.

[32]　黄星河，等 . DTN 体系结构及关键技术研究综述 [J]. 计算机科学，2018，45(12)：19-23.

第5章 ●─○─●─○─●─

应用层协议的研究与发展

在讨论互联网的基本概念、传输网技术、TCP/IP 协议的基础上，本章将讨论互联网应用层协议的分类、主要的应用层协议的特点与应用，并通过分析 Web 应用的实现过程，将应用层与传输层、网络层，以及低层协议的实现方法融会贯通起来，使读者能够更深入地理解互联网的工作原理与协议实现方法。

5.1 互联网应用与应用层协议

5.1.1 应用层的基本概念

1. 应用层在网络层次结构中的位置与作用

图 5-1 给出了应用层在网络层次结构中的位置与作用。

要理解应用层在网络层次结构中的位置与作用，需要注意以下两个问题：

1）应用层处于网络协议结构的最高层，物理层、数据链路层、网络层与传输层为**传输服务提供者**（Transport Service Provider），应用层为**传输服务使用者**（Transport Service User）。

2）应用层使用的是域名，传输层使用的是 TCP 或 UDP 端口号，网络层使用的是 IP 地址，数据链路层使用的是 MAC 硬件地址。网络层及以上使用的是软件地址，网络层以下使用的是硬件地址。软件地址可以通过软件来设置；硬件地址是在网卡出厂时固化在 EPROM 中的，原则上用户是无法改变的。

如果一台笔记本电脑安装了一块 Ethernet 网卡，那么这块网卡的 MAC 地址就是确定和全网唯一的，与该计算机连接在哪个局域网中无关。但是，这台计算机的 IP 地址会随着计算机接入不同网络而改变。联系 IP 地址与 MAC 地址的是地址解析协议（ARP）。

2. 网络应用与应用层协议

网络应用与应用层协议是两个重要的概念。E-mail、FTP、TELNET、Web、IM、IPTV、VoIP，以及基于网络的电子政务、电子商务、远程医疗、网络数据存储等都是不同类型的网络应用。针对不同的网络应用需要制定不同的应用层协议。

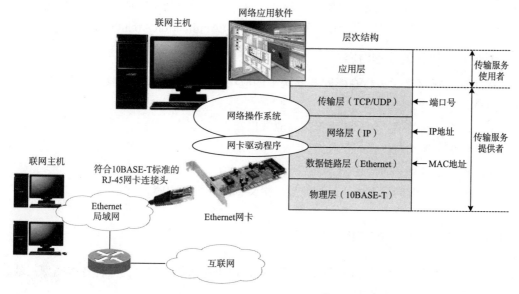

图 5-1　应用层在网络层次结构中的位置与作用示意图

应用层协议规定了实现网络服务功能的应用程序进程之间通信所遵循的通信规则。应用层协议的内容包括：如何构造进程通信的报文、报文应该包括哪些字段、每个字段的意义，以及交互的过程。例如，Web 应用层协议 HTTP 定义了 Web 浏览器与 Web 服务器之间传输的报文格式、会话过程与交互顺序。电子邮件应用层协议（SMTP）定义了邮件服务器之间、邮件服务器与邮件客户端之间传输的报文格式、会话过程与交互顺序；POP3、IMAP4 协议规定了用户从邮箱中读取邮件的过程和方法。

3. 应用程序体系结构的概念

在实际开展一项互联网应用系统设计时，设计者面对的不会是单一的广域网或局域网环境，而是多个由路由器互联起来的局域网、城域网与广域网构成的复杂互联网环境。作为互联网应用系统的一个用户，你可能位于中国天津市南开大学的一个网络研究室的一台计算机前，正在使用位于美国加州洛杉矶 UCLA 大学的一个合作实验室的一台超级并行计算机，合作完成一项大型的分布式计算任务。在设计这种基于互联网的分布式计算软件时，设计者关心的是如何实现协同计算的功能，而不是每条指令或数据以多少字节的长度进行分组，以及通过哪条路径传送到对方。

网络应用系统设计者在设计一种新的网络应用时，只需要考虑如何利用核心交换网所提供的服务，而不必关心核心交换网中的路由器、交换机等低层设备或通信协议软件的实现问题。设计者的注意力只需要集中到运行在多个端系统之上的网络应用系统功能、工作模型设计与应用软件编程上，这就使得网络应用系统的设计过程变得更容易、更规范。这正体现了网络分层结构的基本思想的优越性，也反映出网络技术的成熟。网络应用程序功能、工作模型与协议结构定义为**应用程序体系结构**（Application Architecture）。

4. 应用层协议的基本内容

应用层协议定义了运行在不同端系统上的应用程序进程交换的报文格式与交互过程，它主要包括：

- 交换报文的类型，例如请求报文与应答报文。
- 各种报文格式与包含的字段类型。
- 对每个字段意义的描述。
- 进程在什么时间发送报文、如何发送报文，以及如何响应。

5.1.2 应用层协议的分类

根据在互联网中的作用和提供的服务功能，应用层协议可以分为三种基本类型：基础设施类、网络应用类与网络管理类。

1. 基础设施类

基础设施类的应用层协议主要有两种：

- 支持互联网运行的全局基础设施类应用层协议——域名服务（DNS）。
- 支持各个网络系统运行的局部基础设施类应用层协议——动态主机配置协议（DHCP）。

2. 网络应用类

网络应用类的协议可以分为两类：基于 C/S 工作模式的应用层协议与基于 P2P 工作模式的应用层协议。

（1）基于 C/S 工作模式的应用层协议

基于 C/S 工作模式的应用层协议主要包括：网络终端协议 TELNET、电子邮件服务的简单邮件传输协议（SMTP）与邮局协议（POP）、文件传输服务的 FTP 协议、Web 服务的 HTTP 协议等。

（2）基于 P2P 工作模式的应用层协议

目前，很多 P2P 协议都属于专用应用层协议。P2P 协议可以分为以下几种类型：文件共享 P2P 协议、即时通信 P2P 协议、流媒体 P2P 协议、共享存储 P2P 协议、分布式计算 P2P 协议。

3. 网络管理类

网络管理类的协议主要包括简单网络管理协议（SNMP）。

图 5-2 总结了主要应用层协议的分类。

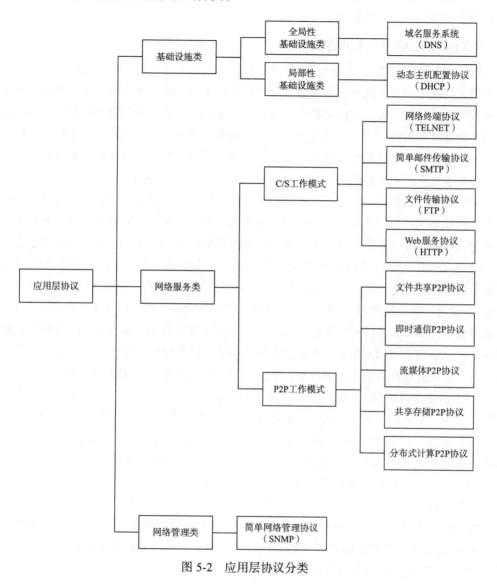

图 5-2　应用层协议分类

5.2　基本的网络应用

5.2.1　远程登录服务与 TELNET 协议

远程登录服务是网络中最早提供的一种基本服务，它要比 TCP/IP 协议的出现早十几年。在研究网络互联技术的初期，人们需要解决的一个重要问题是：用户如何通过一台终端访问互联的另一台主机系统？

1. TELNET 协议产生的背景

TELNET 协议出现在 20 世纪 60 年代后期，那时个人计算机（PC）还没有出现。人们在使用大型或中型计算机时，必须首先通过连接在主机上的一个终端，输入用户名和密码登录成为合法用户之后，才能将软件与数据输入主机，完成科学计算的任务。当用户需要使用多台计算机共同完成一个较大的任务时，则要调用远程计算机资源与本地计算机协同工作。当这些大中型计算机互联之后，需要解决不同型号的计算机之间的差异性，即异构计算机系统之间的互联问题。

异构计算机系统的差异性主要表现为不同厂商生产的计算机在硬件、软件与数据格式不同，这给联网计算机系统之间的互操作带来很大困难。不同计算机系统的差异性主要体现在对终端键盘输入命令的解释上。例如，有的系统用 return 或 enter 作为行结束标志，有的系统用 ASCII 字符的"CR"作为行结束标志，而有的系统用 ASCII 字符的"LF"作为行结束标志。键盘定义的差异给远程登录带来很多问题。在中断一个程序时，有些系统使用"^C"，而另一些系统使用"ESC"键。发现这个问题之后，各个厂商开始研究解决互操作性的方法，例如 Sun 公司制定了远程登录协议 rlogin，但是该协议是专为 BSD UNIX 系统开发的，它只适用于 UNIX 系统，并不能很好地解决不同类型计算机之间的互操作性问题。

为了解决异构计算机系统互联中存在的问题，人们开始研究 TELNET 协议。TELNET 协议引入**网络虚拟终端**（Network Virtual Terminal，NVT）的概念，它提供了一种专门的键盘定义来屏蔽不同计算机系统对键盘输入的差异性，同时定义了客户机与远程服务器之间的交互过程。TELNET 协议的优点是能解决不同类型计算机系统之间的互操作问题。远程登录服务是指用户使用 TELNET 命令，使自己的计算机暂时成为远程计算机的一个仿真终端的过程。在用户成功地实现远程登录之后，就可以像一台与远程计算机直接相连的本地终端一样工作。

TELNET 的名字来源于 1969 年在 ARPANET 雏形上演示的第一个应用程序。1971 年 2 月，定义 TELNET 协议的 RFC 97 文档出现。作为 TELNET 协议标准的 RFC 854"TELNET 协议规定"，最终于 1983 年 5 月完成并公布。

2. 远程登录服务的工作原理

远程登录服务采用典型的 C/S 模式。图 5-3 给出了 TELNET 的工作原理。用户的**实终端**（real terminal）以用户终端格式与本地 TELNET 客户通信，远程计算机采用主机系统格式与 TELNET 服务器通信。在 TELNET 客户进程与 TELNET 服务器进程之间，通过网络虚拟终端标准进行通信。NVT 是一种统一的数据表示方式，以保证不同硬件、软件与数据格式的终端与主机之间通信的兼容性。

图 5-3　TELNET 的工作原理

这里涉及网络虚拟终端的概念。NVT 的概念是在 TELNET 中提出的。TELNET 允许用户使用本地终端访问远程计算机系统的应用程序。但是，在网络环境中，本地终端的操作系统与远程计算机的操作系统可能是异构的。因此，远程计算机操作系统可能不能识别或错误地解释本地终端使用的字符。为了解决这个问题，TELNET 制定了一组 NVT 通用字符集。本地终端键入的字符首先由本地 TELNET 转化成 NVT 格式，通过网络将这些 NVT 格式的字符传输到远程终端，远程 TELNET 再将 NVT 格式转化成远程计算机操作系统能识别的字符格式。

TELNET 客户进程将用户终端发出的本地数据格式转换成标准的 NVT 格式，再通过网络传输到 TELNET 服务器。TELNET 服务器将接收到的 NVT 格式数据转换成主机内部格式数据，再传给主机。互联网上传输的数据都是 NVT 格式。引入网络虚拟终端的概念之后，不同的用户终端与服务器进程将与本地终端格式无关。TELNET 客户与服务器进程完成用户终端格式、主机系统内部格式与标准 NVT 格式之间的转换。

3. 如何使用远程登录

如果要使用 TELNET 功能，需要具备以下两个条件：

- 用户的计算机要有 TELNET 应用软件，例如 Windows 操作系统所提供的 TELNET 客户程序。
- 用户在远程计算机上有自己的用户账户（包括用户名与密码），或者该远程计算机提供公开的用户账户。

用户使用 TELNET 命令进行远程登录时，首先在 TELNET 命令中给出对方计算机的主机名或 IP 地址，然后根据对方系统的询问，正确键入自己的用户名与密码。有时还要根据对方的要求，回答自己所使用的仿真终端的类型。互联网有很多信息服务机构提供开放式的远程登录服务，登录到这样的计算机时，不需要事先设置用户账户，使用公开的用户名就可以进入系统。

用户可以使用 TELNET 命令，使自己的计算机暂时成为远程计算机的一个仿真终端。一旦用户成功地实现远程登录，就可以像远程计算机的本地终端一样工作，使用远程计算机对外开放的全部资源，例如硬件、程序、操作系统、应用软件及信息，这个过程对于用户是透明的。因此，TELNET 又被称为终端仿真协议。

TELNET 已成为 TCP/IP 协议集中的一个基本协议，同时也是最重要的协议。虽然当今互联网用户从来没有直接调用 TELNET 协议，但是 E-mail、FTP 与 Web 服务都是建立在 TELNET 的 NVT 概念与技术的基础上。

5.2.2 电子邮件服务与 SMTP 协议

1. E-mail 服务的发展过程

电子邮件（E-mail）服务是目前互联网上使用最广泛的一类服务，它为互联网用户之间发送和接收消息提供了一种快捷、廉价的现代化通信手段。现在，电子邮件系统不但可以传输各种格式的文本信息，而且可以传输图像、语音、视频等多种信息，从而使电子邮件成为多媒体信息传输的重要手段之一。

初期的电子邮件协议是 ARPANET 课题的研究内容之一。第一个关于电子邮件的文档 RFC 196 在 1971 年公布，它描述了邮件传输的基本方法。1982 年，简单邮件传输协议（SMTP）的正式标准 RFC 821、RFC 822 发布。SMTP 协议只能传输 7 位 ASCII 码格式的邮件，不支持那些非 NVT ASCII 格式的语种，例如中文、法文、德文、俄文等。同时，它也不支持语音、视频数据。1993 年，**通用互联网邮件扩展**（Multipurpose Internet Mail Extensions，MIME）出现。1996 年，RFC 2045 ~ 2049 定义了 MIME 草案标准。MIME 在邮件头部说明了邮件类型，包括文本、图像、语音或视频。

最早描述 SMTP 协议的 RFC 788 文档在 1981 年公布，描述 POP3 协议的 RFC 1081 文档在 1988 年公布。2001 年，SMTP 标准 RFC 821、RFC 822 经过修改后形成新的文档 RFC 2821 与 RFC 2822。

2. E-mail 系统设计思想与协议特点

电子邮件系统分为两部分：邮件服务器与邮件客户端。在邮件服务器端，包括用来发送邮件的 SMTP 服务器，接收邮件的 POP3 服务器或 IMAP 服务器，以及用来存储电子邮件的电子邮箱；在邮件客户端，包括用来发送邮件的 SMTP 代理，接收邮件的 POP3 代理或 IMAP 代理，以及为用户提供管理界面的接口程序。

邮件客户端使用 SMTP 向邮件服务器发送邮件，使用 POP3 或 IMAP 从邮件服务器中接收邮件。至于使用哪种协议接收邮件，取决于邮件服务器与客户端支持的协议，大多数邮件服务器与客户端程序支持 POP3 协议。

SMTP 命令和应答分别由一系列字符以及一个表示报文结束的回车换行符（CRLF）组成。SMTP 客户端向邮件服务器发送邮件之前，首先需要建立一条 TCP 连接。在 TCP 连接建立之后，依次进入建立 SMTP 会话、发送邮件与释放 SMTP 会话的阶段。图 5-4 给出了使用 SMTP 协议发送邮件的过程。

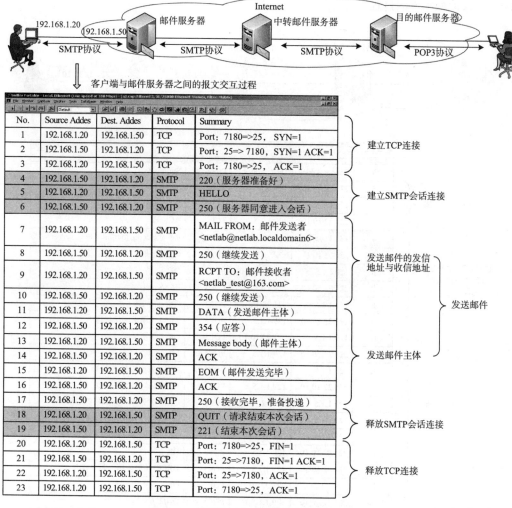

图 5-4　使用 SMTP 协议发送邮件的过程

　　SMTP 的局限性表现在只能发送 ASCII 码格式的报文，不支持中文、法语、德语等，也不支持图像、语音、视频数据。MIME 是一种辅助性协议，它不是一个邮件传输协议，只是对 SMTP 的补充。MIME 使用网络虚拟终端（NVT）标准，允许非 ASCII 码数据通过 SMTP 传输。

　　邮件交付阶段并不使用 SMTP 协议，其主要原因是：在发送端，SMTP 采取"推"（push）方式，将邮件报文"推"到服务器。在接收端，如果仍然采取"推"方式，那么无论接收方愿意不愿意，邮件都会被"推"过来。如果改变工作方式，采取"拉"（pull）方式，在接收方愿意收取邮件报文时才启动接收过程，那么邮件必须存储在服务器的邮箱中，直到收信人读取邮件为止。因此，邮件交付阶段采用 POP3 或 IMAP4 协议。图 5-5 给出了使用

POP3 协议读取邮件的过程。

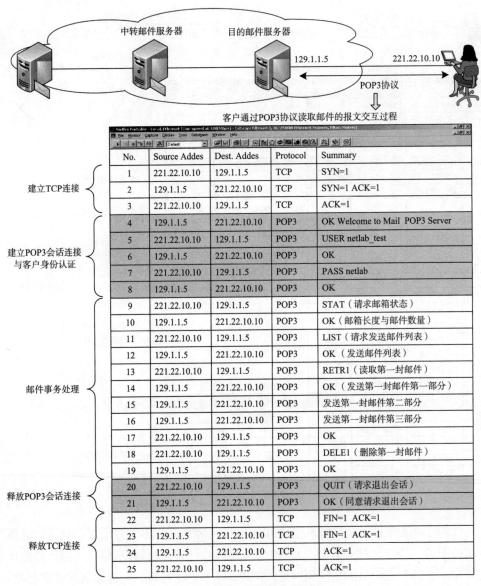

图 5-5 使用 POP3 协议读取邮件的过程

20 世纪 90 年代中期，Hotmail 开发了基于 Web 的电子邮件系统。目前，几乎每个门户网站以及大学、公司网站都提供基于 Web 的电子邮件服务，越来越多的用户使用 Web 浏览器来收发电子邮件。在基于 Web 的电子邮件应用中，客户代理就是 Web 浏览器，客户与远程邮箱之间的通信使用 HTTP 协议，而不是 POP3 或 IMAP 协议。邮件服务器之间的通信仍然使用 SMTP 协议。

5.3 基于 Web 的网络应用

5.3.1 Web 应用的基本概念

1. 支持 Web 服务的关键技术

Web 服务又称为 WWW（World Wide Web）服务，它的出现是互联网应用技术发展中的一个里程碑。Web 服务是互联网中最方便、最受欢迎的服务类型，它的影响力已远超出专业技术的范畴，并进入电子商务、远程教育、远程医疗与信息服务等领域。

支持 Web 服务的 3 个关键技术是：

- **超文本传输协议**（Hyper Text Transfer Protocol，HTTP）
- **超文本标记语言**（Hyper Text Markup Language，HTML）
- **统一资源定位符**（Uniform Resource Locator，URL）

图 5-6 给出了支持 Web 服务的主要技术。其中，HTTP 协议是 Web 服务的应用层协议，它是超文本文档在 Web 浏览器与 Web 服务器之间传输的协议。HTML 是定义超文本文档的文本语言。HTML 给常规的文档增加标记（Tag），使一个文档可以链接到另一个文档；允许文档中有特殊的数据格式，同时可以将不同媒体类型结合在一个文档中。URL 用来标识和定位 Web 中的资源，便于用户查找。

图 5-6 支持 Web 服务的主要技术

2. 主页的概念

主页（Home Page）是一种特殊的 Web 页面，通常是指包含个人或机构基本信息的页面，用于对个人或机构进行综合性介绍，是访问个人或机构详细信息的入口。主页一般包含以下基本元素。

- **文本**（Text）：文字信息。
- **图像**（Image）：GIF 与 JPEG 图像格式。
- **表格**（Table）：类似于 Word 的字符型表格。
- **超链接**（Hyperlink）：用于与其他主页的链接。

3. URL 的基本概念

互联网中能够被访问的资源必须用一种标准的方法来标识。互联网资源指的是任何对象，包括目录、文件、图像、语音、视频，以及电子邮件的地址、USENET 新闻组中的文档等。在讨论互联网中的资源标识方法时，经常会看到两个术语：**统一资源标识符**（Uniform

Resource Identifier，URI）与**统一资源定位符**（Uniform Resource Locator，URL）。

RFC 2396、RFC 3986 定义了用字符串标识某个互联网资源的统一资源标识符。典型的 URI 结构如图 5-7 所示，它包括协议类型、用户登录信息、服务器地址、服务器端口号、文件路径、查询字符串与片段标识符等必要的信息。

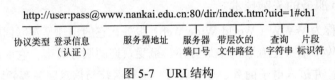

图 5-7   URI 结构

RFC 1738 与 RFC 1808 对统一资源定位符（URL）做了详细描述。URL 是对互联网资源的位置和访问方法的标识。标准的 URL 由 3 部分组成：协议类型、主机名、路径及文件名（如图 5-8 所示）。

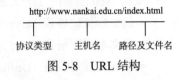

图 5-8   URL 结构

其中，"http:"指出使用的协议类型，"www. nankai.edu.cn"指出要访问的服务器的主机名，"index.html"指出要访问的主页的路径与文件名。除了用于 Web 服务之外，URL 还可用于其他协议、服务器与文档。例如：

- telnet://cs.nankai.edu.cn
- telnet://192.0.2.16:80
- news:camp.infosystem.www.servers.unix
- ftp://ftp.pku.edu.cn/pub/dos/readme.txt
- file://linux001.nankai.edu.cn/pub/gif/wu.gif

通过以上分析可以看出，URL 标识的是资源在互联网中的位置，它是 URI 的子集。因此，经常用 URL 替代 URI。

5.3.2   HTTP 协议

1. HTTP 协议的基本特点

HTTP 是 Web 浏览器与服务器交换请求与应答报文的通信协议。研究 Web 服务必须首先了解 HTTP 协议的一些特性。

（1）无状态协议

HTTP 在传输层使用的是 TCP 协议。如果 Web 浏览器想访问一个 Web 服务器，那么客户端的 Web 浏览器就需要与 Web 服务器建立一个 TCP 连接。浏览器与服务器通过 TCP 连接来发送、接收 HTTP 请求与应答报文。考虑到 Web 服务器可能同时要处理很多浏览器的并发访问，为了提高 Web 服务器的并发处理能力，协议设计者规定 Web 服务器在接收到浏览器的 HTTP 请求并返回应答报文之后，不保存有关 Web 浏览器的任何信息。即使是同一 Web 浏览器在几秒内两次访问同一 Web 服务器，它也必须要分别建立两次 TCP 连接。因此，HTTP 协议属于一种**无状态协议**（Stateless Protocol）。Web 服务器总是打开的，随时准备接收大量浏览器的服务请求。

（2）非持续连接与持续连接

如果客户需要向服务器发出多个服务请求报文，而服务器需要对每个请求报文进行应答，那么，需要单独为每个客户与服务器的请求报文与应答报文建立一个 TCP 连接，称为**非持续连接**（Nonpersistent Connection）；所有客户与服务器的请求报文与应答报文都可通过一个 TCP 连接来完成时，称为**持续连接**（Persistent Connection）。HTTP 既可以使用非持续连接，也可以使用持续连接。HTTP1.0 的默认状态是非持续连接，HTTP1.1 的默认状态是持续连接。

Web 页面是由对象组成的。**对象**（Object）就是文件，例如 HTML 文件、JPEG 图像文件、Java 程序、语音文件等都是对象，它们都可以通过 URL 来寻址。如果一个网页包括 1 个基本 HTML 文件和 10 个 JPEG 图像文件，那么这个 Web 页面由 11 个对象组成。

在非持续连接中，对每次请求与响应都要建立一次 TCP 连接。如果一个网页包括 11 个对象，并且都保存在同一服务器中，那么，在非持续连接状态下，用户访问该网页时要分别为请求 11 个对象建立 11 个 TCP 连接。非持续连接的缺点是：必须为每个请求对象建立和维护一个新的 TCP 连接。对于每个这样的连接，客户端与服务器都需要设定缓冲区及其他一些变量。因此，服务器在处理大量客户进程请求时负担很重。图 5-9 给出了客户机（212.1.1.20）通过 HTTP1.0 协议访问 Web 服务器（119.2.5.25）的过程。

在图 5-9 中，报文 1 ～ 3 说明客户端与 Web 服务器在 IP 地址 212.1.1.20 与 119.2.5.25（端口号分别为 1370 与 80）之间建立 TCP 连接。报文 4 是客户端用"GET/HTTP1.0"发出读 Web 主页的请求报文。报文 5 是服务器向客户端发送主页的内容。需要注意的是：

- 报文 6 ～ 8 说明客户端与 Web 服务器在 IP 地址 212.1.1.20 与 119.2.5.25（端口号分别为 1371 与 80）之间建立 TCP 连接。
- 报文 9 是客户端用"GET/HTTP1.0"发出读"sylogo1.gif"图像文件的请求报文。报文 10 是服务器向客户端发送 sylogo1.gif 图像文件的内容。客户端请求不同对象时，需要为每个对象分别建立 TCP 连接。

图中出现的端口号 1372 与 80、1373 与 80 建立 TCP 连接之后，分别是客户端用于请求读取"arr.gif"与"bdsug.js"文件。

从这个例子可以看出，HTTP1.0 的默认状态是非持续连接，需要为每个请求对象建立和维护一个新的 TCP 连接。

在持续连接方式中，服务器在发出响应后保持该 TCP 连接，在相同客户端与服务器之间的后续报文都通过该连接传送。

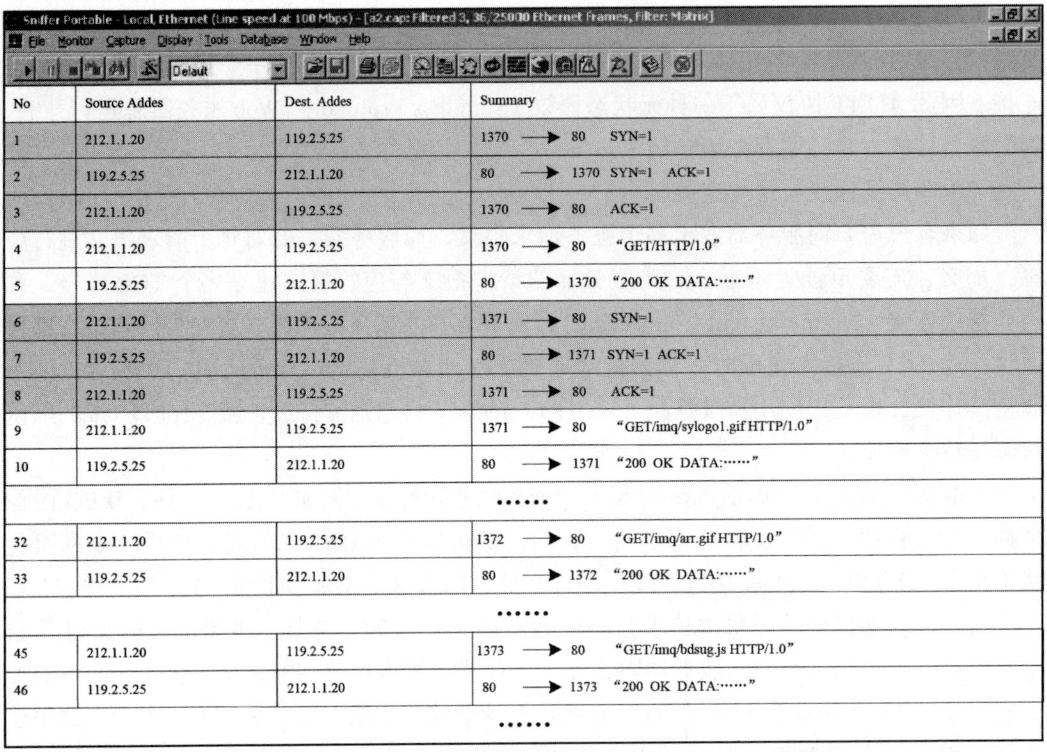

No	Source Addes	Dest. Addes	Summary
1	212.1.1.20	119.2.5.25	1370 ➞ 80 SYN=1
2	119.2.5.25	212.1.1.20	80 ➞ 1370 SYN=1 ACK=1
3	212.1.1.20	119.2.5.25	1370 ➞ 80 ACK=1
4	212.1.1.20	119.2.5.25	1370 ➞ 80 "GET/HTTP/1.0"
5	119.2.5.25	212.1.1.20	80 ➞ 1370 "200 OK DATA:……"
6	212.1.1.20	119.2.5.25	1371 ➞ 80 SYN=1
7	119.2.5.25	212.1.1.20	80 ➞ 1371 SYN=1 ACK=1
8	212.1.1.20	119.2.5.25	1371 ➞ 80 ACK=1
9	212.1.1.20	119.2.5.25	1371 ➞ 80 "GET/imq/sylogo1.gif HTTP/1.0"
10	119.2.5.25	212.1.1.20	80 ➞ 1371 "200 OK DATA:……"
			······
32	212.1.1.20	119.2.5.25	1372 ➞ 80 "GET/imq/arr.gif HTTP/1.0"
33	119.2.5.25	212.1.1.20	80 ➞ 1372 "200 OK DATA:……"
			······
45	212.1.1.20	119.2.5.25	1373 ➞ 80 "GET/imq/bdsug.js HTTP/1.0"
46	119.2.5.25	212.1.1.20	80 ➞ 1373 "200 OK DATA:……"
			······

图 5-9   客户端通过 HTTP1.0 协议访问 Web 服务器的过程

如果一个网页包括 1 个基本的 HTML 文件和 10 个 JPEG 图像文件,则所有请求与应答报文都通过这个连接来传送。

图 5-10 给出了客户机(212.1.1.20)通过 HTTP1.1 协议访问 Web 服务器(119.2.5.25)的过程。

从图 5-10 可以看出,在持续连接方式中,在客户端(1370)与服务器(80)之间建立的一个 TCP 连接上,客户端可以连续请求多个对象。

(3)非流水线与流水线

持续连接有两种工作方式:**非流水线**(Without Pipelining)与**流水线**(Pipelining)。

非流水线方式的特点是:客户端只有在接收到前一个响应后才能发出新的请求。这样,客户端每访问一个对象要花费 1 个 RTT。这时,服务器每发送一个对象之后,需要等待下一个请求到来,连接处于空闲状态,浪费了服务器的资源。

流水线方式的特点是:客户端没有收到前一个响应,也能够发出新的请求。客户端的请求可以像流水线作业一样,连续地发送到服务器,服务器可以连续发送应答报文。使用流水线方式的客户端访问所有的对象只需花费 1 个 RTT。因此,流水线方式可以减少 TCP 连接的空闲时间,提高下载 Web 文档的效率。HTTP1.1 的默认状态是持续连接的流水线方式。

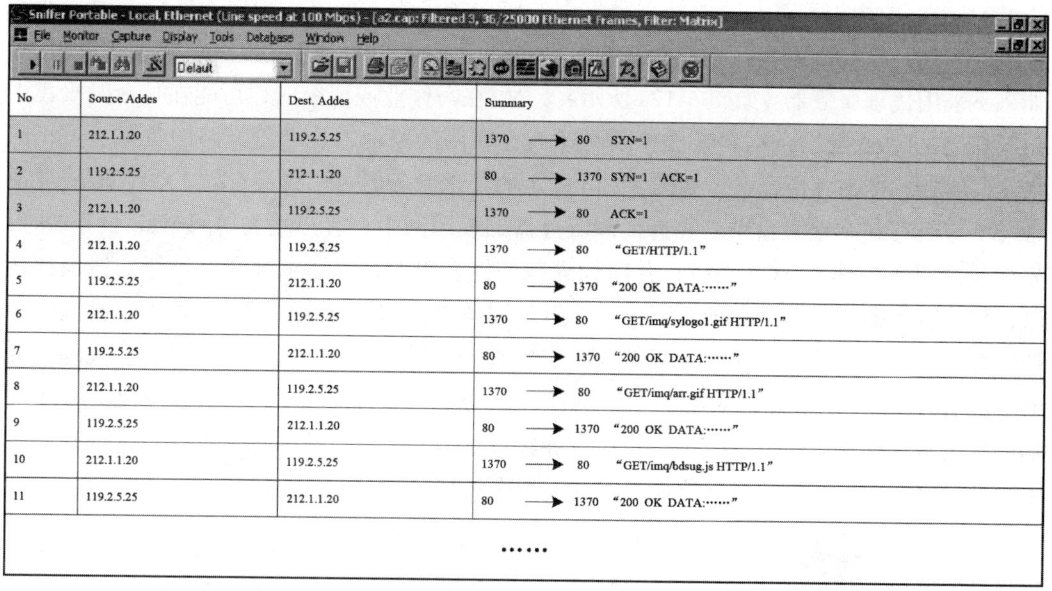

Sniffer Portable - Local, Ethernet (Line speed at 100 Mbps) - [a2.cap: Filtered 3, 36/25000 Ethernet Frames, Filter: Matrix]

No	Source Addes	Dest. Addes	Summary
1	212.1.1.20	119.2.5.25	1370 ⟶ 80 SYN=1
2	119.2.5.25	212.1.1.20	80 ⟶ 1370 SYN=1 ACK=1
3	212.1.1.20	119.2.5.25	1370 ⟶ 80 ACK=1
4	212.1.1.20	119.2.5.25	1370 ⟶ 80 "GET/HTTP/1.1"
5	119.2.5.25	212.1.1.20	80 ⟶ 1370 "200 OK DATA:……"
6	212.1.1.20	119.2.5.25	1370 ⟶ 80 "GET/imq/sylogo1.gif HTTP/1.1"
7	119.2.5.25	212.1.1.20	80 ⟶ 1370 "200 OK DATA:……"
8	212.1.1.20	119.2.5.25	1370 ⟶ 80 "GET/imq/arr.gif HTTP/1.1"
9	119.2.5.25	212.1.1.20	80 ⟶ 1370 "200 OK DATA:……"
10	212.1.1.20	119.2.5.25	1370 ⟶ 80 "GET/imq/bdsug.js HTTP/1.1"
11	119.2.5.25	212.1.1.20	80 ⟶ 1370 "200 OK DATA:……"

……

图 5-10　客户端通过 HTTP1.1 协议访问 Web 服务器的过程

（4）用单台虚拟主机实现多个域名

HTTP1.1 协议允许一台 HTTP 服务器搭建多个 Web 站点。这样，提供 Web **服务器托管服务**（Web hosting service）的服务商就可以在一台服务器上采用**虚拟主机**（virtual host）技术为多个希望托管 Web 服务器的客户提供服务（如图 5-11 所示）。

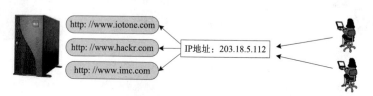

图 5-11　在一台 HTTP 服务器上搭建多个 Web 站点

如果这台服务器只用一块网卡接入网络，它只有一个 IP 地址，那么用户在互联网上解析图中的 3 个域名时，对应的 IP 地址是相同的。因此，在发送 HTTP 请求时，必须在 Host 首部使用完整指定主机名或域名的 URI。

（5）代理服务器

在 HTTP 通信中，除了客户端与服务器之外，还有一些用于通信数据转发的应用程序与设备，例如代理服务器、网关与隧道。

"代理"是一种具有转发功能的应用程序，它在客户与服务器之间扮演着中间人的角色。**代理服务器**（Proxy Server）是一种网络服务器，它又称为 **Web 高速缓存**（Web Cache）。在一些访问 Web 服务器相对集中的应用场景中，引入代理服务器后的效果非常明显。例如，在校园网中，相同专业的学生在阅读参考文献时访问的 Web 网站相对集中。如果不采用代理服务器（如图 5-12a 所示），学生在写作业或研究时，可能在某个时段集中访问相同的 Web 网站，从而造成校园网接入互联网的路由器、通信链路的负荷过重，网络延时增加。在这种情况下，如图 5-12b 所示的代理服务器可以将最近的一些 Web 服务请求与响应暂存在本地磁盘中。在有代理服务器的校园网中，客户端要访问 Web 服务器时，先与代理服务器建立 TCP 连接，并向代理服务器发出 HTTP 请求报文。当新的请求到达时，代理服务器首先检查本地缓存中是否有相同请求。如果有，代理服务器可以直接从本地缓存中返回响应信息，这样可以减少响应延时，减轻了网络负荷。如果没有，代理服务器代表客户端与 Web 服务器建立 TCP 连接，发送 HTTP 请求报文。Web 服务器将 HTTP 响应报文发送给代理服务器，由代理服务器转发给客户端。这样做的好处是将大部分通信限制在校园网内，减轻了网络负荷，减少了响应延时。

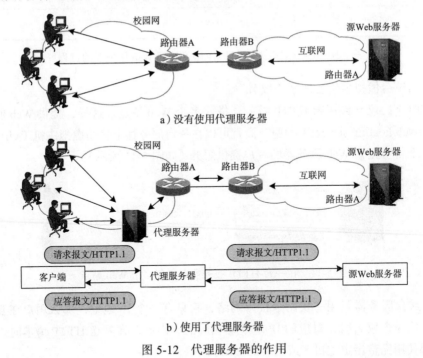

a）没有使用代理服务器

b）使用了代理服务器

图 5-12　代理服务器的作用

代理服务器有两种基本类型：一是**缓存代理**（Caching Proxy），二是**透明代理**（Transparent Proxy）。

缓存代理在代理转发响应报文时，将资源的副本缓存在代理服务器上，当再次接收到客户端对相同资源的请求时，不必从源服务器获取资源，而是将事先缓存的资源作为响应返回给客户端。除了代理服务器可以缓存资源副本之外，客户端也可以缓存资源副本。如果用户发出相同的服务请求，客户端可以直接从本地磁盘中读取。需要注意的是，缓存资源存在时效性问题。代理服务器或客户端需要在缓存有效期到期时，向源服务器确认资源是否仍然有效。如果失效，则立即更新资源。

透明代理在转发请求与响应时不对报文做任何修改，对报文内容进行修改的代理称为非透明代理。

2. HTTP 报文格式

（1）HTTP 报文的基本概念

HTTP 是一种使用简单的请求报文与应答报文交互的协议。RFC 2616 文档对 HTTP 请求报文与应答报文做了详细定义。图 5-13 给出了 HTTP 请求与应答的工作过程。

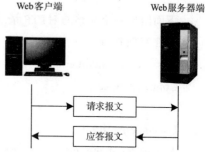

图 5-13　HTTP 请求与应答的工作过程

HTTP 请求报文与应答报文的格式如图 5-14 所示。

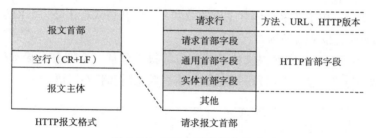

图 5-14　HTTP 请求报文格式

（2）HTTP 请求报文结构

Web 浏览器向 Web 服务器发送请求报文。请求报文可能包括用户的某些请求，例如请求显示图像与文本信息，下载可执行程序、语音或视频文件等。

Web 浏览器发送请求报文的意图在于查询一个 Web 页面的可用性，并从 Web 服务器中读取该页面。请求报文由 4 部分组成：**请求行**（Request Line）、**报头**（Header）、**空行**（Blank Line）和**正文**（Body）。其中，空行用"CR+LF"表示，表示报头部分结束。正文部分可以是空的，也可以包含要传送给服务器的数据。

请求行是请求报文中的重要组成部分，它包括三个字段：方法、URL 与 HTTP 版本。**方法**（Method）是面向对象技术中常用的术语，在这里用于表示浏览器发送给服务器的操作请求，服务器必须按照这些请求为客户提供服务。表 5-1 给出了 HTTP 请求的"方法"。绝大部分的 HTTP 请求报文都使用 GET 方法。

表 5-1　HTTP 请求的方法

方法（操作）	意义	方法（操作）	意义
OPTION	请求一些选项的内容	PUT	在指明的 URL 之下存储一个文档
GET	请求读取由 URL 标识的信息	DELETE	删除由 URL 标识的信息
HEAD	请求读取由 URL 标识的信息的首部	TRACE	请求环回测试
POST	给服务器添加信息（如注释）	CONNECT	用于代理服务器

下面给出一个完整的 HTTP 请求报文的例子：

GET HTTP1.1　　　　　　　　　— 请求行，方法与版本号 HTTP 1.1

Host: www.nankai.edu.cn　　　— 请求首部的开始，主机域名

Connect: close　　　　　　　 — 浏览器通知服务器不使用持续连接，服务器发送完请
　　　　　　　　　　　　　　　　求的对象之后就断开连接

User-agent: IE9　　　　　　　 — 通用首部的开始，客户端使用的浏览器版本是 IE9

Accept-language: cn　　　　　 — 客户端希望优先得到资源的中文版

（空行）

需要注意的是：由于请求首部有主机的域名，因此在请求行中略去 URL。

（3）HTTP 应答报文的结构

图 5-15 给出了 HTTP 应答报文的结构。应答报文包括三个部分：状态行、报头与正文。其中，状态行又包括三个字段：HTTP 版本、状态码和状态短语。

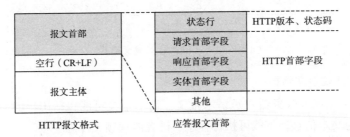

图 5-15　HTTP 应答报文结构

表 5-2 给出了 HTTP 应答报文的状态码类别及原因短语。

表 5-2　HTTP 状态码

状态码	类别	原因短语
1XX	Informational（信息性状态码）	正在处理接收的请求
2XX	Success（成功状态码）	接收的请求正常处理完毕
3XX	Redirection（重定向状态码）	需要增加附加操作以完成请求
4XX	Client Error（客户端错误状态码）	服务器无法处理请求
5XX	Server Error（服务器错误状态码）	服务器处理请求出错

理解 HTTP 状态码时，需要注意以下几点。早在 RFC 2616 中就定义了 40 种 HTTP 状态码，加上 RFC 4918、RFC 5842 在"基于 Web 的分布式创作与版本控制 WebDAV"，以及 RFC 6585 中"附加 HTTP 状态码"文档中增加的部分，HTTP 状态码多达 60 多种，但是常用的大约是 14 种（如表 5-3 所示）。

表 5-3　常用的 14 种 HTTP 状态码

状态码类型	状态码	意义
2XX	200 OK	服务器正确地处理了客户端的请求
	204 No Content	服务器已经处理了客户端的请求，但是没有资源可返回，浏览器的页面不发生更新
	206 Partial Content	服务器已经处理了客户端 GET 请求，响应报文包含 GET 请求中 Content-Range 指定的内容
3XX	301 Moved Permanently	永久重定向状态码表示请求的资源已经被分配新的 URI，以后应使用新的 URI
	302 Found	临时重定向状态码表示请求的资源已经被分配新的 URI，本次能使用新的 URI
	303 See Other	请求的资源的 URI 已经更新，应使用 GET 方法定向获取资源
	304 Not Modified	客户端发出附带条件的请求，服务器允许访问，但是未能满足条件
	307 Temporary Redirect	临时重定向状态码，与 302 意义相同
4XX	400 Bad Request	请求报文存在语法错误
	401 Unauthorized	发送的请求需要通过 HTTP 认证，如之前已经发出 1 次请求则表示用户认证失败
	403 Forbidden	对请求资源的访问被服务器拒绝
	404 Found	服务器无法找到请求服务的资源
5XX	500 Internal Server Error	服务器端在执行请求时发生错误
	503 Service Unavailable	服务器暂时处于超负载或正在进行停机维护，现在无法处理请求

下面给出一个完整的 HTTP 应答报文的例子：

HTTP1.1 200 OK　　　　　　——状态行，版本号 HTTP 1.1 与结果

Data: Thu,6,Jul 2019 16:58:25　——应答时间

Server: www.nankai.edu.cn　　——服务器名

Connection: close　　　　　——当前状态：断开连接

Content-Type: text/html　　——数据内容

（空行）

〈html〉　　　　　　　　　——HTML 数据（数据本身）

3. 在 Web 服务器中存放用户信息

为了提高 Web 服务器对浏览器发出访问请求的并发处理能力，HTTP 协议被设计成一种无状态协议。但是，在实际的应用中，例如，在网上购物过程中顾客不断浏览商品，将

选择好的商品放到"购物车"中,然后一次性完成支付。在这种情况下,如果 HTTP 协议不能记忆顾客的身份,每将一件商品放入购物车都重新建立 TCP 连接,那么网上购物系统的工作效率就太低了。为了解决这个问题,研究人员提出了客户端与 Web 服务器之间传递状态信息的 Cookie 机制,并且在互联网中广泛应用。Cookie 主要具有三方面的功能:

- **会话状态管理**:例如用户登录状态、购物车、游戏分数或其他需记录的信息。
- **个性化设置管理**:例如用户自定义设置、主题等。
- **浏览器行为跟踪**:例如跟踪与分析用户行为等。

如图 5-16 所示,当一位用户使用浏览器访问某个使用 Cookie 的网站,该网站的服务器给这个用户分配一个唯一的"识别码",并以此为索引在服务器后端产生一项记录。服务器发送的响应报文中增加一个"Set-cookie"首部行,其中包括分配给该用户的"识别码"(图中的 id=45320)。浏览器接收到响应报文时,在管理 Cookie 的文本文件中添加一个该用户的"识别码"。当这位用户继续访问服务器时,每发送一个 HTTP 请求报文,浏览器就在请求报文中 Cookie 首部行中添加"识别码"。服务器根据"识别码"来识别用户身份,并跟踪和分析用户访问服务器的行为,根据该用户在网站浏览、购买商品的信息,分析用户需求,主动向用户推送可能感兴趣的其他商品信息。

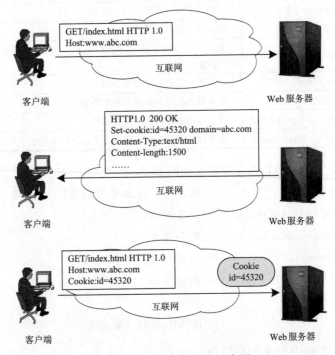

图 5-16 Cookie 作用的示意图

Cookie 由服务器端生成,发送给 User-Agent(一般是浏览器)。浏览器会将 Cookie 值保存到某个目录的文本文件中，下次请求同一网站时向服务器发送该 Cookie。Cookie 名称和值可以由服务器端开发自定义。理解 Cookie 机制时，需要注意以下几个问题：

第一，Cookie 是 1993 年由网景公司提出的，1994 年正式应用于网景浏览器。此后，RFC 2019、RFC 2965 对 Cookie 进行了定义。2014 年 3 月，RFC 6265 重新定义了 Cookie。

第二，Cookie 一度用于客户端数据存储，因为当时没有其他更合适的存储办法。但是，随着浏览器技术的发展，出现了各种存储方式，Cookie 逐渐被淘汰。尤其是在移动环境下，Cookie 会带来额外的性能开销。新的浏览器 API 已经允许开发者将数据直接存储在本地，例如使用 Web Storage API 或 IndexedDB。

第三，会话跟踪是 Web 程序中的常用技术，包括 Cookie、Session 等。Cookie 通过在客户端记录信息确定用户身份，也可以在客户端保存临时数据。网站个性化是 Cookie 最有益的用途之一。但是，Cookie 可能引起跨域脚本攻击等，并且会带来一定的隐私保护问题。用户可以改变浏览器的设置，决定使用或者禁用 Cookie。

5.3.3　超文本标记语言 HTML

1. HTML 常用的标记

超文本标记语言（HTML）是用于创建网页的语言。"标记语言"这个名词是从图书出版技术中借鉴来的。在书籍的出版过程中，编辑在阅读稿件和排版过程中要做很多记号，这些记号可以告诉排版人员如何处理正文的印刷要求。在书籍的编辑过程中，已经有很多的行业规矩。创建网页的语言也采用了这样的思想。

图 5-17 给出了一个 HTML 标记的例子，其功能是在浏览器中使 "A set of layers and protocol is called a **network architecture**" 中的 "**network architecture**" 用粗体字显示。

在文档中可以嵌入 HTML 的格式化指令。任何 Web 浏览器都能读出这些指令，并根据指令的要求进行显示。Web 文档不使用普通的文字处理软件的格式化方法，这是由于不同的文字处理软件的格式化采

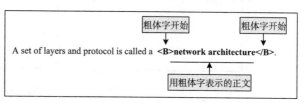

图 5-17　HTML 标记的例子

用的技术不同。例如，在 Macintosh 计算机上创建格式化文档，并存储在 Web 服务器中，那么另一个使用 IBM 计算机的用户就无法读出它。在 HTML 正文与格式化指令中都只使用 ASCII 字符。这样，使用 HTML 语言创建的网页就能在所有计算机上被正确读取和显示。表 5-4 给出了常用的 HTML 标记。

表 5-4　常用的 HTML 标记

开始标记	结束标记	意义
<HTML>	</HTML>	定义 HTML 文档
<HEAD>	</HEAD>	定义 HTML 文档的报头
<BODY>	</BODY>	定义 HTML 文档的正文
<TITLE>	</TITLE>	定义 HTML 文档的标题
<B>	</B>	粗体
<I>	</I>	斜体
<U>	</U >	加下划线
<CENTER>	</CENTER>	居中
<IMG>	</IMG>	定义图像
<A>	</A>	定义地址
<APPLET>	</APPLET>	定义小应用程序

Web 文档是由 HTML 元素相互嵌套而成的，如果将所有元素按嵌套的层次连成一棵树，就可以更容易地理解 Web 文档结构。图 5-18 给出了一个 Web 文档的例子。图中左侧是 Web 文档的内容，右侧是 Web 文档在浏览器中的显示。通过这个例子可以看出，Web 文档的顶层元素是 <HTML>，它的下面包含两个子元素：<HEAD> 与 <BODY>。元素 <HEAD> 描述有关 HTML 文档的信息，例如标题 <TITLE>。元素 <BODY> 中包含HTML 文档的实际内容，也就是在浏览器中能显示的内容。

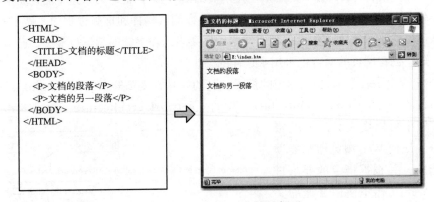

图 5-18　一个 Web 文档的例子

2. Web 文档类型

Web 文档可以分为三种类型：静态文档、动态文档与活动文档。

1）静态文档是固定内容的文档。它由服务器创建并保存在服务器中。Web 浏览器只能得到文档的副本。当 Web 浏览器访问一个静态文档时，文档的一个副本被发送到客户端并显示。

2）动态文档不存在预定义的格式，它由服务器在浏览器请求该文档时创建。

3）在某些情况下，例如在 Web 浏览器产生动画或者需要与用户交互的程序，那么应用程序需要在客户端运行。当用户请求该文档时，Web 服务器将二进制代码形式的活动文档发送给浏览器。浏览器收到该活动文档后，存储并运行该程序。

5.3.4　Web 浏览器

Web 浏览器（Browser）的功能是实现客户进程与指定 URL 的服务器进程的连接，发送请求报文，接收需要浏览的文档，并且向用户显示网页的内容。

Web 浏览器由一组客户、一组解释单元与一个管理它们的控制单元组成。其中，控制单元是浏览器的核心部件，负责解释鼠标点击与键盘输入，并调用其他组件来执行用户指定的操作。例如，当用户键入一个 URL 或点击一个超链接时，控制单元接收并分析该命令，调用一个 HTTP 解释器来解释该页面，并将解释后的结果显示在屏幕上。图 5-19 给出了 Web 浏览器的结构。

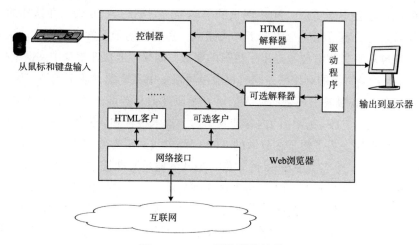

图 5-19　Web 浏览器的结构

Web 浏览器除了能够浏览网页之外，还能够访问 FTP、Gopher 等服务器的资源。Web 浏览器必须包含一个 HTML 解释器，以便能够显示 HTML 格式的网页。另外，Web 浏览器还必须包括其他可选的解释器，例如 FTP 解释器，用来获取 FTP 服务。有些浏览器还包含一个电子邮件客户程序，使浏览器能够收发电子邮件。

为了提高文档查询效率，Web 浏览器需要使用缓存。浏览器将用户查看的每个文档或图像文件保存在本地磁盘中。当用户需要访问某个文档时，Web 浏览器首先检查缓存中的内容，然后向 Web 服务器请求访问文档。这样，既可以缩短用户查询的等待时间，又可以减少网络中的通信量。很多浏览器允许用户自行调整缓存策略，用户可以设置缓存的时间限制。这样浏览器在时间到期后，将会删除缓存中的一些文档。浏览器通常在特定会话中保持缓存。如果用户在会话期间不想在缓存中保留文档，则可以将缓存时间置零。在这种情况下，当用户终止会话时，Web 浏览器将会删除缓存。

5.3.5 搜索引擎的应用

搜索引擎（Search Engine）作为运行在 Web 上的应用软件系统，以一定的策略在 Web 中搜索和发现信息，对信息进行理解、提取、组织和处理，从而极大地提高 Web 应用的广度与深度。

互联网中拥有大量的 Web 服务器，它们提供的信息种类与内容极其丰富。互联网中的信息量呈爆炸性增长。在 Web 技术出现之后的 10 年中，全球 Web 页面的数量已超过 40 亿，中国 Web 页面数量估计也超过 3 亿。人类有文字以来大约出版 1 亿本书，中华民族有史以来出版的书籍大约 275 万种。尽管书籍的容量和质量是网页不可比肩的，但互联网在短时间内积聚的文字总量令人叹为观止。同时，网页的内容极不稳定，不断有新的网页出现，旧的网页也会不断更新。50% 网页的平均生命周期约为 50 天。在这样的海量信息中进行查找与处理，不可能完全用人工方法完成，必须借助于搜索引擎技术。中文网页数量的快速增长也对中文搜索技术提出了更高的要求。如果不能快速提高中文搜索技术水平，势必会降低中文网络资源的利用率，同时也会浪费很多中文资源，甚至成为"信息垃圾"。

实际上，在 Web 服务出现之前，人们已开始研究信息查询技术。在互联网应用早期，各种可以匿名访问的 FTP 站点中的内容涉及学术、技术报告和研究性软件。这些内容以计算机文件的形式存储。为了便于在分散的 FTP 资源中找到所需的东西，麦基尔大学研究人员在 1990 年开发了一个名为 Archie 的软件。Archie 通过定期搜集并分析 FTP 服务器中的文件名，提供查找分布在各个 FTP 服务器中文件的服务。Archie 能够在仅知道文件名的情况下，为用户找到该文件所在的 FTP 服务器。Archie 实际上是一个大型的数据库，以及与该数据库相关的一套检索方法。数据库中有大量可通过 FTP 下载的文件信息，包括这些资源的文件名、文件长度、存放文件的计算机名及目录名等。尽管 Archie 提供服务的信息资源对象不是 HTML 文件，但是它的基本工作原理和搜索引擎相同。由于 Archie 能自动搜集分布在广域网中的信息，建立索引并提供检索服务，因此 Archie 被认为是现代搜索引擎的鼻祖。即使在 10 多年后的今天，以 FTP 文件为对象的信息检索技术仍在发展，但是在用户界面上开始采用 Web 风格。

搜索引擎可以分为两类：目录导航式搜索引擎与网页搜索引擎。目录导航式搜索引擎又称为目录服务，其信息搜索主要靠人工完成，信息的标引也是靠专业人员完成。懂得检索技术的专业人员不断搜索和查询新的网站以及网站出现的新内容，给每个网站生成一个标题与摘要，并将它加入相应的目录中。对于目录的查询可根据目录类的树状结构，依次点击逐层查询。同时，也可以根据关键字进行查询。目录导航式搜索引擎相对简单，主要工作是编制目录类的树状结构，以及确定检索方法。有些目录导航式搜索引擎利用机器人程序抓取网页，由计算机自动生成目录类的树状结构。

下一代搜索引擎应该是深层搜索。目前的搜索引擎主要处理普通的网页，难以搜索到深层的网页信息。深层搜索能搜索与网页链接的数据库信息。同时，下一代搜索引擎应该是跨媒体的。也就是说，用户通过统一的界面和单一的提问，能获得以各种媒体形式存在的语义相似的结果。

5.3.6　内容分发网络技术

1. 内容分发网络的基本概念

在互联网商业化不久，随着 Web 与各种新的应用发展，互联网中的流量急剧增长。TCP/IP 协议体系缺乏必要的流量控制手段，导致互联网骨干网的带宽迅速被消耗掉。很多人将 WWW 戏称为"全球等待"（World Wide Wait）。

从 ISP 优化服务的角度，人们提出了"8 秒钟定律"。根据 Web 服务体验的统计数据，如果用户访问一个网站的等待时间超过 8 秒，就会有 30% 的用户选择放弃。根据 KissmeTrics 的一项统计数据，如果在 10 秒内打不开一个网页，40% 用户将选择离开该网页；大部分手机用户愿意等待的加载时间为 6 ～ 10 秒；每增加 1 秒延迟会导致转化率下降 7%。假设一个电子商务网站每天收入是 10 万元，1 秒的延迟将使全年收入损失 250 万元。造成网页打开延时的主要原因是网络延时与服务器响应时间。网络延时是传输网中的路由器、交换机等设备的分组转发延时之和，服务器响应时间主要由计算机处理协议的时间、程序执行的时间与内容读取的时间构成。

为了缓解互联网用户增加与服务等待时间增长的矛盾，在增加互联网核心交换网、汇聚网与接入网带宽同时，MIT 研究者于 1998 年提出了**内容分发网络**（Content Delivery Network，CDN）的概念，开始了 CDN 技术及其应用的研究。CDN 系统设计的基本思路可以归纳为两点：

- 如果某个内容被很多用户关注，就将它缓存在离用户最近的节点中。
- 选择最适合的缓存节点为用户提供服务。

选择最合适的缓存节点的过程中需要使用负载均衡技术。被选中的缓存节点有可能离用户最近，也可能拥有一条与用户相连的条件最好的传输路径。有人将 CDN 系统比喻成互联网应用中的"快递员"也不无道理，它在互联网"幕后"默默支撑着互联网的应用。

理解 CDN 技术特征时，需要注意以下几个问题。

（1）CDN 系统设计的理论依据

由于互联网中的信息内容十分丰富，因此任何一个 CDN 系统只能有针对性地对部分用户频繁访问的热点内容进行缓存。CDN 的设计思想来源于用户访问模型——帕累托定律。

1897 年，意大利经济学家帕累托从大量事实中发现：20% 的人占有 80% 的社会财富。基于他的发现，人们还发现了生活中存在的很多不平衡现象，并将这种不平等关系称为"二八定律"。在对互联网内容的用户访问率研究中，人们认为"二八定律"同样适用。换句话说，大部分互联网用户只访问少量热点内容。因此，CDN 系统可根据自身的算法选择热点内容，并缓存这些热点内容，就能达到为大部分用户提供服务的目的。

在 CDN 系统的优化设计过程中，可以参考齐夫定律（Zipf's Law）。齐夫定律是一个实验定律，由哈佛大学的语言学家乔治·金斯利·齐夫（George Kingsley Zipf）在 1949 年发表。齐夫定律可表述为：在自然语言的语料库中，如果将单词出现频率按由高到低的顺序排列，则每个单词出现频率与其名次的常数次幂存在反比关系。齐夫定律可看作是"二八定律"的数学抽象。人们用它解释互联网访问规律时表述为：20% 的用户贡献 80% 的访问量。

（2）CDN 是互联网上的一种覆盖网

在互联网不同物理位置放置缓存服务器节点，CDN 系统就能通过一种分布式服务器系统构成覆盖网，将热点内容存储到靠近用户接入端的缓存节点。用户在访问热点内容时，不需要通过互联网的主干网，即可就近访问 CDN 服务器获得所需内容。

（3）CDN 系统的主要功能

CDN 系统主要提供四项基本功能：分布式存储、负载均衡、网络请求的重定向、内容管理等。CDN 内容服务是基于缓存节点的代理缓存功能。代理缓存是互联网内容提供商（ICP）源服务器内容的一个透明镜像。网站维护人员只需将内容注入 CDN 系统，就可自动通过部署在不同物理位置的缓存节点，实现跨运营商、跨地域的内容分发服务。

（4）CDN 工作过程对用户透明

CDN 系统能实时根据网络流量和各节点的连接、负载状况，以及到用户的距离、响应时间等因素，避开可能影响传输速度和稳定性的瓶颈位置，将用户的服务请求导向离用户最近的缓存节点，以便用户可以就近取得所需内容，尽可能使内容传输速度更快、等待时间短，使互联网服务更方便和稳定。CDN 的工作过程对于用户是透明的，用户能感到访问互联网资源的时间缩短，并不会感到 CDN 系统的存在。

2. CDN 的工作原理

图 5-20 比较了传统的互联网访问模式与引入 CDN 系统之后的互联网访问模式。

图 5-20a 给出了传统的互联网访问模式。例如，用户通过浏览器访问 Web 网站的过程如下：

- 用户在浏览器中输入要访问的网站域名，浏览器向本地 DNS 服务器发出域名解析请求。
- 如果本地 DNS 服务器没有该域名的解析结果，本地 DNS 服务器可采用递归方法向整个 DNS 系统请求解析。

- DNS 服务器将解析结果中的该网站的 Web 服务器 IP 地址发送给浏览器。
- 浏览器使用这个 IP 地址向 Web 服务器发出 URL 访问请求。
- Web 服务器将用户请求的内容发送给浏览器。

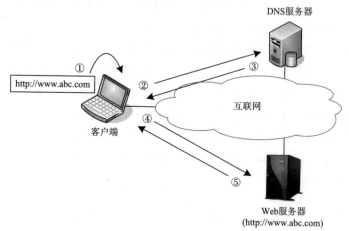

a）传统互联网访问模式

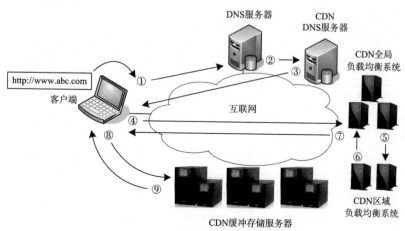

b）引入CDN系统之后的互联网访问模式

图 5-20　传统的与引入 CDN 系统之后的互联网访问模式

图 5-20b 给出了引入 CDN 系统之后的互联网访问模式。例如，用户通过浏览器访问 CDN 系统的过程如下：

- 用户在浏览器中输入要访问的网站域名，浏览器向本地 DNS 服务器发出域名解析请求。
- 本地 DNS 服务器将域名的解析权转交给 CDN 专用的 DNS 服务器，并请求解析该域名。

- CDN 专用的 DNS 服务器将域名解析请求发送给 CDN 全局负载均衡器。
- CDN 全局负载均衡器将自己的 IP 地址发送给浏览器。
- 浏览器向 CDN 全局负载均衡器发送 URL 访问请求。
- CDN 全局负载均衡器根据用户的 IP 地址与请求访问的 URL，选择一台位于用户所属区域的负载均衡器，并转交用户发出的 URL 请求。
- CDN 区域负载均衡器根据用户的 IP 地址与请求访问的 URL，判断哪个缓存节点有该请求内容、离用户最近、可提供服务，并将该缓存节点的 IP 地址发送给浏览器。
- 浏览器使用该 IP 地址向 CDN 缓存节点发出 URL 访问请求。
- CDN 缓存服务器将用户请求的内容发送给浏览器。

如果这台缓存服务器没有用户请求的内容，而区域负载均衡器仍然将用户请求分配给该缓存服务器，那么该缓存服务器需要向它上一级的缓存服务器请求该内容，直至追溯到原服务器并将内容"拉"到本地。

3. CDN 功能结构

CDN 功能结构如图 5-21 所示。

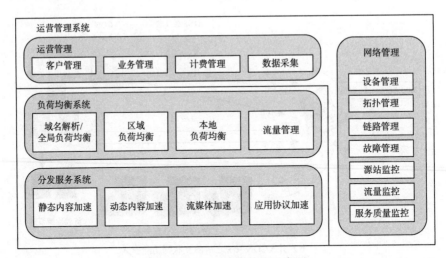

图 5-21　CDN 功能结构示意图

典型的 CDN 功能结构由三个部分组成：分发服务系统、均衡负荷系统与运营管理系统。

（1）分发服务系统

分发服务系统主要的功能是：完成内容从源服务器向边缘的推送与存储，将内容数据流分发到分布在全网的缓存服务器中，由缓存服务器为最终用户提供服务。因此，分发服务系统的基本服务单元是大量的缓存服务器。

根据承载的内容与服务类型的不同，分发服务系统可进一步分为网页（静态、动态）内容加速子系统、流媒体加速子系统与应用协议加速子系统。

静态内容主要是指内容完全由 HTML 文件提供，任何人在任何时候访问同一网页看到的内容都相同。动态内容是指不同人或在不同时刻访问同一网页看到的内容可能不同，内容具有实时性，浏览过程具有交互性。CDN 早期的应用主要是提供静态内容的网页加速，例如各种门户网站、新闻发布类网站、访问量较大的行业网站、政府网站与企业网站等。随着 Web 2.0 应用的发展，网页加速逐渐从静态内容转向动态内容，例如股票行情、电子商务、在线游戏等网站的动态内容加速。

随着用户接入带宽的不断扩展，大量视频网站出现使得流媒体加速越来越受重视。流媒体加速是将视频内容推送到边缘节点，以缩短用户访问视频内容的等待时间，节省主干网带宽，避免单一中心服务器的瓶颈问题。流媒体加速可以分为：流媒体直播加速与流媒体点播加速。流媒体直播加速支持电视台视频节目的网上同步传输。流媒体点播加速是以流媒体内容、版本等为索引，将视频片段存放在服务器中，由用户选择性地播放视频内容。

文件传输加速一直是 CDN 的重要服务内容。如果有很多用户同时去一个服务器下载文件，必然会造成访问延时。网站可以将文件分散在 CDN 缓存节点中，由 CDN 来缓解集中访问带来的服务质量问题。目前，CDN 技术可支持 HTTP 下载、FTP 下载、P2P 下载。这类应用主要集中在软件厂商的补丁程序下载、杀毒软件厂商的病毒库更新、网络游戏运营商的游戏客户端下载，以及音乐程序的下载等。

每个子系统都是一个分布式的服务集群，由多台功能相近、地理位置分散、彼此独立的缓存服务器组成。根据服务对象规模的不同，每个子系统的缓存服务器可能有几十台甚至上万台。同时，分发服务系统承担着内容更新、同步的功能；在响应用户请求时，向负载均衡系统提供每个缓存服务器的设备状态、响应情况等信息，使得负载均衡系统能够为用户请求选择最佳的缓存服务器。

（2）均衡负荷系统

均衡负荷系统是 CDN 的核心单元，它的主要功能是为用户的服务请求进行优化的访问调度，为用户提供最终访问的缓存服务器 IP 地址。均衡负荷系统一般分为两级：全局 / 区域负荷均衡系统、本地负荷均衡系统。全局 / 区域负荷均衡系统一般采用 DNS 解析与应用层重定向的方法，根据用户就近访问的原则选择缓存服务器节点。本地负荷均衡系统负责缓存服务器节点内部的调度。当用户访问请求被分配到本地负载均衡单元时，它将根据节点当时的状况（不同服务器的实际服务能力、内容分布），在多台缓存服务器中选择最适合的服务器，为用户提供更好的服务。

（3）运营管理系统

运营管理系统由两个子系统组成：运营管理与网络管理。运营管理子系统是 CDN 系统的业务管理实体，主要由客户管理、业务管理、计费管理与数据采集等模块组成。网络管理子系统实现对 CDN 系统的网络设备、拓扑结构、链路与故障的管理，以及对源站、流量与服务质量的监控任务。

4. CDN 节点部署方案

CDN 系统的设计目标是尽量减少用户访问内容的响应时间。为了达到这个目的，CDN 系统将用户可能访问的内容放在离用户最近的位置。典型的 CDN 系统节点部署的三级结构如图 5-22 所示。

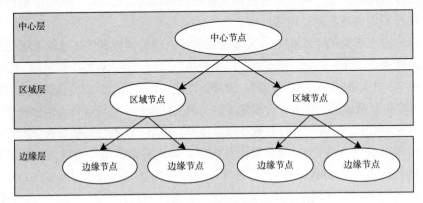

图 5-22　CDN 系统节点部署的三级结构

为用户提供内容服务的缓存服务器应该部署在物理上的网络边缘，即边缘节点，它们构成了 CDN 系统的边缘层。如果边缘节点没有用户需要的内容，边缘节点就向中心节点发出请求。中心节点保存有最多的内容副本。如果中心节点也没有需要的内容，就要回溯到源站。中心节点负责整个 CDN 系统的全局管理与竞争控制。中心节点可以为用户服务，也可以只为下级节点提供内容。规模较大的 CDN 系统通常在中心层与边缘层之间设置区域层。区域层负责一个区域内的控制与管理，它也需要保存一部分副本，以供边缘节点访问。

IETF 在 CDN 相关标准方面的研究起步很早，在 Web 开始阶段就制定了 ICP 协议（RFC 2186 和 RFC 2187），定义了相邻缓存节点之间交换数据的机制。2000 年，Cisco发起了内容联盟（Content Alliance），并在 IETF 之下成立 CDI（Content Distribution Interworking）工作组，着手制定 CDN 操作标准。2003 年，CDI 发布了三个 CDN 方面的文档，包括 CDN 互联场景（RFC 3570）、互联模型（RFC 3466）与 CDN 请求路由机制（RFC 3568）。由于技术和市场等多方面的原因，最终未形成正式的 CDN 协议标准。随着CDI 在 2003 年关闭，IETF 的相关工作就此停止。

根据 RFC 3466 的定义，CDN 在传统 IP 网络上部署服务节点，并利用应用层协议将这些节点互联形成应用层的覆盖网络，在此基础上为用户提供内容分发服务。目前，CDN已成为视频内容分发的重要手段，并逐渐融入 P2P 网络和云计算技术。近年来，P2P-CDN混合架构、CDN 安全性等方面的研究非常活跃。

5.4 域名系统

5.4.1 域名系统的研究背景

1. 早期 ARPANET 主机的命名方法

1971 年，设计 ARPANET 的技术人员已注意到网络主机命名的问题。我们可以搜索到的第一个关于分配主机名的文档——RFC 266 "主机辅助记忆标准化"是在 1971 年 9 月 20 日公布的。RFC 952、RFC 953 文档规定了互联网早期的 ARPANET 用户的主机命名与域名服务机制。互联网信息中心的一个主机文件 hosts.txt 保存着主机名与地址的映射表。整个 20 世纪 70 年代都使用这种集中式管理的主机表。

到 20 世纪 80 年代，集中式的主机名字服务机制已经不能适应互联网的迅速发展，主要表现在以下几个方面：

1）早期的主机名到地址的映射存储在斯坦福研究院 SRI 的网络信息中心（Network Information Center，NIC）的主机文件 hosts.txt 中，主机名到 IP 地址的解析需要将 hosts.txt 文件传送到各个主机才能实现，消耗在传输主机名到地址映射上的网络带宽与网络主机数量的平方成正比，网络信息中心的主机负载过重。在主机数量剧增的情况下，它已不能提供人们所期望的服务。

2）初期的主机是通过广域网接入 ARPANET，后来，个人计算机大规模应用，个人计算机大部分是通过局域网接入。在这种情况下，如果还使用主机文件，局域网中主机必须依靠网络信息中心的 hosts.txt。从提高系统工作效率的角度考虑，局域网承担分级的主机名字服务是很自然的选择。

最初关于 DNS 的 RFC 文档出现于 1971 年，1984 年出现了 RFC 882、RFC 883，1987 年被目前作为 DNS 规范的 RFC 1034、RFC 1035 所替代。它们进一步描述了 DNS 潜在的安全问题、实现与管理问题、名字服务器的动态更新机制以及数据保护等问题。

2. 域名系统的基本概念

域名系统是互联网使用的命名系统。人们将主机的名字叫作域名，其原因是互联网的命名系统定义了很多域。主机需要按照所属的域来命名。域名是互联网中的主机按照一定的规则，用自然语言（英文或中文）表示的名字，它与确定的 IP 地址相对应。例如，对于南开大学计算机系网络实验室的 Web 服务器，它的名字有两种表示方法。第一种方法是通过自然语言（英文缩写的域名或中文域名）来表示，并且具有一定的语义，例如 "www.netlab.cs.nankai.edu.cn"。第二种方法是直接用它的 IP 地址，例如 "202.1.23.220" 来表示。由于互联网中的主机名众多，人们肯定不会选择后者，前者是一种很自然的选择。以具有一定结构的自然语言去表示主机名，人们很容易理解和记忆，因为它有一定的规律性。以 www.netlab.cs.nankai.edu.cn 为例，可以将它理解为"中国 – 教育机构 – 南开大学 – 计算机系 – 网络实验室 –Web 服务器"。显然，人们喜欢用熟悉的自然语言的表达习惯命名网络中的主机，但是计算机只能对二进制数字进行识别和处理。

3. DNS 与其他网络应用的关系

在分析互联网服务与应用层协议之前，首先需要研究**域名系统**（Domain Name System，DNS）的功能、原理与实现方法。不同于 Web、E-mail 和 FTP，DNS 不直接与用户打交道，但是所有互联网应用系统都依赖于 DNS 的支持。DNS 的主要作用是：将主机的域名转换成 IP 地址，使得用户能方便地访问各种网络资源与服务，它是互联网各种应用层协议实现的基础。实际上，我们在使用任何一种网络应用（例如浏览一个 Web 网页）之前，首先要通过 DNS 服务器来解析 Web 服务器的 IP 地址。因此，我们将 DNS 归于互联网基础设施类的服务与协议。

4. DNS 设计需要满足的基本要求

针对接入主机数量急剧增多的情况，人们提出了 DNS 的概念。DNS 的本质是：提出一种分层次、基于域的命名方案，通过一个分布式数据库系统以及维护与查询机制来实现域名服务功能。DNS 需要实现以下三个主要功能。

- 域名空间：定义一个包括所有可能出现的主机名字的域名空间。
- 域名注册：保证每台主机域名的唯一性。
- 域名解析：提供一种有效的域名与 IP 地址转换机制。

DNS 系统的组成与功能如图 5-23 所示，它包括三个部分：DNS 名字空间、名字注册、名字服务器与名字解析。

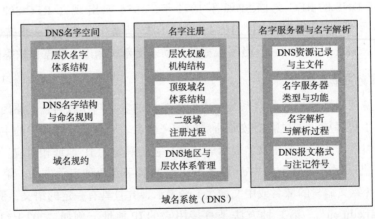

图 5-23　DNS 系统的组成与功能

5.4.2　DNS 域名空间

1. DNS 域名空间的基本概念

理解域名空间的基本概念时，需要注意以下几个问题：

1）DNS 域名空间采用"域"与"子域"的层次结构，DNS 必须有一个大型分布式域名数据库，用来存储层次型的域名数据。

2）域名空间的层次结构可表示为图 5-24 所示的树形结构，其中的每个节点都是根的子孙。域名由一连串可回溯到其祖先的节点名组成。

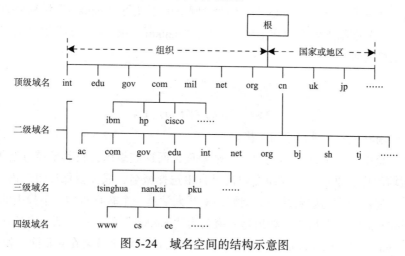

图 5-24　域名空间的结构示意图

2. 域名空间的结构

域名空间的结构具有以下几个特点：

（1）互联网被分成 200 多个顶级域（TLD）

每个顶级域进一步被划分为若干个子域。顶级域有两种类型：通用域、国家或地区域。常用的通用域包括：com（商业机构）、edu（教育机构）、gov（政府部门）、net（网络服务供应商）、org（非营利性机构）、int（国际性组织）、mil（军事组织）。

（2）每个域自己控制如何分配下一级域

国家级域名下注册的二级域名结构由各国自己确定。中国互联网信息中心（CNNIC）负责管理我国的顶级域，它将二级域名划分为二类域：类别域名与行政区域名。

行政区域名有 34 个，例如 bj 代表北京市，sh 代表上海市，tj 代表天津市，he 代表河北省，hl 代表黑龙江省，nm 代表内蒙古自治区等。

当一个组织拥有一个域的管理权后，可以决定是否需要进一步划分层次。一个小的公司网络可以不选择进一步划分层次。但是，一个大的公司网和校园网必须选择多层结构。因此，互联网的树状层次结构的命名方法，使任何一个接入互联网的主机都有一个全网唯一的域名。主机域名的排列原则是低层的子域名在前面，而它们所属的高层域名在后面。互联网主机域名的一般格式为：

例如，CNNIC 将我国教育机构的二级域"edu"的管理权授予中国教育科研网（CERNET）网络中心。CERNET 网络中心将"edu"域划分为多个三级域，并将三级域名分配给各个大学与教育机构。例如，"edu"下的"nankai"代表南开大学，并将"nankai"域的管理权授予南开大学网络中心。南开大学网络中心又将"nankai"域划分为多个四级域，将四级域名分配给下属部门或主机。例如，"nankai"域下的"cs"代表计算机系。

例如，主机域名

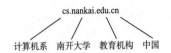

表示的是中国南开大学计算机系的主机。

在域名系统中，每个域由不同的组织来管理，而这些组织又将其子域分给下级组织。这种层次结构的优点是：各个组织在内部可自由选择域名，只需要保证组织内的唯一性，不用担心与其他组织内的域名冲突。例如，南开大学是一个教育机构，学校中的主机域名都包括"nankai.edu.cn"后缀。如果是一家名为"nankai"的公司，那么它的域名只能是"nankai.com.cn"。"nankai.edu.cn"与"nankai.com.cn"两个域名在互联网中相互独立。

（3）为了创建一个新的域，创建者必须得到该域的上级域管理者的许可

例如，在组织机构变动之后，南开大学成立信息技术科学学院，计算机系属于学院管理。那么，在创建信息技术科学学院域名时，需要南开大学域名"nankai.edu.cn"的管理员同意创建学院域名"it.nankai.edu.cn"。同样，计算机系的域名将由"it.nankai.edu.cn"管理员分配，从而将计算机系的域名改变为"cs.it.nankai.edu.cn"。

（4）域名机制遵循的是组织的边界，而不是网络的物理边界

这里可能出现两种情况。第一种情况是计算机系与自动化系在同一教学楼中，它们的计算机使用同一局域网。但是，从域名的角度来看，计算机系的计算机属于"cs.it.nankai.edu.cn"子域，而自动化系的计算机属于"auto.it.nankai.edu.cn"子域。第二种情况是即使计算机系的计算机位于不同教学楼的不同局域网中，它们仍属于"cs.it.nankai.edu.cn"子域。

5.4.3 域名服务器体系

域名系统是一种主机命名方法，而实现域名服务的是分布在世界各地的域名服务器体系。域名服务器是一组用来保存域名树结构和对应信息的服务器程序。

1. 区、域与域名服务器

理解域名服务器的工作原理时，需要注意以下几个问题：

- 根据需要将一个域划分成不重叠的多个区（zone）。
- 每个区设置相应的**权限域名服务器**（Authoritative Name Server），用于保存该区内所有主机的域名与 IP 地址的映射关系。区是域名服务器管辖的范围。
- 区和区的域名服务器相互连接，构成支持整个域的域名服务器体系。

图 5-25 给出了区、域与域名服务器的关系。图 5-25a 是一个域没有划分区时的情况，那么区就等于域，设置一个域名服务器就可管理整个域。图 5-25b 是一个域划分为两个区的情况，这时两个区"nankai.edu.cn"与"it.nankai.edu.cn"都属于"nankai.edu.cn"域。图 5-25c 是在两个区分别设置权限域名服务器的结构。一个域名服务器有权管辖的范围叫作区，它是域的一个子集。

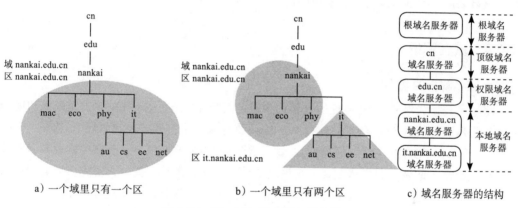

a）一个域里只有一个区　　　b）一个域里只有两个区　　　c）域名服务器的结构

图 5-25　区、域与域名服务器的关系

2. 域名服务器的结构与分类

支持互联网运行的域名服务器是按层次来设置的，每个域名服务器仅管辖域名空间中的一部分，由多个层次的域名服务器系统覆盖整个域名空间。根据域名服务器所处的位置和所起的作用，域名服务器可分为以下四种类型：

（1）根域名服务器

根域名服务器（Root Name Server）对于 DNS 系统的整体运行具有重要作用。任何原因造成的根域名服务器停止运转，都会导致整个 DNS 系统崩溃。出于安全的原因，目前存在 13 个 DNS 根域名服务器，其专用域为 root-server.net。多数根域名服务器由服务器集群组成。有些根域名服务器由分布在不同地理位置的多台镜像服务器组成，例如根域名服务器 f.root-server.net 由分布在 40 多个地方的几十台镜像服务器组成。最新的根域名服务器列表可以从 ftp://ftp.rs.internic.net/domain/named.root 中获取。

（2）顶级域名服务器

顶级域名服务器负责管理在该顶级域名注册的所有二级域名。例如，CNNIC 管理所有在 "cn" 之下注册的通用域名与行政区域名。

（3）权限域名服务器

权限域名服务器负责经过授权的一个区的域名管理。

（4）本地域名服务器

本地域名服务器（Local Name Server）也叫作默认域名服务器。每个 ISP、每所大学、甚至是一个系，都可能有一个或多个本地域名服务器。

为了保证域名服务器系统的可靠性，域名服务器需要将域名数据复制到几个域名服务器，其中一个为**主域名服务器**（Master Name Server），其他为**从域名服务器**（Secondary Name Server）。主域名服务器定期将数据复制到从域名服务器；当主域名服务器出现故障时，从域名服务器继续执行域名解析的任务。

5.4.4　域名解析

1. 域名解析的基本概念

将域名转换为对应的 IP 地址的过程称为**域名解析**（Name Resolution），完成该功能的软件称为域名解析器（或解析器）。在 Windows 操作系统中打开 "控制面板"，选择 "网络连接"，再选择 TCP/IP 协议与 "属性"，这时看到的 DNS 地址是自动获取的本地域名服务器地址。每个本地域名服务器配置一个域名软件。客户在进行查询时，首先向域名服务器发出一个 DNS 请求（DNS request）报文。由于 DNS 名字信息以分布式数据库形式分散存储在多个域名服务器中，每个域名服务器都知道根服务器地址，因此无论经过几步查询，最终会在域名树中找出正确的解析结果，除非这个域名不存在。

2. DNS 与 ARP

域名是应用层使用的主机名字，端口号是传输层的进程通信中用于标识进程的号码，IP 地址是网络层 IP 协议使用的地址，MAC 地址是 MAC 层帧传输过程中使用的地址。

如果用户通过浏览器访问一台 Web 服务器，需要使用双方计算机的域名、端口号、IP 地址、MAC 地址来唯一地标识主机，进行寻址、路由与传输，实现网络环境中的分布式进程通信，完成互联网服务的访问过程。那么，查找域名对应的 IP 地址需要使用 DNS，查找 IP 地址对应的 MAC 地址需要使用 ARP。图 5-26 给出了域名解析 DNS 协议、MAC 地址解析 ARP 协议关系示意图。

3. 域名解析算法

域名解析可以有两种方法：**递归解析**（Recursive Resolution）与**反复解析**（Iterative

Resolution)。主机向本地域名服务器进行查询时，既可以选择递归解析，也可以选择反复解析。主机向本地域名服务器查询过程如图 5-27 所示。

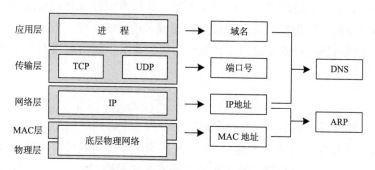

图 5-26　DNS 协议与 ARP 协议的关系

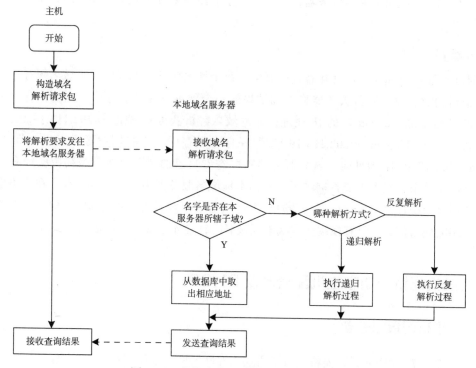

图 5-27　主机向本地域名服务器查询过程

在递归解析过程中，如果本地域名服务器没有需要解析的信息，那么本地域名服务器将接管向其他域名服务器请求解析的任务，只是将最终结果返回给客户。

反复解析也称为迭代解析，其功能是：如果本地域名服务器不能返回最终的解析结果，那么只能返回认为可解析的域名服务器的 IP 地址。客户端的解析程序就向下一个域名服务器发出解析请求，直至最终获得需要的解析结果。

5.4.5　域名系统的性能优化

实际的测试表明，上述域名系统的效率不高。在没有经过优化的情况下，根服务器的通信量是难以忍受的，因为每次对远程计算机的域名进行解析时，根服务器都会收到一个请求，而一个主机可能会反复发出同一计算机的域名请求。DNS 性能优化的主要方法是复制与缓存。

1. 复制

每个根服务器有很多副本保存在整个网络中。当一个新的子网加入时，它在本地 DNS 服务器中配置一个根服务器表。本地 DNS 服务器为用户选择响应最快的根服务器。在实际的应用中，地理位置距离最近的域名服务器通常响应最快。因此，一个位于北京的主机倾向于使用一个北京的域名服务器，而一个位于天津的主机则通常选择使用天津的域名服务器。

2. 缓存

使用名字的高速缓存可优化查询的开销。每个域名服务器都保留一个域名缓存。当查找一个新的域名时，域名服务器将查询结果的一个副本放在其缓存中。例如，有一个用户查询"cs.nankai.edu.cn"的 IP 地址，通过域名解析获得 IP 地址为 202.113.19.122，则可以将"cs.nankai.edu.cn/202.113.19.122"保存在缓存中。当有用户再次提出查询"cs.nankai.edu.cn"的 IP 地址时，域名服务器首先查看自己的缓存，如果缓存中已经有了答案，就使用这个答案来生成查询结果。不但本地域名服务器中需要高速缓存，在主机中也需要使用高速缓存。很多主机在启动时从本地域名服务器下载域名数据库，保存一个本机最近使用的域名信息，只有在缓存中找不到域名时，它才会去访问本地域名服务器。

5.5　主机配置与动态主机配置协议 DHCP

5.5.1　主机配置的概念

对于 TCP/IP 网络来说，要将一台主机接入互联网中，必须配置以下参数：
- 本地网络的默认路由器地址
- 主机应使用的网络掩码
- 为主机提供特定服务的服务器地址，例如 DNS、E-mail 服务器
- 本地网络的最大传输单元（MTU）长度值
- IP 分组的生存时间（TTL）值

每台接入主机的配置参数有十余个，只有 IP 地址各不相同，其他参数应该相同。主

机参数配置不仅在组网时需要，在主机加入和退出时也需要。作为一个网络管理员，在管理有十几台主机的局域网时，配置任务可以通过手工方法完成。但是，如果该局域网接入主机的数量达到几百台，并且经常有主机接入和移动，则通过手工方法配置效率会很低且容易出错。同时，对于远程主机、移动设备、无盘工作站和地址共享配置，用手工方法是不可能完成的。

动态主机配置协议（Dynamic Host Configuration Protocol，DHCP）可为主机自动分配 IP 地址，以及其他一些重要的参数。DHCP 协议不但运行效率高，能减轻网络管理员的工作负担，更重要的是能支持远程主机、移动设备、无盘工作站的地址共享与配置。

在 DHCP 出现之前，研究人员已发布了**引导程序协议**（Bootstrap Protocol，BOOTP），它是 DHCP 协议的前身。最初的 BOOTP 文档 RFC 497 出现于 1993 年。1995 年公布的 RFC 2132 是对 DHCP 选项与 BOOTP 厂商的扩展。

1993 年 10 月，出现了两个关于 DHCP 的 RFC 文档——RFC 1531 与 RFC 541。1997 年 2 月，RFC 2131 对最初的 DHCP 协议进行了修正。尽管三个不同时期出现的 RFC 文档名都是 "Dynamic Host Configuration Protocol"，但是它们反映了 DHCP 不断完善的过程。为了解决 BOOTP 与 DHCP 协议的协调工作问题，IETF 发布了 RFC 153 文档 "DHCP 与 BOOTP 之间的互操作"。

5.5.2　DHCP 的基本内容

随着更多的家庭计算机与移动终端设备接入 ISP，DHCP 协议逐渐显得越来越重要。大多数计算机与数字终端设备在开机后，就通过 DHCP 获取 IP 地址与相关配置信息。

1. DHCP 服务器的主要功能

DHCP 最重要的创新点体现在动态 IP 地址分配与地址租用的概念上。DHCP 基于客户机 / 服务器工作模式。DHCP 服务器是一个为客户机提供动态主机配置服务的网络设备，其功能主要包括：

（1）地址存储与管理

DHCP 服务器存储 IP 地址，记录哪些 IP 地址已被使用、哪些 IP 地址仍然可用。

（2）配置参数存储和管理

DHCP 服务器存储和维护其他的主机配置参数。

（3）租用管理

DHCP 服务器以租用的方式将 IP 地址动态地分配给主机，并管理 IP 地址的**租用期**（Lease Period）。DHCP 服务器维护租用给主机的 IP 地址信息，以及租用期长度。RFC 1533 规定租用期用 4 字节的二进制数表示，单位为秒。

（4）响应客户机请求

DHCP 服务器响应客户机发送的请求分配地址、传送配置参数，以及租用的批准、更新与终止等各种请求。

（5）服务管理

DHCP 服务器允许管理员查看、改变与分析有关的地址、租用情况与参数等，以及与 DHCP 服务器运行相关的信息。

2. DHCP 客户主机的主要功能

DHCP 客户主机的功能主要如下：

（1）发起配置

DHCP 客户主机可以随时向 DHCP 服务器发起获取 IP 地址与配置参数的协商过程。

（2）配置参数管理

DHCP 客户主机可以从 DHCP 服务器获取全部或部分配置参数，并维护配置参数。

（3）租用管理

DHCP 客户主机可以更新租用期，在无法更新时进行重绑定，在不需要时提前终止租用。

（4）报文重传

DHCP 协议采用不可靠的 UDP 协议，DHCP 客户机负责检测 UDP 报文是否丢失，并实现丢失之后的重传。

3. DHCP 客户主机与服务器的交互过程

图 5-28 给出了简化的 DHCP 客户主机与服务器的交互过程。

DHCP 客户主机与服务器的交互过程如下：

① DHCP 客户端需要安装 DHCP 协议，构造一个 IP 租用请求"DHCPDISCOVER"请求报文，以广播方式发送出去，客户端进入初始化状态。

②凡是接收到 DHCP 客户端请求报文的 DHCP 服务器都要返回一个"DHCPOFFER"应答报文。"DHCPOFFER"应答报文中包括分配给 DHCP 客户端的 IP 地址、租用期及其他参数。

③ DHCP 客户端可能收到多个"DHCP-OFFER"应答报文，从中选择一个 DHCP 服务器。然后向被选择的 DHCP 服务器发送一

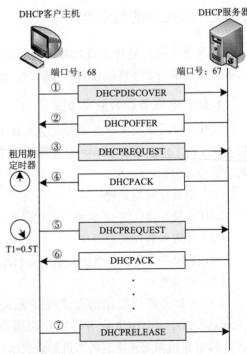

图 5-28　DHCP 客户主机与服务器的交互过程

个"DHCPREQUST"请求报文，作为对它所选择的服务的回应。

④被选择的 DHCP 服务器向 DHCP 客户端发送一个"DHCPACK"应答报文。当 DHCP 客户端接收到"DHCPACK"应答报文之后，客户端才可以使用分配的临时 IP 地址，进入"已绑定状态"。

图 5-29 是某 DHCP 客户端从 DHCP 服务器获取 IP 地址的报文交互过程及第 4 个报文解析结果示意图。

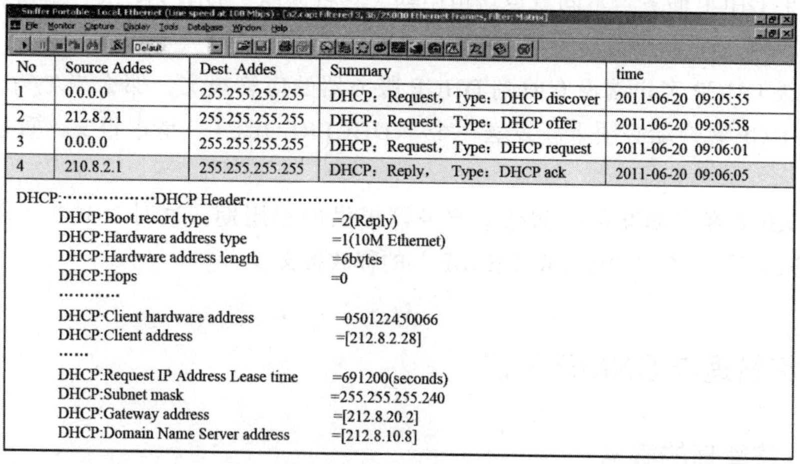

No	Source Addes	Dest. Addes	Summary	time
1	0.0.0.0	255.255.255.255	DHCP: Request，Type：DHCP discover	2011-06-20 09:05:55
2	212.8.2.1	255.255.255.255	DHCP: Request，Type：DHCP offer	2011-06-20 09:05:58
3	0.0.0.0	255.255.255.255	DHCP: Request，Type：DHCP request	2011-06-20 09:06:01
4	210.8.2.1	255.255.255.255	DHCP: Reply，Type：DHCP ack	2011-06-20 09:06:05

```
DHCP:················DHCP Header················
        DHCP:Boot record type              =2(Reply)
        DHCP:Hardware address type         =1(10M Ethernet)
        DHCP:Hardware address length       =6bytes
        DHCP:Hops                          =0
        ············
        DHCP:Client hardware address       =050122450066
        DHCP:Client address                =[212.8.2.28]
        ······
        DHCP:Request IP Address Lease time =691200(seconds)
        DHCP:Subnet mask                   =255.255.255.240
        DHCP:Gateway address               =[212.8.20.2]
        DHCP:Domain Name Server address    =[212.8.10.8]
```

图 5-29　DHCP 客户端从 DHCP 服务器获取 IP 地址过程的示意图

①报文 1：DHCP 客户端在网络层源 IP 地址使用 0.0.0.0，目的 IP 地址使用 255.255.255.255 广播 DHCPDISCOVER 报文。

②报文 2：IP 地址为 210.8.2.1 的 DHCP 服务器以广播的方式发送 DHCPOFFER 应答报文。

③报文 3：DHCP 客户端向 IP 地址为 210.8.2.1 的 DHCP 服务器发出 DHCPREQUEST 报文，请求分配 IP 地址。

④报文 4：DHCP 服务器将 DHCP 客户端获取的 IP 地址与客户端的 MAC 地址绑定。图 5-29 的下部是打开的报文 4 的部分内容。

从这些内容中可以看出：

• DHCP 客户端获取 IP 地址是 212.8.2.28。

• 客户端 MAC 地址 050122450066 与 IP 地址 212.8.2.28 形成了绑定关系。

• IP 地址的租用获准时间为 2011-06-20 09:06:05。

• IP 地址的租用期为 691 200 秒（8 天）。

• 子网掩码为 255.255.255.240。

• 默认网关地址是 212.8.20.2。

● DNS 服务器的地址是 212.8.10.8。

同时，DHCP 客户端需要设置两个计时器 T_1 和 T_2。$T_1=0.5T$、$T_2=0.875T$。T 为租用期。当计时器 $T_1=0.5T$ 时，客户端发送一个"DHCPREQUST"请求报文，请求更新租用期。

这时可能出现三种情况：

1）DHCP 服务器同意更新租用期，它将返回"DHCPACK"应答报文，DHCP 客户端获得新的租用期，可以重新设置计时器。

2）如果 DHCP 服务器不同意更新租用期，它将返回"DHCPNAK"应答报文，表示 DHCP 客户端需要重新申请新的 IP 地址。

3）如果 DHCP 客户端没有收到 DHCP 服务器的应答报文，那么当 $T_2=0.875T$ 的时间到时，DHCP 客户端必须重新发送一个"DHCPREQUST"请求报文，重新申请新的 IP 地址。

如果 DHCP 客户端准备提前结束服务器提供的租用期，这时 DHCP 客户端只要向 DHCP 服务器发出一个"DHCPRELEASE"的释放报文。

5.6 网络管理与 SNMP 协议

5.6.1 网络管理的概念

1. 网络管理系统的组成

网络管理（Network Management）的目的是：使网络资源得到有效利用，网络出现故障时能及时进行报告和处理，以保证网络能正常、高效地运行。网络管理系统通常由五个部分组成：**管理器**（Manager）、**被管对象**（Managed Object）、**代理进程**（Agent）、**管理信息库**（MIB）和网络管理协议。图 5-30 给出了网络管理系统结构。

（1）管理器

管理器是网络管理中的主动实体，它为网络管理员提供用户界面，完成网络管理员指定的各项管理任务，读取或修改被管对象的网管信息。

（2）被管对象

被管对象指网络上的软硬件设备，例如交换机、路由器、网关、服务器等。

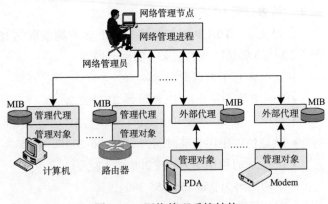

图 5-30 网络管理系统结构

（3）代理进程

代理进程执行管理器（例如系统配置、数据查询）的命令，向管理器报告本地出现的异常情况。在 SNMP 网管模型中，代理分为管理代理与外部代理。管理代理是在被管设备中增加的执行 SNMP 的程序。外部代理（Proxy Agent）是指在被管设备外部增加的执行 SNMP 的程序或设备。

（4）网络管理协议

网络管理协议规定了管理器进程与代理进程之间交换的网管信息的格式、意义与过程。目前，流行的网络管理协议主要包括：TCP/IP 协议体系的**简单网络管理协议**（Simple Network Management Protocol，SNMP）与 OSI 参考模型的**公共管理信息协议**（Common Management Information Protocol，CMIP）。

SNMP 协议主要有三个版本：SNMPv1、SNMPv2 与 SNMPv3。从实际应用的角度来看，大多数厂商支持的是 SNMPv1 和 SNMPv2。SNMPv3 采用了新的 SNMP 扩展框架，在安全性和可管理性上有较大提高。

SNMP 协议的第一个版本 SNMPv1 是 1988 年开发的，它以 3 个 RFC 文档的形式来发布，分别是 1988 年发布的 RFC 1067、1989 年发布的 RFC 1098，1990 年发布的 RFC 1157 文档取代了早期的两个文档。SNMPv2 是在 1993 年的 RFC 1441 到 RFC 1445 文档中定义的。

SNMPv3 主要是在 SNMPv2 的基础之上增加和完善了安全与管理机制。2002 年，RFC 3411 定义了 SNMPv3 管理框架的体系结构，RFC 3414 定义了 SNMPv3 基于用户的安全模型，RFC 3415 定义了 SNMPv3 基于视图的访问控制模型。

（5）管理信息库

被管对象的信息都存放在**管理信息库**（Management Information Base，MIB）中。管理信息库是一个概念上的数据库。本地管理信息库仅包含与本地设备相关的信息。代理进程可以读取和修改本地 MIB 中的信息。每个代理进程管理自己的本地 MIB，并与管理器之间交换网络状态信息。多个本地 MIB 共同构成整个网络的 MIB。关于 MIB 的文档主要有 RFC 1212 与 RFC 1213。关于 SNMPv3 的 MIB 文档主要是 2002 年发布的 RFC 3418。

2. 网络管理功能

按照 ISO 有关文档的规定，网络管理功能分为 5 个部分：配置管理、性能管理、记账管理、故障管理和安全管理。

（1）配置管理

配置管理（Configuration Management）负责维护网络设备的相关参数与设备之间的连接关系。网络结构可能发生变化，而变化可能是临时的，也可能是永久的，网管系统需要适应这些变化。例如，网络应根据用户需求变化，调整网络规模，增加新的网络资源；网管系统应检测到设备或线路故障，排除故障过程中会影响部分网络使用。配置管理的工作主要包括：标识网络中的被管对象、识别被管网络的拓扑结构、修改设备（工作参数、连接关系）的配置。

（2）故障管理

故障管理（Fault Management）维护网络的有效运行，以保证网络连续、可靠地提供服务。网络故障会导致网络异常甚至瘫痪，或者是用户无法接受的网络性能。故障管理主要包括：故障检测、故障记录、故障诊断与故障恢复。其中，故障检测通过轮询机制或接收告警信息来实现；故障记录负责生成故障事件、告警信息或日志；故障诊断通过诊断测试与故障跟踪，确定故障发生的位置、原因与性质；故障恢复手段主要有设备更换、启用冗余设备等。

（3）性能管理

性能管理（Performance Management）负责持续评测网络运行中的主要性能指标，目的是检验网络服务是否达到预定水平，找出已经发生的问题或潜在的瓶颈，报告网络性能的变化趋势，为网络管理决策提供依据。性能参数主要包括：网络吞吐率、利用率、错误率、响应时间、传输延时等。性能管理分为 2 个部分：性能监控与网络控制。其中，性能监控是指网络状态信息的收集，网络控制是指为改善网络设备性能而采取的措施。

（4）记账管理

记账管理（Accounting Management）负责监控用户对网络资源的使用，以及计算网络的运行成本或应交的费用。对于网络运营商来说，记账管理是非常重要的功能。企业网也需要记录用户使用时间、网络与资源利用率等相关数据。记账管理的工作主要包括：统计数据传输量与线路占用时间等、确定计费方法（包月、计时与流量等）、计算用户账单（不同资源与时段等）。

（5）安全管理

安全管理（Security Management）负责保护被管网络中各类资源的安全，以及网络管理系统自身的安全。安全管理要利用各种层次的安全防护机制，尽可能减少非法入侵事件的发生，快速检测未经授权的资源使用问题，使网络管理员能够恢复部分受损文件。安全管理的工作主要包括：控制与维护对网络资源的访问权限、与安全措施有关的信息分发（例如密钥分发）、与安全有关的事件通知（例如网络有非法入侵）、与安全相关的网络操作记录与维护。

3. 网络管理技术发展的过程

理解网络管理的基本概念与 SNMP 协议时，需要注意以下几个问题：

（1）网络管理体系结构与网络管理协议

SNMP 实际上包括两部分内容：SNMP 体系结构与 SNMP 协议。前面介绍过，SNMP 体系结构通常由五部分组成：管理器、被管对象、代理、管理信息库和简单网络管理协议等。

某些设备与管理器之间不能直接交换管理信息，这类设备主要包括：集线器、调制解调器、简易交换机，以及某些便携式设备（PDA）等，它们不能支持复杂的网络管理协议。这时，需要为这类网络设备增加外部代理。外部代理采用 SNMP 与管理进程进行通信，还要与被管的网络设备之间通信。一个外部代理应该能够管理多个网络设备。

（2）对协议名称中"简单"一词的理解

实际上，网络管理是一个很困难的问题，它受到网络拓扑、网络规模、设备类型、网络状态等动态变化因素的影响。因此，描述网络管理的模型和协议也很复杂。网络中任何硬件与软件的增减都会影响网管对象的变化，因此网管系统在设计时一定要考虑如何将这种对象"添加"的影响减到最小。设计者希望用"简单"的系统结构和协议来解决复杂的网络管理问题。"简单"应理解为协议设计者的设计目标和技术路线。从 SNMP 协议的基本内容上看，SNMP 协议的交互过程简单，仅规定了 5 种消息对网络进行管理。为了简化和降低通信代价，它在传输层采用简单的 UDP 协议。

图 5-31 给出了 SNMP 协议的工作原理示意图。

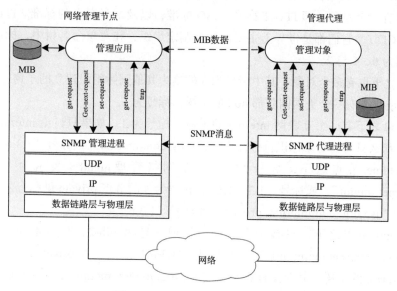

图 5-31　SNMP 协议的工作原理

（3）简单网络管理协议 SNMP 的完善过程

1988 年，第一个 TCP/IP 网络管理协议 SNMPv1 公布，立即受到产业界的认可和广泛应用。SNMPv1 在安全方面有一定的缺陷，于是 1990 年公布了 RFC 1155 ~ 1157 对 SNMP 进行修订。针对 SNMP 的安全性问题，1992 年发布了 RFC 1351 ~ 1353 对安全 SNMP（SNMPsec）标准进行定义。1993 ~ 1996 年，对 SNMPv2 进行多次修订。

2002 年 12 月，RFC 3410 ~ 3418 定义了 SNMPv3 标准，它的框架结构与 SNMPv1 基本保持一致。

5.6.2 SNMP 协议的基本内容

基于 SNMP 的网络管理主要解决三个问题：管理信息结构（SMI）、管理信息库（MIB）与 SNMP 协议规则。

1. 管理信息结构

管理信息结构（Structure of Management Information，SMI）是 SNMP 协议的重要组成部分。SMI 主要解决三个基本问题：被管对象如何命名，存储的被管对象数据有哪些类型，管理器与代理进程之间传输的数据如何编码。

（1）对象命名树的结构

SMI 规定了用于标识所有被管对象的**对象命名树**（Object Naming Tree）方法，如图 5-32 所示。对象命名树没有根，节点标识符用小写英文字母表示。对象命名树的结构为：

- 顶级有三个对象，即 ITU-T 标准、ISO 标准，以及两者联合的标准。ITU-T 的前身是 CCITT，它们都是世界上主要的标准制定组织，在对象命名树中，标识符的标号分别为 0、1 与 2。
- ISO 之下也有多个对象，其中标号为 3 的是为其他国际组织建立的子树，称为 org。
- 在 org 之下有一个美国国防部 dod 的子树，标号为 6。
- 在 dod 之下有一个互联网 internet 的子树，标号为 1。如果只讨论 internet 之下的子树，那么只需在对象标识符旁标出"iso.org.dod.internet"或标号"1.3.6.1"。
- 在 internet 节点之下，标号 2 的节点是网络管理 mgmt，表示为"iso.org.dod. internet. mgmt"，或标号"1.3.6.1.2"；标号为 4 的节点 private 供私有公司使用，表示为"iso.org. dod.internet. private"或标号"1.3.6.1.4"。
- 在 mgmt 节点之下，只有一个节点为管理信息库 mib-2，其对象标识符为"iso. org.dod. internet.mgmt.mib-2"或标号"1.3.6.1.2.1"。在 private 之下，有一个 enterprise 的子树，其对象标识符为"iso.org.dod.internet.private.enterprise"或标号"1.3.6.1.4.1"。
- 在 enterprise 的子树中，标号为 9 的节点分配给 Cisco 公司。所有 Cisco MIB 对象都是从"1.3.6.1.4.1.9"开始的。

（2）MIB 对象的定位

从以上讨论中可以看出，所有 MIB 对象都以对象命名树中两个分支来命名。

1）常规 MIB 对象：它不是某个厂商特定的，而是按照 SNMP 标准制定，这些对象都在 mgmt 节点之下的 Mib-2 子树（1.3.6.1.2.1）中。

2）专用 MIB 对象：它是由硬件制造商创建、用于某个网管系统中的，这些对象都在 private 节点之下的 enterprise 子树（1.3.6.1.4.1）中。

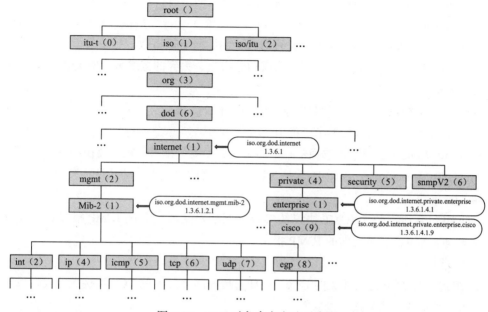

图 5-32 SMI 对象命名方法示意图

2. 管理信息库

RFC 1066 对 MIB 的定义做出了描述，它是作为 SNMPv1 协议的一部分出现。后来出现过多个关于 MIB 的 RFC 文档。RFC 1213 定义了 MIB 的第二个版本 MIB Ⅱ（图 5-30 所示的 Mib-2）。

常规 MIB 对象都在 Mib-2 子树（1.3.6.1.2.1）中。最早定义的对象数量比较多，为了用一种逻辑的方式组织这些对象，它们被安排在不同的对象组中。经过几次修订，已经有一部分组不再使用。表 5-5 给出了目前使用的 MIB 对象组。

表 5-5　目前使用的 MIB 对象组

组名	完整的组标识符	包含的主要内容
system /sys	1.3.6.1.2.1.1	与主机或路由器的操作系统相关的对象
interface/int	1.3.6.1.2.1.2	与网络接口相关的对象
ip/ip	1.3.6.1.2.1.4	与 IP 协议运行相关的对象
icmp/icmp	1.3.6.1.2.1.5	与 ICMP 协议运行相关的对象
tcp/tcp	1.3.6.1.2.1.6	与 TCP 协议运行相关的对象
udp/udp	1.3.6.1.2.1.7	与 UDP 协议运行相关的对象
egp/egp	1.3.6.1.2.1.8	与外部网关协议 EGP 运行相关的对象

（1）system 组

system 组是最基本的一个组，包括被管对象的硬件、操作系统、网管系统厂商、节点的物理地址等常用信息。网管系统发现新的系统接入网络时，首先就会访问该组。

（2）interface 组

interface 组包含与系统中接口相关的信息，例如网络接口数、接口类型、接口当前状态、接口当前速率的估计值、递交高层协议的分组数、丢弃的分组数、输出队列长度等。

（3）ip 组

ip 组包含 IP 协议中的各种参数信息。ip 组中有 3 个表：

- ipAddrTable：提供分配给节点的 IP 地址。
- ipRouteTable：提供路由选择信息，用于对路由器的配置检测、路由控制。
- ipNetToMediaTable：提供 IP 地址与物理地址之间对应关系的地址转换表。

（4）icmp 组

icmp 组包含所有关于 ICMP 协议的参数，例如发送或接收的 ICMP 报文数，以及出错、目的地址不可达、重定向的 ICMP 报文数等。

（5）tcp 组

tcp 组包含与 TCP 协议相关的信息，例如重传时间、支持的 TCP 连接数、发送或接收报文段数、重传或出错的报文段数等。

（6）udp 组

udp 组包含与 UDP 协议相关的信息，例如递交的数据报数、无法递交的数据报数、本地 IP 地址与本地端口号等。

（7）egp 组

egp 组包含与 EGP 协议相关的信息，例如接收到的正确或出错的 EGP 报文数、相邻网关的 EGP 表、本 EGP 实体连接的自治系统数等。

3. SNMP 的基本操作

SNMP 采用轮询的方式，周期性通过"读""写"操作来实现基本的网管功能。管理器通过向代理进程发送 Get 报文检测被管对象状态，使用 Set 报文修改被管对象状态。除了轮询方式之外，也允许被管对象在重要事件发生时，使用 Trap 报文向管理器进程报告。表 5-6 给出了 SNMPv3 报文的类型。

图 5-33 给出了管理进程执行 Get 操作的过程。管理进程向代理进程发送 Get 报文来读取被管对象的状态信息，代理进程以 Response-PDU 报文应答管理器。

图 5-34 给出了管理进程执行 Set 操作的过程。管理进程向代理进程发送 Set 报文来修改被管对象的状态信息，代理进程以 Response-PDU 报文应答管理器。从这两个操作可以看出，SNMP 协议的设计充分体现出以简单方法处理复杂问题的原则。

表 5-6　SNMPv3 的报文类型

操作类型	说明	SNMPv3 报文
读	使用轮询机制从一个被管对象读取管理信息的报文	GetRequest-PDU GetNextRequest-PDU GetBulkRequest-PDU
写	修改一个被管对象的管理信息的报文	SetRequest-PDU
响应	被管对象对请求返回的应答报文	Response-PDU
通知	被管对象向管理器报告重要事件发生的报文	Trapv2-PDU InformRequest-PDU

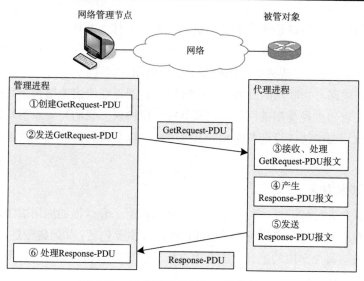

图 5-33　管理进程执行 Get 操作的过程

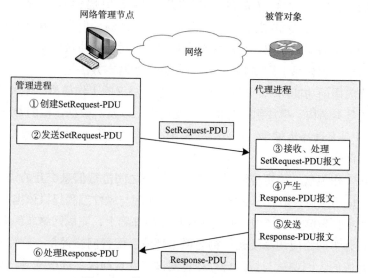

图 5-34　管理进程执行 Set 操作的过程

5.7 互联网应用的实现方法

在介绍各种网络应用与应用层协议的基础上，我们将通过分析一个典型的应用层协议——HTTP 的执行过程，对网络应用与网络协议、各层协议之间的关系，以及网络协议的实现技术加以深入和系统的讨论，帮助读者将所学的知识融会贯通，加深对互联网工作原理与网络应用实现方法的理解。

5.7.1 互联网应用协议实现过程的网络环境

网络应用与应用层协议是两个重要的概念。电子邮件、文件传输、Web、远程登录等属于基本网络应用，而电子政务、电子商务、即时通信、网络视频、网上购物、在线支付等都是基于 Web、P2P、多媒体的不同类型的网络应用。

随着移动互联网与物联网的发展，网络应用的类型正在快速地增长，我们已经无法精确统计互联网上有多少种类型的网络应用及其应用层协议。我们需要做的是找出不同类型的网络应用、应用层的协议设计与实现的共性方法，以帮助我们深入地理解网络应用的设计与实现技术。

1. 分析的基本方法

网络应用研究人员每设计一种网络应用，必须定制一套严谨的应用层协议。应用层协议规定了应用程序进程之间通信所遵循的通信规则，主要包括：如何构造进程通信的报文、报文包括的字段与每个字段的意义、交互的过程与时序等问题。软件工程师将根据协议规定的内容完成软件编程任务。

这些新的应用层协议可建立在传统的互联网应用层协议，例如 E-mail、FTP、TELNET、Web、DHCP、DNS 之上，也可以是独立设计的。但是，互联网应用层协议必须使用传输层及以下各层的协议，形成能够在互联网上运行的协议体系。

应用层协议、协议体系、网络软件的设计与开发的基本方法是：

- 根据网络应用的功能需求，设计相应的应用层协议的工作模型，主要描述客户机与服务器的基本结构、模块组成与协议交互过程，以及对数据传输的 QoS 要求。
- 根据 QoS 要求选择传输层、网络层、MAC 层与物理层的协议类型，形成完整的网络应用协议体系。
- 根据协议工作模型，确定应用层实体各个模块之间进行信息交互的语义、语法和时序，设计应用层协议数据单元结构，为系统实现与软件编程提供依据。
- 软件工程师在理解协议模型、明确协议规定的基础上，完成网络软件编程任务。
- 网络工程师为网络应用系统运行构建网络环境、配置网络设备；软件工程师完成网络应用系统的上网调试与试运行；经过测试、发现问题、修改完善之后，网络应用系统进入运行阶段。

本节将设计一个简化的客户机访问 Web 服务器的工作环境，分析客户端的浏览器访问 Web 服务器的应用层协议进程交互的时序、格式与意义，以及应用层与传输层、网络层、MAC 层等不同层次协议之间的协作过程，帮助读者直观地理解互联网设计方法与实现技术，为进一步学习互联网应用系统、协议与应用软件设计、编程技术奠定基础。

2. 测试分析环境

简化的客户机访问 Web 服务器的工作环境如图 5-35 所示。

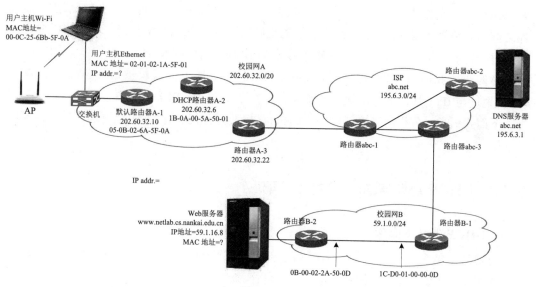

图 5-35　简化的客户机访问 Web 服务器的工作环境

简化的 Web 系统的工作环境主要包括 3 个互联的网络：用户所在的大学 A 的校园网 A、接入互联网的 ISP 网络、被访问的 Web 服务器所在的大学 B 的校园网 B。

假设用户是一位大学生，他带着一台笔记本电脑来到大学 A 的实验室，打算将笔记本电脑接入校园网 A，访问域名为 "www.netlab.cs.nankai.edu.cn" 的服务器。这台笔记本电脑有两块网卡：一块是 Ethernet 网卡（MAC 地址为 02-01-02-1A-5F-01），另一块是 Wi-Fi 无线网卡（MAC 地址为 00-0C-25-6B-5F-0A）。

显然，接入校园网 A 有两种方法。第一种方法是用一根 Ethernet 连接电缆，一头连接笔记本网卡的 RJ-45 接口，另一头连接到实验室交换机的 RJ-45 接口，通过 Ethernet 接入校园网 A；第二种方法是通过笔记本的无线 Wi-Fi 网卡，登录实验室的无线接入点 AP，通过 Wi-Fi 以无线方式接入校园网 A。假设这次采用的是通过 Ethernet 有线方式接入校园网。需要注意的是，由于这台笔记本电脑是第一次接入校园网 A，因此它还没有本地的 IP 地址，可用的只有 Ethernet 网卡的 MAC 地址。如果他希望键入"http://www.netlab.cs.nankai.edu.cn"之后就可以访问 Web 服务器，那么后台的网络程序要完成以下工作。

第一步：通过校园网 A 的 DHCP 协议为这台计算机分配一个本地的 IP 地址。

第二步：键入"http:// www.netlab.cs.nankai.edu.cn"就能够访问 Web 服务器的前提是校园网 A 的域名服务器知道这个域名对应的 IP 地址。如果不知道，用户主机需要通过域名解析 DNS 程序，查询域名"www.netlab.cs.nankai.edu.cn"对应的 IP 地址。

第三步：对于 TCP/IP 协议来说，IP 地址用于网络层的路由选择；路由选择可找出客户端到服务器的完整的端 – 端传输路径。但是，完整的传输路径由 MAC 层的多段点 – 点链路组成。IP 分组需要通过多段点 – 点链路实现端 – 端路径之间传输。MAC 层点 – 点链路之间的帧传输使用的是 MAC 地址。如果我们只知道服务器的 IP 地址，那么还需要进一步通过地址解析协议 ARP，查询 Web 服务器的 IP 地址对应的 MAC 地址。

第四步：我们已获得用户主机的 MAC 地址与 IP 地址，以及被访问 Web 服务器的 MAC 地址与 IP 地址，下一步就可以通过 HTTP 协议访问该 Web 服务器。

下面我们通过分析网络协议每一步的执行过程，剖析互联网的工作原理、过程与实现方法。

5.7.2 DHCP 协议与动态 IP 地址分配

1. DHCP 的基本概念

随着越来越多的计算机与移动终端设备接入互联网，DHCP 变得越来越重要。理解 DHCP 协议的作用时，需要注意以下几个问题：

- DHCP 提供一种"即插即用联网"机制，允许一台主机接入网络之后自动发出 DHCP 请求报文，以获取一个本地 IP 地址及租用期等参数。
- DHCP 协议采用客户端 / 服务器工作模式。一台运行 Linux、OS 或 Windows 操作系统的笔记本都安装有 DHCP 客户端程序；一台路由器或无线 AP 设备都内嵌有 DHCP 服务器程序。
- DHCP 协议报文在传输层采用 UDP 协议。UDP 分配给 DHCP 协议的熟知端口号如下：服务器端口号为 67，客户端为 68。
- DHCP 服务器以租用方式动态地为主机分配 IPv4 地址，并管理以 4 字节二进制数表示的 IP 地址租用期，单位为秒。

2. DHCP 协议的执行过程

（1）DHCP 客户端与服务器的交互过程。

DHCP 客户端与服务器的交互过程如图 5-36 所示。

DHCP 客户端与服务器的交互过程分 4 步进行：

1）DHCP 客户端使用 DHCP 协议构造一个"DHCPDISCOVER"服务器发现报文，以广播方式发送出去，从而发现可用的 DHCP 服务器。

2）凡是接收到 DHCP 客户端请求报文的 DHCP 服务器都要返回一个"DHCPOFFER"应答报文。

3）网络中可能有多个 DHCP 服务器收到"DHCPDISCOVER"请求报文，并返回了"DHCPOFFER"应答报文，DHCP 客户端需要从中选择一个 DHCP 服务器，然后向被选择的服务器发送一个"DHCPREQUST"请求报文。

4）被选择的 DHCP 服务器向 DHCP 客户端发送一个"DHCPACK"应答报文，其中包含分配给客户端的 IP 地址与租用期等信息，使客户端的 MAC 地址与被分配的 IP 地址形成"绑定"关系。

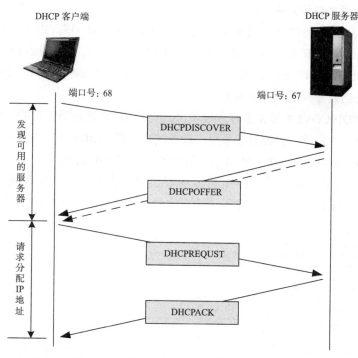

图 5-36　DHCP 客户与服务器的交互过程

（2）DHCP 的报文封装过程

DHCP 报文属于应用层报文，它要先经过传输层、网络层与 MAC 层的封装，再通过物理层发送出去。

1）构造 DHCP 报文。

我们以简化的 DHCP 服务器发现报文格式来说明 DHCP 报文发送过程。DHCP 服务器发现报文格式主要包括以下内容。

- 操作码字段（8bit）：表示 DHCP 报文类型。客户端发送的 DHCPDISCOVER、DHCPOFFER 报文的操作码为 1；服务器发送的 DHCPOFFER、DHCPACK 报文的操作码为 2。
- 硬件类型字段（8bit）：表示本地网络 MAC 层协议类型。硬件类型为 1 表示采用的是 IEEE 802.3 标准的 Ethernet。
- 硬件地址长度字段（8bit）：表示本地网络 MAC 层硬件地址长度。硬件类型为 6 表示采用的是 48 位长度的 Ethernet 地址。

2）将 DHCP 报文封装到 UDP 报文中。

DHCP 报文需要封装在 UDP 报文中。由于 DHCPDISCOVER 报文是由客户端发送，因此该报文中的源端口号 =68，目的端口号 =67。

3）将 UDP 报文封装到 IP 分组中。

将 UDP 报文封装到 IP 分组中时，IP 报头中的协议类型 =17。由于这时客户端还没有获得 IP 地址，因此 IP 报头中的源地址 =0.0.0.0。同时，它也不知道 IP 分组的目的主机——DHCP 服务器的 IP 地址，因此只能使用广播地址，目的地址 =255.255.255.255。

4）将 IP 分组封装到 Ethernet 帧中。

由于 DHCPDISCOVER 报文由客户端发出，它的 MAC 地址是已知的，而 DHCP 服务器的 MAC 地址是未知的，因此只能采用广播方式来发送。Ethernet 帧头中的目的 MAC 地址 =FF-FF-FF-FF-FF-FF-FF-FF，源 MAC 地址 =02-01-02-1A-5F-01。

最后，封装好的 DHCP 请求报文通过物理层发送出去，这样就完成了客户端查询 DHCP 服务器的 "DHCPDISCOVER" 请求报文的发送过程（如图 5-37 所示）。

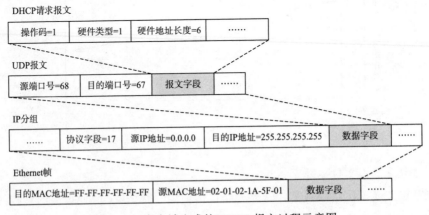

图 5-37　客户端生成的 DHCP 报文过程示意图

3. DHCP 服务器地址分配

图 5-38 给出了在客户机中捕获的 DHCP 协议执行过程。图中上方的 No.1 ~ No.4 显示的是客户端与 DHCP 服务器的 4 次报文交互，下方是打开 No.4 报文"DHCPACK"的详细内容。

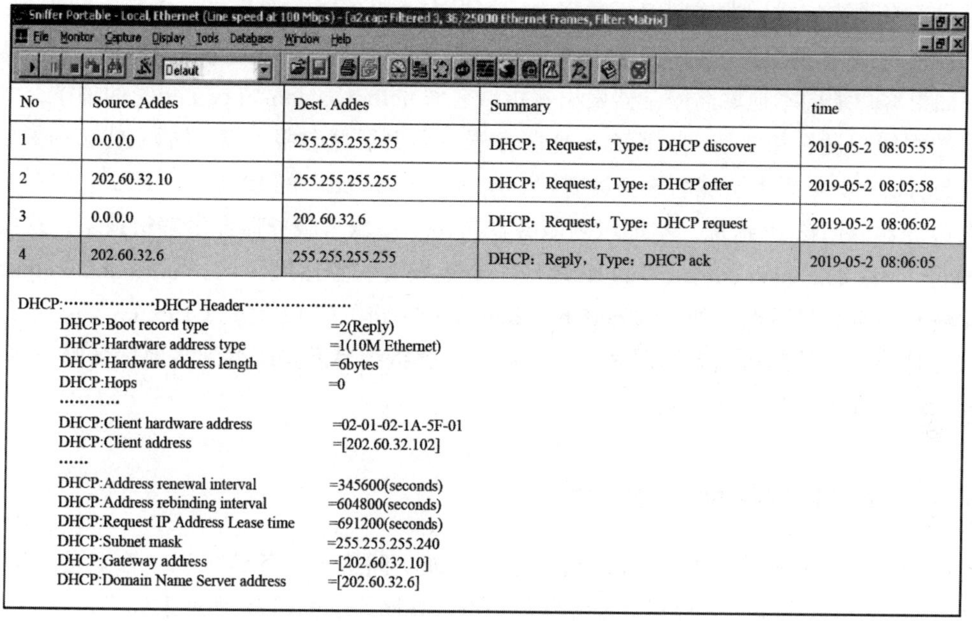

No	Source Addes	Dest. Addes	Summary	time
1	0.0.0.0	255.255.255.255	DHCP：Request，Type：DHCP discover	2019-05-2 08:05:55
2	202.60.32.10	255.255.255.255	DHCP：Request，Type：DHCP offer	2019-05-2 08:05:58
3	0.0.0.0	202.60.32.6	DHCP：Request，Type：DHCP request	2019-05-2 08:06:02
4	202.60.32.6	255.255.255.255	DHCP：Reply，Type：DHCP ack	2019-05-2 08:06:05

```
DHCP:·················DHCP Header·················
    DHCP:Boot record type              =2(Reply)
    DHCP:Hardware address type         =1(10M Ethernet)
    DHCP:Hardware address length       =6bytes
    DHCP:Hops                          =0
    ············
    DHCP:Client hardware address       =02-01-02-1A-5F-01
    DHCP:Client address                =[202.60.32.102]
    ······
    DHCP:Address renewal interval      =345600(seconds)
    DHCP:Address rebinding interval    =604800(seconds)
    DHCP:Request IP Address Lease time =691200(seconds)
    DHCP:Subnet mask                   =255.255.255.240
    DHCP:Gateway address               =[202.60.32.10]
    DHCP:Domain Name Server address    =[202.60.32.6]
```

图 5-38　DHCP 协议执行过程示意图

从图 5-37 的 No.4 报文"DHCPACK"中可以看出：

- 客户端的 MAC 地址为 02-01-02-1A-5F-01。
- DHCP 客户端被分配的 IP 地址为 202.60.32.102。
- IP 地址租用批准时间为 2019-05-2　08:06:05。
- IP 地址的租用期长度为 691 200 秒（8 天）。
- 子网掩码为 255.255.255.240。
- 默认网关地址是 202.60.32.10。
- DNS 服务器的 IP 地址是 202.60.32.6。

至此，本次 DHCP 协议执行过程完成。

5.7.3　DNS 协议与域名解析

在执行了 DHCP 与 ARP 协议之后，客户机拥有了自己的 IP 地址与 MAC 地址。但是，现在，客户端仅知道要访问的 Web 服务器的域名"netlab.cs.nankai.edu.cn"，不知道它的

IP 地址。这时，仍然不能实现客户端与 Web 服务器之间的通信。接下来需要做的是：借助 DNS 协议完成从域名到 IP 地址的解析。

前面说过，域名解析有两种方法：反复解析与递归解析。如果采用反复解析的方法，域名解析过程主要由客户端来完成；如果采用递归解析的方法，域名解析过程主要由本地域名服务器来完成。在递归解析过程中，如果本地服务器中没有"netlab.cs.nankai.edu.cn"相关的 IP 地址信息，那么它负责完成域名解析的过程，并将最终结果返回给客户端。

如果客户端向本地域名服务器发出解析域名"netlab.cs.nankai.edu.cn"的请求，本地域名数据库中没有相关信息，那么本地服务器就向上层域名服务器（例如 dns.cernet.edu. cn）提出请求。如果上层域名服务器有"dns.nankai.edu.cn"的 IP 地址，那么它将向本地域名服务器返回该 IP 地址。本地域名服务器再向上层域名服务器提出解析请求，这次返回的是"dns.cs.nankai.edu.cn"的 IP 地址。本地域名服务器继续向"dns.nankai.edu.cn"提出解析请求，最后返回的是"netlab.cs.nankai.edu.cn"的 IP 地址（195.6.3.1）。本地域名服务器将最终的解析结果返回客户端。同时，解析结果需要缓存到本地域名服务器中。至此，本次域名解析过程完成。

5.7.4 ARP 协议与 MAC 地址解析

客户端知道服务器的 IP 地址之后，是否就能访问这个服务器了呢？答案是否定的。对于 TCP/IP 协议来说，客户端、服务器与路由器在网络层都用 IP 地址来标识，IP 地址可以实现互联网中节点之间的路由选择，但是 IP 分组要通过 MAC 层在相邻节点之间传输，而 MAC 层的帧传输时使用的是 MAC 地址（例如 Ethernet 的 48 位硬件地址）。如果仅知道节点的 IP 地址但不知道对应的 MAC 地址，需要通过地址解析协议（ARP）解析出 Web 服务器的 MAC 地址。

地址解析第一步是由客户机来产生 ARP 请求报文。简化的 ARP 请求报文格式如图 5-39 所示。

ARP 报文中各个字段及作用如下：

- 硬件类型（16bit）：表示发送端的物理网络类型。当硬件类型字段值为 1 时，表示发送端的物理网络是 Ethernet。
- 协议类型（16bit）：表示发送端的网络层协议类型。当协议类型字段值为 0x0800 时，表示发送端的网络层

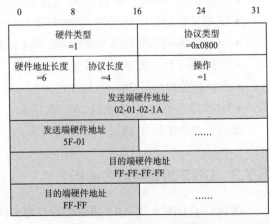

图 5-39 ARP 请求分组格式

采用 IPv4 协议。

- 硬件地址长度（8bit）：表示以字节为单位的 MAC 地址长度。当硬件地址长度值为 6 时，表示硬件地址长度为 48 位。
- 协议长度（8bit）：表示以字节为单位的网络层地址长度。当协议长度值为 4 时，表示网络层地址长度为 32 位。
- 操作（16bit）：表示 ARP 报文的类型。当操作字段值为 1 时，表示 ARP 请求报文；当操作字段值为 2 时，表示 ARP 响应报文。
- 发送端硬件地址（48bit）：表示以字节为单位的源节点 MAC 地址。Ethernet 的 MAC 地址长度为 48 位。
- 目的端硬件地址（48bit）：表示以字节为单位的目的节点 MAC 地址。Ethernet 的 MAC 地址长度为 48 位。

在以上讨论的例子中，客户端发出的 ARP 请求报文的各个字段的值是：

- 硬件类型 =1
- 协议类型 =0x0800
- 硬件地址长度 =6
- 协议长度 =4
- 操作 =1
- 发送端硬件地址 =02-01-02-1A-5F-01
- 目的端硬件地址 =FF-FF-FF-FF-FF-FF

客户端发送的 ARP 请求报文的封装过程如图 5-40 所示。

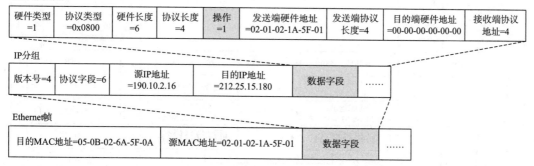

图 5-40　客户端发送的 ARP 请求报文的封装过程

理解 ARP 协议的实现过程时，需要注意两个问题：

第一，由于封装 ARP 请求报文的帧要通过广播方式发送，因此其目的端硬件地址应设置为 FF-FF-FF-FF-FF-FF-FF-FF。接收到客户端发送的 ARP 请求报文之后，ARP 服务器向客户端发送一个封装 ARP 应答报文的帧，其中包含 Web 服务器的 IP 地址对应的

MAC 地址。接收到 ARP 应答分组之后，客户端将 Web 服务器的 IP 地址、MAC 地址存入 "IP 地址 /MAC 地址映射表" 中。这样，客户端就能直接向 Web 服务器发送服务请求。

第二，Ethernet 帧的目的 MAC 地址不是 Web 服务器的 MAC 地址，而是校园网 A 中与交换机连接的路由器 A-1 接口的 MAC 地址。由于 ARP 报文被封装在 Ethernet 帧中，由客户端通过交换机传送到路由器的 A-1 接口，因此需要使用的源 MAC 地址是客户端的 MAC 地址（02-01-02-1A-5F-01），目的地址是与交换机相连的路由器 A-1 接口的 MAC 地址（05-0B-02-6A-5F-0A）。当从路由器 A-1 发送到路由器 A-2 时，Ethernet 帧的目的地址是路由器 A-2 接口的 MAC 地址。这样，按照路由选择算法确定的传输路径，MAC 层逐跳地将封装在帧中的 IP 分组从源节点（客户机）发送到目的节点（Web 服务器）。

在完成 Web 服务器的 MAC 地址解析之后，客户端已经知道 Web 服务器的 MAC 地址、IP 地址，以及 TCP 协议分配给 Web 服务器的熟知端口号 80。同时，客户端也知道自己的 MAC 地址、IP 地址，并由 TCP 软件随机分配了一个临时端口号（例如 65500）。图 5-41 给出了客户端通过互联网访问 Web 服务器的网络环境。

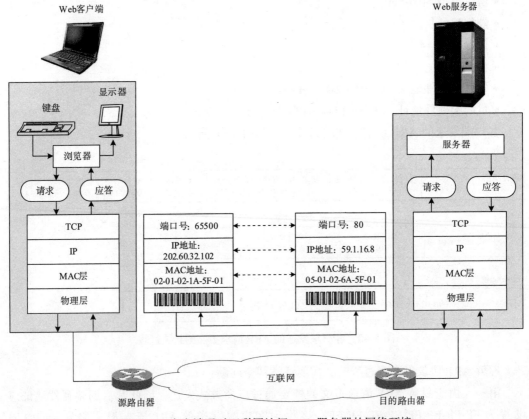

图 5-41　客户端通过互联网访问 Web 服务器的网络环境

在分析客户端访问服务器之前各个阶段的准备工作时，需要注意以下两个问题：

- 在覆盖全世界的互联网中，没有哪台计算机、路由器能够全面掌握互联网中的所有细节，尤其是 DNS 与 ARP 协议要处理各种状况，因此协议内容要比我们讨论中给出的描述复杂得多，并且这些协议一直处于不断完善中。
- DNS 与 ARP 协议经过多年的发展和完善，基本上形成了比较完备的服务器体系，各个企业网、校园网与 ISP 网络都有大量分层的 DNS、ARP 服务器为用户提供服务；服务器也采用自学习的方式，缓存用户解析过或可能用到的地址信息，从而为提高服务质量发挥重要的作用。

5.7.5　客户端访问 Web 服务器

在获得 MAC 地址、IP 地址与端口号等信息之后，客户端就进入访问 Web 服务器的阶段。用户通过浏览器向 Web 服务器发送一个 HTTP 请求报文。请求报文中包括用户发送的具体请求，例如请求显示图像与文本信息，下载可执行程序、语音或视频文件等。图 5-42 给出了请求报文的发送过程与结构。请求行是请求报文中的重要组成部分，它包括三个字段：方法、URL 与 HTTP 版本。其中，方法用于表示浏览器发送给服务器的操作请求，Web 服务器将按照用户的请求来提供服务。

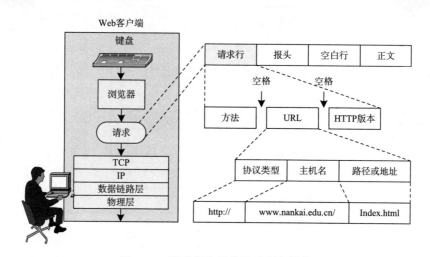

图 5-42　请求报文的发送过程与结构

Web 服务器接收到浏览器发送的请求报文之后，会向浏览器返回一个 HTTP 应答报文。图 5-43 给出了应答报文的发送过程与结构。状态行是应答报文中的重要组成部分，它包括三个字段：HTTP 版本、状态码和状态短语。其中，状态码用于表示服务器对操作请求的处理情况，是否成功完成操作以及具体的问题。

图 5-44 给出了浏览器与 Web 服务器通过互联网发送请求与应答的交互过程。

图 5-45 是从浏览器端截获的访问 Web 服务器的报文交互过程。

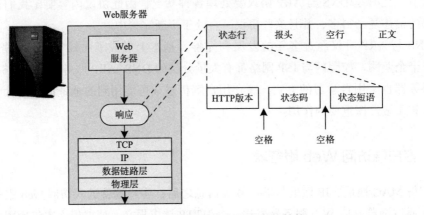

图 5-43　应答报文的发送过程与结构

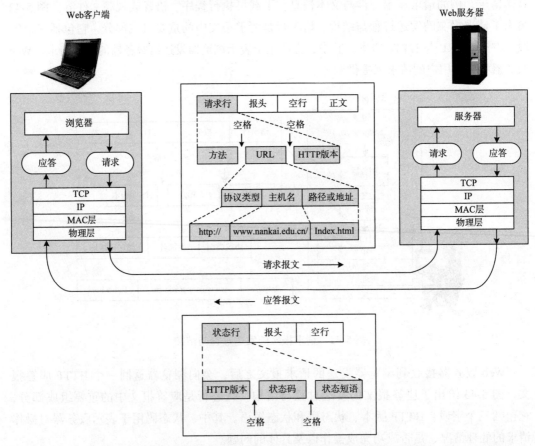

图 5-44　浏览器与 Web 服务器发送请求与应答的交互过程

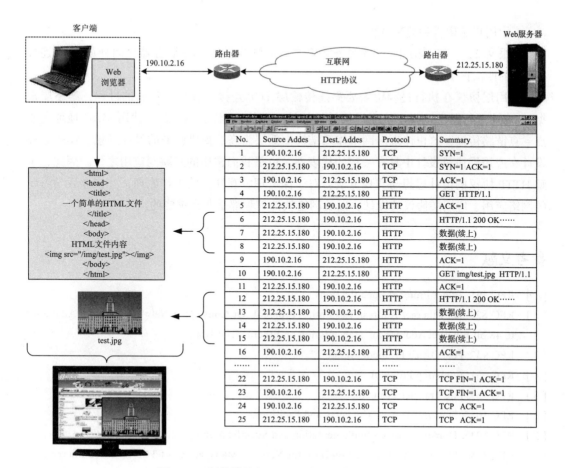

图 5-45　浏览器访问 Web 服务器的报文交互过程

我们根据图 5-45 来解释 HTTP 协议的交互过程。

- 报文 1 ~ 3 表示在 Web 服务开始之前，浏览器与 Web 服务器之间建立 TCP 连接的三次握手。
- 报文 4 表示浏览器向服务器发出"GET/HTTP/1.1"请求，希望获得 Web 服务器中的主页。
- 报文 5 ~ 8 表示 Web 服务器向浏览器传输网页内容。
- 报文 9 表示浏览器对正确接收 Web 服务器传输数据的应答。
- 报文 10 表示浏览器向 Web 服务器程序发出"GET/img/sylogo1.gif HTTP1.1"请求，希望获得 Web 服务器中的 sylogo1.gif 文件。
- 报文 11 表示浏览器对正确接收 Web 服务器传输数据的应答。
- 报文 12 ~ 15 表示 Web 服务器向浏览器发送 sylogo1.gif 文件。这个过程可能一直继续下去。当浏览器获得显示主页所需的所有文本、图像等文件之后，浏览器就会显示用户希望看到的主页。

- 报文 22 ~ 25 表示在 Web 服务结束之后，浏览器与 Web 服务器之间释放 TCP 连接的四次握手。

应用层协议在执行过程中需要穿插传输层 TCP 连接、管理与释放的过程，网络层根据 IP 地址进行路由选择，从而寻找最优的端 – 端传输路径，MAC 层使用 MAC 地址完成点 – 点链路传输，这也体现出网络体系结构中低层为高层提供服务的设计思想。Web 服务设计在应用层协议设计中具有一定的代表性，也是我们常用的互联网应用之一。因此，了解 HTTP 协议的设计思想与实现方法，对于深入理解互联网的工作原理，并在今后学习新的网络应用、应用层协议的设计，以及网络软件编程都是非常重要的。

参考文献

[1]　RFC 495: Telnet Protocol Specifications.

[2]　RFC 826: An Ethernet Address Resolution Protocol: Or Converting Network Protocol Addresses to 48.bit Ethernet Address for Transmission on Ethernet Hardware.

[3]　RFC 937: Post Office Protocol: Version 2.

[4]　RFC 951: Bootstrap Protocol.

[5]　RFC 959: File Transfer Protocol.

[6]　RFC 1034: Domain Names - Concepts and Facilities.

[7]　RFC 1035: Domain Names - Implementation and Specification.

[8]　RFC 1156: Management Information Base for Network Management of TCP/IP-based Internet.

[9]　RFC 1157: Simple Network Management Protocol (SNMP).

[10]　RFC 1176: Interactive Mail Access Protocol: Version 2.

[11]　RFC 1203: Interactive Mail Access Protocol: Version 3.

[12]　RFC 1212: Concise MIB Definitions.

[13]　RFC 1213: Management Information Base for Network Management of TCP/IP-based Internet: MIB-II.

[14]　RFC 1350: The TFTP Protocol (Revision 2).

[15]　RFC 1635: How to Use Anonymous FTP.

[16]　RFC 1738: Uniform Resource Locators (URL).

[17]　RFC 1866: Hypertext Markup Language - 2.0.

[18]　RFC 1939: Post Office Protocol - Version 3.

[19]　RFC 1945: Hypertext Transfer Protocol - HTTP/1.0.

[20]　RFC 2045: Multipurpose Internet Mail Extensions (MIME) Part One: Format of Internet Message Bodies.

[21]　RFC 2046: Multipurpose Internet Mail Extensions (MIME) Part Two: Media Types.

[22] RFC 2047: MIME (Multipurpose Internet Mail Extensions) Part Three: Message Header Extensions for Non-ASCII Text.

[23] RFC 2048: Multipurpose Internet Mail Extensions (MIME) Part Four: Registration Procedures.

[24] RFC 2049: Multipurpose Internet Mail Extensions (MIME) Part Five: Conformance Criteria and Examples.

[25] RFC 2131: Dynamic Host Configuration Protocol.

[26] RFC 2132: DHCP Options and BOOTP Vendor Extensions.

[27] RFC 2186: Internet Cache Protocol (ICP), Version 2.

[28] RFC 2187: Application of Internet Cache Protocol (ICP), Version 2.

[29] RFC 2390: Inverse Address Resolution Protocol.

[30] RFC 2535: Domain Name System Security Extensions.

[31] RFC 2741: Agent Extensibility (AgentX) Protocol Version 1.

[32] RFC 2854: The "text/html" Media Type.

[33] RFC 3261: SIP: Session Initiation Protocol.

[34] RFC 3262: Reliability of Provisional Responses in Session Initiation Protocol (SIP).

[35] RFC 3263: Session Initiation Protocol (SIP): Locating SIP Servers.

[36] RFC 3264: An Offer/Answer Model with Session Description Protocol (SDP).

[37] RFC 3265: Session Initiation Protocol (SIP) - Specific Event Notification.

[38] RFC 3410: Introduction and Applicability Statements for Internet-Standard Management Framework.

[39] RFC 3411: An Architecture for Describing Simple Network Management Protocol (SNMP) Management Frameworks.

[40] RFC 3412: Message Processing and Dispatching for the Simple Network Management Protocol (SNMP).

[41] RFC 3413: Simple Network Management Protocol (SNMP) Applications.

[42] RFC 3414: User-based Security Model (USM) for version 3 of the Simple Network Management Protocol (SNMPv3).

[43] RFC 3415: View-based Access Control Model (VACM) for the Simple Network Management Protocol (SNMP).

[44] RFC 3416: Version 2 of the Protocol Operations for the Simple Network Management Protocol (SNMP).

[45] RFC 3417: Transport Mappings for the Simple Network Management Protocol (SNMP).

[46] RFC 3418: Management Information Base (MIB) for the Simple Network Management Protocol (SNMP).

[47] RFC 3501: Internet Message Access Protocol - Version 4.

[48] RFC 3986: Uniform Resource Identifier (URI): Generic Syntax.

[49] RFC 4502: Remote Network Monitoring Management Information Base Version 2.

[50]   RFC 5321: Simple Mail Transfer Protocol.

[51]   RFC 5322: Internet Message Format.

[52]   RFC 7230: Hypertext Transfer Protocol (HTTP/1.1): Message Syntax and Routing.

[53]   RFC 7231: Hypertext Transfer Protocol (HTTP/1.1): Semantics and Content.

[54]   RFC 7232: Hypertext Transfer Protocol (HTTP/1.1): Conditional Requests.

[55]   RFC 7233: Hypertext Transfer Protocol (HTTP/1.1): Range Requests.

[56]   RFC 7234: Hypertext Transfer Protocol (HTTP/1.1): Caching.

[57]   RFC 7235: Hypertext Transfer Protocol (HTTP/1.1): Authentication.

[58]   RFC 7540: Hypertext Transfer Protocol Version 2 (HTTP/2).

[59]   Cricket Liu 等 . DNS 与 BIND（第 5 版）[M]. 房向明，等译 . 北京：人民邮电出版社，2014.

[60]   David Gourley 等 . HTTP 权威指南 [M]. 陈涓，等译 . 北京：人民邮电出版社，2012.

[61]   Ilya Grigorik. Web 性能权威指南 [M]. 李松峰，译 . 北京：人民邮电出版社，2014.

[62]   W Bruce Croft 等 . 搜索引擎：信息检索实践 [M]. 刘挺，等译 . 北京：机械工业出版社，2010.

[63]   Rajkumar Buyya 等 . 内容分发网络 [M]. 宋伟，等译 . 北京：机械工业出版社，2014.

[64]   Douglas E Comer. 自动网络管理系统 [M]. 吴英，等译 . 北京：机械工业出版社，2009.

[65]   Charles M Cozierok 等 . TCP/IP 指南（卷 2）：应用层协议 [M]. 陈鸣，等译 . 北京：人民邮电出版社，2008.

[66]   上野宣 . 图解 HTTP[M]. 于均良，译 . 北京：人民邮电出版社，2014.

云计算技术与应用

云计算是并行计算、软件与网络技术发展的必然结果。云计算可以为互联网或企业网用户提供方便、灵活、按需配置的计算、存储、网络与应用服务。云计算已渗透到当今社会的各行各业，成为互联网的重要基础设施之一。本章将先介绍云计算的概念，之后对云计算的体系结构、关键技术、服务与部署方式进行系统的讨论。最后介绍数据中心网络和虚拟化技术。

6.1 云计算的基本概念

6.1.1 云计算概念的提出与发展

云计算并不是一个全新的概念。早在 1961 年，计算机先驱约翰·麦卡锡（John McCarthy）就预言："未来的计算资源能像公共设施（例如水、电）一样被使用"。为了实现这个目标，在之后的几十年里，学术界和产业界陆续提出了网络计算、分布式计算、并行计算、集群计算技术，而云计算正是在这些技术的基础上发展起来的。

- 1983 年，Sun 公司提出"网络即计算机"（Network is Computer）的概念。
- 2006 年 3 月，亚马逊（Amazon）公司推出了弹性计算云（Elastic Compute Cloud，EC2）服务。
- 2006 年 8 月，谷歌公司 CEO 埃里克·施密特在圣何塞市举行的 2006 搜索引擎大会上首次提出"云计算"（Cloud Computing）的概念。
- 2007 年 10 月，谷歌公司与 IBM 公司开始在卡内基·梅隆大学、麻省理工学院、斯坦福大学、加州大学伯克利分校、马里兰大学等高校内部署云计算系统，推动并行计算与分布式计算的教学与研究。
- 2008 年 7 月，雅虎、惠普和英特尔公司宣布了一项由美国、德国和新加坡科学家参与的联合研究计划，推进云计算测试床研究。

• 2009 年 7 月，美国政府宣布在信息基础设施建设中推进发展云计算战略。

我国政府高度重视云计算的发展。结合物联网等新兴产业的快速推进，在多个城市开展了云计算试点和示范工程，云计算在智能电网、智能交通、智能物流、智能医疗、智能家居与金融服务业的试点工作取得了初步的成效。云计算平台已成为我国互联网、移动互联网与物联网发展的重要信息基础设施。

6.1.2 云计算的定义

美国国家标准与技术研究院（National Institute of Standards and Technology，NIST）在 NIST SP-800-145 中给出了云计算的定义：*云计算是一种按使用量付费的运营模式，支持泛在接入、按需使用的可配置计算资源池。计算资源池包括网络、服务器、存储器、应用与服务。*

在云计算的讨论中，我们经常会用术语"用户"表示云计算的"客户"或"消费者"，用术语"云"表示"云服务提供商"。例如，如果用户完成一项计算需要 8 个 CPU、16GB 内存，他可以将需求提交给云，云从资源池中将这些资源分配给用户，用户连接到云并使用这些资源。当用户完成计算任务之后，将这些资源释放回资源池，这些资源又可以被分配给其他用户使用。如果一个企业与云服务提供商签约，那么该企业的 500 名员工都是云用户，员工上班时同时使用云服务就像在本地启动几百台服务器一样。

云计算将计算、存储与网络实现的细节"隐藏"在云端，普通用户不再需要关心数据保存在哪里、数据是通过什么样的 CPU 计算的、应用程序是否需要升级、计算机病毒是不是需要清理，这些工作都由云计算中心负责完成。普通用户要做的就是选择能够满足需求的云计算服务提供商，购买自己需要的服务，并为之付费。云计算使得普通用户可以获得享受高性能计算的机会，因为云计算能够提供几乎无限制的计算与存储能力。计算与存储的弹性化、使用的便捷性，是云计算的重要特征。

图 6-1 给出了 NIST 总结的云计算的"五个基本特征、三种服务模式、四种部署方式"。

6.1.3 云计算的特征

云计算的特征主要表现在以下几个方面。

（1）泛在接入

云计算作为一种利用互联网技术实现的随时随地、按需访问、共享计算、存储与软件资源的计算模式，用户的各种终端设备（例如 PC、笔记本、智能手机、可穿戴计算设备、智能机器人和各种移动终端设备）都可以作为云终端，随时随地访问云。所有资源都可以从资源池中获得，而不是直接从物理资源处提取。

图 6-1 云计算的特征、服务模式与部署方式示意图

（2）按需服务

云计算可根据用户的实际计算量与数据存储量自动分配 CPU 数量与存储空间大小，伸缩自如、弹性扩展、可快速部署和释放资源，从而避免由于服务器性能过载或冗余而导致的服务质量下降或资源浪费。用户可以自主管理分配给自己的资源，不需要云服务提供商技术人员的参与。

（3）快速部署

云计算不针对特定类型的网络应用，并且能同时运行多种不同的应用。在云的支持下，用户可以方便地开发各种应用软件，组建自己的网络应用系统，做到快速、弹性地使用资源与部署业务。

（4）量化收费

云计算可监控用户使用的计算、存储等资源，并根据资源的使用量进行计费。尽管用户需要为自己使用资源而付费，但是用户无须在业务扩大时不断购置服务器、存储器设备与增大网络带宽，无须专门招聘网络、计算机与应用软件开发人员，也无须在数据中心的运维上花费时间和精力，实际上降低了应用系统开发、运行与维护的成本。同时，云采用数据多副本备份、节点可替换等方法，极大地提高了应用系统的可靠性。

（5）资源池化

云计算系统管理着一组包括虚拟的网络、服务器、存储、应用软件与服务的资源池，可提供给用户共享。云计算资源可以在很少的管理工作或服务提供商的参与下快速分配和释放。从这个角度来看，云计算是一种新的运作模式和一组用于管理资源共享池的技术。因此，云计算既是一种技术，更是一种服务模式。

理解云计算的基本概念时，需要注意以下几点：

第一，创建云的关键技术是抽象与调配。云计算将底层的物理基础设施的计算、存储、网络资源，用虚拟化技术抽象出来创建"资源池"，以"服务"形式交付给用户。

第二，云计算的基本特征之一是"云网一体"。云计算将计算机集群构成数据中心，数据中心是跨域调度资源的枢纽，为用户提供整体性解决方案。

第三，云计算的核心是"应用"和"服务"。用户可以像使用"水和电"一样，按需购买云计算服务提供商的计算、存储与网络资源，但是用户的付费意愿取决于用户体验。因此，能否显著地提升用户体验效果，是对云计算服务提供商最重要的考验。

云计算服务如图 6-2 所示。

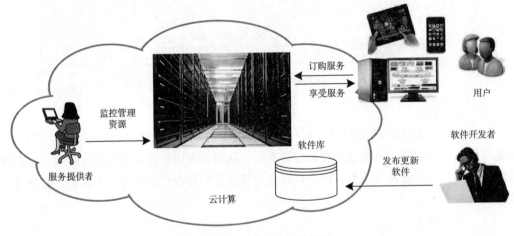

图 6-2 云计算服务示意图

6.1.4 云计算的服务模式

云计算服务商提供的服务模式可以分为三种：

- IaaS（Infrastructure-as-a-Service）：基础设施即服务。
- PaaS（Platform-as-a-Service）：平台即服务。
- SaaS（Software-as-a-Service）：软件即服务。

对于互联网应用系统的用户来说，云计算系统是由云基础设施、云平台与云应用软件组成的。IaaS、PaaS 与 SaaS 服务模式的特点如图 6-3 所示。

1. IaaS、PaaS 与 SaaS 的特点

（1）IaaS

如果用户不想购买服务器，而是通过互联网租用云中的虚拟主机、存储空间与网络带宽，那么这种服务方式体现出"基础设施即服务"（IaaS）的特点。

在 IaaS 应用模式中，用户可以访问云端底层的基础设施资源。IaaS 提供网络、存储、服务器和虚拟机资源。用户在此基础上可以部署和运行自己的操作系统与应用软件，实现计算、存储、内容分发、备份与恢复等功能。

在这种模式中，用户自己负责应用软件开发与应用系统的运行与管理，云计算服务商仅负责云基础设施的运行与管理。

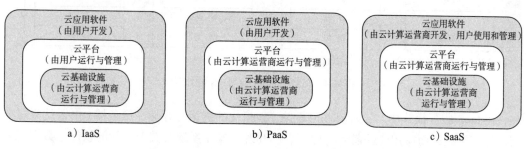

图 6-3　IaaS、PaaS 与 SaaS 服务模式的特点

（2）PaaS

如果用户不但租用云中的虚拟主机、存储空间与网络带宽，而且利用云计算服务商的操作系统、数据库系统、应用程序接口（API）来开发网络应用系统，那么这种服务方式体现出"平台即服务"（PaaS）的特点。

PaaS 服务比 IaaS 服务更进一步，它是以平台的方式为用户提供服务。PaaS 提供用于构建应用软件的模块，以及包括编程语言、运行环境与部署应用的开发工具。PaaS 可作为开发大数据服务系统、智能商务应用系统，以及可扩展的数据库、Web 应用的通用应用开发平台。

在这种模式下，用户负责应用软件开发与应用系统的运行与管理，云计算服务商负责云基础设施与云平台的运行与管理。

（3）SaaS

如果更进一步，用户直接在云中的定制软件上部署网络应用系统，那么这种服务方式体现出"软件即服务"（SaaS）的特点。

在 SaaS 应用中，云计算服务商负责云基础设施、云平台与云应用软件的运行与管理。用户可直接在云上部署互联网应用系统，不需要在自己的计算机上安装软件副本，仅需通过 Web 浏览器、移动 APP 或轻量级客户端来访问云，就能够方便地开展自身的业务。

2. IaaS、PaaS 与 SaaS 的比较

如果将一个互联网应用系统的功能与管理职责自顶向下划分为：应用、数据、运行、中间件、操作系统、虚拟化、服务器、存储与网络 9 个层次，那么采用 IaaS、PaaS 或 SaaS 服务模式时，用户与云计算服务商的职责划分的区别如图 6-4 所示。

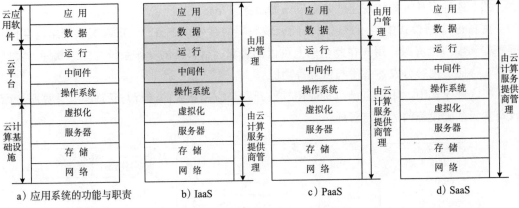

图 6-4 IaaS、PaaS 或 SaaS 的比较

在 IaaS 服务模式中，云计算基础设施（虚拟化的网络、存储、服务器）由云计算服务商运行和管理，而应用软件需要由用户自己开发，操作系统及其上运行的软件、数据与中间件也需要由用户自己运行和管理。

在 PaaS 服务模式中，云计算基础设施与云平台（由操作系统、中间件构成）由云计算服务商运行和管理，用户仅需管理自己开发的应用软件与数据。

在 SaaS 服务模式中，应用软件由云计算服务商根据用户需求定制，云计算基础设施、云平台以及应用软件都由云计算服务商运行和管理。用户只要将注意力放在网络应用系统的部署、推广与应用上即可。用户与云计算服务商分工明确，各司其职，用户专注于应用系统，云计算服务商为用户的应用系统提供专业化的运行、维护与管理。

显然，IaaS 只涉及租用硬件，它是一种基础性的服务；PaaS 已经从租用硬件发展到租用一个特定的操作系统与应用程序，自己进行网络应用软件的开发；而 SaaS 则是在云端提供的定制软件上直接部署自己的网络应用系统。

从云计算产业发展的角度看，云计算的三种服务模式在不同的阶段各有侧重。但从长期发展趋势来看，IaaS 服务模式的优势主要体现在初始建设期。当 IDC 的建设达到一定的规模之后，PaaS 服务模式会得到快速发展，但最终 SaaS 将是云计算应用的主要服务模式。

3. 其他的云服务

除了 IaaS、PaaS 与 SaaS 等基本的云服务之外，ITU-T Y3500 文件中列举了产业界提出的其他几种云服务。

- 通信即服务（Communications as a Service, CaaS）：典型应用有基于云计算的视频会议、Web 会议、即时通信与 IP 电话等。
- 计算即服务（Computing as a Service, CompaaS）：主要关注在云端实现计算功能，云端提供和部署实现计算功能所需的软件和资源。

- 数据存储即服务（Data Storage as a Service, DSaaS）：主要提供数据存储、备份与传输功能。用户可使用云端提供的软件访问存储的数据。
- 网络即服务（Network as a Service, NaaS）：主要关注传输网的连通性及服务功能，例如虚拟专用网（VPN）、按需分配网络带宽、定制路由、多播协议、防火墙与入侵检测、内容监测与过滤，以及网络防病毒等服务。

在 2014 年公布的 ITU-T Y3500 文件中，对云服务类型和云功能类型进行了划分。三种基本云服务是 IaaS、PaaS 和 SaaS，对应的三种云功能是基础设施、平台与应用。表 6-1 给出了七种云服务与三种云功能之间的关系。

表 6-1　云服务与云功能之间的关系

云服务类型	基础设施	平台	应用
计算即服务（CompaaS）	*		
通信即服务（CaaS）		*	*
数据存储即服务（DSaaS）	*	*	*
网络即服务（NaaS）	*	*	
基础设施即服务（IaaS）	*		
平台即服务（PaaS）		*	
软件即服务（SaaS）			*

进一步理解正在发展中的云服务时，需要注意以下几个问题：

第一，除了 ITU-T Y3500 中列举的七种云服务之外，还有其他几种新型的云服务，包括数据库即服务、桌面即服务、电子邮件即服务、身份即服务、管理即服务、安全即服务。

- 数据库即服务：数据库功能的按需使用，其中数据库安装与维护由云完成。
- 桌面即服务：将常用的桌面应用和数据从用户的台式机或者笔记本移植到云中，为用户提供远程的建立、配置、管理、存储、执行和交付桌面的服务。
- 电子邮件即服务：通过云提供电子邮件的存储、接收、发送、备份和恢复服务。
- 身份即服务：由云提供身份认证和访问控制服务，包括配置、目录管理与单点登录服务等。
- 管理即服务：由云提供应用管理、资产管理、功能管理、问题管理、项目管理，以及服务目录与等级管理等。
- 安全即服务：由云提供针对现有工作环境的一组安全服务集，包括身份认证、防病毒、恶意软件检测、入侵检测，以及安全事件管理等。

第二，随着云计算应用的发展，研究人员针对云服务配置提出了 XaaS 的概念。这里，主要包括下面三层含义。

- 任何即服务（Anything as a Service）：这里的任何（Anything）是指传统服务（IaaS、PaaS 与 SaaS）之外的任何一种服务。

- 一切即服务（Everything as a Service）：这里的一切（Everything）是指云可以提供的多种类型的服务。
- X 即服务（X as a Service）：这里的 X 可代表任何可能的云服务。

第三，XaaS 提供商在以下三个方面超越了传统的三类服务。

- 一些云服务提供商将 IaaS、PaaS 与 SaaS 打包，用户可以根据企业需要的云服务类型进行一站式采购。
- XaaS 提供商可以不断取代那些通常由 IT 部门为其内部用户提供的服务，这个策略降低了 IT 部门在获取、维护、打补丁和升级这些应用与服务方面的负担。
- XaaS 服务模式通常包括用户与云计算提供商之间的持续关系，其中存在定期的状态更新和双向的实时信息交换。用户在任何时候仅需提交所需的服务与资源数量，云负责准备用户增加的服务所需的资源。

第四，XaaS 的优点和对用户的好处表现在：可降低总成本并使成本变得可控，从而有利于降低风险与加速创新。

6.1.5　云计算的部署方式

云计算的部署方式包括四种基本类型：公有云、私有云、混合云与社区云。

1. 公有云

公有云（Public Cloud）是属于社会共享资源服务性质的云计算系统，云中的资源开放给社会公众或某个大型行业团体使用，用户可通过互联网免费或以低廉价格使用资源。

公有云可以分为四类：第一类是传统电信运营商（包括中国移动、中国联通与中国电信等）建设的公有云；第二类是政府、大学或企业建设的公有云；第三类是大型互联网公司建设的公有云；第四类是 IDC 运营商建设的公有云。

公有云的优点是用户能免费或以低廉价格使用。用户关心的是公有云使用中的安全性问题。

2. 私有云

私有云（Private Cloud）是一个组织或机构在其内部组建、运行与管理，内部员工可通过内部网或虚拟专网访问的云计算系统。私有云由其拥有者或委托第三方来管理，云数据中心可以建在机构内部或外部。

组建私有云的目标是在保证云计算安全性的前提下，为企事业单位专用的网络信息系统提供云计算服务。私有云管理者对用户访问云端的数据、运行的应用软件有严格的控制措施。各个城市电子政务中的政务云、公安云就是典型的私有云。

3. 社区云

社区云（Community Cloud）具有公有云与私有云的双重特征。与私有云的相似之处是：社区云的访问受到一定的限制。与公有云的相似之处是：社区云的资源专门给固定的一些单位的内部用户使用，这些单位对云端具有相同需求，例如资源、功能、安全、管理方面的要求。医疗云就是一种典型的社区云。

社区云可以由参与的机构管理，也可以委托第三方来管理，云数据中心可以建在这些机构内部或外部，产生的费用由参与的机构分摊。

4. 混合云

混合云（Hybrid Cloud）由公共云、私有云、社区云中的两种或两种以上构成，其中每个实体都是独立运行的，同时能够通过标准接口或专用技术，实现不同云计算系统之间的平滑衔接。混合云通常用于描述非云化数据中心与云服务提供商的互联。

理解云计算的部署方式时，需要注意两个问题：

第一，在混合云中，企业敏感数据与应用可部署在私有云中；非敏感数据与应用可部署在公有云中；行业间相互协作的数据与应用可部署在社区云中。当私有云资源的短暂性需求过大时，例如网站在节假日期间点击量过大，可自动租赁公共云资源来平抑私有云资源的需求峰值。因此，混合云结合了公有云、私有云与社区云的优点，是一种受到企业广泛重视的云计算部署方式。

第二，云计算的核心价值不仅是云计算自身的资源，更重要的是云计算是实现跨域调度资源、连接与服务的枢纽，能够通过弹性和灵活的方式，提供满足用户实际需求不断变化的服务能力。

四种云部署方式的比较如表 6-2 所示。

表 6-2　四种云部署方式的比较

类型 比较项目	私有云	社区云	公有云	混合云
可扩展性	一般	一般	非常高	非常高
安全性	最安全	非常安全	比较安全	比较安全
性能	非常好	非常好	一般	较好
可靠性	非常高	非常高	一般	较高
成本	高	较高	低	较高

6.2　云计算体系结构的研究

6.2.1　CSA 云计算体系结构

云计算联盟（CSA）在《云计算关键领域安全指南 v4.0》中给出了云计算参考体系结

构，如图 6-5 所示。

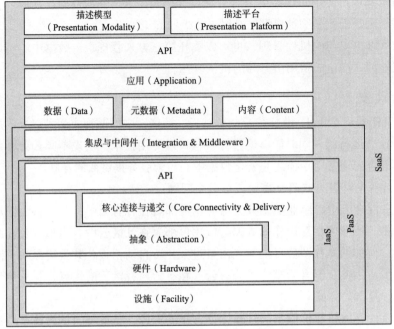

图 6-5　CSA 的云计算参考体系结构

1. IaaS

物理设施与硬件基础设施构成 IaaS 的基础。IaaS 由物理设施、硬件、抽象层、核心连接与递交层组成，它们将抽象资源绑定在一起，通过 API 交付给用户，由用户来使用、配置和管理资源。

核心连接与递交层的功能是有序地安排和组织各种逻辑网络服务单元，通过控制器最终形成能够满足业务需求的网络服务。

云计算技术通过将硬件设备（包括计算机、存储器、网络）和支持这些设备运行的物理设施抽象成虚拟资源，生成资源池，然后通过核心连接与递交层，将这些抽象的虚拟资源组合起来，通过应用程序编程接口（API）交付给用户。API 通常是云组件的底层通信方法，其中一部分公布给云用户，用于管理与配置资源。目前，大多数云 API 都使用运行在 HTTP 之上的 REST（Representational State Transfer）协议，它更适用于互联网应用。

在大多数情况下，API 可以被远程访问，并被封装在 Web 界面中。用户可通过 Web 界面管理和配置云资源，启动虚拟机或配置虚拟网络。

2. PaaS

PaaS 是在 IaaS 基础上增加了包括数据库、消息传递与队列功能的集成与中间件层，从而构建一个应用程序开发平台。在 PaaS 中，用户只能看到平台，看不见平台之下底层的基础设施，不需要管理单个服务器、网络，也不必自己配置服务器，不用给软件打补丁，也不需要关心网络管理中的负载均衡等复杂问题。开发人员直接在平台上使用编程语言和工具开发应用程序。

3. SaaS

SaaS 实质上是将用户熟悉的 Web 服务方式扩展到云端。用户与企业无须购买软件产品的客户端与服务器端的许可权。云计算服务商除了负责云基础设施与云平台的运行与管理，还需要为用户定制应用软件。很多 SaaS 服务提供商是构建在 IaaS 与 PaaS 之上，甚至是跨多个云计算提供商。它们支持各种客户端，特别是 Web 浏览器与移动应用程序。

6.2.2　NIST 云计算体系结构

云计算已经成为全球互联网的一种主要的基础设施。知名市场研究公司 Gartner 发布的数据显示，全球公有云服务市场从 2018 年的 1453 亿美元增至 2019 年的 1758 亿美元，2020 年底将达到 2000 亿美元。根据中国信息通信研究院发布的《云计算发展白皮书（2019）》提供的数据，预计 2022 年我国云计算市场规模将达到 1731 亿元，仅私有云市场规模就将达到 1172 亿元。

随着云计算应用的深入，人们发现参与云计算服务产业链的角色远比"云服务提供商""云用户"复杂得多。要了解云计算在互联网中的应用，就必须研究云计算服务产业链结构。

2011 年，美国国家标准与技术研究院（NIST）发布 NIST 500-292 "云计算参考体系结构"，它已超出基本的原理性讨论的范畴，深入到云计算服务产业链的结构与职责分工的问题。NIST 500-292 使用了术语" cloud actor"，增加了云代理与审计人员等角色。ISO/IEC 17788 使用了术语"云服务用户""云服务合作伙伴"与"云服务提供商"。

1. NIST 云计算体系结构的基本概念

图 6-6 给出了 NIST 云计算参考体系结构。从图中可以看出，设计者关注的是云计算能提供哪些服务、帮助用户理解构成云计算系统的功能模块以及了解云计算服务产业链包括哪些角色，而不仅仅是如何设计云计算系统。

2. 云计算服务产业链的组成

（1）云消费者

云消费者处于云计算服务产业链的前端，它们可以是企业、政府、机构或个人。云消费者维护与云提供商的商业关系，通过购买云服务来使用云提供商的资源与服务。

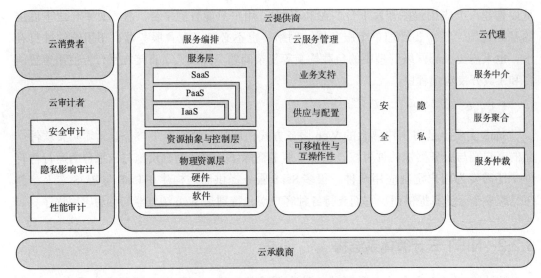

图 6-6　NIST 云计算参考体系结构

（2）云提供商

云提供商（Cloud Provider，CP）是为云消费者提供云服务的企业、机构或个人。云提供商主要承担的工作是服务编排、云服务管理、安全与隐私保护。云提供商需要根据用户的需求，提供 IaaS、PaaS、SaaS 中任何一种能满足用户需求的服务。

- 对于购买 SaaS 服务的用户，云提供商要按照用户的需求编写应用软件，部署、配置、维护与更新云基础设施与应用软件运行环境，提供安全与隐私保护服务。

- 对于购买 PaaS 服务的用户，云提供商负责管理云计算平台的计算基础设施，运行为平台提供组件的云软件，包括软件执行堆栈、数据库与中间件等。用户使用云提供商的资源来开发、测试、部署和管理托管在云端的应用。

- 对于购买 IaaS 服务的用户，云提供商提供用户所需的物理计算资源（例如网络、服务器、存储），以及托管的基础设施。用户在云提供商的虚拟机之上配置应用程序开发与运行环境，开发应用软件，管理应用系统的运行。

（3）云审计者

云审计者是对云服务、信息资源操作、性能与安全性进行独立评估的机构。云审计者需要承担安全审计、隐私影响审计与性能审计的工作。云审计者可以从安全控制、隐私影响、服务能力等方面对云提供商的服务进行评价。

（4）云代理

云代理是管理云服务的使用、性能与交付，并协调云提供商与云消费者之间关系的机构。云代理需要承担服务中介、服务聚合与服务仲裁功能。

服务中介功能提供包括标识管理、性能报告与增强安全性的服务；当一个云提供商难以满足云消费者的需求时，由云代理聚合多个云提供商提供云服务；当采取多个云提供商来提供服务时，云代理可通过信用评分测量从多个云提供商中选择最佳的云提供商组合。

（5）云承载商

云承载商是在云提供商与云消费者之间提供连接与数据传输的网络服务提供商（NSP）。通常情况下，云提供商与云承载商之间要签订一个服务等级约定（Service Level Agreement，SLA）的协议，云承载商按照协议为云消费者提供满足 SLA 的服务，保证云消费者与云提供商之间的连接与数据传输的安全性。

云计算服务的参与各方之间的关系如图 6-7 所示。

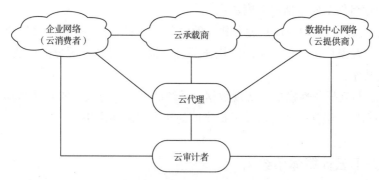

图 6-7　云计算服务的参与各方之间的关系

云消费者可以从云提供商或是通过云代理订购和获取云服务。云审计者独立，或从其他参与方收集相关信息，完成云服务质量的审计功能。

云计算是高度依赖网络的。如果没有网络的支持，云计算是无法实现的。从图 6-7 中可以看出，支撑云计算服务的系统包括 3 个独立的网络。

（1）企业网络

云消费者一般有两类：一类是通过 ISP 网络接入互联网的普通用户，另一类是企业网的用户。对于企业网中的用户，通过连接到企业网中有线或无线局域网中的 PC、笔记本、智能手机或其他移动终端设备，再通过互联网访问云计算系统。这些用户使用的网络统称为云消费者网络。

（2）数据中心网络

云生产者通常是一个由高性能服务器集群、大容量的存储设备，通过高速局域网组成的大型数据中心网络，通过高带宽的光纤链路连接到互联网，为用户提供云服务功能。

（3）云承载商网络

云承载商网络连接云消费者网络、数据中心网络，为云消费者提供满足服务等级约定要求的数据传输与安全性服务。

3. 云提供商系统的内部结构

云提供商系统主要包括三个组件：服务编排、云服务管理、安全与隐私保护。

服务编排是组织、协调和管理计算资源以便提供云服务的行为。服务编排组件主要由三层组成：

- 物理资源层：管理系统中的硬件与软件资源。
- 资源抽象层：将物理资源转换为消费者可见的虚拟化管理程序、虚拟机、虚拟数据存储等软件元素。
- 服务层：确定为用户提供 IaaS、PaaS 或 SaaS 中的哪种服务模式。

云服务管理组件主要包括三个模块：

- 业务支持模块：实现与用户业务相关的服务，例如记账、收费、报告和审计功能。
- 供应与配置模块：实现云系统的快速部署、调整配置和资源分配、监测和报告资源使用情况等。
- 可移植性与互操作性模块：实现数据、系统的可移植与服务的互操作。

安全与隐私保护组件的功能涉及云提供商的所有层次和模块。

6.2.3 ITU-T 云计算体系结构

1. 云生态系统模型

2014 年 8 月，国际电信联盟电信标准化部门（ITU-T）发布了 Y.3502 "云计算体系结构"，提出了层次结构的功能体系结构模型，并给出了云生态系统的概念和模型。

需要注意的是，ITU-T Y.3502 比 NIST 500-292 发布得更晚一些，ITU-T 给出的"云计算体系结构"与 NIST 给出的"云计算参考体系结构"在云计算参与者等方面存在着差异，但是它反映出对云服务生产者与使用者等各方行为进一步规范的过程。

ITU-T Y.3502 定义了以下三类参与者。

（1）云服务用户

在商业关系中，云服务用户是指使用云服务的用户（或客户）方。这里，商业关系是指使用云服务的用户与云服务提供商或云服务伙伴，以签订合同形式规定的双方责权利关系。

（2）云服务提供商

云服务提供商按照合同为用户提供云服务及其保障措施。云服务提供商的行为主要包括提供服务、部署和监测服务、管理商业计划、提供审计数据等。

（3）云服务伙伴

为云服务提供商或云服务用户提供支持或辅助的第三方。典型的云服务伙伴包括云审计者和云服务代理。

ITU-T Y.3502 将云服务的生产者与使用者等各方形成的关系定义为云生态系统。

图 6-8 描述了云生态系统中的不同参与者及其可能的角色。

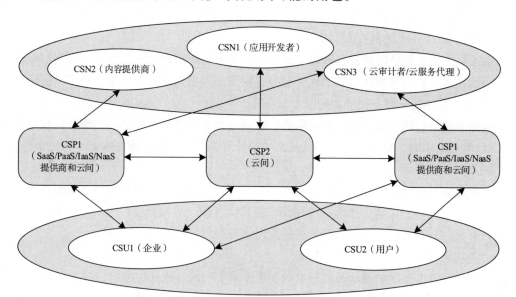

注：CSN：云服务伙伴　CSP：云服务提供商　CSU：云服务用户

图 6-8　云生态系统中的参与者之间的关系

2. 分层的云计算体系结构

ITU-T Y.3502 也定义了云计算体系结构（如图 6-9 所示），主要包括四层：资源层、服务层、接入层与用户层，以及一组功能组件。

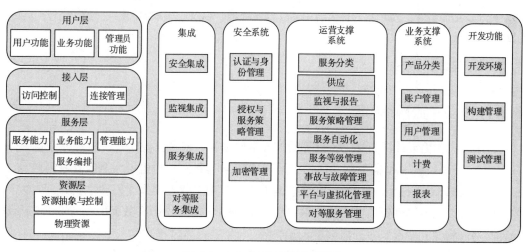

图 6-9　ITU-T 云计算体系结构

（1）各层的基本功能

用户层主要包括用户功能、业务功能与管理员功能等模块。用户层是用户（CSU）与云服务提供商（CSP）之间交互的接口。

接入层主要包括访问控制与连接管理模块。接入层为用户层人工或自动访问服务层提供一个通用接口，它接收用户或其他云服务提供商的服务请求，这些请求通过云应用编程接口（API）来访问云服务提供商的服务和资源。

服务层主要包括服务能力、业务能力、管理能力与服务编排模块。当服务层接收到用户 CSU 服务请求时，它可以编排自己或其他云计算系统的资源，实现 IaaS、PaaS 或 SaaS 等不同类型的服务。

资源层主要包括云服务提供商可用的物理资源，以及相应的资源抽象与控制机制。例如，虚拟机管理程序能够提供虚拟化网络、虚拟化存储、虚拟化主机等功能。资源层支持云计算系统的传输功能，保证云服务提供商网络与用户网络之间的连通性。

（2）功能组件

云计算参考模型的功能是通过一组功能组件来实现的。这些功能组件主要分为五类。

- 集成组件：由安全集成、监视集成、服务集成与对等服务集成四个模块组成。集成功能组件负责互连体系结构中的功能组件，在功能组件之间提供消息路由和消息交换机制，以创建一个统一的体系结构。
- 安全系统：支持云服务所需的所有安全功能，以保证云计算环境的安全性。
- 运营支撑系统：包括一组与运营相关的管理功能，用于管理和控制为用户提供的云服务。运营支撑系统包括事故与故障管理、监视与报告等。
- 业务支撑系统：提供云服务的用户管理、账户管理、计费与报表等功能。
- 开发功能组件：为开发者提供应用软件开发环境，以及应用系统的构建与测试管理功能。

6.3　数据中心网络

6.3.1　数据中心网络的概念

近年来，作为云计算与移动云计算的核心基础设施，很多大型的互联网公司（如谷歌、微软、Facebook 等）、电信与移动通信公司、银行与电商公司构建了大量的**互联网数据中心**（Internet Data Center，IDC）。每个数据中心都容纳了数万至数十万台主机，拥有大量的存储资源，以及高性能的**数据中心网络**（Data Center Network）。数据中心网络将其内部计算与存储资源互联起来，并能够接入互联网。

初期数据中心业务可分为基础业务和增值业务两种。基础业务包括主机托管、宽带出租、IP 地址出租、服务器出租和虚拟主机出租等基础资源型业务；增值业务包括数据备份、负载均衡、设备检测、远程维护、代理维护、系统集成、异地容灾、安全防护和逆向 DNS 等服务型业务。

为了适应云计算应用的需要，数据中心支持着很多不同网络应用业务，如信息搜索、电子邮件、社交网络、电子商务、银行业务等。大型数据中心投资巨大。据报道，一个拥有 100 000 台主机的数据中心每月的费用就超过 1200 万美元。在这些费用中，用于主机本身（每 3 ~ 4 年更新一次主机）的开销占 45%；基础设施的开销占 25%，其中包括供电设备、UPS 与备用发电机，以及机房冷却系统方面的开销；电费的开销占 15%；网络带宽的开销占 15%，其中包括交换机、路由器、负载均衡设备与外部链路，以及传输流量的开销。

数据中心网络支持两种类型的流量：外部用户与内部主机之间的流量，以及内部主机之间的流量。为了处理外部用户与内部主机之间的流量，数据中心网络用一台或多台**边界路由器**（Border Router），通过光纤链路将数据中心网络与互联网连接起来。大型的数据中心网络需要连接几万至几十万台主机，并且很多大规模互联网应用需要数台主机协同工作。例如，一个搜索引擎可能运行在几个机架的上千台主机上。因此，支撑数据中心的网络结构设计必然对数据中心服务质量有着巨大的影响。

随着越来越多的互联网、移动互联网、物联网的数据迁移到云端，作为支撑云计算的基础设施，数据中心网络的性能与投资，以及网络的可靠性、扩展性、容错能力、安全性与能耗问题受到学术界与产业界的高度关注。

6.3.2　数据中心网络的拓扑

早期的研究人员将连接互联网中的服务器集群与数据中心的局域网称为后端网络。1984 年，William Stallings 在其著作"Local Networks"中，对后端网络设计做了专门的论述。后端网络的服务器、存储器之间的距离一般都是很短，但是对传输速率与实时性要求很高。针对这种需求，技术人员研究过 InfiniBand 网络与光纤信道技术等。

传统的互联网数据中心网络通常采用树形拓扑结构，典型的组网方式是由三层交换机互联，构成接入层、汇聚层与核心交换的结构。随着数据中心规模和流量越来越大，性能要求越来越高，传统的组网方式在系统造价、扩展性与能耗方面的局限性越来越明显。自 2008 年开始，学术界与产业界针对数据中心网络架构开展了深入的研究。

我们可以从网络架构与实现技术两个方面，对数据中心网络的研究工作加以归纳和分析。

1. 数据中心网络架构的研究

数据中心网络架构的研究主要有三条技术路线：一是以交换机为核心的拓扑方案，二是以服务器为核心的拓扑方案，三是全连接的拓扑方案。

（1）以交换机为核心的拓扑方案

以交换机为核心的拓扑方案大致有两种类型：Fat-tree 拓扑结构和 Helios 拓扑结构。

1）Fat-tree 拓扑结构。

Al Fares 等在 2008 年发表的文章 "A Scalable, Commodity Data Center Network Architecture" 中，提出了一种以交换机为核心的 Fat-tree 结构的网络拓扑方案（如图 6-10 所示）。

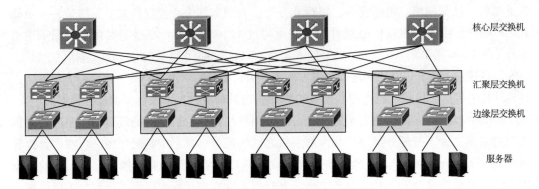

图 6-10　Fat-tree 网络拓扑结构示意图

Fat-tree 结构的主要特点是：

- 边缘层交换机与汇聚层交换机被划分成多个单元块（Pad）。
- 单元块内部的每个汇聚层交换机都与边缘层交换机相连，构成一个完全二分图，形成一个高度连通的结构。
- 单元块之间通过核心层交换机相连。
- 每个汇聚层交换机与某一部分的核心层交换机连接。

在以交换机为核心的拓扑结构中，每个单元块与任何一个核心层交换机都能相连，网络连接和路由功能主要由交换机来完成。只要使用足够多的交换机与链路带宽，就能够为服务器提供通畅的通信。因此，将这种树状结构称为 Fat-tree 结构是恰当的。

2）Helios 拓扑结构。

Helios 网络拓扑是一种多根树结构，适用于集装箱数据中心网络。

由于数据中心可能要容纳数万至数十万台服务器，因此数据中心在服务器等设备供电、机房散热用水方面的费用巨大，同时要占用上千甚至上万平方米的土地，这些因素促使云计算服务商不得不考虑在采用传统数据中心机房建设方式的同时，研究能够移动的数据中心机房。于是一种集装箱数据中心机房应运而生（如图 6-11 所示）。在一个标准的 12 米船运集装箱中可以配置十几个服务器机架，安装多达数千台的服务器，通过高速 Ethernet、结构化布线方式将这些服务器组成网络。多个集装箱之间用光纤互联起来，然后接入互联网，组成可移动的数据中心网络。

图 6-12 给出了两层的多根树的 Helios 拓扑结构。Helios 结构将服务器划分为多个集群，每个集群中的服务器连接到接入交换机。接入交换机通过光收发器与顶层的分组交换机连接，通过多路复用器与光交换机连接，保证服务器之间可使用分组链路或光纤链路通

信。网络中设置一个集中式的拓扑管理程序，实时监测网络中各个服务器之间的流量，并对未来的流量需求进行预测。拓扑管理程序根据预测数据来动态配置资源，流量大的数据流使用光纤链路，流量小的数据流使用分组链路，从而优化对网络资源的利用。

由于树状拓扑是通过层次结构的交换机来连接海量的服务器，因此被称为以交换机为中心的结构。这类方案的优势在于依托现有数据中心结构，便于部署；涉及的技术多数已通过实际部署的验证，具有较好的可行性。它的缺点是受到树状拓扑的局限，汇聚层与核心层交换机可能会成为网络系统的性能瓶颈。

传统的数据中心建筑物外观　　　机房内部结构
a）传统机房式数据中心

集装箱数据中心外观　　　集装箱数据中心内部结构
b）集装箱式数据中心

c）运输中的集装箱数据中心

图 6-11　传统机房式与集装箱数据中心示意图

2. 以服务器为核心的拓扑方案

针对树状网络拓扑的局限性，微软亚洲研究院提出了一种以服务器为核心的拓扑结构 DCell（如图 6-13 所示）。DCell 是一种基于递归思想构建的拓扑。

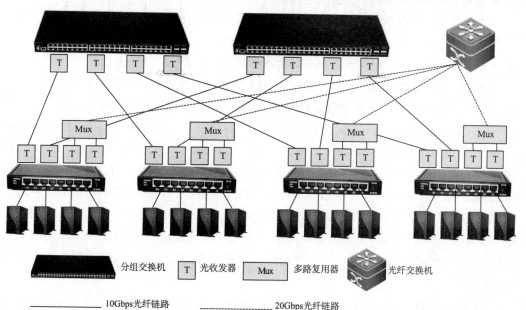

分组交换机　　T 光收发器　　Mux 多路复用器　　光纤交换机

————————10Gbps光纤链路　　----------------------20Gbps光纤链路

图 6-12　Helios 网络拓扑结构示意图

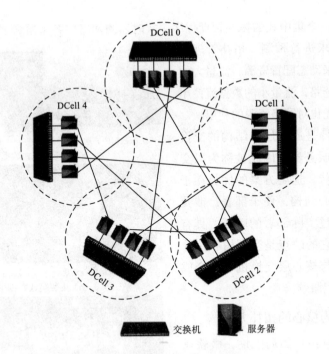

图 6-13　DCell 拓扑结构示意图

DCell 拓扑结构的主要特点是：
- 基础单元 DCell 由一个交换机连接多个服务器构成。
- 在构造上一层结构时，利用多个下层单元按照完全图方式进行连接，不同下层单元之间的连接是通过服务器之间的直连链路实现的。
- 随着递归级数的不断增长，服务器的数量呈指数级增长。

利用服务器之间的直连链路，网络的连通度得到极大的改善，任意两个节点之间都有多条非耦合的传输路径，因而能够有效缓解端到端的突发高流量带来的拥塞问题。

在 DCell 的基础上，Li 等在 INFOCOM'09 上发表文章 "FiConn：Using Backup Port for Service Interconnection in Data Center"，提出了一种更具可部署性的结构 FiConn。在 DCell 结构中，每次网络扩展都要为服务器增加接口。FiConn 利用具有主接口与备份接口的服务器，解决了系统扩展时要增加服务器接口的问题。FiConn 的基础构造方式类似于 DCell，不同之处是在构造高一级 FiConn 结构时，低一级单元之间不是利用所有剩余空闲接口构成一个完全图，而是仅利用其中一半接口进行连接。高层次 FiConn 网络是由多个低层次 FiConn 网络构成的一个完全图。这种方案的优点是无需修改服务器和交换机的硬件。

与 FiConn 同时提出的还有一种拓扑方案 BCube。BCube 是一种基于递归思想逐级构建的拓扑结构（如图 6-14 所示）。

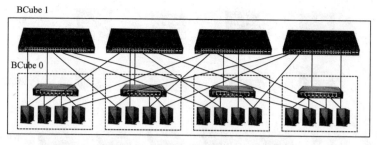

图 6-14　BCube 拓扑结构示意图

BCube 在构造方法上类似于 DCell，它是将一个交换机与多个服务器连接构成基础单元 BCube，通过多个低级单元相互连接构造高级单元。二者的不同之处在于构造高级单元的过程中，不是利用低级单元的服务器之间的直连链路，而是通过额外的交换机汇聚多个低级单元的服务器。因此，低级单元之间的连通度更大，也能够避免不同级别链路的流量不均衡问题。BCube 的主要特点是链路资源非常丰富，它可借助集装箱数据中心网络的结构化布线技术来解决。

在以服务器为核心的拓扑方案中，服务器不只是作为端节点，也承担着数据转发的任务。这类方案能够很好地避免树状级联的瓶颈问题。但是，由于完全打破了传统级联构建的方法，因此数据中心网络需要重新部署，而且需要对服务器进行升级，并需要配备新的接口。同时，在这类方案中，服务器作为传输路径的中间节点，采用的是软件转发的方法，相对于采用硬件转发的交换机来说，它能否支持数据中心网络所需的高吞吐量是一个值得研究的问题。

3. 全连接拓扑

为了降低数据中心的费用，提高吞吐量与性能，谷歌、Facebook、亚马逊和微软等公司不断提出新的数据中心网络设计方案。尽管它们的方案都是专有的，但是在很多重要的趋势上表现是一致的。这种趋势体现在两个方面：一是采用**全连接拓扑**（Fully Connected Topology）替代交换机和路由器的等级结构；二是采用集装箱的**模块化数据中心**（Modular Data Center，MDC）的组建方式。全连接拓扑的结构如图 6-15 所示。

在全连接拓扑结构中，服务器安装在机架上，通过 ToR 交换机互联起来，ToR 交换机接入第二层交换机，第二层交换机与第一层交换机实现全连接。任意两台第二层交换机之间都有 4 条不相交的传输路径，安装在任何一个机架上的任何一台服务器之间的数据交换都在内部网络中完成。在这种环境中，任何连接在同一台交换机的两个机架上的服务器之间通信在逻辑上是等价的，与它的具体安装位置无关。

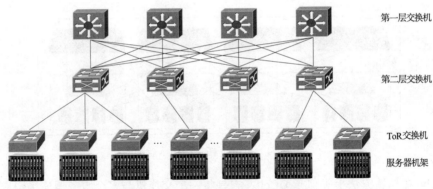

第一层交换机

第二层交换机

ToR交换机

服务器机架

图 6-15　全连接网络拓扑示意图

6.3.3　数据中心网络实现技术

为了适应数据中心网络建设的需求，IEEE 在 1998 年完成的传输速率为 1Gbps 的 GE 标准的基础上，于 2010 年完成了传输速率为 40Gbps/100Gbps 的 40/100GE 标准。40/100GE 的物理层 LAN PHY 接口标准主要有 3 种类型：短距离互联接口、中短距离互联接口，以及 10 米的铜缆接口和 1 米的系统背板互联接口。目前，正在开展 400Gbps 及 1Tbps 的工业标准的高速以太网研究。

高速、交换、虚拟 Ethernet 与结构化布线技术已广泛应用于云数据中心网络建设中，并成为组建数据中心网络的核心技术，在数据中心网络中出现了"一统天下"的局面。利用高速 Ethernet 将刀片服务器互联而构建的数据中心网络如图 6-16 所示。

理解数据中心网络的特点时，需要注意以下几个问题：

1）由于数据中心的服务器与存储器之间的位置相对集中，因此构建数据中心网络的基本方案是采用高速 Ethernet、物理层 LAN PHY 接口标准、背板 Ethernet 技术，并且混合使用铜缆和光缆。

2）刀片服务器广泛应用于数据中心网络。刀片服务器是一种在一块背板上安装多个服务器模块的服务器系统。每个背板称为一个刀片（blade）。每个刀片服务器有自己的 CPU、内存与硬盘。每个机架一般堆放 20 ～ 40 个刀片。刀片服务器体系结构的优点是能够节省服务器集群空间，改善系统管理。刀片服务器与服务器机架如图 6-17 所示。

3）为了便于实现结构化布线，数据中心网络采用背板 Ethernet（backplane Ethernet）结构。每个机架顶部有一台顶部（Top-of-Rack，ToR）交换机，构成背板 Ethernet 结构。ToR 交换机一般为 GE、10GE 或 40GE 的第二层交换机。通过在背板 Ethernet 上插入刀片服务器（blade server），采用短距离的铜质跳线方式，可以方便地实现刀片服务器之间的高速数据传输。

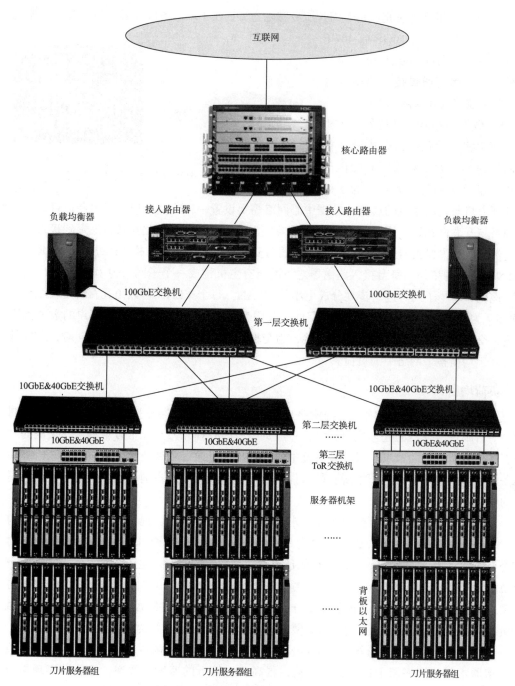

图 6-16 典型的数据中心网络结构示意图

4）典型的组网方法是：每个刀片服务器通过 GE 或 10GE 端口与第二层 ToR 交换机连接；ToR 交换机通过 10GE 或 40GE 端口与带宽更高的 100GE 第一层交换机连接，然后通过接入路由器与边界路由器接入互联网。

刀片服务器　　　　　　　　　　刀片服务器机架

图 6-17　刀片服务器与服务器机架

5）数据中心网络支持外部主机与内部主机的通信，以及内部主机之间的通信。大型数据中心的内部主机数量可达到几十万台。为了处理外部主机与内部主机的通信，数据中心网络需要设置一台或多台边界路由器，将数据中心网络与互联网相连。同时，数据中心网络需要将所有的机架彼此互联，汇聚到接入路由器，然后与边界路由器连接，形成由**路由器与交换机构成的等级结构**（Hierarchy of Router and Switch）的拓扑。每台接入路由器之下的所有主机构成一个子网。为了使 ARP 广播流量本地化，每个子网可进一步划分成更小的 VLAN。每个 VLAN 可以由几百台主机组成。

6）为了提高数据中心网络的可靠性以及服务器之间、服务器与外部用户的数据传输带宽，交换机、路由器之间实现全连接，为交换机、路由器提供冗余链路；同时，这样做也有利于均衡整个网络中的负荷。

负荷均衡

一台服务器通常仅提供特定的网络应用，例如邮件服务器只接受邮件服务请求。同时，一台邮件服务器的处理能力有限，一般每秒只能处理几万至几十万个请求，无法处理上百万个甚至更多的请求。云计算系统中的负载均衡是通过软件技术，将所有发送给邮件服务器的请求，均衡地分配给所有的邮件服务器，从而减少用户请求的响应延时，改善用户的体验效果。

云数据中心的成千上万台服务器要求能够提供搜索、语音、视频、电子邮件、网上购物、在线支付等各种服务，因此需要为每种服务提供一个公开的 IP 地址，由外部用户向这个 IP 地址发送服务请求。当用户访问请求发送到数据中心时，这个请求首先被定向到一个**负载均衡器**（Load Balancer）。负载均衡器的任务是根据报文的端口号区分不同应用，再根据承担这类应用的服务器忙闲程度来分配请求，防止因个别服务器负荷超载出现停机。由于负载均衡器是基于报文的目的端口来做出决策的，因此它也被称为"第 4 层交换机"。

一个大型的数据中心通常有几个负载均衡器，每个负载均衡器服务于特定的应用。负载均衡器不仅能够平衡主机的工作负荷，提高系统运行的速度与效率，还能够实现类似于 NAT 的功能。负载均衡器将接收到分组的外部公网 IP 地址转换为内部网络专用的 IP 地址；在将数据传送给互联网用户时，会将内部 IP 地址转换成对应的公网 IP 地址，从而起到隔离外部用户与内部主机的直接交互，隐蔽内部网络结构与提高安全性的作用。

6.4 虚拟化技术

6.4.1 虚拟化的概念

虚拟化（Virtualization）是计算机领域的一项传统技术，起源于 20 世纪 60 年代。云计算就是建立在虚拟化技术的基础之上。为了理解云计算系统的工作原理，首先应该了解虚拟化技术的发展。

如果不使用虚拟化技术，让应用程序直接运行在 PC 或服务器之上，那么每台 PC 或服务器每次只能运行一个操作系统。这样，应用程序开发者必须针对不同操作系统编写应用程序代码。为了支持多种操作系统，最有效的方法是采用**硬件虚拟化**（Hardware Virtualization）。虚拟化技术通过软件将计算机资源分割成多个独立和相互隔离的实体——**虚拟机**（Virtual Machine，VM），每个虚拟机都具有特定操作系统的特征，这时一台 PC 或服务器可以同时运行多个操作系统或一个操作系统的多个会话。一台运行虚拟化软件的主机能够在一个硬件平台上同时承载多个应用程序，这些程序可以运行在不同的操作系统上。

虚拟机的基本结构如图 6-18 所示。**虚拟机管理器**（Virtual Machine Monitor，VMM）软件介于共享的硬件与虚拟机之间。VMM 又称为**管理程序**（Hypervisor），它是一种可以提供完全模拟硬件应用环境的系统软件。

VMM 软件为运行在一台物理主机上的多个虚拟机分配资源，使得虚拟机好像直接运行在主机硬件之上。虚拟机的主要特征包括：

图 6-18 虚拟机的基本结构

- 虚拟机是一种模拟物理主机特征的软件，它会被分配一些 CPU、内存、磁盘空间与网络连接。
- 虚拟机是利用系统虚拟化技术，运行在一个隔离的环境中，具有完整的硬件功能，包括操作系统与应用软件的逻辑计算机系统。
- 虚拟机建立起来后，它可以像一台真正的主机那样开机、加载操作系统与应用程序。与物理主机不同的是，虚拟机只能感知到分配给它的资源，而不是真正看到物理主机的资源。
- 虚拟机软件中的配置文件用来描述虚拟机的属性，包括分配给虚拟机的 CPU 数量、磁盘空间大小、可访问的 I/O 设备，以及拥有的网卡数量等信息。
- 一台物理主机可以同时运行多个相同或不同操作系统的虚拟机，实现 CPU、内存、磁盘空间与网络连接等资源的共享。

云计算系统在服务器端集中配置大量的服务器，通过虚拟化技术将服务器虚拟化为大量的虚拟机，构成计算、存储与网络资源，为更多用户提供相互隔离、安全与可信的服务。因此，虚拟化技术是支撑云计算系统设计与运行的关键技术。

6.4.2 虚拟化技术的分类

虚拟化技术有两种分类方法：一种是按抽象的层次分类，另一种是按应用类型分类（如图 6-19 所示）。

1. 根据抽象的层次分类

根据抽象的层次不同，虚拟化技术可分为五种基本类型。

（1）硬件辅助虚拟化

硬件辅助虚拟化是一项复杂的技术，需要在硬件级芯片上支持虚拟化，将虚拟

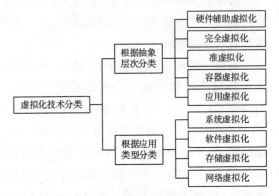

图 6-19　虚拟化技术的分类

机管理器嵌入硬件电路中，在主机系统上创建一个硬件虚拟机来仿真所需的硬件。硬件辅助虚拟化可以为用户系统提供很好的隔离性，支持创建和监视虚拟机的运行，允许用户操作系统独立运行。

（2）完全虚拟化

完全虚拟化是对物理主机硬件进行完全虚拟的技术，hypervisor 管理程序采用的是完全虚拟化。它是在虚拟服务器与底层硬件之间建立一个虚拟层，可以捕捉 CPU 指令，为指令访问硬件与外设充当中介，作为对硬件资源进行访问的代理，协调高层操作系统对底层资源的访问。完全虚拟化不需要修改操作系统，支持在同一个平台上运行多种操作系统与内核。完全虚拟化的缺点是系统运行效率较低。

（3）准虚拟化

Xen 采用的是准虚拟化技术，它需要修改操作系统，加入一个 Xen hypervisor 层。安装在同一硬件上的多个相同的虚拟机由 Xen hypervisor 进行资源调度。

（4）容器虚拟化

容器虚拟化是一种新的虚拟化方法，对应用程序的底层操作系统运行环境进行虚拟化，通常是在操作系统内核之上划分出相互隔离的容器，不同的应用程序在不同的容器中运行，其结构如图 6-20 所示。

与基于 VMM 的方法不同的是，容器并不是模拟物理主机，而是所有容器化的应用

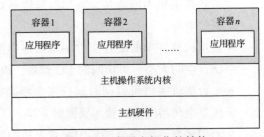

图 6-20　容器虚拟化的结构

程序共享操作系统内核。容器虚拟化的优点是所有容器运行在同一内核上，为每个应用程序运行的操作系统节省资源。同时，由于容器运行在相同的内核上，因此能够共享绝大部分的操作系统资源。相对于其他虚拟化方式，容器更小和更轻量级。但容器虚拟化的缺点是应用程序无法选择其他操作系统。

（5）应用虚拟化

应用虚拟化是将应用程序与操作系统解耦，为每个应用程序提供一个虚拟的运行环境。如图 6-21 所示，当用户需要使用虚拟应用 B 时，管理员将应用 B 的最新版本传送给用户，用户在原生应用 A 隔离的虚拟环境中使用虚拟应用 B。

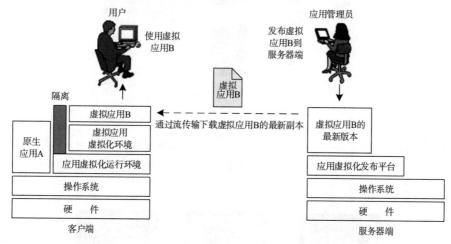

图 6-21　应用虚拟化示意图

应用虚拟化采用的是类似于虚拟终端的技术，将应用程序的人机交互与计算逻辑隔离。当用户访问一个虚拟化后的应用时，主机只需将人机交互（访问应用程序界面、键盘、鼠标等操作）发送给服务器，由服务器为客户开设独立的会话空间，应用程序的计算逻辑也在这个会话空间中运行，然后将计算结果传回到客户端显示。这样，用户就能像使用本地资源一样使用服务器资源。

2. 根据应用类型分类

根据应用类型的不同，虚拟化技术分为四种基本类型。

（1）系统虚拟化

系统虚拟化是在一台主机上虚拟出多台虚拟机，并为每台虚拟机提供一套虚拟的 CPU、内存、外设、I/O 接口与网络接口等硬件环境。同时，主机操作系统为虚拟机提供硬件共享、统一管理与系统隔离功能。

图 6-22 以桌面虚拟化为例说明系统虚拟化的应用。桌面虚拟化将用户的桌面环境与其使用的终端设备解耦。在云端的桌面虚拟化服务器中，分别生成用户 A、B 与 C 的虚拟

桌面环境，只要用户终端具有足够的运算、存储与显示能力，无论终端设备是台式机、笔记本、Pad 或智能手机，都可以通过网络获取桌面虚拟环境。这样做的好处是软件集中在后台服务器中，无须用户维护，服务器可以即时更新应用软件，对大量用户身份进行统一认证和管理，用户仅需专注于自己的业务上。

图 6-22　桌面虚拟化示意图

（2）软件虚拟化

软件虚拟化主要包括两类：应用程序虚拟化与编程语言虚拟化。理解软件虚拟化时，需要注意以下两个问题：

第一，应用程序虚拟化是将应用程序与操作系统相结合，为应用程序提供一个虚拟运行环境。当用户需要使用某个应用程序时，服务器将应用程序推送到客户端的应用程序虚拟化运行环境中。当程序运行完成后，更新的所有数据将上传到服务器。用户可以在不同的端系统上运行自己的应用程序。

第二，编程语言虚拟化的目标是将可执行程序在不同计算机系统之间实现迁移。在编程语言虚拟化的执行过程中，以高级语言编写的程序被编译为标准的中间指令。这些中间指令在解释执行或动态编译环境中执行，可运行在不同体系结构的计算机系统中。

Java 虚拟机就是编程语言虚拟化的一个典型例子。用户编写的 Java 源程序通过 JDK 提供的编译器编译之后，成为平台独立的字节码，作为 Java 虚拟机的输入。Java 虚拟机将字节转换成为特定平台可执行的二进制机器代码，然后在特定的平台上执行。

（3）存储虚拟化

冗余磁盘阵列（Redundant Array of Independent Disk，RAID）是存储虚拟化技术的雏形。RAID 通过将多块物理磁盘以阵列方式组合起来，为上层提供一个统一的存储空间。对操作系统及用户来说，并不知道服务器中有多少块磁盘，只能看到一块大的"虚拟"磁盘，或者是一个逻辑存储单元。

在 RAID 技术之后出现的是**网络存储**（Network Attached Storage，NAS）与**存储区域网**（Storage Area Network，SAN）。其中，NAS 是一种带有瘦服务器的存储设备，为异构平台使用统一存储系统提供解决方案。瘦服务器是一台网络文件服务器。NAS 设备直接连接到 TCP/IP 网络上，服务器通过网络存取与管理数据。

实际上，SAN 是一种专门为数据存储建立的专用网络。SAN 一般将高端 RAID 阵列通过光纤通道相连，用户与服务器通过 SCSI 协议进行通信，存储资源就像连接在用户的本地计算机上。需要注意的是，NAS 是在文件级别上共享存储资源；SAN 则是在磁盘区块上共享磁盘空间。

在云计算领域中，存储虚拟化已被赋予了更多含义。存储虚拟化是为物理存储器提供一个抽象的逻辑视图，用户可根据该视图中的统一逻辑来访问虚拟化的存储器。存储虚拟化可分为两种类型：基于存储设备的虚拟化与基于网络的虚拟化。

（4）网络虚拟化

网络虚拟化（Network Virtual，NV）是指在共享的物理网络上创建的逻辑上相互隔离的虚拟网络的技术，可与各种异构的虚拟网络在物理网络上共存。网络虚拟化包括 ISP 网络中的各种资源的集合，但是这些资源在形式上是单独的资源。云计算是利用某种形式的虚拟网络来抽象物理网络并创建网络资源池。云用户从资源池中获取所希望的网络资源，并将这些资源通过虚拟化技术进行配置。

网络虚拟化技术主要分为两类：一类是虚拟局域网（VLAN），它主要用于小型的企业数据中心，分离不同的业务单元与功能部门。但是，VLAN 不适用于大规模的虚拟化，不能满足大型的云系统的安全性要求。另一类是用软件定义网络（SDN）构建的虚拟网络，这个问题将在下一章中讨论。

对于云服务提供商来说，出于操作与安全方面的原因，将云网络进行物理隔离是非常重要的。实际上，在一个云计算系统内部，至少应该有三个相互隔离、功能不重叠的虚拟网络（如图 6-23 所示）。

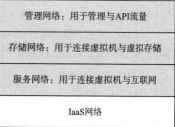

图 6-23　云内部的网络

- 管理网络：用于内部管理与 API 流量的网络。
- 存储网络：用于连接虚拟存储与虚拟机的网络。
- 服务网络：虚拟机与互联网之间的通信网络，为云用户构建网络资源池。

参考文献

[1] Thomas Erl，等 . 云计算：概念、技术与架构 [M]. 龚奕利，等译 . 北京：机械工业出版社，2014.

[2] Kai Hwang，等 . 云计算与分布式系统：从并行处理到物联网 [M]. 武永卫，等译 . 北京：机械工业出版社，2013.

[3] George Coulouris，等 . 分布式系统：概念与设计（第 5 版）[M]. 金蓓弘，等译 . 北京：机械工业出版社，2013.

[4] Michael J Kavis. 让云落地：云计算服务模式（SaaS、PaaS 和 IaaS）设计决策 [M]. 陈志伟，等译 . 北京：电子工业出版社，2016.

[5] San Murugesan，等 . 云计算百科全书 [M]. 陈志德，译 . 北京：电子工业出版社，2018.

[6] 王斌峰，等 . 云计算数据中心网络设计综述 [J]. 计算机研究与发展，2016，53(9)：2085-2106.

[7] 王于丁，等 . 云计算访问控制技术研究综述 [J]. 软件学报，2015，26(5)：1129-1150.

[8] 王进文，等 . 网络功能虚拟化技术研究进展 [J]. 计算机学报，2018，42(2)：185-206.

[9] 张建华，等 . 云计算核心技术研究综述 [J]. 小型微型计算机系统，2013，34(11)：2417-2424.

[10] 林伟伟，等 . 云计算资源调度研究综述 [J]. 计算机科学，2012，39(10)：1-6.

[11] 娄道国，等 . 云计算数据中心虚拟化资源的访问权限控制方法 [J]. 科技通报，2019，35(1)：169-172.

[12] Fei Zhang, et al. A Survey on Virtual Machine Migration: Challenges, Techniques, and Open Issues[J]. IEEE Communications Surveys & Tutorials，2018，20(2)：1206-1243.

[13] Nguyen C Luong, et al. Resource Management in Cloud Networking Using Economic Analysis and Pricing Models: A Survey[J]. IEEE Communications Surveys & Tutorials，2017，19(2)：954-1001.

[14] Carlos C Meixner, et al. A Survey on Resiliency Techniques in Cloud Computing Infrastructures and Applications[J]. IEEE Communications Surveys & Tutorials，2016，18(3)：2244-2281.

[15] Raj Jain, et al. Network Virtualization and Software Defined Networking for Cloud Computing: A Survey[J]. IEEE Communications Magazine，2013，51(11)：24-31.

[16] N. Xiong, et al. Green Cloud Computing Schemes based on Networks: A Survey[J]. IET Communications，2012，6(18)：3294-3300.

[17] IEEE Cloud Computing[OL]. https://cloudcomputing.ieee.org/.

网络技术的发展：SDN 与 NFV

随着互联网、移动互联网与物联网的高速发展，互联网体系结构的不适应问题逐渐暴露出来，研究重构新一代网络的技术已经势在必行。网络重构的关键技术是软件定义网络与网络功能虚拟化，它们必将引起互联网体系结构、组网方法、网络功能与性能的重大变化。本章将从软件定义网络与网络功能虚拟化技术发展背景的角度出发，系统地讨论它们的技术特征、研究的内容与应用前景。

7.1 SDN 与 NFV 的发展背景

7.1.1 传统网络技术的不适应

在讨论**软件定义网络**（Software Defined Network，SDN）与**网络功能虚拟化**（Network Functions Virtualization，NFV）等新的网络技术研究方向之前，我们有必要从几个方面说明传统互联网与电信网络的不适应问题。

随着互联网、移动互联网与物联网的发展，网络规模、覆盖的地理范围、应用的领域、应用软件的种类、接入网络的端系统类型都在快速发展。云计算也已经从一项新兴的技术，发展成为支撑各种网络应用的互联网基础设施。云计算带来的新应用和新运营模式，改变了传统的互联网流量特征。用户对宽带的需求也从基于全覆盖的连接，转向基于移动内容与社交体验的连接。

互联网的流量、流向受到热点内容访问、移动访问与云计算应用的影响，导致流量在网络中的分布规律出现变化，传统流量分析预测模型难以预测网络流量的规律。云计算与移动云计算应用的快速增长，导致传统互联网与电信网络的部署架构、调度策略、保障措施无法与之匹配，传统网络技术的不适应性不断显露出来。这种不适应表现在以下几个方面。

（1）网络体系结构的不适应

传统互联网结构设计采用"分布控制、协同工作"的技术路线，网络设备采用"软硬一体"的"黑盒子"方式工作，网络设备之间通过 TCP/IP 协议实现通信。这种以 TCP/

IP 协议体系为基础的自治网络结构极大地限制了网络功能、协议与应用的创新。随着接入网络的对象从"人"扩大到"物",联网计算设备的规模从以亿计增长到以十亿、百亿计;访问网络从固定方式向移动方式转变;应用从实现"人与人"之间的信息共享、交流,扩大到实现"人与物""物与物"之间的信息交互与控制;网络应用的复杂程度不断提升,网络管理、故障诊断、QoS、网络安全等问题变得更加复杂。TCP/IP 协议体系的不适应问题一直是通过打补丁的方式来缓解,最典型的是 IPv4 地址的扩展,以及从 IPv4 向 IPv6 的协议演进,但是这种缓解也只是一定程度上的缓解。随着互联网体系结构与生俱来的弊端不断暴露出现,新一代网络体系结构的研究势在必行。

（2）网络计算模式的不适应

在传统的企业网、校园网网络中,其底层一般采用 Ethernet、Wi-Fi 组网,通过路由器接入到互联网。这种结构适合客户机 / 服务器（C/S）计算模型。在互联网初期以 Web、E-mail、FTP 等应用为主的情况下,数据流量通常产生在某些位置相对固定的客户机与服务器之间,这种数据流量比较容易预测。随着互联网、移动互联网、物联网中的智能应用的快速发展,每天都会有大量新的应用被部署到网络上,产生的数据也在随时随地发生变化,语音、视频流量出现的位置与流量变化都很难预测。

随着大数据、智能技术应用的发展,云计算系统也在不断扩大,不断出现几百台或几千台服务器的数据与应用被迁移到云计算系统中的情况。智能技术广泛使用移动终端设备,智能系统对网络数据传输实时性与可靠性要求的提升,促进了边缘计算、移动边缘计算模式的发展。传统网络的接入层、汇聚层与核心层的三层结构模式已不能适应新的应用需求。云计算应用中存在大规模的数据迁移与各种新的网络应用的快速部署需要,应研究适应更大规模服务器集群的网络体系结构,需要提出一种更加灵活与动态的数据流控制方式,以解决路由与拥塞问题,以满足云计算系统对网络传输质量、延时与带宽要求。

（3）网络设备的不适应

路由器是互联网的核心设备。传统的路由器由控制平面与数据平面组成。控制平面为分组转发制定路由选择策略,并通过路由表来决定传输路径。数据平面执行控制策略,完成分组的接收、拆封、校验、封装与转发。传统路由器的设计思想是将控制平面与数据平面以紧耦合方式封装在一台"黑盒子"中,以封闭的硬件形态交付与部署。路由器的研究重点一直放在如何提高设备的分组转发效率,以及扩大路由器的端口密度、带宽和性能上。在提高路由器的性能与功能的过程中,研究人员必然采用将 IP 协议软件固化在专用芯片中的方式。路由选择算法由硬件实现的好处是能够提高性能,但负面影响是路由器的应用缺乏灵活性。另一方面,研究人员又希望能够为路由器增加功能,支持 QoSR、DiffServ、MPLS、NAT、防火墙、攻击检测与攻击防护等新的协议,这就使得路由器设备结构越来越复杂,性能提升的空间越来越小。

（4）网络管理方法的不适应

互联网建设需要使用大量交换机、路由器、防火墙、攻击检测与攻击防护等设备，以及嵌入在网络设备中的各种网络协议与实现协议的软件。在组建一个网络时，网络工程师首先需要设计网络结构及控制策略，然后将这些控制策略转换为低层设备的配置命令，再用手工方式配置交换机、路由器、防火墙等设备。大部分情况下，网络管理员需要预先编制出静态路由表，然后以手工方式配置路由器，网络设备的配置状态基本上是静态和不变的。当需要部署新的网络应用时，可能要对这些网络设备进行重新设置，这是非常麻烦的。同时，不同厂商生产的网络设备采用的软件工具与配置命令通常是不同的，甚至同一厂商的不同型号设备的配置与管理方法也不一样，这就进一步造成了网络管理员工作的复杂性。

传统网络设备的功能与支持的协议相对固定，缺乏灵活性，使得网络新功能、新协议的试验与标准化的过程漫长，导致网络服务永远滞后于网络应用的发展。

2007 年，美国斯坦福大学 Nick Mckeown 教授启动了名为 "Clean-Slate" 的研究课题，目标是 "重塑互联网"（Reinvent the Internet）。2008 年，Nick Mckeown 与合作者在 ACM SIGCOMM 上发表了名为 "OpenFlow：Enabling Innovation in Campus Networks" 的论文，提出了实现 SDN 的 OpenFlow 方案，并列举了 OpenFlow 应用的几种场景：校园网对实验性通信协议的支持、网络管理与网络控制、网络隔离与 VLAN、基于 Wi-Fi 的移动网络、非 IP 网络、基于网络分组的处理。2009 年，MIT Technology Review 将 SDN 评为年度十大前沿技术之一。

但是，任何一项网络新技术的研究都需要注意一个问题是：要将经过几十年、花费数千亿计的资金组建的传统互联网的网络设备全部更换是不可能的，因此使用 SDN /NFV 技术来完全重构一个互联网主干网是不现实的。SDN 技术理论上虽然可行，但是能否真正进入实际应用，还要看产业界是否能够接受这项技术。

对 SDN 发展意义重大的一件事发生在 2012 年。在第二届开放网络峰会（Open Networking Summit）上，谷歌公司宣布已在其数据中心主干网上大规模部署 OpenFlow，通过流量工程与优化调度，链路利用率从 30% 提升了近一倍。

网络设备的最大消费群体是网络运营商。由于网络运营商要适应越来越多的网络服务，而每当开通一种网络应用时，就会出现已有设备不够用或不能适合新的应用需求的情况，因此需要购买大量的新设备，扩大容纳设备的机房，并且增加电力供应，这样就必然要增加资金投入。更严重的是，随着技术的进步，网络设备的生命周期不断缩短，从而加快了设备更新速度，并直接影响网络运营商的利润增长。因此，网络运营商更重视网络体系结构的变革。谷歌的实践证明 OpenFlow 具有重大应用前景，进一步引发网络运营商与设备制造商对 SDN 技术的兴趣。因此，有人总结：SDN 源于高校，兴于谷歌的流量工程。

7.1.2　网络服务质量评价指标的变化

新的网络应用对网络服务质量评价指标体系提出了新的需求。计算机网络研究网络性能和评价服务质量时，使用的是服务质量（Quality of Service，QoS）参数与标准，它关注的是可测量的端 – 端网络性能特性，这些参数主要包括吞吐量、延时、延时抖动、误码率、丢包率、优先级、可用性与安全性等。随着互联网、移动互联网、物联网，以及云计算、大数据、智能技术应用的发展，用户更关注主观性的体验，**体验质量**（Quality of Experience，QoE）的概念开始被接受。

与云计算一样，SDN 的核心仍然是"应用"与"服务"。用户接受不接受 SDN，取决于用户在使用 SDN 技术构建的网络系统时，是否能获得更好的用户体验。因此，体现用户体验效果的 QoE 是 SDN 研究的重要课题。

QoE 是对 QoS 评价指标的扩展，它是从用户端获取的关于服务质量的主观评价。影响 QoE 的因素主要来自三个方面。

- 感知：用户在感官方面对服务效果的体验。例如，在视频应用中，用户对图像清晰度、亮度、对比度、闪变、失真与同步的体验效果；在音频应用中，用户对音质、音色和清晰度的体验效果；在智能应用中，用户与智能系统交互的舒适性与友善性。
- 心理：用户在心理方面对服务效果的体验，包括满意度、兴奋度、有用性。
- 交互：用户与网络应用系统或设备交互效果的体验，包括交互是否顺畅、自然、有趣，以及使用的难易程度、系统的响应速度等。

网络管理人员可以设计出 QoS 参数测量方法，在网络层、传输层和应用层等层次，以及端系统与服务器系统中采集数据，准确地进行测量。QoE 涉及用户主观体验的效果，它是计算科学与社会学、行为学融合的产物，很难将主观体验的 QoE 指标转换成可测量的指标，设计测量方法，并找出 QoS 与 QoE 之间的内在关联。传统的计算机网络中几乎没考虑 QoE，而在移动互联网、物联网、大数据与智能应用中，这是不可回避的问题，也给网络新技术研究提出了新的课题。

7.1.3　网络虚拟化与网络可编程

实际上，SDN 的概念并非突发奇想，它也经历了一个认识逐步深化的过程。网络虚拟化是一种支持在物理网络环境中构建多个逻辑上的**覆盖网**（overnet 或 overlay network）的虚拟化技术。它允许不同用户共享或独占逻辑网络资源，实现网络资源动态、按需与弹性分配，以提高网络资源利用率。网络虚拟化是操作系统对计算、存储等资源虚拟化的基础上发展起来的。云计算也是建立在计算、存储、网络资源虚拟化的基础之上。

在计算机网络技术发展过程中，研究人员一直在开展网络虚拟化研究。**虚拟局域网**（Virtual LAN，VLAN）、**虚拟专网**（Virtual Private Network，VPN）、多协议标记交换

（Multi-Protocol Label Switching，MPLS）、主动网络（active network）等研究为 SDN/NFV 的发展奠定了坚实的基础。

我们可以通过回顾 VLAN、VPN 与 MPLS、主动网络、网络虚拟化的研究过程来诠释 SDN/NFV 概念逐步形成和不断深化的认知过程。

1. VLAN

VLAN（虚拟局域网）的概念是从传统局域网引申而来的。VLAN 在功能、操作上与传统局域网基本相同，其主要区别在于"虚拟"二字。从传统局域网与交换机的讨论中可以看出，传统局域网与交换机的组网方式和功能单一、支持的协议固定、缺乏灵活性。为了支持软件定义虚拟网络的组网方法，IEEE 于 1999 年发布了 802.1Q 标准。IEEE 802.1Q 标准在保留传统的 IEEE 802.3 标准 Ethernet 结构、原理不变的前提下，只是在节点发送帧的源地址后增加了长度为 4B 的 VLAN 标记字段，其中包括为每个 VLAN 分配的唯一标识（VLAN ID，VID）。网络管理员通过支持 IEEE 802.1Q 协议的交换机配置界面，根据节点连接的交换机端口号、网卡的 MAC 地址或 IP 地址，划分多个逻辑子网 VLAN，将节点分配到不同 VLAN 中。

VLAN 技术的优点是：通过软件配置交换机，可以灵活组建逻辑子网，并提高局域网系统的性能与安全性。VLAN 协议的执行过程对 Ethernet 用户是透明的。

随着网络规模的不断扩大，一些企业利用宽带城域网**接入服务提供商网络**（Service Provider Network，SPN），将分布在不同地理位置的 Ethernet 互联。此后，IEEE 802.1Q 标准在 Ethernet 帧中插入了另一个 VID，这样就可以在跨 SPN 的多个 Ethernet 中划分逻辑子网。当 Ethernet 帧进入 SPN 时，由 SPN 处理第二个 VID；当 Ethernet 帧穿越 SPN 到达边缘路由器时，删除第二个 VID。

VLAN 通过"网络设备的可配置"体现了初始阶段的网络编程与 SDN 结构的特征。VLAN 技术的缺点是：支持 IEEE 802.1Q 标准的交换机必须掌握 VLAN 映射的全部节点信息；如果节点接入交换机的端口改变，网络管理员需要重新进行配置。为了克服这些缺点，在 SDN OpenFlow 规范的研究中，增加了 VLAN 标记建立的流表项，有效提高了 VLAN 配置与管理的灵活性。

2. 虚拟专网 VPN

支撑大型企业、跨国公司管理的大型网络系统一般是由多个不同部门的子网互联而成的，这些子网可能分布在不同城市或地区。构建一个大型企业网络系统有两种基本方案：一是自己建立一个大型专用广域网，以互联不同地理位置的部门子网；二是在公共传输网络（PDN）上组建多个互联的子网。

若采用第一种方案，用户需要自己铺设或租赁光缆、购买路由器，招聘专职的网络工程师维护专网系统。第二种方案则是在公共传输网络之上，采用 VPN 来组建与公网用户隔离的虚拟专网。由于这种专网是在公网基础上组建，因此它是一种"覆盖网"。显然，第一种方案的造价太高，第二种方案的造价低，但是不能确保网络的安全性。因此，吸取两种方案优势的虚拟专网（VPN）研究引起了人们的关注。

VPN 是指在公共传输网络中建立虚拟的专用数据传输通道（或隧道），将分布在不同地理位置的子网互联起来，提供安全的端–端数据传输的网络技术。VPN 概念的核心是"虚拟"和"专用"。"虚拟"表示 VPN 是在公共传输网络中，通过建立隧道或虚电路方式建立的一种逻辑子网。"专用"表示 VPN 只为接入的特定网络与主机提供保证 QoS 与安全性的数据传输服务。目前，应用比较广泛的 VPN 技术主要有 IPSec VPN 与 MPLS VPN。

3. MPLS VPN

随着互联网应用的快速扩张，网络服务质量越来越难以保证，网络流量工程的研究集中在资源预留协议（RSVP）、区分服务（DiffServ）与多协议标记交换（MPLS）服务等技术上。

MPLS 是一种快速交换的路由方案，也是一种广泛应用的 VPN 技术。IETF 于 1997 年初成立 MPLS 工作组，以开发一种通用、标准化的技术。1997 年 11 月，形成 MPLS 框架文件；1998 年 7 月，形成 MPLS 标记分布协议（LDP）、标记编码与应用等基本文件；2001 年，MPLS 工作组提出第一个 RFC 3031 文档。

路由和交换的区别在于：路由是网络层的问题，由路由器根据接收 IP 分组的目的 IP 地址、源 IP 地址，在路由表中找出转发到下一跳路由器的输出端口。交换只需使用第二层（MAC 层）地址，通过交换机第二层硬件来实现快速转发。此后，出现了"第三层交换"（或"三层交换"）的概念。它将第三层路由与第二层硬件快速交换相结合，实现快速分组转发，保证网络服务质量，从而提高路由器性能。MPLS 是实现三层交换的 VPN（L3VPN）技术，在公共数据网 PDN 中组建的覆盖网（overnet）。

MPLS VPN 研究了在 PDN 之上采用 SDN 的方法，为大型企业组建虚拟专网提供了一种重要方法。MPLS VPN 将 SDN 研究向实用化方向推进了一步。

4. 主动网络

20 世纪 90 年代，随着 Java 等与平台无关的语言出现，很多大学、公司与研究部门纷纷开展了主动网络研究。主动网络的路由器、交换机节点都是可编程的，可以执行用户定义的分组处理程序，网络节点不仅能够转发分组，而且通过执行附加的程序来处理分组，使新的网络体系结构可以灵活支持不同网络应用的需求。

主动网络研究的基本思路和特点表现在以下几个方面：

1）主动网络由两种节点组成，即传统网络节点和具有智能的**主动节点**（Active Node）。主动网络也是一种覆盖网。主动节点组成一个可编程的虚拟网络，以解决 VPN、拥塞控制、网络动态监控、节点移动、可靠多播等技术在传统网络应用中存在的问题。主动网络的设计思想是将程序嵌入分组中，随着分组在网络上传输。主动网络中的携带程序代码的分组称为**主动分组**（Active Packet）。图 7-1 给出了一种常用的主动分组结构。

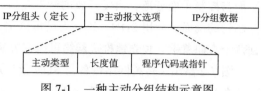

图 7-1 一种主动分组结构示意图

2）主动网络具有自我复制、自我再生、自我控制与自我保护能力。

在网络的中继节点出现故障时，主动节点能主动绕过故障节点，寻找最佳的传输路径。用户可创建一种新服务，通过主动节点将程序分布到整个主动网络中。当某个主动节点缺少一种服务时，相邻主动节点可以将副本传送给该节点。当某个主动节点受到攻击时，主动节点自动启动保护程序。主动节点能将多个分组的数据部分汇聚后，作为一个分组发送出去。

3）主动网络允许用户向某些节点发送携带用户指令的分组。

这些网络节点按照用户指令的要求对网络数据进行处理，从而实现对网络的编程控制。主动网络的结构与行为不再取决于网络的静态设置，而是根据网络状态动态变化。主动网络上执行的移动代码可以自动扩展或自动消失。

4）主动网络使用可编程主动网络语言。

基于可编程交换机的设计思路，研究人员设计了**可编程主动网络语言**（Programming Language of Active Network，PLAN）。PLAN 用来描述用户程序功能，调用低层模块，建立一个主动的互联网络 PLANet。

主动网络与传统网络最大的区别在于：传统网络的工作模式是直接对分组存储 – 转发，而主动网络的工作模式是存储 – 计算 – 转发。主动网络的设计重点是如何使网络自动增加新的服务功能，自适应地提高网络服务质量。

主动网络研究侧重于在数据平面上提升网络可编程能力。遗憾的是，主动网络研究没有得到产业界，尤其是主要网络设备生产商的认可与支持。因此，尽管主动网络研究在理论上取得了很多有启发性的成果，但是没有找到合适的应用领域。

从以上关于 VLAN、VPN、MPLS VPN 与主动网络的讨论中，我们可以得出以下几点结论：

第一，SDN 的概念经历了一个逐步深化的认识过程。早期关于“虚拟化、可编程与可重构”的研究工作的目的是增加新的网络功能，改进路由器、交换机功能与协议格式固定、缺乏灵活性的缺点。随着研究工作的深入，人们逐渐认识到 SDN 将对网络体系结构的发展产生重大影响。

第二，主动网络研究没有得到应用的现实说明：传统网络设备的硬件、软件与操作系统相互依赖，数据平面与控制平面紧耦合，要想在网络设备中增加可编程能力，就必须得到网络设备生产商的支持，并且经过“需求定义 – 协议设计 – 标准制定 – 厂商生产 – 入网测试 – 实际应用”的漫长和艰难的流程，要想绕过这个难题就必须另辟蹊径。

第三，SDN 的核心思想是**网络可编程**（Network Programmability）。SDN 通过将数据平面与控制平面分离，研发开放的标准接口，从而打破数据平面与控制平面相互依赖、相互制约的局面。应用 SDN，研究人员可以绕开传统网络设备制造商，从数据平面与控制平面两个方向着手，独立地推进网络可编程方法的研究。

图 7-2 给出了传统网络设备与 SDN 设计思想的区别。

在采用 SDN 的思路之后，研究人员继承了主动网络从数据平面入手提升网络可编程能力的研究基础，同时做出了以下调整：

第一，借助计算机操作系统中常用的资源虚拟化的方法，进一步划分出物理资源、虚拟资源与虚拟网络的层次。

第二，研究通过软件定义更加通用化的数据平面。

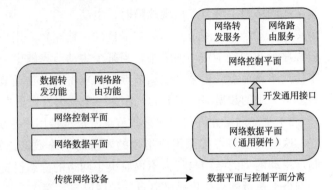

图 7-2　传统网络设备与 SDN 设计思想的区别

第三，摆脱多种网络控制功能使用不同协议与控制模型的传统设计方法，建立适用于不同网络控制功能的抽象模型。

需要注意的是，图 7-2 中标注的传统网络设备具有数据转发和路由功能，而在数据平面与控制平面分离中标注它需要提供数据转发和路由服务。这里，"功能"与"服务"的区别在于：

- "功能"是在网络设备设计与制造中就预先设定好的，通常不能随着用户需求而改变。
- "服务"则体现出它可由用户使用软件定义控制平面的方法，灵活增加各种网络功能，提供适合用户需求的网络服务。

控制平面与网络服务的特征如图 7-3 所示。需要注意的是，数据平面与控制平面的分离是 SDN 的基本原则。这也是很有争议的一个话题，争议的焦点在于：如何权衡 SDN 控制平面是采用严格的集中式控制、半集中式或逻辑集中式控制、完全的分布式控制的利弊。目前的观点是：

- 如果采用严格的集中式控制，正好与传统网络中完全分布式控制

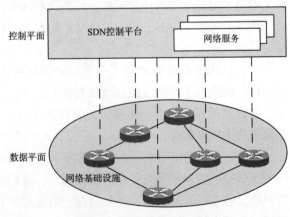

图 7-3　控制平面与网络服务

的做法相反，这是一种革命性方案。

- 如果采用混合式的半集中或逻辑集中式控制，这是一种演进性方案。
- 如果采用完全分布式的控制，那么既不是革命性方案也不是演进性方案，毫无新意。

这种争论将会一直贯穿在 SDN 的研究过程中。显然，当前 SDN 的研究重点放在混合式演进性方案与技术的研究上。

7.1.4 云计算与网络重构

云计算是在虚拟化、分布式技术的基础上发展而来的新型 IT 服务提供模式和解决方案，它是对传统 IT 的"软件定义"，带来了部署、运维和业务服务模式的变革。

关于网络重构的技术基础问题，学术界普遍认为：云计算、SDN 与 NFV 这三项关键技术是网络重构的"一个中心、双轮驱动"。"一个中心"是指以云数据中心为中心，"双轮驱动"是指 SDN 与 NFV 两项技术相互促进。

传统网络采用"以网络为中心"的思路来组建，随着用户与流量的快速增长，网络只能通过不停地扩容来满足需求的增长。按照这种思路来发展，网络会变得越来越臃肿，运维成本会越来越高。同时，由于网络协议不容易改变，无法快速进行业务创新，这就必然造成用户体验越来越差。传统的电信运营商已经感受到被"管道化"与"边缘化"的威胁，陷入"增量不增收"的怪圈之中。因此，网络重构已势在必行。云计算、SDN 与 NFV 必然成为网络重构的重要技术。

云计算是实现网络重构的基础。云化的资源池是 SDN 控制器与编排器、NFV 管理和编排模块的基础。NFV 的网络基础设施需要通过云计算方式来部署。云计算为 SDN/NFV 重构网络提供了容器和资源池。同时，重构后的网络性能提升，也为云计算的快速、灵活的用户接入、广泛的应用与服务提供了更好的运行环境。因此，未来的网络一定是云计算与 SDN/NFV 相互协同、融合的开放架构。

7.2 SDN 的概念

7.2.1 SDN 的定义

目前存在着多种关于 SDN 的定义。比较有影响的定义有两种，它们分别是由开放网络研究中心（Open Networking Research Center，ONRC）与开放网络基金会（Open Networking Foundation，ONF）给出的定义。

ONRC 是 SDN 创始人、美国斯坦福大学 Nick Mckeown 教授与加州大学伯克利分校 Scott Shenker 教授联合 Larry Peterson 教授共同创建的研究机构；ONF 是 Nick Mckeown

教授与 Scott Shenker 教授联合产业界于 2011 年成立的一个非营利机构，旨在推动 SDN 的标准化与 SDN 技术的推广应用。

1. 定义的基本内容

ONRC 给出的定义是：SDN 是一种存在逻辑上集中控制的新型网络结构，其主要特征是数据平面与控制平面分离。数据平面与控制平面之间通过标准的开放接口 OpenFlow 实现信息交互。

ONF 给出的定义是：SDN 是一种支持动态、弹性管理，实现高带宽、动态网络的理想结构。SDN 将网络的控制平面与数据平面分离，抽象出数据平面网络资源，并支持通过统一的接口对网络直接进行编程控制。

2. 两种定义的区别

上述两种定义本质上没有太大的区别，其共性包括：

- 强调 SDN 是一种新的网络体系结构模型。
- 强调数据平面与控制平面分离。
- 强调 OpenFlow 是数据平面与控制平面交互的开放接口标准。

两种定义的区别在于：

- ONRC 的定义侧重于在数据与控制平面分离的基础上实现逻辑集中控制。
- ONF 的定义侧重于数据平面资源的抽象与网络的可编程。

从两种定义中可以看出 SDN 主要有三个特性：

- 数控分离。
- 逻辑集中控制。
- 统一的开放接口。

7.2.2　SDN 的体系结构

1. 现代计算方法与现代组网方法

与计算机产业的快速发展相比，网络产业的创新发展相对缓慢，这与网络技术与产业的特点相关。网络是一种现代社会的信息基础设施，建设覆盖世界的网络系统要花费巨资、经历很长的时间才能够完成。连接在网络上的计算机为了顺畅地交换信息，必须严格地遵守网络通信协议。任何一种网络应用的问世，都会涉及网络通信协议，而修改协议、制定新的协议、公布标准协议、研发实现协议的网络硬件与软件的过程需要经历数年，花费大量的人力、物力、财力。计算机产业则不一样，无论是大型机、个人计算机以及移动终端设备，改变其结构、功能后的影响面相对较小。

SDN 的创始人、美国斯坦福大学 Nick Mckeown 教授曾对计算机产业快速创新发展做出如下分析：早期 IBM、DEC 等计算机厂商生产的计算机是一种完全集成的产品，它们有专用的处理器硬件、特有的汇编语言、操作系统和专门的应用软件。在这种封闭的计算环境中，用户被捆绑在一个计算机产商的产品上，用户开发自己需要的应用软件相当困难。现在的计算环境已发生根本性变化，大多数计算机系统的硬件建立在 x86 及与 x86 兼容的处理器之上，嵌入式系统的硬件主要由 ARM 处理器组成。因此，采用 C、C++、Java 语言开发的操作系统很容易移植。在 Windows、Mac OS 操作系统，以及 Linux 等开源操作系统上开发的应用程序很容易从一个厂商的平台迁移到另一个厂商的平台。

促进计算机从"封闭、专用设备"进化到"开放、灵活的计算环境"，进而带动计算机与软件产业快速创新发展的四个因素是：

- 确定了面向计算的、通用的三层体系结构：处理器 – 操作系统 – 应用程序。
- 制定了处理器与操作系统、操作系统与应用程序的开放接口标准。
- 计算机功能的软件定义方法带来了更灵活的软件编程能力。
- 开源模式催生了大量开源软件，加速了软件产业的发展。

现代计算环境的特点如图 7-4a 所示，它的体系结构具备专用的底层硬件、软件定义功能并支持开源模式的特点。

基于以上的分析，Nick Mckeown 教授建议参考现代计算方法的系统结构，将新的网络系统划分为如图 7-4b 所示的"交换机硬件 –SDN 控制平面 – 应用程序"三个功能模块，同时制定了控制平面与交换机硬件、控制平面与应用程序之间的开放接口。

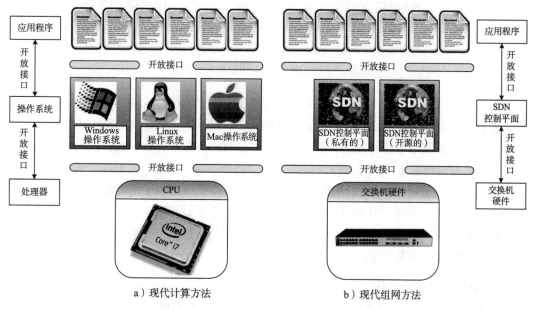

a）现代计算方法　　　　　　　　　b）现代组网方法

图 7-4　现代计算方法与现代组网方法的比较

2. SDN 的工作原理

图 7-5 给出了 SDN 的基本工作原理。传统路由器是一台专用的计算机硬件设备，它需要同时完成图 7-5a 所示的数据分组路由与转发功能，即同时具备数据转发平面与网络控制平面。SDN 是将传统的数据平面与控制平面紧耦合的结构，改变图 7-5b 所示的数据平面与控制平面解耦分离的结构，将路由器的网络控制平面功能集中到 SDN 控制器。SDN 路由器是可编程交换机。SDN 控制器通过发布路由信息和控制命令，实现对路由器数据平面功能的控制。SDN 通过标准协议对网络的逻辑加以集中控制，实现对网络流量的灵活控制和管理，为核心网络及应用创新提供了良好的平台。

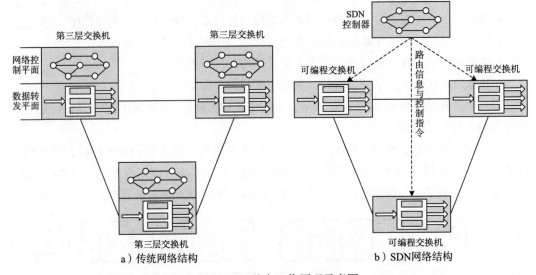

图 7-5　SDN 基本工作原理示意图

在传统的网络结构中，路由器或交换机的控制平面只能从自身节点在拓扑中的位置出发，看到一个自治区域网络拓扑中一个位置的视图。然后，从已建立的路由表中找出从这个节点到达目的网络与目的主机的最佳输出路径，再由数据平面将分组转发出去。几十年来，网络一直沿用着这种"完全的分布式控制""静态"与"固定"的工作模式。

在 SDN 网络中，SDN 并不是要取代路由器与交换机的控制平面，而是以整个网络视图的方式加强控制平面，根据动态的流量、延时、服务质量与安全状态，决定各个节点的路由和分组转发策略，然后将控制指令推送到路由器与交换机的控制平面，由控制平面操控数据平面的分组转发过程。

3. SDN 网络体系结构

图 7-6 给出了 SDN 网络体系结构，它由数据平面、控制平面与应用平面组成。在相关文件中，将控制平面与数据平面接口、控制平面与应用平面接口分别称为**南向**（south

bound) 接口与**北向**(north bound) 接口,将控制平面内部的 SDN 控制器之间的接口称为
东向接口与西向接口。

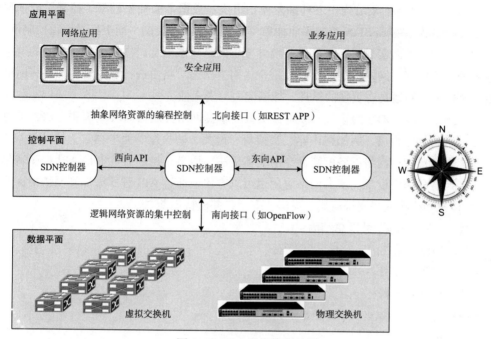

图 7-6 SDN 网络体系结构

4. SDN 研究的主要内容

SDN 在数据平面、控制平面、应用平面的研究内容主要涉及以下方面:

1) 在数据平面,研究工作主要集中在交换机处理流程设计与实现、转发规则对交换
机流表的高效利用、交换机流表的正确性验证与流表优化等方面。

2) 在控制平面,研究工作主要集中在单点控制器设计、集群控制器架构、控制器接
口标准、控制器部署、分布式控制器系统特性等方面。

3) 在应用平面,研究工作主要集中在 QoS、负载均衡、流量工程、各种应用场景,
以及 SDN 网络安全性等方面。

7.2.3 SDN 技术的特点

从以上讨论中,我们可以总结出 SDN 技术的主要特点。

1) SDN 不是一种协议,而是一种开放的网络体系结构。SDN 吸取了计算模式从封闭、
集成、专用的系统进化为开放系统的经验,通过将传统封闭的网络设备中的数据平面与控
制平面分离,实现网络硬件与控制软件分离,制定开放的标准接口,允许网络软件开发者

与网络管理员通过编程控制网络，将传统的专用网络设备变为可通过编程定义的标准化通用网络设备。

2）SDN 的网络抽象结构由三种抽象模型组成：数据平面抽象模型、控制平面抽象模型与全局网络状态视图。SDN 控制平面抽象模型支持用户在控制平面上通过编程控制网络，而无须关心数据平面实现的细节。通过统计分析网络状态信息，提供全局、实时的网络状态视图的抽象模型，网络控制平面能根据全局网络状态对路由进行优先安排、提高网络系统的安全性，使网络具有更强的管理、控制能力与安全性。

3）可编程性是 SDN 的核心。编程人员只要掌握网络控制器 API 的编程方法，就可以写出控制各种网络设备（例如路由器、交换机、网关、防火墙、服务器、无线基站）的程序，而无需知道各种网络设备配置命令的具体语法、语义。控制器负责将 API 程序转化成指令去控制各种网络设备。新的网络应用也可以方便地通过 API 程序添加到网络中。开放的 SDN 体系结构将网络变得通用、灵活、安全，并支持创新。

因此，SDN 的特点可以总结为：

- 开放的体系结构。
- 控制与转发分离。
- 硬件与软件分离。
- 服务与网络分离。
- 接口标准化。
- 网络可编程。

7.3 SDN 数据平面

7.3.1 数据平面的功能

数据平面也称为基础设施层，在 ITU-T 的 Y.330 标准中称为资源层。数据平面是网络转发设备根据控制平面的决策实现数据传输与处理的平面。数据平面由虚拟交换机与物理交换机组成，不同的标准也将它称为数据平面网络单元或交换机。

数据平面的基本功能是控制支撑功能与数据转发功能。其中，控制支撑功能是数据平面通过南向接口与控制平面交互，实现控制器对数据平面的编程控制；数据转发功能是数据平面按照控制平面计算和建立的转发路径，转发接收到的数据分组。

7.3.2 数据平面的网络结构

在 SDN 网络中，无论交换机是哪个网络设备厂商制造的，都必须遵守与 SDN 控制器之间的南向接口标准。在 SDN 体系结构模型中，南向接口被定义为控制平面与数据平面之间开放的应用程序编程接口（API）。最主要的南向接口标准是 OpenFlow，它定义了控制平面与数据平面之间信息交互的协议。符合 OpenFlow 协议标准的 API 可保证应用程序代码的可移植性，不需要改变被调用服务的厂商交换机设备软硬件。数据平面网络设备结构如图 7-7 所示。

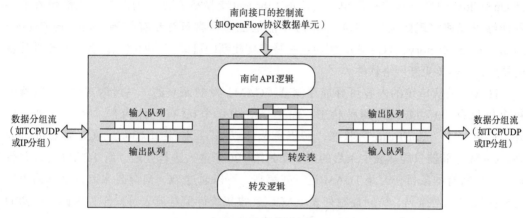

图 7-7　数据平面网络设备结构示意图

理解数据平面网络设备的工作原理时，需要注意以下几个问题：

第一，数据平面中的网络设备只完成简单的转发功能，不需要内嵌软件执行自治决策。控制平面通过南向接口传送控制信息，转发表必须根据高层协议（如 TCP/UDP 或其他传输层、应用层协议）来定义表项。网络设备将根据转发表决定特定类型的分组下一跳的路由。同时，网络设备还可以对分组头部进行修改，或者丢弃分组。

第二，数据平面的网络设备有三个输入 / 输出通道，一个通道用于数据平面与 SDN 控制器之间交换控制信息，另外两个是接收通道与发送通道。接收与发送数据分组的通道都设有输入和输出分组的队列缓冲区。

第三，图 7-7 只是一个简化的结构图，数据平面网络设备可以有多个与不同 SDN 控制器交互的通道；交换机也可以有多个接收和发送数据分组的通道。到达的分组分别进入各自的输入队列，等待网络设备处理；准备转发的分组进入不同的输出队列，等待网络设备发送。

7.3.3　OpenFlow 逻辑网络设备

1. OpenFlow 交换机的基本概念

OpenFlow 是美国斯坦福大学研究项目" Clean Slate "的成果之一，它是目前最主要的南向接口协议。OpenFlow 规范最初用于美国国家科学基金会（NFS）的**大规模虚拟实验网络环境**（Global Environment for Network Innovations，GENI）项目。

OpenFlow 的设计思想是无需设计新的网络硬件，仅需更新现有网络设备的软件，一边使用现有的网络系统，一边构建新的虚拟网络。在 2008 年 ACM SIGCOMM 上发表的论文"OpenFlow：ENabling Innovation in Campus Networks"中就明确地表述：设计 OpenFlow 的思路其实很简单，目前的 Ethernet 交换机和路由器产品一般都配置了一种能够以线速实现防火墙、NAT、QoS 功能的**三态内容可寻址存储器**（Ternary Content Addressable Memory，TCAM），利用这一特点构建新的可编程的网络系统就不需要设计新的硬件，只需要更新网络软件。

TCAM 是从传统的内容可寻址存储器（CAM）发展而来的。一般的 CAM 存储器中每个位只有"0"或"1"两种状态，而 TCAM 中每个 bit 有三种状态，除"0"或"1"外，还有一个"don't care"状态，所以称为"三态"。如果有 100 条 ACL 需要进行处理，CAM 存储器只能从表中条目的第 1 条到第 100 条逐一进行处理，而 TCAM 可以并行访问表中所有的条目，因此 TCAM 运行效率高。可以通过 TCAM 硬件来高速处理路由器与交换机中子网掩码、访问控制列表（ACL）、收集统计信息流表等操作。因此，最初的 OpenFlow 设计思路就是建立在 TCAM 硬件基础之上。

这种"无需设计新的网络硬件，只需更新网络软件"的研究思路受到产业界高度的关注，很多企业认识到这种研究的重要性，在 2008 年成立了 OpenFlow 论坛，参与和推动 OpenFlow 标准的研究与应用。

2. OpenFlow 协议发展过程

OpenFlow 论坛首先要解决的问题是如何设计新协议的实验环境。在纯 OpenFlow 实验网上很难有足够多的实际用户，也不可能有足够大的网络拓扑来测试新协议的功能与性能，最好的方法是将运行 OpenFlow 协议的实验网络嵌入实际运营的网络中，利用实际的网络环境来检验新协议的可行性与存在的问题。这对于 OpenFlow 与 SDN 能否产业化至关重要。在推进 OpenFlow 协议实验的过程中，OpenFlow 论坛演变成开放网络基金会（ONF）。

OpenFlow 协议一直处于更新状态。2008 年，OpenFlow 基本协议"OpenFlow Switching Specification 0.2"发布；2009 年，OpenFlow 1.0 发布；2011 年，OpenFlow 1.1 与 1.2 发布；2012 年，OpenFlow 1.3 与 1.3.1 发布；2012 年，OpenFlow 1.3.2 发布；2013 年，OpenFlow 1.4 发布；2014 年，OpenFlow 1.5 发布。OpenFlow 协议发展过程如图 7-8 所示。

ONF 成立是 OpenFlow 发展过程中的一个重要里程碑。ONF 从 OpenFlow 1.2 起就一直负责组织协议的制定，这标志着 OpenFlow 走向工业标准化的道路。ONF 在制定 OpenFlow 协议同时，致力于 SDN 的研究与推广工作。ONF 将 OpenFlow 作为 SDN 的基础技术，并将 SDN 作为未来网络的解决方案。

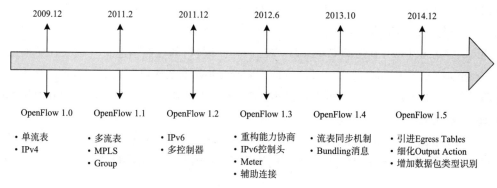

图 7-8 OpenFlow 协议发展过程

3. OpenFlow 交换机工作环境

OpenFlow 协议既是 SDN 控制器与网络设备之间的协议，也是网络交换功能的逻辑结构规范。OpenFlow 将路由器、交换机等网络设备统一定义为 OpenFlow 交换机。图 7-9 给出了 OpenFlow 交换机工作环境的示意图。

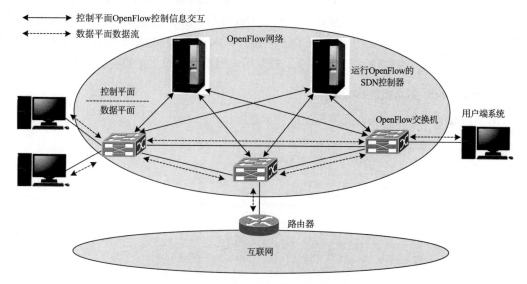

图 7-9 OpenFlow 交换机工作环境示意图

OpenFlow 定义的交换机体系结构包括 3 部分：运行 OpenFlow 的 SDN 控制器、OpenFlow 交换机、用户端系统。

理解 OpenFlow 定义的交换机体系结构时，需要注意以下几个问题：

第一，在 SDN 网络中，由于传统交换机、路由器的路由选择功能由 SDN 控制器承担，那么 OpenFlow 交换机就成为通过开放接口发送 / 接收帧或分组的数据转发设备。OpenFlow 交换机分为两种，一种是只支持 OpenFlow 操作的纯 OpenFlow 交换机，另一种是除了支持传统的网络协议之外，还支持 OpenFlow 协议的混合型交换机。

第二，OpenFlow 1.0 强调 OpenFlow 控制器与交换机的控制信息交互建立在传输层安全（Trasport Layer Security，TLS）协议的"OpenFlow 安全通道"之上，后来改进为这种连接既可以采用 TLS 加密，也可以直接用 TCP 连接来传输，因此 OpenFlow 2.0 改用术语"OpenFlow 通道"。

图 7-10 给出了 OpenFlow 通道示意图。OpenFlow 通道是建立在 OpenFlow 控制器与 OpenFlow 交换机之间的物理连接之上，用于传送 OpenFlow 控制信息的逻辑通道。

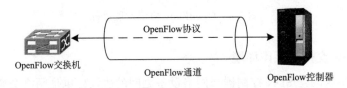

图 7-10　OpenFlow 通道示意图

第三，OpenFlow 交换机启动时主动请求与 OpenFlow 控制器建立 TCP 或 TLS 连接。如果 OpenFlow 控制器接受了连接请求，那么 OpenFlow 控制器与 OpenFlow 交换机之间就建立起用于传送控制指令的 TCP 或 TLS 连接。SDN 控制器向 OpenFlow 交换机发送控制指令，OpenFlow 交换机执行控制指令，转发用户端系统之间交互的数据分组。

4. OpenFlow 交换机的内部结构

图 7-11 给出了 OpenFlow 交换机的结构示意图。

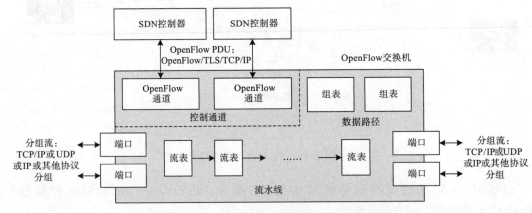

图 7-11　OpenFlow 交换机结构示意图

在传统的互联网中，当交换机接收到一帧数据时，需要根据帧头中的目的 MAC 地址与源 MAC 地址来查找转发表，决定该帧应该由哪个输出端口转发；当路由器接收到一个数据分组时，需要根据分组头中的目的 IP 地址与源 IP 地址查找路由表，决定该分组的下一跳路由器以及从哪个输出端口转发。在 OpenFlow 交换机中，同样需要通过地址匹配来决定由哪个端口转发，只是 OpenFlow 采用了流表的概念，对二层的转发表与三层的路由表进行了抽象。

OpenFlow 协议定义了交换机体系结构中 3 种表结构：**流表**（Flow Table）、**组表**（Group Table）与**计量表**（Meter Table）。

在 OpenFlow 交换机中，由控制器根据对某类分组的转发策略，对流表中的表项进行添加、修改和删除。为了提高交换机的处理效率和性能，OpenFlow 采取了多级流表的流水线处理方式。一条流水线包含多个流表，一个流表包含多个流表项。流表、流表项与流水线的关系如图 7-12 所示。

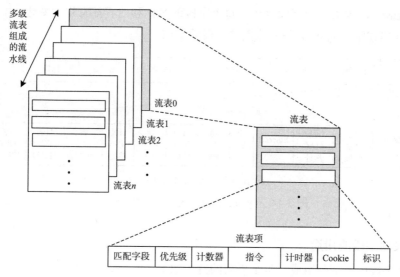

图 7-12　流表、流表项与流水线的关系

7.3.4　流表结构

1. 流表结构与格式

OpenFlow 交换机体系的基本组成单元是流表。流表包含有多个**表项**（Entry），每个表项就是一个转发规则。OpenFlow 控制器通过设置流表项来实现对 OpenFlow 交换机的控制。进入交换机的每个分组通过查询流表项，决定需要执行的操作与转发的端口。

流表的结构随着 OpenFlow 协议版本的变化而改变（如图 7-13 所示）。

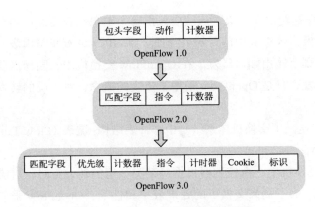

图 7-13   OpenFlow 协议版本的变化

OpenFlow 1.0/2.0 版本使用的是单流表，流表由 3 个字段组成。OpenFlow 3.0 版本开始使用多流表，流表由 7 个字段组成。每个字段的名称和内容都有很大变化。

图 7-14 描述了 OpenFlow 3.0 流表项字段的结构。

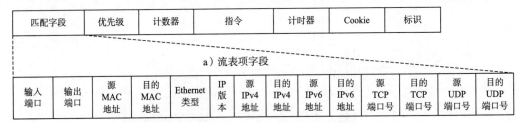

图 7-14   OpenFlow3.0 流表项字段的结构

2. 流表项字段的用途

流表项字段由七部分组成，每个表项的意义如下。

（1）匹配字段

匹配字段用于区分不同类型的数据分组。对接收的分组，交换机根据匹配字段值区分不同的类型，将同一类型的数据分组放在同一个数据流（flow）中。交换机对不同数据流的分组执行不同的指令，决定对不同数据流的分组进行转发、丢弃、放入队列或修改字段处理。

（2）优先级字段

优先级字段用于表示表项的相对优先级。字段长度为 16 位，可分为 64k 个优先级，0 表示最低的优先级。

（3）计数器字段

每个流、每个流表、每个队列与每个端口都维持一个计数器。

●基于流的计数器记录接收的分组数、接收的字节数、持续的时间等。

- 基于流表的计时器记录表的当前表项数、表的分组数、匹配的分组数与流表持续时间等。
- 基于队列的计数器记录发送的分组数、发送的字节数、发送超时错误与队列持续时间等。
- 基于端口的计数器记录接收的分组数、发送的分组数、接收的字节数、发送的字节数、丢弃的接收分组数、丢弃的发送分组数、接收错误、发送错误、接收帧的字节定位错、接收超时错、接收帧的 CRC 错与冲突次数与端口持续时间等。

（4）指令字段

指令字段表示匹配成功之后需要执行的动作命令。

（5）计时器字段

计时器字段又叫做超时时间字段。每个流表项都与一个硬超时时间（hard_timeout）、一个空闲超时时间（idle_timeout）相关联。

- 硬超时时间值归 0 时，对应的流表项被移出流表。
- 空闲超时时间值归 0 时，没有与任何分组匹配成功的流表项被移出流表。

（6）Cookie 字段

Cookie 字段是长度为 64 位的数字，通过哈希函数或根据表的内容产生，用于控制器对流统计、流修改与流删除进行过滤。在对分组进行处理时不使用该字段。

（7）标识字段

标识字段用于改变流表项的管理方法。例如，标识为 OFPFF_SEND_FLOW_REM 时，交换机必须向控制器发送移出该流表项的消息。

3. 匹配字段的结构

（1）匹配字段必须包括的内容

用于对接收分组进行分类的匹配字段的信息分为四类。匹配字段的基本结构如图 7-15 所示。

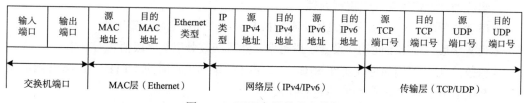

图 7-15　匹配字段的基本结构

第一类：交换机端口。

交换机端口标识符编号从 1 开始，长度视具体实现而定。输入端口分配给接收分组端口标识符，记录在输入端口表中。交换机处理后的转发分组被分配输出端口标识符，记录在输出端口表中。

第二类：MAC 层信息。

MAC 层信息包括 Ethernet 的源 MAC 地址、目的 MAC 地址，以及标识 Ethernet 帧载荷的 Ethernet 类型标识字段。

第三类：网络层信息。

网络层信息包括 IP 类型（IP 版本号 4 或 6）、源与目的 IP 地址，它们可以是标准的 IPv4 地址或 IPv6 地址，也可以是带有掩码的 IP 地址。

第四类：传输层信息。

传输层信息包括源与目的 TCP/UDP 端口号。

（2）匹配字段可选的内容

匹配字段可选的内容主要包括 VLAN ID 与 VLAN 优先级、IPv4/IPv6 的区分服务 DS 与显式拥塞通知字段、ICMP 类型与代码字段、ARP 报文载荷与源和目的 IPv4 地址、MPLS 标签值与流类型、IPv6 扩展首部等。

从以上讨论中可以看出，对于交换机来说，一条"流"就是与流表中某个特定表项匹配的分组序列。OpenFlow 支持各层的主流网络协议，但在 MAC 层仅支持 IEEE 802.3 的 Ethernet 协议，而不支持 IEEE 802.11 的无线局域网 Wi-Fi 协议。

4. 指令的构成

（1）OpenFlow 规定的动作

表项中的指令字段包括一组指令集，其中定义了在分组匹配表项时执行的动作，主要包括分组转发、修改与组表处理等。OpenFlow 协议中包含以下动作：

- **输出**：将分组转发到特定端口，这个端口可通往下一个交换机或控制器的端口；转发到控制器的分组需要进行封装。
- **设置队列**：为分组设置队列 ID。当分组执行输出动作时，将分组转发到端口上，该队列 ID 确定应该使用该端口的哪个队列来调度和转发分组。
- **组**：通过特定组对分组进行处理。
- **添加或删除标签**：为一个 VLAN 或 MPLS 分组添加或删除标签字段。
- **设置字段**：根据不同动作设置字段类型，然后修改分组头字段值。
- **修改 TTL**：不同的修改 TTL 动作会对 IPv4 分组的生存时间（TTL）、IPv6 分组的跳数限制或 MPLS 帧的 TTL 值进行修改。
- **丢弃**：没有显式的动作表示丢弃。如果分组的动作集中没有输出动作，分组就会被丢弃。

动作集是与分组相关联的动作的集合，在分组离开处理流水线时被执行。

（2）指令类型

OpenFlow 指令分为四种类型。

- **引导分组跨越流水线**：Goto-Table 指令将分组引导到流水线上更远处的一个表上，计量指令将分组引导到一个特定的计量表中。
- **对分组执行动作**：当分组与某个表项匹配时，对该分组执行动作。Apple-Actions 指令在不改变与分组关联的动作集的情况下立即执行动作，该指令可用于对流水线上两个表之间的分组进行修改。
- **更新动作集**：Write-Actions 指令将特定动作合并到当前动作集，Cleare-Actions 指令将动作集的所有动作都清除。
- **更新元数据**：元数据值可以与分组关联，用于在表之间承载信息，Write-Metadata 指令对现有的元数据值进行更新，或创建一个新的值。

图 7-16 给出了 SDN 控制器、OpenFlow 通道、流表与分组处理关系的示例。

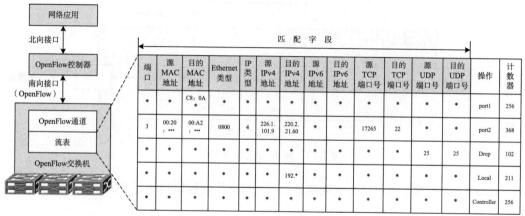

注：表项中 * 表示通配符"any"

图 7-16　SDN 控制器、OpenFlow 通道、流表与分组处理的关系

7.3.5　流表流水线

1. 流表处理的过程

每个分组到达 OpenFlow 交换机之后，分组头被提取出来，流表根据匹配字段对分组头的对应字段进行匹配。如果在流表中找到匹配项，则执行相应的处理动作，并通过输出端口转发或丢弃。如果在流表中没有找到匹配项，将该分组封装之后传送到控制器，请求控制器处理。流表的基本功能如图 7-17a 所示。

交换机可能包含多个流表。当多于一个流表时就可以组成流水线，各个流表可以采取从 0 开始递增数字进行标识。在流水线上使用多个流表的方式，可以为 SDN 控制器提供更好的灵活性。流水线定义了数据分组如何与多个流表进行操作的处理过程。流表与流水线的概念如图 7-17b 所示。

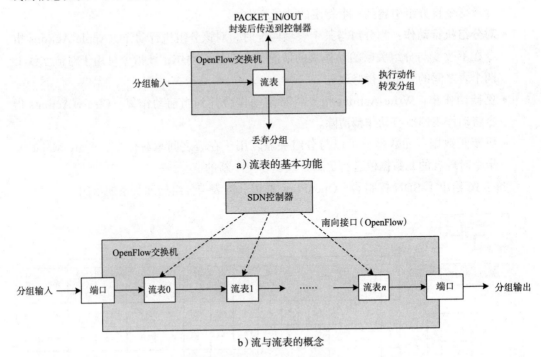

a) 流表的基本功能

b) 流与流表的概念

图 7-17　流表与流水线的概念

OpenFlow 交换机通过流水线处理分组的入口工作流程如图 7-18 所示。

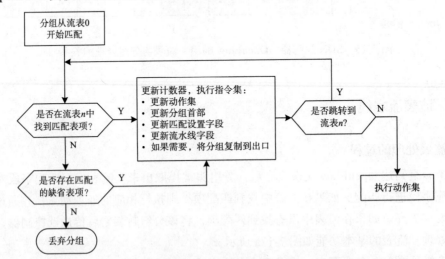

图 7-18　OpenFlow 交换机处理分组的工作流程

理解 OpenFlow "流" 与 "流表" 的基本概念时，需要注意以下几个问题：

第一，流是一组穿越网络的同一类分组的集合。这些分组具有相同的头部内容，例如一条流是具有相同源和目的 IP 地址的分组，或者是具有相同 VPN 的 ID 值分组。

第二，流表保持了一组流的记录。这些记录包括匹配字段、分组头提取的信息、输入端口与元数据。这些信息用来匹配 OpenFlow 交换机接收到的分组。

第三，流表中的指令字段存放着一组用于匹配分组的指令或操作，指示交换机如何处理符合匹配条件的分组，决定 OpenFlow 交换机将该分组从某个指定端口转发或丢弃。

2. 多级流表的使用

使用多级流表可以实现流的嵌套，或者将一条流拆分成多条并行的流。图 7-19 给出了嵌套流的示意图。

在图 7-19 所示的例子中，流表 0 中定义了一条从特定的源 IP 地址到目的 IP 地址的分组流，一旦两个端节点之间建立了最佳路由，那么两个端节点之间的所有流量都可以沿着这条路由传输。

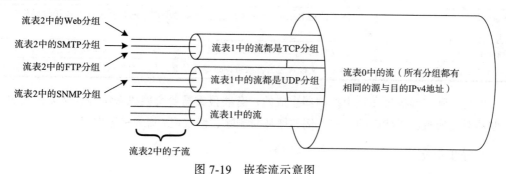

图 7-19　嵌套流示意图

流表 0 可以为 TCP 或 UDP 等不同的分组嵌套出多个用流表 1 定义的子流。虽然流表 1 中的所有子流都是按相同的路由来传输，但是可以采用不同的 QoS 参数来分别处理 TCP 流与 UDP 流。

在流表 1 中可以进一步嵌套用流表 2 定义的子流，例如在流表 1 的 TCP 分组流中可进一步划分出流表 2 的 Web 分组流、SMTP 分组流、FTP 分组流，在流表 1 的 UDP 分组流中可进一步划分出流表 2 的 SNMP 分组流。

由于 TCP、UDP 报头结构不同，Web 协议、SMTP 协议、FTP 协议与 SNMP 协议的端口号都不同，因此根据流水线中不同流表的匹配字段能够很容易地标识出它们，并指定相应的分组转发规则、优先级和 QoS 参数。

多级流表定义的细粒度子流可简化 SDN 控制器和 OpenFlow 交换机的处理过程。聚合具有相同特征的子流仅需在控制器中定义一次，在交换机中也只要执行一次。因此，采用流水线的多级流表可提供细粒度的控制，提高网络运行的效率，使网络能够实时响应网络应用与用户需求的变化。

7.3.6 OpenFlow 协议

OpenFlow 协议支持三类报文，用于控制器对流表项的增加、修改和删除。

1. 控制器到交换机报文

表 7-1 给出了控制器到交换机报文的类型。

表 7-1 控制器到交换机报文的类型

报　　文	描　　述
Features	请求交换机功能信息，交换机接收到请求报文后会自动返回自身的功能信息
Configuration	设置和查询配置参数，交换机将按要求配置
Modify-State	增加和删除、修改流 / 流表项，设置交换机端口属性
Read-State	从交换机流表、端口与流记录中收集当前配置、统计和功能信息
Packet-State	由交换机提交给控制器的分组，控制器决定不丢弃，将分组转发到交换机特定的端口
Barrier	控制器使用 Barrier 请求和应答消息来确保消息的相互依存性或接收操作完成的通知
Role-Request	设置或查询 OpenFlow 信息，用于交换机连接多个控制器的情况
Asynchronous-Configuation	对异步报文设置过滤器或查询过滤器信息，用于交换机连接多个控制器的情况

控制器到交换机报文是由控制器生成的，有些报文需要交换机来应答。这类报文用于控制器对交换机逻辑状态的管理，例如增加与删除、修改流 / 流表项等内容。

2. 异步报文

表 7-2 给出了异步报文类型与对应的功能。

表 7-2 异步报文的类型

报　　文	描　　述
Packet-in	将分组发送给控制器
Flow-Removed	将流表中流表项的删除信息通知给控制器
Port-Status	将交换机端口状态变化通知给控制器
Role-Status	将交换机从主控制器改变为从控制器的角色转换信息通知给控制器
Controller-Status	通知控制器 OpenFlow 信道状态改变，控制器失去通信能力时将协助排除故障处理
Flow-Monitor	将流表的变化通知给控制器，允许控制器实时监视其他控制器对流表中任意子集的改变

异步报文是由交换机生成并发送给控制器的。发出异步报文主要有 3 种情况：

- 基于事件的报文：当链路或一个端口状态、流表发生变化时，交换机将发生的事件通知控制器。

- 流统计信息：交换机将流量情况发送给控制器，使控制器了解网络中的流量变化，并根据需要重新配置网络，调整网络参数以满足 QoS 要求。
- 封装的分组：交换机在制定流表的缺省表项时，将一个分组发送给控制器。

3. 对称报文

表 7-3 给出了对称报文类型与对应的功能。

表 7-3 对称报文类型

报　　文	描　　述
Hello	交换机与控制器连接建立之后交换的 Hello 报文
Echo	Echo 请求 / 应答报文可以由控制器或交换机发出，另一方响应
Error	用于交换机或控制器通知对方出现故障
Experimenter	用于添加新功能

对称报文通常用于交换机与控制器之间交互。当交换机与控制器第一次连接时，向对方发出 Hello 报文，对方应答 Echo 报文。对称报文也用于通知对方系统故障，或者是增加了新功能。

OpenFlow 协议用于实现控制器对交换机逻辑结构的管理，而不需要了解交换机实现 OpenFlow 逻辑结构的具体细节。

7.4 SDN 控制平面

7.4.1 控制平面的功能

1. SDN 控制器的基本功能

SDN 控制层包含一个或多个控制器，负责管理和控制底层网络设备的分组转发。控制器将底层的网络资源抽象成可操作的信息模型，提供给应用层，根据应用程序的网络需求来控制网络工作状态，并发出操作指令。

在讨论 SDN 控制器时，需要注意以下两点：

第一，OpenFlow 体系结构提供了一个标准化的南向接口 API，但是至今没有提供一个标准化的北向接口、东向接口或西向接口 API。北向接口 API 与东西向接口 API 用来支持应用程序的可移植性和控制器的互操作性。这些接口协议的标准化工作正在 ONF 新成立的架构工作组中推进。

第二，目前尚未形成 SDN 控制器的相关标准规范。一般认为 SDN 控制器应该具有以下基本功能。

- **路由管理**：根据交换机收集到的路由选择信息，创建并转发优化的最短路径信息。
- **通知管理**：接收、处理和向服务事件转发报警、安全与状态变化信息。
- **安全管理**：在应用程序与服务之间提供隔离和强化安全性。
- **拓扑管理**：建立和维护交换机互联的拓扑结构的信息。
- **统计管理**：收集通过交换机转发的数据量信息。
- **设备管理**：配置交换机参数与属性，管理流表。

2. SDN 控制器的基本结构

SDN 控制器提供了基本的网络服务与通用的 API。网络管理员仅需制定策略来管理网络，而无须关注网络设备特征是否异构和动态等细节。因此，控制器在 SDN 中相当于网络操作系统（Network Operating System，NOS）。

SDN 控制器是连接底层网络基础设施与高层网络应用的中枢，通过南向接口实现链路发现、拓扑管理、流表下发等功能；通过北向接口开放的 API 来调用底层网络资源，实现对网络应用的控制与管理，以及部署新的网络服务功能。控制器在 SDN 网络中处于核心地位，它决定着 SDN 网络的规模与性能（如图 7-20 所示）。

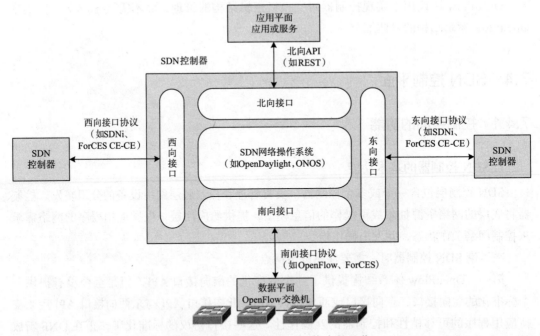

图 7-20　控制器在 SDN 网络中的地位

目前，典型的 SDN 网络操作系统包括：美国斯坦福大学 2008 年设计的第一款开源 SDN 控制器 NOX/POX；由 Big Switch Networks 研发的基于 Java 语言的开源 SDN 控制器

Floodight ；由 Juniper 研发的基于 C++ 语言的 SDN 控制器 OpenContrail ；由思科、IBM、微软、Juniper、NEC 等公司在 2013 年推出的开源 SDN 控制器 OpenDaylight ；由 NTT 公司基于 Python 语言开发的开源 SDN 控制器 Ryu ；由 ON.Lab 于 2014 年 11 月发布的第一款开源 SDN 网络操作系统 ONOS 等。

7.4.2　典型的 SDN 控制器：OpenDaylight 与 ONOS

1. SDN 控制器 OpenDaylight

（1）OpenDaylight 的基本概念

OpenDaylight（ODL）是 Linux 基金会推出的一个开源项目，目的是通过开源方式创造一个开放的环境，每个成员都可以贡献自己的力量，打造一个基于 OpenFlow 等现有标准、开放源代码、可扩展与虚拟化的网络平台，推动 SDN 的创新。ODL 的最终目标是建立一套标准化 SDN 控制器软件、网络操作系统，帮助用户以此为基础开发出具有附加值的网络应用程序。

为了促进 SDN 发展，软件开发者与项目管理者共同组成 ODL 开源社区，个人、网络服务提供商、云服务提供商都可以加入 ODL 社区。ODL 厂商成员分别分为铂金、黄金与白银成员，其中铂金会员有 Brocade、思科、Dell、爱立信、英特尔等，黄金会员有 NEC 等，白银会员有 6WIND、ADVA、Arista Networks 等。

OpenDaylight 是一个可复用、模块化、可扩展、支持多协议的控制器平台，可作为 SDN 管理平台来管理多厂商异构的 SDN 网络。它提供了一个模型驱动服务抽象层（MD-SAL），允许用户采用不同的南向协议，在不同厂商的底层网络设备上部署网络应用程序。

OpenDaylight 以元素周期表中的元素名作为版本号，并且每 6 个月更新一个版本。从第一个版本"氢"（hydrogen）发布至今，已经发布了 5 个版本，当前版本为"硼"（boron）。2014 年 2 月，OpenDaylight 发布的第一个版本 hydrogen 受到行业关注，很快就使 OpenDaylight 成为最具潜力的 SDN 控制器。

OpenDaylight 与其他控制器的明显区别是 OpenDaylight 架构中有服务抽象层（Service Abstraction Layer, SAL）。SAL 主要完成插件的管理，包括注册、注销和能力抽象等功能。

2014 年 9 月，OpenDaylight 的 Helium 版发布。此后在 2014 年 11 月与 12 月，连续发布了 Helium 版的两个子版本 SR 1 和 SR 1.1。OpenDaylight 的 Helium 版增加了 OpenStack 的集成插件，还提供了一个体验更好的交互界面，性能也比 Heliumgen 版提升了许多。在此版本的实现中，OpenDaylight 抛弃了 AD-SAL，转而全面使用 MD-SAL，新版本还增加了 NFV 的相关模块。

2015 年 6 月，OpenDaylight 的 Lithum 版发布。Lithum 版增加了对 OpenStack 的支持，并针对之前的安全漏洞加强了安全性，可拓展性和性能也得到了提升。另外，该版本加大了对 NFV 方面的开发投入。相比 Helium 版，Lithum 版的稳定性有了很大提高，GUI 也得到了进一步美化。

2016 年 2 月，OpenDaylight 的 Beryllium 版发布。新版本进一步提升了性能和可扩展性，提供了更为丰富的应用案例。

2016 年 9 月，OpenDaylight 的 Boron 版发布。Boron 版继续对性能进行提升，增强了用户体验。另外，该版本在云计算和 NFV 方面增加了多个新模块。值得注意的是，这些新增的模块中约有一半是由 OpenDaylight 用户提出的，包括 AT&T 主导的 YANG IDE 模块。从 Boron 版开始，OpenDaylight 提倡由用户来引领创新，鼓励更多的社区用户参与到 OpenDaylight 中，共同推动 OpenDaylight 的发展。目前，OpenDaylight 仍然是最受瞩目的开源控制器项目，很多企业使用 OpenDaylight 来提供各种服务。

（2）OpenDaylight 的体系结构

图 7-21 给出了 OpenDaylight Lithum 体系结构示意图。OpenDaylight 体系结构分为南向接口层、控制平面层、北向接口层和网络应用层。

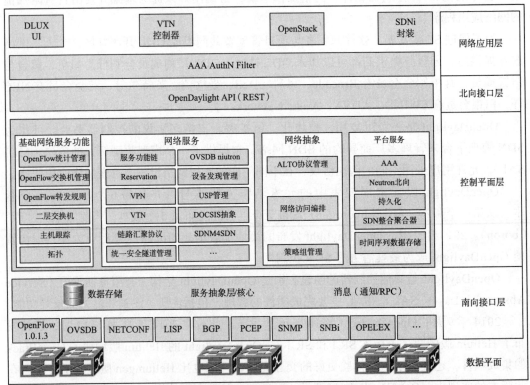

图 7-21　OpenDaylight 体系结构

南向接口层中包含多种南向协议的实现。其中，OVSDB 是 Open vSwitch 数据库协议，用于虚拟交换机网络配置；NETCONF 是 IETF 研发的网络管理协议；LISP 协议插件用于

位置 / 身份分离；BGP 是外部网关协议插件；PCEP 是用于 VPN 配置的路径计算单元通信协议插件；SNMP 是简单网络管理协议插件；SNBi 是 SDN 接口插件等。

控制平面层是 OpenDaylight 的核心，包括基础网络功能、网络服务、网络抽象和平台服务等模块。

1）基础网络功能：主要包括建立和维护交换机互联的拓扑管理；主机跟踪；二层交换机管理；OpenFlow 交换机管理与统计管理模块。

2）网络服务：主要包括服务功能链（SFC）、链路汇聚协议、OVSDB 子系统、设备发现管理等，提供租用服务并向一个控制器下的多用户提供的虚拟租用网络（Virtual Tenant Network，VTN），以及用于开发云操作系统的 OpenStack 开源平台等。

3）网络抽象：主要包括**应用层流量优化**（Application Layer Traffic Optimization，ALTO）协议管理、**网络访问编排**（Network Intent Composition）、策略组管理等模块。

4）平台服务：主要包括授权、**认证与账户管理**（Authentication, Authorization and Accounting，AAA）服务，北向接口子系统，为 SDN 控制器提供拓扑、主机标识、位置及统计信息的聚合器服务，**时间序列数据存储**（Time Series Data Repository）服务等。

北向接口层包含了开放的 REST API 接口，用于拦截来自或到达控制器的授权、认证与账户管理（AAA）请求与响应报文，并验证其合法性的过滤器。

应用层是基于 OpenDaylight 北向接口层的接口开发的应用集合。其中，DULX UI 是一种基于 JavaScript 的无状态用户接口，提供用户友好的接口，以及 OpenDaylight 软件和基本控制器的交互。同时，DLUX 也是一种基于 Web 服务的接口，该接口提供一种容易接入和受 OpenDaylight 控制器管理的网络模型。

OpenDaylight 引入了基于模型（Model-Driven）的编程，并且在软件架构实现中采用了 MD-SAL（Model-Driven Service Abstraction Layer）的中间适配层，以实现北向接口与南向接口的解耦，保证南北向接口独立发展，互不影响。MD-SAL 是 OpenDaylight 最具特色的设计，也是 OpenDaylight 结构中最重要的核心模块。无论是南向模块、北向模块或其他模块，都需要在 MD-SAL 中注册才能正常工作。MD-SAL 是 OpenDaylight 控制器的管理中心，负责数据存储、请求路由、消息订阅和发布等。同时，OpenDaylight 基于 Java 语言编写，采用跨平台构建工具 Maven 来编写模块代码。Maven 构建的模块允许 OpenDaylight 对某些模块进行单独编译，使得在只修改某些模块代码时快速完成编译。

为了实现 OpenDaylight 良好的拓展性，OpenDaylight 基于 Java 与 OSGi（Open Service Gateway Initiative）框架运行，所有模块都作为 OSGi 框架下的应用程序。OSGi 定义了应用程序的生命周期和服务注册等，支持模块的动态加载、卸载、启动和停止。

OpenDaylight 不只是一个控制器，它已成为一个网络操作系统平台，并且正在大力开展 NFV 功能的研发，目标是打造一个通用的 SDN 操作系统。

2. ONOS

（1）ONOS 的基本概念

在 OpenDaylight 快速发展的同时，ON.LAB 推出了另一个 SDN 控制器，即**开源网络操作系统**（Open Network Operating System，ONOS）。ON.LAB 是 SDN 发明者合作创建的非营利开源社区，希望开发更多的工具以充分发挥 SDN 潜能。ON.LAB 推出的开源项目包括网络仿真器 Mininet 和网络虚拟化产品 OVX。ON.LAB 的赞助商包括华为、AT&T、英特尔、NEC 和 Cisco 等公司。

2014 年 8 月，ON.LAB 在 HotSDN 上发表了论文 "ONOS: Towards an Open, Distributed SDN OS"，介绍了面向运营商级的网络应用场景的 SDN 控制器 ONOS，其设计目标是吞吐量达到 1Mbps，延时达到 10~100ms，可容纳 1TB 数据，可用率达到 99.99%。

2014 年 12 月，ONOS 1.0 版本 Avocct 正式开源。这是一个基于 Java 语言开发、采用 OSGi 框架、支持 Bundle 插件拓展、支持分布式部署的控制器平台。ONOS 采用很多成熟的代码模块和框架，具有更新速度快、易扩展等特点。由于 ONOS 的优良性能、清晰的代码架构，以及强大的技术团队支撑，因此 ONOS 在诞生后就受到产业界的关注，成为 SDN 控制器市场的有力竞争者。

ONOS 每 3 个月发布 1 个新版本。至今，ONOS 已经成功发布了多个版本，从 Avocet 到 2016 年 9 月发布的 1.7 版本 Hummingbird，其版本数已经超过 OpenDaylight。随着 ONF 加入 ONOS 阵营，以及华为公司等赞助商的推动，ONOS 始终保持着良好的发展势头。

（2）ONOS 的体系结构

ONOS 的体系结构如图 7-22 所示。ONOS 的体系结构分为南向协议层、南向接口层、分布式核心控制层、北向接口层与应用层。

南向协议层包括 OpenFlow 等多种南向协议的实现，支持以插件形式加载和卸载。分布式核心层主要由拓扑管理、设备管理等多个核心模块组成。分布式核心层的数据均可以在分布式的实例之间共享。根据数据种类的不同，ONOS 同步数据的方式各不相同。目前，ONOS 使用的是 Raft 分布式架构，能够满足 SDN 控制平面对可靠性、扩展性和性能等方面的需求。北向接口层定义了一系列北向接口，以供应用程序调用。应用层则是基于 ONOS 提供的北向接口开发的 SDN 应用。

（3）ONOS 的主要特点

SDN 数据平面与控制平面的分离使集中控制编程自动化成为可能，但是也带来了可扩展性方面的问题。为了支持对大规模网络的管理，分布式 SDN 控制器成为控制器设计的主要趋势。分布式不仅提供了更强的管理能力，具有更好的可扩展性，同时也提供了容灾备份和负载均衡的功能。ONOS 的特点主要表现在：

- ONOS 的核心控制层采用分布式架构，支持多应用协同工作，能满足系统可扩展性、可靠性和性能方面的需求。

- 南向协议层包括 OpenFlow、NETCOM、OVSBD 等多种南向协议的实现，支持插件形式的加载和卸载。
- ONOS 采用了 Flooght 的核心源码，支持链路发现、拓扑管理和网络资源管理等控制器基础功能。
- ONOS 支持 REST API 和 CLI，用户可以通过 REST API 和 CLI 对网络进行编程和操作。

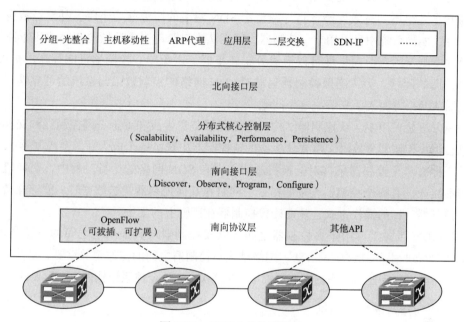

图 7-22　ONOS 的体系结构

ONOS 代码的设计目标是**模块化**（Modularity）、**可配置**（Configurability）、**相关分离**（Separation of Concern）与**协议无关**（Protocol Agnosticism）。

模块化体现在 ONOS 由一系列子模块组成，每个模块都支持独立编译。可配置得益于使用 Karaf 软件，它允许开发者在运行过程中加载或停止模块，也允许第三方软件通过 REST API 等方式安全地获取 ONOS 信息。相关分离体现在将复杂的控制器分为几个独立的子模块，并通过模块之间的合作来实现整体控制器的逻辑，从而降低整个系统的复杂度。协议无关体现在支持新的南向协议。随着 ONOS 不断迭代版本，支持的特性也越来越多，并且每个新版本都提升了分布式系统性能。

7.4.3 SDN 东西向接口

1. SDN 东西向接口的基本概念

在讨论了 SDN 南北向接口之后，需要讨论 SDN 东西向接口标准。SDN 东西向接口用于连接 SDN 网络中的多个控制器。SDN 东西向接口面临两个问题：一是控制平面的扩展，二是多个设备的控制平面之间协同工作。

SDN 支持控制功能的集中化，使控制器成为 SDN 网络操作系统，如果 SDN 控制器的性能与安全性得不到有效保障，将导致整个 SDN 网络的服务能力下降，甚至造成全网瘫痪。同时，如果系统中只采用单一控制器，则无法应对跨越多个地域的 SDN 网络问题。

通过控制器的东西向扩展可以形成分布式集群，避免单一控制器可能存在的扩展性、性能等方面的问题。为了确保控制器集群对 SDN 网络的控制效果与系统的可靠性，研究人员试图从两个方面入手来解决这个问题。

一种方法是采用主－从控制器结构。主控制器负责生成和维护全网控制器和交换机状态信息，当主控制器失效时，需要从集群的从控制器中选举一个成为新的主控制器。

另一种方法是控制器集群对交换机透明，即在 SDN 网络的运行过程中，交换机无须关心当前接收的是哪个控制器发来的指令，同时在其向控制器发送数据时，能够保持与之前单一控制器一样的操作方式，从而确保控制器在逻辑上的集中。

由于 SDN 西向接口用于多控制器之间，以及控制器与其他网络之间的连接与通信，东西向接口标准对于 SDN 组网方法、网络结构与控制器之间的协作至关重要。目前尚没有东西向接口标准，因此研究东西向接口标准是完善 OpenFlow 体系结构的一个重要课题。

2. 东西向接口的应用场景

东西向接口标准研究涉及一个企业网中的集中式控制与分布式 SDN 控制、层次型结构的多级 SDN 控制，以及域间路由选择、QoS 保证机制等场景问题。

（1）分布式 SDN 控制

一个小型的 SDN 网络可以使用一个 SDN 控制器，SDN 控制器原型系统讨论的就是这样一种简单的结构。由于 SDN 控制器的控制能力总是有限的，因此在组建一个大型的企业 SDN 网络时，我们必须参考 IP 网络自治系统的划分方法，将一个大型的 SDN 网络划分为多个自治系统（或域），每个自治系统由一个 SDN 域控制器控制，多个自治系统 SDN 控制器之间通过东西向接口连接，按照东西向接口协议标准来传输状态信息或命令，实现分布式的多 SDN 控制器之间合作与协调。图 7-23 给出了有多个 SDN 域的网络结构示意图。

分布式多 SDN 网络中，东西向接口的基本功能应该包括网络拓扑的维护、控制器状态监控、数据面通信状态的监视与通报。

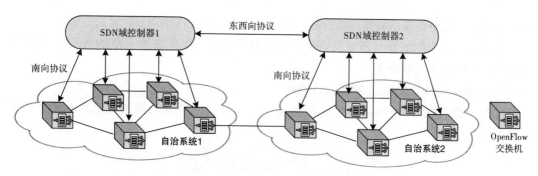

图 7-23 多 SDN 域网络结构示意图

（2）层次型多级 SDN 域控制器网络

多 SDN 域网络是将一个大型的企业网划分为多个自治系统的结构。假设用户计算机以有线或无线方式接入办公室或家庭的接入网，再通过城域的汇聚网、广域的核心交换网，接入云计算数据中心，这样一个层次型多级 SDN 域控制器控制的网络系统结构如图 7-24 所示。

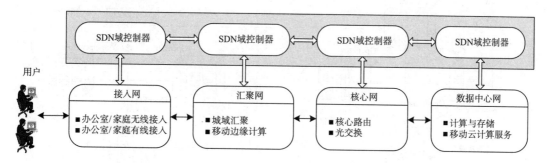

图 7-24 层次型多级 SDN 域控制器组成的 SDN 网络结构

多 SDN 域网络结构与层次型多级 SDN 域控制器结构网络主要有以下两个区别：

第一，多 SDN 域网络结构中的不同自治系统中的 SDN 控制器尽管也是分布式部署的，但是它们仍然属于一个企业网内部的设备，SDN 控制器的地位是平等的，SDN 控制器的功能与控制策略统一由企业网网络管理员制定、配置与管理。不同自治系统的多 SDN 控制器之间协同工作的算法与机制是 SDN 控制器与东西向接口协议标准研究的重要内容。

第二，层次型多级 SDN 结构的网络中，不同层次的 SDN 控制器分别归属组建网络的单位与网络运营商管理，每一个层次的内部网络结构、功能、规模与使用的技术都不相同。例如，接入网 SDN 控制器主要完成接入网数据面的数据转发控制；汇聚网的 SDN 控制器除了控制汇聚网大量接入的有线的交换机与无线的接入点数据面的数据汇聚与转发外，还要实现对移动边缘计算设备数据面的控制；核心网的 SDN 控制器主要完成核心交换设备数据面的高速转发，以及对光交换设备数据面的控制；数据中心 SDN 控制器要实现对计算、与网络设备的数据面的控制，同时要研究如何支持移动云计算的问题。

可见，由于应用场景与需要具备的功能差异性很大，因此增加了 SDN 控制器以及东西向接口协议标准的复杂性。

（3）SDN 网络与非 SDN 网络混合结构

SDN 网络与非 SDN 网络混合结构将是未来常见的一种异构网络的结构形式（如图 7-25 所示）。

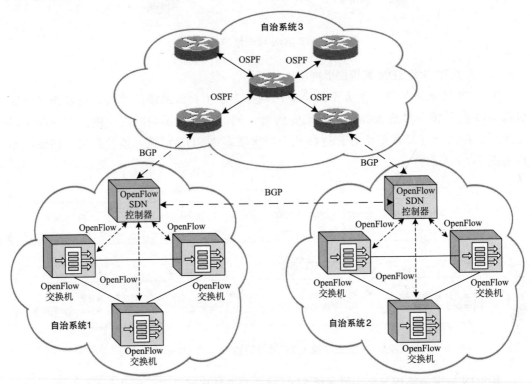

图 7-25　SDN 网络与非 SDN 网络异构互联网络的结构示意图

图 7-25 中的自治系统 1、自治系统 2 是 SDN 网络，自治系统 3 是传统的 IP 网络，属于非 SDN 网络，因此这是一个异构的互联网络。理解 SDN 网络与非 SDN 网络异构互联的工作原理时，需要注意以下几个问题：

第一，在传统的 IP 网络的自治系统中，路由器负责自治系统内部节点之间的路由选择与分组转发。在 SDN 网络中，SDN 控制器负责路由选择，并控制数据平面的交换机完成分组转发。

第二，在自治系统 3 的 IP 网络中，内部路由器之间采用 OSPF 路由选择协议，边界路由器与相邻的自治系统边界路由器之间使用的是 BGP。作为内部路由选择协议的 OSPF，它更新的是自治系统内部网络拓扑与传输路径的优化。自治系统边界路由器使用 BGP 协议，它不关心自治系统内部的拓扑与路径信息，只关心互联的自治系统可达性问题。

第三，自治系统 3 的边界路由器与自治系统 1、2 相邻的 OpenFlow SDN 控制器连接，使用边界网关协议 BGP。自治系统 1 与自治系统 2 的 OpenFlow SDN 控制器之间也需要使用边界网关协议 BGP。

在 SDN 网络与非 SDN 网络的异构互联网络中，各个自治系统之间通过 BGP 交换如下信息。

- 网络可达性更新

在 BGP 协议开始运行时，BGP 边界路由器与相邻的 OpenFlow SDN 控制器交换整个 BGP 路由表。在运行过程中，边界路由器与相邻的 OpenFlow SDN 控制器将周期性（通常是每隔 30 秒）地更新变化的路由，以维护网络的可达性。

- 流建立、拆除与更新请求

OpenFlow SDN 控制器可以跨多个 SDN 域协同流建立请求，请求包括路径要求、QoS 等信息。

- 能力更新

OpenFlow SDN 控制器交换网络的带宽、QoS 等信息。

3. 东西向连接创建、路由与流建立

传统的 IP 协议在互联的自治系统间转发 IP 分组时，没有考虑分组类型与区别，对所有的分组都采取"尽力而为"的服务，不能提供有区分的 QoS 保证。2006 年发表的 RFC 4594 "Configuration Guidelines for DiffServ Service Classes"在研究区分服务 DiffServ 时试图改变这种状态，提供优于"尽力而为"服务的方式。

IETF 在东西向接口标准研究的过程中，就考虑了不同 SDN 域控制器在 BGP 协议的 QoS 标记的标准化方法，以扩展 BGP 协议，改善 QoS 服务功能。互联的 SDN 域控制器之间的交互过程如图 7-26 所示。

- SDN 域控制器 1 与 SDN 域控制器 2 分别启动 BGP 协议软件，创建 TCP 连接。
- 双方利用 TCP 连接交换 Open 报文。
- 创建 BGP 连接。
- 使用 BGP 协议的 Updata 报文，交换"网络可达"信息，更新 SDN 域控制器的路由选择信息库（RIB）。SDN 域控制器根据更新的"网络可达"信息，在数据平面交换机中配置适当的流信息。
- 使用 BGP 协议的 Updata 报文，交换 QoS 信息。

通过执行 BGP 协议在相邻的 SDN 域控制器之间找到多条可用的路由，SDN 域控制器之间的东西向连接创建成功，不同 SDN 域中的 OpenFlow 交换机就可以在 SDN 域控制器的控制下方便地传输数据流。

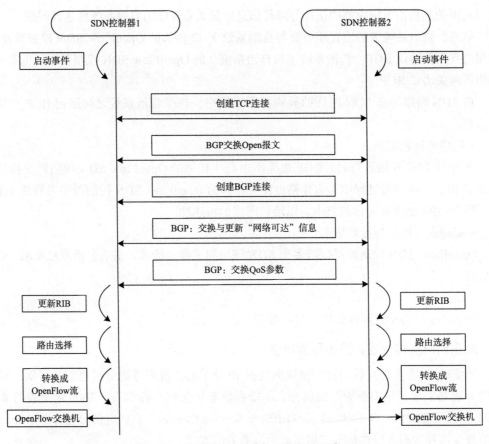

图 7-26 东西向连接创建、路由与流建立

4. IETF SDNi 规范草案

IETF 研发的《SDNi：用于跨域的 SDN 报文交换协议》规范草案于 2012 年公布。SDNi 并没有定义 SDN 东西向协议，而是定义了跨多个域协同建立流和网络可达性信息，提供了用于研发这类协议的一些基本原则。

IETF SDNi 规范草案包括以下内容：

- 跨域协同是通过应用程序发起的流设置来实现的，设置的内容包括跨越多域的路径要求、QoS 与服务等级约定 SLA 信息。
- 跨域交换的可达性信息为 SDN 域间路由服务。它允许一条单一的流穿越多个 SDN 域；当有多条路径可用时，每个 SDN 控制器可以选择最适合的路径。
- SDNi 不但能够利用各种类型的可用资源、每一个域中不同 SDN 控制器的管理能力，同时要具有开放性以及利用不同类型 SDN 控制器提供新功能的能力。

SDNi 试验性的报文类型包括：

- 网络可达性更新报文。
- 流建立 / 拆除 / 更新请求报文。
- 能力更新报文。

其中，流建立 / 拆除 / 更新请求报文包括 QoS、数据速率、延时等应用程序能力要求；能力更新包括数据速率、QoS、域内可用系统与软件的能力等信息。

7.4.4　SDN 北向接口

1. 北向接口的基本概念

SDN 北向接口（North-Bound Interface，NBI）位于控制平面和应用之间，使应用程序能够访问控制平面的功能与服务。网络业务开发者通过北向接口，以软件编程的方式调用控制器提供的数据中心、局域网、城域网与广域网等各种网络资源，获知网络资源的工作状态并对其进行调度，以满足业务资源的需求。

由于北向接口是直接为网络业务提供服务的。应用层业务的复杂性与多样性要求北向接口具有高度的灵活性和可扩展能力，并具有良好的可操作性，以满足复杂多变的业务创新需求。因此，北向接口能否被应用层不同种类的业务广泛调用，将会直接影响 SDN 网络的应用前景。

与南向接口不同，北向接口可视为一个软件 API，而不是一个协议。北向接口没有被广泛接受的标准，主要是因为北向接口直接为业务服务，而业务需求具有多样化的特征，很难统一。不同的 SDN 控制器根据不同的应用需求研发了各种异构、独特的 API，从而使得北向接口的标准化变得非常复杂。

为了解决这个问题，ONF 于 2013 年成立北向接口工作组（NBI-WG），专门研究北向接口 API 的定义与标准化问题。面对难以统一的应用需求，NBI-WG 解决北向接口的思路是将 API 根据应用需求所包含的功能抽象为多个纬度，一个特定的 API 可能涉及不同维度所描述的功能（如图 7-27 所示）。

2. 北向接口类型

目前，SDN 北向接口分为两类：**功能型 NBI**（Functional NBI）与**目的型 NBI**（Intent NBI）。

功能型 NBI 通常是从网络系统的角度设计，自底向上地考虑 NBI 能提供怎样的网络能力。功能型 NBI 是网络技术相关的 NBI 接口，它是面向具体的网络功能所对应的网络功能模型和网络管理模型。功能型 NBI 的实例包括：设备和链路发现、分配接口 ID、设置设备转发规则、网络状态管理信息等。功能型 NBI 的每个应用场景与案例都有区别，需要结合应用场景进行逐一分析。

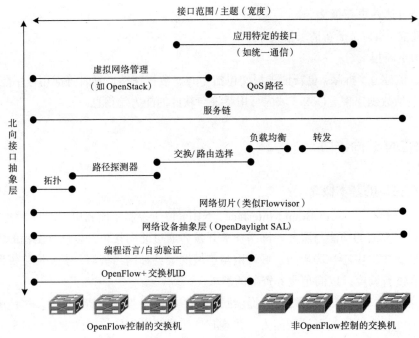

图 7-27　北向接口的纬度

目的型 NBI 对应的是网络业务模型，主要描述 SDN 网络使用者的需求，表达应用相关的词汇和术语，与网络实现技术无关，因此用户不需要看到 VPN、MPLS、路由协议等具体技术。目的型 NBI 从需求的角度，自顶向下地对网络对象与能力进行抽象，体现了使用者的意图，表达了使用者想做什么，而不是如何去做。目的型 NBI 表示期望控制器能提供的服务，将控制器变成一个网络资源分配和管理的"黑盒子"。

与功能型 NBI 相比，目的型 NBI 打破了基于场景逐一定义接口的方式，通过简单的抽象语句以更自然和直接的方式表达用户的意图，告诉控制器需要做什么，但不需要说明具体怎么做。目的型 NBI 主要包括连接服务、资源需求、访问控制、流处理、策略逻辑等。近年来，功能型 NBI 与目的型 NBI 仍然处于研究阶段。

目前，市场上出现了多种北向接口 API，它们都基于 RESTful 接口规范。需要注意的是：RESTful 不是一种具体的接口协议，而是满足**表征状态转移**（REpresentation State Transfer，REST）架构约束条件和原则的接口设计。因此，我们将满足 REST 约束条件的 API 称为 RESTful API。

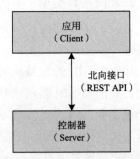

图 7-28　北向接口 REST 接口架构

3. REST 的基本概念

SDN 北向接口的 REST 架构如图 7-28 所示。从图中可以看出，SDN 控制器是作为 Web 服务的服务器端，应用层用户作为客户机，两者之间采用客户机 / 服务器结构，通过北向接口 REST API 进行信息交互。

SDN 控制器作为服务器提供网络拓扑、交换机节点与链路等信息，高层应用通过北向接口从服务器获取这些信息，对底层网络资源进行访问或执行创建、修改、删除等操作，形成各种网络业务。网络管理系统通过北向接口对整个网络进行管理和控制，全面掌握网络运行状态，并对网络资源进行统一调度。网络应用通过编程方式灵活调用和配置底层网络设备和资源。来自高层应用的信息由北向接口传送到控制器，通过控制器与网络节点之间的南向接口传递给各个节点设备。

由 Roy Fielding 提出的表现层转移（REST）架构，以其基于成熟的 Web 服务、简洁的接口设计，以及灵活与可扩展的特性受到广泛支持，并成为北向接口中主流的技术。

REST 的核心是对资源的标识和获取。这里的"资源"是指 Web 服务提供者所拥有的由 URL 标识的网络资源。高层应用需要访问或调度由控制器管理的一个底层网络设备，可以通过 HTTP 协议访问 Web 服务器的方式，向控制器提出访问网络服务请求，整个过程与互联网用户访问网页没有区别。

理解 REST 时需要注意几个重要的概念如下。

- **资源**（Resource）：控制器作为 Web 服务器管理、以 URL 标识的底层网络资源，高层应用可以用 HTTP 请求进行访问。
- **状态**（State）：REST 中的状态有两层含义。一是资源的状态，在客户端没有操作时，资源状态不变；当客户端操作时，资源状态将发生变化。如果将资源在某段时间内保持不变称为一个状态，那么客户端对资源进行操作的本质就是改变资源的状态。例如，在一个 RESTful 架构的购物网站中，用户创建一个订单，那么订单这个资源就经历从无到有的状态迁移。当客户修改这个订单，它的状态又会发生变化。状态的另一层含义是应用状态，即客户端与服务器之间建立并保持的会话状态。REST 准则中提到的 REST 的无状态（stateless）是指应用状态。
- **表征**（Representation）：在 REST 架构中，对资源的获取与操作是通过在客户端和服务器之间以 Web 方式传递资源状态，从而获得或改变资源状态信息。资源的状态是一个抽象的概念，需要一个载体才能进行传输，这个载体就是资源状态的表征，其格式可以是常用的 JSON、XML 或其他形式。

从以上讨论中可以看出，表征的含义是：通过在客户端和服务器之间传递资源状态信息，以便获取或改变资源的状态。

4. REST 规范的约束准则

一个 REST 风格的 Web 服务需要满足以下准则。

1）**客户端 / 服务器**（Client/ Server）模式：客户的应用程序作为客户端，通过 HTTP 协议访问服务器端 SDN 控制器管理的网络资源。

2）**统一接口**（Uniform Interface）：客户端和服务器之间的通信必须采用相同协议，包括使用的资源标识符（例如 URI）、资源描述重用的格式（例如 XML、HTML 或 JSON）、报文处理方式等。这种约束保证在不同的应用程序（用不同语言编写的应用程序）中能够通过一个 REST。

3）**无状态**（Stateless）：传统的 Web 会话中，客户机与服务器之间要保持持续的信息交互状态，使得一段时间内的所有 HTTP 请求之间具有承接关系，客户机与服务器的会话在一个持续的上下文关联中进行。REST 不能采用这种机制。REST 中的"无状态"约束是指客户端发送到控制器的请求必须包含所有必需的信息，这些信息包括 URI、查询参数、消息体、头部等。URI 唯一地确定需要操作的资源，消息体包含该资源的状态及其变化，这样服务器在理解客户端请求时不需要利用任何上下文。服务器在响应客户端请求时，必须包含所有该请求需要的信息。这样一个请求处理结果就保留在客户端，服务器不保留客户端的任何状态信息。

4）**可缓存**（Cacheable）：服务器响应的消息必须被标记是否可以缓存。如果可以缓存，则客户端高速缓存被赋予以后可重用该响应的权利，服务器端不改变这些数据。这样，可以防止客户端使用以前缓存的过时或错误数据，也可以减少客户端与服务器的通信开销，从而提高系统的效率。

5）**分层系统**（Layered System）：遵照计算机网络、操作系统、体系结构的层次结构模型方法，将给定的功能以层次化的方法进行组织，相邻层之间按照层与层之间的接口标准通信，不跨层通信。

6）**按需代码**（Code-on-Demand）：支持在系统部署之后，以临时或自定义客户端功能的方式，通过下载和执行 Java 程序或脚本来扩展功能。

REST 规范的约束准则的核心是：

- 网络中的所有事物都可以被抽象为资源。
- 每个资源都有唯一的资源标识。
- 对资源的操作不会改变资源标识。
- 所有的操作都是无状态的。
- 客户机与服务器之间的通信必须是统一的。

和南向接口标准一样，市场上有多种北向接口 API，尽管目前很多 SDN 控制器都表示遵循 RESTful 接口规范，但是对外提供的接口并不完全相同。运营商在北向接口标准的选择上采取两种方法，一是允许各厂商接口存在差异，由运营商提供与北向接口的适配；另一种方式是针对关键功能制定统一接口规范，如拓扑管理、隧道管理、VPN 管理。当前，实现多厂商接口统一存在一定难度，因此建议采用适配方式，开发企业内通用的抽象适配接口，对接多厂商控制器。下一阶段，随着产业链的逐步形成以及各标准组织的推进，才有可能制定出统一的接口规范。

7.5　SDN 应用平面

7.5.1　应用平面的功能

虽然已经对 SDN 的数据平面、控制平面进行了全面研究和定义，但是对于应用平面的本质及范畴尚未完全达成一致的意见。

应用平面可以通过北向接口与控制平面交互，在无须了解低层交换机设备细节的前提下访问控制平面的功能与服务。SDN 应用平面的功能与接口如图 7-29 所示。

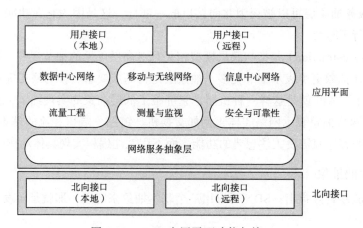

图 7-29　SDN 应用平面功能与接口

北向接口为应用平面提供了由 SDN 控制平面所控制的网络资源的抽象视图。应用平面的资源管理平台、SDN 定制的应用及新的网络应用，都可以通过北向接口与控制平面的 SDN 控制器交互。北向接口可以是本地的，也可以是远程的。对于本地接口来说，SDN 的应用与控制平面软件，即网络操作系统（NOS）运行在同一服务器中；如果应用平面软件可运行在远程服务器中，那么它将通过远程北向接口与控制平面交互。

SDN 用户接口分为两类：一类是 SDN 应用服务器上的用户，可通过键盘、语音、可穿戴设备、显示器进行操作；另一类是登录到应用服务器的远程用户，可以设置 SDN 应用参数或与应用程序进行交互。

7.5.2　网络服务抽象层

1. 网络服务抽象层的基本概念

RFC 7426 对控制平面和应用平面之间的网络服务抽象层进行了定义，并将其描述为用于提供服务抽象的层次，应用和服务可以有效利用这些服务抽象。网络服务抽象层还提出了以下功能概念：

1）该层可提供网络资源的抽象视图，隐藏底层数据平面网络设备的具体细节。

2）该层可提供控制平面功能的整体视图，这样应用可在多种控制器的网络操作系统上运行。

3）该层的功能与管理程序或虚拟机监视器功能类似，它将应用从底层的操作系统和硬件中分离出来。

4）该层可提供网络虚拟化功能，允许有不同的底层数据平面基础设施视图。

理解需要网络服务抽象层时，需要注意以下几个问题：

1）网络服务抽象层可以被视为北向接口的一部分，这是因为它在功能上对控制平面和应用平面进行了整合。

2）**抽象**（Abstraction）是指与底层模型相关且对高层可见的细节规模，抽象更多意味着细节更少，而抽象更少表示细节更多。抽象层是将高层要求转换为底层完成这些要求所需的命令的机制，API 就是这样一种机制，它屏蔽了低层抽象的实现细节，使其不会被高层软件破坏。网络抽象表示网络实体，例如交换机、链路、端口和流的基本属性或特征，它是一种让网络程序只需要关注想要的功能，而不用关注编程实现具体动作的方法。

2. SDN 中的抽象

Scott Shenker 曾经指出：SDN 可以由三个基本抽象来定义，那就是转发、分发和规范（如图 7-30 所示）。

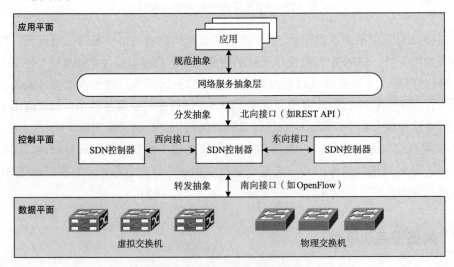

图 7-30　SDN 的 3 个基本抽象

1）**转发抽象**：允许控制程序指定数据平面的转发行为，同时隐藏底层交换机硬件的细节，这种抽象支持数据平面转发功能，它通过从转发硬件抽象出来，从而提供灵活性和厂商独立性。OpenFlow API 就是一个转发抽象的例子。

2）**分发抽象**：分发抽象源自分布式的控制器环境，相互协作的分布式控制器集合通过网络保存网络和路由的状态描述。这种全网分布式状态可能导致数据集或其副本分离，控制器之间需要交换路由信息或对数据集进行复制，因此控制器必须相互协作以维护全局网络的一致性视图。该抽象的目标是隐藏复杂的分布式机制，并将状态管理从协议设计和实现中分离出来。这样一种抽象的具体实现是网络操作系统，OpenDaylight 和 Ryu 就是分发抽象的典型例子。

3）**规范抽象**：无论网络中有一个中央控制器，还是有多个相互协作的控制器，分发抽象都能提供网络的全局视图。规范抽象提供了全局网络的抽象视图，该视图只为应用提供足够的细节来指定目标，例如路由选择或安全策略，而没有提供用来实现该目标的信息。

Scott Shenker 比较三种抽象后认为：转发抽象是向高层屏蔽转发硬件的转发模型；分发抽象是向高层屏蔽状态分发 / 采集的全局网络视图；规范抽象是向应用程序屏蔽物理网络细节的网络视图。

7.5.3　网络编排与服务

1. 网络编排器的基本概念

网络编排是指在业务需求的驱动下，对各种逻辑网络服务单元进行有序的安排和组织，通过控制器最终形成能够满足业务需求的网络服务。网络编排通过抽象实现业务和逻辑网络、逻辑网络和物理网络的解耦，用户通过编排层提供的抽象语言定义业务需求，并由编排层根据业务定义自动构造用户逻辑网络。通过网络编排，可以对用户有效屏蔽网络的复杂性，降低服务设计和部署的时间。因此，有人将 SDN 编排器比喻为未来网络的"大脑"，它是现有运营支撑系统（OSS）的升级版。编排器的本质是随着新型网络技术 SDN/NFV 的引入而采用的新型运营支撑系统，其关键作用是使业务敏捷上线，并使网络高效运营。

编排器的概念最初出现于云计算开源软件 OpenStack 中，它是虚拟计算和网络资源的统一编排系统。SDN/NFV 编排在 AT&T 的"**增强控制、编排、管理和策略**"（Enhanced Control, Orchestration, Management and Policy，ECOMP）中的定义是"用来完成一项任务所需的定义和执行的工作流或程序操作"。编排器是执行这些操作的具体模块，基本功能是资源调度与业务编排。资源调度主要包括资源管理、资源拓扑呈现、资源状态监控与资源预留。业务编排主要包括可视化的业务设计与业务生成、自动化业务部署。

2. SDN 网络编排器的功能

（1）全局网络资源管理与业务保障能力

SDN 编排器可以打破专业和地域的限制，集中管理全局网络设备、链路、拓扑等资源，并维护资源状态。同时，对网络运行状况实施监控与分析，提供告警、故障管理和必要的保障措施，实现对业务的端到端的保障。

（2）对业务和资源的抽象和建模能力

通信行业需要定义准确并且被各方认可的模型。当运营商引入一个新的业务或设备时，如果只有部分属性、特征与现有业务、设备不同，编排器就需要为了这些很小的变化而重新建模和配置，重新开发和测试。为了避免这种情况，需要先对已有设备进行抽象建模，然后通过简单调整就能够被新业务重用。

（3）统一的应用开发接口

编排器负责将网络控制能力进行封装，对应用和开发者提供一套统一的应用开发接口。统一的应用开发接口促进了开源软件的发展与应用。

3. SDN 网络编排系统结构

网络编排涉及业务抽象、业务到逻辑网络的映射等环节，编排的关键在于抽象和映射。网络编排、控制器所实现的逻辑网络到物理网络的映射、用户的计算资源和存储资源到物理资源的映射是一个完整的系统，这项工作非常复杂。因此，在一个良好的网络编排系统中，业务抽象应该尽可能通用，在任何场景下，业务人员都可以使用与资源、配置无关的高级术语来描述业务系统需求。

（1）业务模块抽象

业务系统可以用业务组件、业务流程、内外部访问需求及**服务等级协议**（Service Level Agreement，SLA）来定义。其中，业务组件定义了业务系统的主要功能单元，业务流程定义了各个业务组件之间的连接关系，内外部访问需求定义了业务系统与用户或其他站点的连接关系，SLA 定义了业务系统在性能、容量、可用性、安全等方面的需求。例如，将典型的 Web 业务抽象成 Web 服务、应用服务与数据库服务三大组件，以 Web 服务作为服务入口，负责接收来自外部用户的访问请求，具体的业务逻辑由应用服务实现，应用服务器通过数据库服务存取各类业务数据。Web 业务需要与部署在其他数据中心的系统互联，并通过 VPN 为外部用户提供访问系统内部的能力。

通过业务抽象可实现业务与网络的隔离，业务人员只需专注于业务本身而不需要了解与网络相关的细节。业务定义也是整个网络编排系统中唯一需要业务人员参与的环节。业务人员定义好业务系统之后，可以输出业务模板，由编排系统根据业务模板自动映射出逻辑网络服务视图。逻辑网络服务视图是一个中间产物，不涉及具体的资源分配操作，也不直接依赖特定的物理网络。

（2）网络设备功能抽象

在 SDN 的实际应用中，通常需要将网络功能组件划分为连接组件、服务组件和其他组件，将业务组件连接关系转换成网络功能组件连接关系（如图 7-31 所示）。

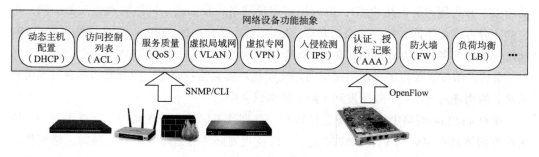

图 7-31　网络设备功能抽象示意图

其中，连接组件是指 L2、L3、VPN，或者基于流的网络连接节点和链路，由交换机、路由器、VPN 节点与链路等提供；服务组件包括 NAT、DHCP、DNS、AAA 等服务，以及负荷均衡、防火墙、入侵检测等服务。另外，拓扑发现、ACL、QoS 等服务也可以被抽象成独立的网络功能。上述功能最终由具体的实体设备承担，占用一定的网络资源，例如交换机端口、VID、IP 地址、队列等，并携带特定的网络参数（例如优先级、时延、带宽、有线或无线链路类型）。在 SDN 网络中，网络功能组件可以是运行在控制器上的应用，也可以是运行在虚拟机上的虚拟网络功能（VNF），或者是运行在物理设备上的网络服务。

不同类型的设备采用不同方式对网络功能进行抽象。传统网络设备通过 SNMP、CLI、NETCONF 等管理协议抽象，OpenFlow 设备以流转发方式来实现抽象，NFV 网元可通过以上两种或其他方式来实现抽象。

（3）从业务模板到网络服务视图的映射

业务系统的内外部访问需求决定了整体的组网模式。从业务模板到网络服务视图映射主要依据以下规则：

- 业务组件的流程关系映射成网络连接组件连接关系，例如路由器、交换机、链路等。
- 业务系统的服务质量映射成 QoS、ACL，以及负荷均衡、防火墙、入侵检测等网络配置要求。
- 内外部访问需求映射成子网、NAT、VPN、专线等网络部署方式，它决定了整体的组网模式。

为了简化系统操作，可从用户对业务的访问路径出发，事先抽象出各类物理网络的组网模型。例如，用户访问数据中心时的完整路径是：接入网 – 广域网 – 数据中心网络、核心网 – 数据中心网络、汇聚网 – 数据中心网络、接入网 – 虚拟服务器。在进行网络服务视图映射时，可以根据业务得到适配的网络模型，按照一定的排列顺序将网络功能组合，形成端到端的网络服务链。

在形成网络服务视图之后，编排系统根据用户信息和约束条件（例如访问权限、资源配额等）对服务视图进行检查，修正不满足条件的网络组件及其连接关系，或者附加相应的约束，并为用户分配用户 ID，形成用户逻辑网络。根据底层网络实现方式的不同，用户的区分方式也不同，传统网络通常以 VLAN 方式区分；OpenFlow SDN 网络可能以 IP、端口、VID 等多元组方式区分；在 SDN 覆盖网中，用户通过统一的 VNI 进行标识。

最后，编排系统将用户逻辑网络通过北向接口传递给控制器，控制器将其映射成可自动部署的物理网络配置，并下发到实际的网络设备中。

在 OpenFlow 网络中，网络配置体现在一系列计算好的流表规则中。在覆盖网中，网络配置则体现在 VM 和 VNI 的映射关系，以及规划好的隧道路径上。从逻辑网络到物理网络的映射也可能由编排系统完成。在这个映射过程中，控制器或编排系统应该结合当前网络的状态，自动计算出优化的网络资源分配方案。

描述网络编排系统设计原则与工作流程的一般框架如图 7-32 所示。

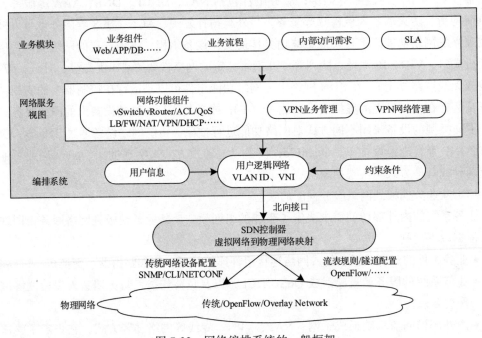

图 7-32　网络编排系统的一般框架

4. 编排器的类型与位置

目前，很多厂商的 SDN 解决方案都包括网络编排系统，但是 SDN 网络中通常存在多个 SDN 控制器，由于位置因素或处理能力的限制，一个 SDN 控制器只能控制网络层的部分转发能力，很难控制网络层的所有转发能力。为了建立跨域的端到端连接，一种方案就是在 SDN 控制器之间实现东西向的接口，但是这种方案复杂性高、耦合性强，难以构建大规模网络。另一种方案是 SDN 控制器提供标准的北向接口以及基础的网络逻辑连接和拓扑视图功能，由 SDN 编排器根据业务需求和网络拓扑构建端到端连接，这样应用不需要分别和每个单独的 SDN 控制器打交道。这种方案并不要求整个网络中全都是 SDN，传统网络也可以通过**网元管理系统**（Element Management System，EMS）来抽象。

SDN 编排器提供了标准的北向接口，从而实现集中式的连接控制和拓扑管理，负责将面向用户和业务的连接需求转化为面向网络的连接需求，并下发到具体的 SDN 控制器或 EMS 进行控制，实现完整意义的网络智能化，使网络更有弹性，降低网络的开通、运维等成本。图 7-33 描述了 SDN 编排器在网络中的逻辑位置。

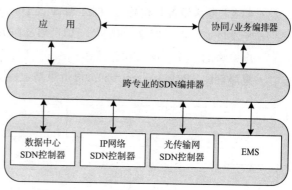

图 7-33　SDN 编排器在网络中的逻辑位置

5. 典型的 SDN 编排器

运营商与开源组织已经提出了多种编排器解决方案，影响比较大的开源项目有 OPEN-O 与 ECOMP。OPEN-O 是 2016 年 6 月成立的 OPEN-O 社区推出的编排器方案。OPEN-O 开源社区隶属于 Linux 基金会，主要成员有中国电信、中国移动、华为、中兴、Intel 等，致力于打造电信级的开源编排器平台。ECOMP 是 AT&T Domain 2.0 运维与管理转型的核心平台。ECOMP 最初不是开源项目，2016 年 3 月，AT&T 发布了 ECOMP 架构白皮书。2017 年 2 月，AT&T 公司开放了 ECOMP 源代码，并与 OPEN-O 合并为"**开放网络自动化平台**"（Open Network Automantion Platform，ONAP）开源社区。

ECOMP 编排器的结构如图 7-34 所示。ECOMP 编排器中各个组件的主要功能如下。

- **操作、经营与管理控制器**（Operations, Administration and Management，OA&M）：提供实时仪表盘、控制器和维护工具，对全部 ECOMP 组件进行监督与管理。

- **活动与可用清单**（Active and Available Inventory，A&AI）：提供实时的各类视图，包括资源、服务、产品和相互关系。A&AI 将 ECOMP 平台、BSS/OSS 与网络应用等方面的数据关联起来，形成一个自顶向下的视图，涵盖从用户购买产品到创建产品所需的资源。A&AI 不仅形成一个产品、业务和资源的存储库，更重要的是维护这些清单项之间的最新视图。

- **主服务编排器**（Master Service Orchestrator，MSO）：在高层面提供资源编排，实现对基础网络和应用的端到端视图。

- **数据采集、分析与活动**（Data Collection, Analytics and Events，DCAE）：利用大数据技术，实现实时网元数据采集、分析与事件反馈处理的闭环控制。DCAE 在平台与应用两个部分都引入了大数据分析技术，在 BSS/OSS、大数据分析、策略控制中形成一个自动运行的闭环，实现智能运营。

- **控制器**（Controller）：包括网络控制器、基础资源控制器、应用控制器，分别面向网络配置、云计算资源和网络应用。

- **AT&T 服务设计与构建**（AT&T Service Design and Creation，ASDC）：它是一种集成开发环境，涉及定义、仿真、认证 AT&T Domain 2.0 资产和其他相关流程，以及管理策略的工具、技术和存储库。

- **策略创建**（Policy Creation）：负责策略建模。

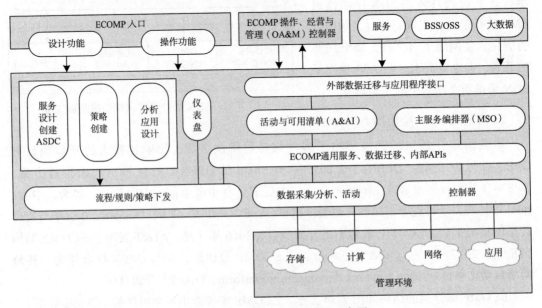

图 7-34　ECOMP 编排器结构示意图

另外，ECOMP 还提供了多种通用服务，主要包括日志、报告、通用数据层、接入控制、软件生命周期管理等。

理解编排器的设计与实现时，需要注意以下几个问题：

1）编排器是 SDN 和 NFV 发展中的关键环节，也是网络重构时实现灵活性和敏捷性的基础。目前，编排器处于技术发展的高峰期和应用的早期，存在大量技术问题需要解决，其背后的组织管理和技能变革才是决定性力量。

2）ECOMP 和 OPEN-O 是由主流运营商主导的面向 SDN/NFV 技术的开源编排器，两者在需求、定位和技术架构上具有极强的互补性。ECOMP 经历了近 3 年的开发，积累了850 万行代码，OPEN-O 的代码量也很大，两者合并后的 ONAP 更加复杂。ONAP 的目标是成为 SDN 操作系统。该项目聚集了最有影响力的运营商和设备生产商，联合之后的 ONAP 具有产业和技术的先天优势，受到业界的普遍关注。

3）编排器的关键技术研究主要集中在微服务总线架构、模型驱动、策略驱动、闭环自动化、大数据分析与智能优化，以及编排器标准等问题上。这些都是未来的学术与产业关注的热点。

7.6　SDN 的应用示例

7.6.1　SDN 流量工程的应用

1. 广域网流量工程面临的挑战

网络服务提供商（NSP）、互联网服务提供商（ISP）用于连接数据中心的广域网是很重要的基础设施，需要有高带宽和可靠传输的通信能力，这些指标直接影响着网络服务的性能。NSP、ISP 与数据中心连接的广域网主干网一般采用高端路由器。为了避免突发流量导致链路拥塞，通常采用带宽超过预测流量 2 ~ 3 倍的光纤链路。这种超配方式使广域网链路的平均利用率一般只有 30% ~ 40%。传统网络对突发流量缺乏快速调度与协同控制能力，因而造成网络资源利用不均衡的问题。网络资源超配与不均衡带来的组网、运营与维护成本高和资源利用率低的问题一直困扰 NSP、ISP。云计算、大数据与智能技术的广泛应用使这个问题的严重性不断加剧。**流量工程**（Traffic Engineering）研究应运而生。

流量工程是一种对网络流量行为进行动态分析、管控和预测的方法，其目标是进行性能优化从而满足服务等级约定。由于流量工程涉及根据 QoS 需求建立路由与转发策略等，因此它是一项复杂的系统工程，涉及网络架构、协议、算法与部署，在传统网络体系框架中解决起来难度很大，但是利用 SDN 方法实现的难度就低得多。

SDN 为流量工程的研究提供了一种新的思路。目前，产业界已经在 SDN OpenFlow 的基础上实现了多项广域网流量工程应用，典型的工程包括谷歌 B4、微软 SWAN、贝尔实验室 SDN 动态路由、华为 ADMCF-SNOS 等。

2. 谷歌 B4 流量工程研究

谷歌 B4 是业内第一个成功的 SDN OpenFlow 应用案例，也是规模和影响力最大的一个部署 SDN/OpenFlow 流量工程应用的项目。

作为全球最大的 ISP，谷歌公司在全球各地建立了多个数据中心，为用户提供搜索、视频、云计算与企业应用等业务。B4 网络是连接谷歌数据中心的专用广域网，主要用于数据中心之间的数据同步，为交互服务系统推送索引，以及为终端用户提供数据可用性副本等服务。谷歌的 90% 以上内部流量通过 B4 网络传输。在进行 SDN 改造之前，B4 网络面临的最大问题是成本效益低。由于缺乏对网络流量进行控制的能力，考虑到峰值流量，谷歌以超配 2 ~ 3 倍的方式在广域网出口部署大量链路；为了保证网络运行的可靠性，谷歌采购了大量昂贵的高端路由器。但这些链路的平均利用率只有 30% ~ 40%，造成了极大的资源浪费。更为严重的是，网络流量仍以惊人的速度增长，网络建设与运营成本变得难以控制。通过观察，谷歌发现 B4 网络的流量大致可分为三类：第一类是数据中心之间的用户数据备份流量；第二类是分布式计算的远程存储访问流量；第三类是大规模数据同步的流量。通过分析这三类流量的特点可以看到，从第一类、第二类到第三类，数据流量依次增长，对传输延时与优先级的要求从高到低变化。大规模数据同步应用属于带宽密集的应用，它对带宽的需求是弹性的，能够容忍短暂的带宽下降，在带宽利用率低时可最大化消耗可用带宽。例如，白天用户访问多时网络繁忙，它可以在夜间网络空闲时做数据同步和备份。在带宽利用率高时，这类应用可将带宽让给优先级更高的第一类与第二类交互型应用。除了可以合理调整带宽之外，谷歌完全控制连接到 B4 网络的应用和站点，通过调整应用优先级的方式在网络边缘控制流量突发，而不需要复杂的流量控制功能。这些特点使谷歌的网络特别适合通过流量工程来优化链路利用率。

由于目前广域网流量工程技术的限制，单纯依靠在多链路间平均分担流量已无法做到更好的负载均衡。SDN OpenFlow 具有数据平面与控制平面分离、软件与硬件分离、业务与网络分离以及网络控制的开放和可编程，通过集中控制可以获取全局网络视图，通过编程实现全局性能优化的特点，因此给谷歌的网络创新和成本控制带来无限可能。通过 SDN 网络改造，谷歌将网络协议、调度、监控、管理等功能从网络设备抽离，并部署到通用服务器上，从而使网络变得简单、高效。

2012 年 4 月，谷歌宣布在其主干网上全面运行 OpenFlow。谷歌在美国建设了 6 个数据中心，在比利时、爱尔兰、芬兰建设了 9 个数据中心，在智利、新加坡、中国香港建设了多个数据中心。谷歌的网络分为数据中心内的网络与数据中心外的网络。数据中心外的网络属于广域网的范畴，主要承载用户与数据中心、数据中心之间的数据传输。谷歌的广域网又分为 I-scale 网络与 G-scale 网络。I-scale 网络用于用户到谷歌的搜索、Gmail、YouTube 等服务；G-scale 网络负责数据中心之间的连接。

G-scale 算得上是世界上最大的广域网之一。谷歌数据中心之间经常要将数以 PB 的数据通过 G-scale 网络从一个数据中心转移到另一个数据中心。在数据的转移过程中，谷歌希望根据业务类型、紧迫程度等因素，对相应的数据流进行细粒度控制和管理，并能够准确预测更新的进度。这些要求对于传统的广域网来说是无法实现的。多用户的接入与多数据中心的协同工作导致对广域网需求的快速增长，而广域网的租用费用是很高的。但是，谷歌发现其广域网的链路利用率不足 30%。因此，谷歌在 2009 年就开始着手 SDN 的应用。谷歌在 G-scale 网络上建立了一个集中的流量工程模型，从底层收集实时的网络利用率、拓扑构型、实际消耗的带宽等信息。根据这些数据计算出最佳的流量路径，然后利用 OpenFlow 协议写入路由器。如果出现参数变化或网络拓扑改变的情况，则重新计算路由并写入路由器。OpenFlow 可有效调节数据中心之间的端－端流量路径，使得链路利用率从 30% 提升到 95%，达到网络资源的高效利用的目的。数据表明，谷歌的 SDN 应用是 OpenFlow 在业界最成功的一次应用。图 7-35 给出了谷歌应用 SDN 的示意图。

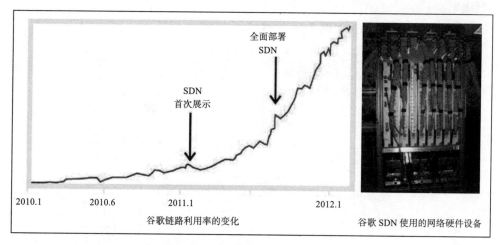

谷歌链路利用率的变化   谷歌 SDN 使用的网络硬件设备

图 7-35　谷歌应用 SDN 的示意图

3. 谷歌对 B4 网络的改造过程

谷歌对 B4 网络的 SDN 改造主要包括对转发层、控制层的改造，以及集中的流量工程。

（1）转发层

转发层相当于 SDN 的数据平面。谷歌对交换机硬件进行定制设计，并由 ODM 公司代工生产。交换机采用 2 颗 16×10Gbps 芯片构建，具备 128×10Gbps 端口。在交换机的嵌入式处理器上运行 Linux 操作系统，OpenFlow 协议代理是用户级进程。谷歌对 OpenFlow 协议进行扩展，采用 TTP 方式优化转发芯片中各种表项（例如 ACL、路由表、Tunnel 表等）的使用，实现 OpenFlow 多级流表。

（2）控制层

在每个数据中心出口部署网络控制服务器集群，运行 OpenFlow 控制器和其他集中控制器，集群和交换机共享一个带外控制网络。OpenFlow 控制器采用 ONIX 修改版，通过水平分割方式对交换机进行分布式控制，具有高度的可扩展性。为了兼容传统网络，在网络控制集群上部署开源路由协议栈 Quagga，运行 BGP/ISIS 路由协议。谷歌开发了路由应用代理（Routing Application Proxy，RAP），能够实现 OpenFlow 交换机与 Quagga 的通信。OpenFlow 控制器接收来自交换机的 BGP/ISIS 报文后，通过 RAP 转发给 Quagga 协议栈处理。

（3）集中的流量工程

谷歌以覆盖网的方式在 B4 网络上叠加了全局集中的流量工程应用，根据网络状态和优先级为应用分配带宽和计算路径，通过合理地布局网络流量，有效提高了广域网链路的整体利用率。

谷歌 B4 流量工程的架构如图 7-36 所示。

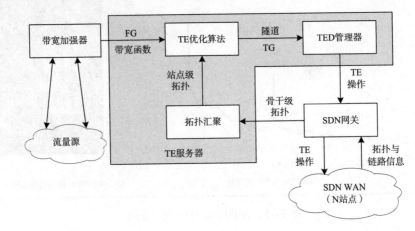

图 7-36　谷歌 B4 流量工程架构

全局流量工程（TE）服务器通过 SDN 网关从各个数据中心控制器收集网络拓扑和链路信息，包括链路状态、带宽、流信息等。SDN 网关对这些信息进行抽象，屏蔽 OpenFlow 相关的网络细节后，提供给 TE 服务器使用。TE 服务器利用 TE 优化算法为应用计算路径与分配带宽。TE 优化算法是谷歌对 SDN 改造的亮点。为避免粒度过细导致流表过大，谷歌将数据中心之间传输的同类数据汇聚成一条流，采用（源数据中心、目的数据中心、QoS）的格式来标识。流量调度基于流来进行。**带宽函数**（Bandwidth Function）基于管理员配置的权重和应用优先级，为每条流计算需要分配的带宽。TE 优化算法有两个输入源，一个是从 SDN 网关采集的拓扑和链路状况，另一个是带宽函数的输出结果。

多约束条件下的最优路径计算是 NP 问题。为了简化路径计算的复杂度，谷歌采用了一定的折中，设计了一个性能是 LP 算法 25 倍的贪婪优化算法，能够在近似公平的前提下获得最少 99% 的带宽利用率。TE 优化算法最终为每条流输出一组隧道，并计算出每条流映射到哪些隧道以及分配多少带宽。这些信息由 TED 管理器通过 SDN 网关传送到 SDN 控制器，并安装到交换机的 TE 转发表（ACL）中。

为了避免 TE 失效对网络和业务产生致命影响，同时实现传统网络向 TE 的平滑迁移，谷歌通过交换芯片对多转发表的支持，将 TE 和传统路由两个系统并行运行，TE 的优先级高于传统路由，BGP 产生的表项存储在 LPM 表中，TE 产生的表项存储在 ACL 表中，数据分组同时匹配两张表，ACL 规则的优先级高于 LPM，这样 SDN 就可以逐步部署到各个数据中心。如果 TE 系统出现问题，可以随时关闭 TE，回到传统路由。

流量工程是一个复杂的系统工程问题，谷歌 B4 流量工程的实现在很多细节上根据实际情况做出了折中。B4 网络基于 SDN 的流量工程能够成功，与谷歌的网络和业务直接相关。谷歌 B4 网络的站点数量只有几十个，网络的规模有限，在这种网络中实现 SDN 改造，给集中控制器带来的压力相对较小。另外，B4 网络的流量类型是已知的，并且可以明确分类，带宽密集型应用对带宽的需求是弹性的，可以在资源紧张时降低这部分带宽，以保证交互型应用的需求，从而使网络维持在高负载运行状态，不会因突发峰值的出现导致网络整体质量降低，以及数据丢失和无法保证可靠性的现象。谷歌控制着接入 B4 网络的所有站点和应用，能够预测和控制网络流量的流向，可通过调整应用在网络边缘的发送速率来调整流量，而不需要实现复杂的流量控制功能。因此，谷歌 B4 能成功地将数据中心之间互联网络的平均利用率从 30% 提升至 70%，部分链路的利用率甚至接近 100%。

但是，我们需要注意两个问题。第一，谷歌对 SDN 的成功应用在一定程度上证明了 OpenFlow 的可行性，为在产业界推广 SDN 起到了很好的示范作用。第二，谷歌 B4 流量工程改造的成功有特定条件，它不具备普适性。只有在与谷歌网络结构与业务类似的应用场景下，才能成功使用这种改造方案。

7.6.2　基于 SDN 的云网络

研究人员通过 CloudNaaS 给出了一种基于 OpenFlow 的 SDN 云网络系统的设计实例。CloudNaaS 充分利用了 SDN 的特性，可以为用户提供云网络服务功能，并提出了"云网络即服务"的概念。

CloudNaaS 云网络服务的功能主要包括配置虚拟网络隔离、自定义寻址、区分服务，以及各种中间盒的灵活应用。CloudNaaS 原语利用高速可编程网络单元，在云基础设施内部直接实现云网络服务功能。图 7-37 给出了用户操作和系统实现的步骤。

CloudNaaS 用户操作和系统实现的步骤大致分为四个步骤。

（1）明确用户需求

云用户使用简洁的策略语言来描述应用所需的网络服务，这些策略描述被发送到由云服务提供商管理的云控制器服务器。

（2）将需求转换成通信矩阵

云控制服务器将用户的网络策略映射到通信矩阵中，通信矩阵定义了用户期望的通信模式和网络服务。云控制服务器根据其他用户需求及当前运行情况，优化 VM 部署位置，使云网络高效地满足全局策略要求。

（3）将通信矩阵转换成网络级规则

逻辑的通信矩阵将被转换为网络级的指令，然后交给数据平面的转发单元，用户的

VM 实例通过创建和部署一定数量的 VM 来执行指令。

（4）安装规则并配置路径

网络级指令通过 OpenFlow 安装到网络设备中，配置抽象网络模型中的 VM 与连接 VM 的虚拟网段，配置内容如下。

- 地址：用户可见的 VM 地址。
- 组：创建一个或多个 VM 逻辑组，将功能类似的 VM 加入组，可以在不改变各个 VM 服务的条件下修改整个组。
- 中间盒：通过指定中间盒类型和配置文件，对新的虚拟中间盒进行命名和初始化。
- 网络服务：通过中间盒列表来指定虚拟网段的功能范围，例如 MAC 层广播域、链路 QoS 等。
- 虚拟网段：用于连接各个 VM 组，并与云控制服务器相关联。一个虚拟网段可以跨越多个组。

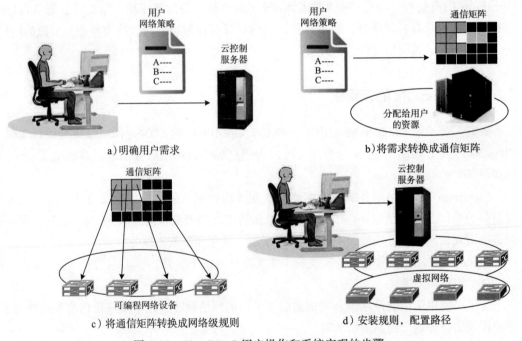

图 7-37　CloudNaaS 用户操作和系统实现的步骤

图 7-38 给出了 CloudNaas 的体系结构。CloudNaaS 主要由两部分组成：云控制器与网络控制器。

云控制器通过基础设施即服务（IaaS）方式来管理 VM 实例。用户传送的是标准的 IaaS 请求，例如设置 VM。用户通过网络策略集为 VM 定义虚拟网络功能。云控制器通过管理可编程虚拟交换机，为用户应用提供定义虚拟网段的服务。

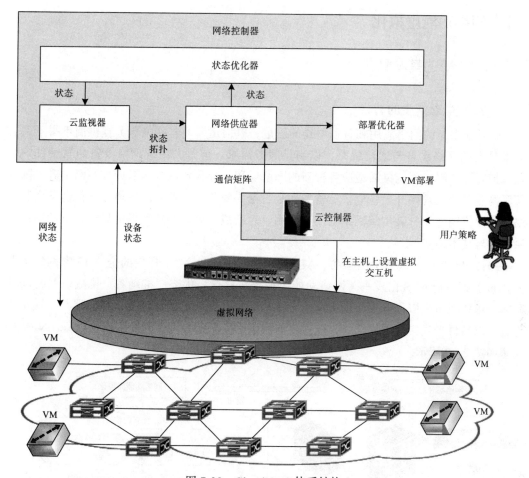

图 7-38　CloudNaaS 体系结构

云控制服务器构建了通信矩阵，并将矩阵传递给网络控制器。网络控制器利用通信矩阵对数据平面的物理和虚拟交换机进行配置，在 VM 之间生成虚拟网络，并向云控制服务器提供 VM 部署指令。同时，网络控制器监视云数据平面交换机的流量和性能，并在必要时修改网络状态，从而优化资源使用以满足用户需求。网络控制器可以激活部署优化器，确定在云中部署 VM 的最佳位置，并将其报告给云控制服务器。网络控制器使用网络供应器模块，为网络中的各个可编程设备、虚拟网段进行配置。

CloudNaaS 不仅为云网络用户提供简单的处理和存储资源请求，还可以定义 VM 的虚拟网络，并对虚拟网络的服务和 QoS 需求进行管理和控制。

7.7 网络功能虚拟化

7.7.1 NFV 的基本概念

1. NFV 概念产生的背景

面对众多新的网络应用和日益增长的流量，电信运营商与网络服务提供商不得不部署大量昂贵的网络设备与通信线路，以满足服务需求。但是，传统网络设备的软硬件一体化，扩展性受限，不能灵活适应各种新的网络应用，导致建网与运营成本不断上升。随着互联网业务的大规模开展，电信运营商面临着沦为廉价"管道"的困境。电信运营商与网络服务提供商急于打破传统网络封闭、专用、运营成本高、利用率低的局面，推动网络体系结构与技术的变革。

2012 年 10 月，包括中国移动、AT&T、BT、KDDI、NTT 在内的全球 13 家网络运营商发布了第一份 NFS 白皮书《网络功能虚拟化：概念、优势、推动着、挑战以及行动呼吁》。NFV 利用虚拟化技术将现有网络设备功能整合到标准的服务器、存储器与交换机等设备，以软件形式实现网络功能，取代目前网络中使用的专用、封闭的网络设备。NFV 的设想如图 7-39 所示。

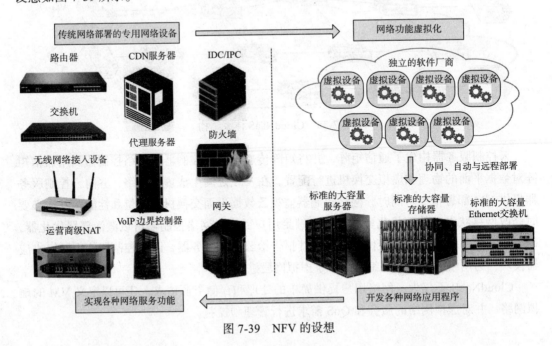

图 7-39 NFV 的设想

传统的专用、封闭的网络设备主要包括路由器、交换机、无线接入设备、防火墙、入侵检测系统 / 入侵防护系统（IDC/IPC）、网络地址转换器、代理服务器、CDN 服务器、网关等。NFV 中的独立软件厂商能够在标准的服务器、存储器、Ethernet 交换机之上，开发协同、自动与远程部署的网络功能软件，构成开放与统一的平台。这样，硬件与软件可以实现分离，根据用户需求灵活配置每个应用程序的处理能力。

2. NFV 的定义

维基百科对 NFV 的定义是：NFV 是一种网络架构，它是基于虚拟化技术将网络功能节点虚拟化为可链接在一起提供通信服务的功能模块。

OpenStack 基金会对 NFV 的定义是：通过软件和自动化替代专用的网络设备来定义、创建和管理网络的新方式。

欧洲电信标准研究院（ETSI）对 NFV 的描述是：NFV 致力于改变网络运营者构建网络的方式，通过虚拟化技术让各种网络组成单元实现独立应用，可以灵活部署在基于标准的服务器、存储、交换机构建的统一平台上，实现在数据中心、网络节点和用户端等各个位置的部署与配置。NFV 可以将网络功能软件化，以便在业界标准的服务器上运行，软件化的功能模块可迁移或部署在网络中的多个位置而无须安装新的设备。

NFV 的概念比 VLAN、VPN 的覆盖范围更广。VLAN 只能提供对局域网拓扑的管理；VPN 只能提供不同虚拟专网之间的流量隔离；NFV 意味着它具备对虚拟网络所用的物理资源、网络结构与网络功能的完全控制能力。NFV 对象包括网络提供商的网络中的各种资源，这些资源在形式上仍然像是一个单独的资源。

3. NFV 的功能结构

NFV 的功能结构如图 7-40 所示，其技术框架包括以下几部分：**NFV 基础设施**（NFV Infrastructure，NFVI）、**虚拟化的网络功能**（Virtual Network Function，VNF），以及 VNF 管理与编排模块等。其中，NFVI 通过虚拟化层将物理的计算、存储与网络资源转换为虚拟的计算、存储与网络资源，并将它们放置在统一的资源池中。

VNF 是由虚拟计算、虚拟存储、虚拟网络资源，以及管理虚拟资源的**网元管理**（Element Management，EM）软件等组成。VNF 是可以组合的模块，每个 VNF 只能提供有限的功能。对于特定的应用程序中的某条数据流，可以将多个不同的 VNF 进行编排与设置，组成一条完成用户所需网络功能的 VNF 服务链。NFV 管理与编排模块负责编排、部署与管理 NFV 环境中的所有虚拟资源，包括 VNF 应用实例的创建，VNF 服务链编排、监视与迁移，以及关机与计费等。

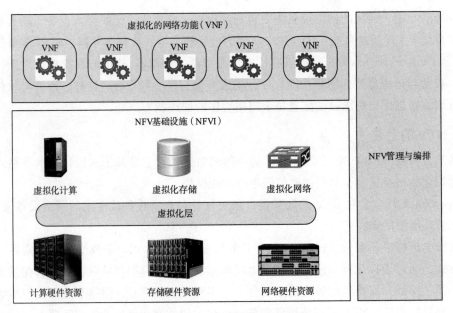

图 7-40　NFV 功能结构示意图

7.7.2　NFV 的体系结构

1. NFV 的体系结构与分层

ETSIGSNFV002 V1.2.1 定义了 NFV 体系结构（如图 7-41 所示）。NFV 的体系结构可以分为基础设施层、虚拟网络层、运营支撑层。

（1）基础设施层

NFVI 负责分配和管理虚拟资源环境及底层的物理资源。该层包含 x86 服务器、存储设备、交换机等物理资源，通过虚拟化层将物理资源转换为虚拟计算、虚拟存储与虚拟网络，并将它们放到资源池中。

（2）虚拟网络层

虚拟网络层是由 VNF、EM 与 NFVO 组成。每个物理网元映射为一个虚拟网元 VNF；一个 VNF 需要的资源分解为虚拟的计算、存储与网络资源，可部署在一个或多个虚拟机上。虚拟网元 VNF 由 VNFO 来提供。

NFV 的管理与编排模块主要包括**虚拟设备管理器**（Virtual Infrastructure Manager，VIM）、**VNF 管理器**（VNF Manager，VNFM）与 **VNF 编排器**（VNF Orchestration，VNFO）。

- VIM 负责基础设施层硬件资源、虚拟化资源的管理、监控和故障上报，面向上层的 VNFM 与 VNFO 提供虚拟化资源池。

- VNFM 实现对虚拟网元 VNF 的生命周期管理，包括虚拟化网络功能描述符（VNFD）的管理和处理、VNF 实例的初始化、VNF 的扩容与缩容、VNF 实例的终止等。
- VNFO 负责全网的网络服务、物理/虚拟资源、策略的编排与维护，确保各类资源与连接的优化配置；实现网络服务生命周期的管理；与 VNFM 配合实现 VNF 生命周期的管理和资源的全局视图功能。

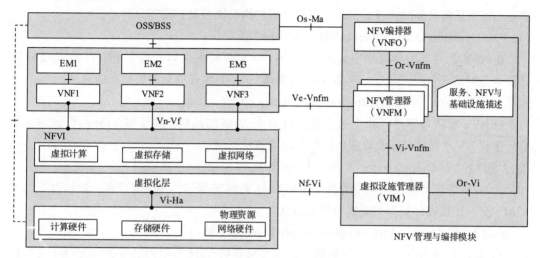

图 7-41 NFV 的体系结构

（3）运营支撑层

运营支撑层主要由**操作支撑系统**（Operation Support System，OSS）与**业务支撑系统**（Business Support System，BSS）组成。OSS 也称为操作支撑系统。

OSS 与 BSS 系统中的大量软件覆盖了基础设施架构、网络功能，以及支撑各种电信服务中端到端的订单、账单、续约、排障所需的管理系统。

分析 NFV 定义与体系结构，可总结出 NFV 的几个主要特征：

- NFV 是一种改变网络运营者构建网络方式，实现统一的"硬件平台+业务逻辑软件"的开放网络架构。
- NFV 通过虚拟化技术与功能抽象，在标准的服务器、存储设备、交换机平台上用软件实现各种虚拟化的网络功能。
- NFV 通过软硬件分离，使网络功能不再依赖于专用的硬件设备，可灵活迁移与部署软件功能模块，充分共享资源，快速开发和部署新的功能与业务。

2. NFV 的主要接口

NFV 主要包括以下几个接口。

（1）Vi-Ha（Virtualization Layer-Hardware Resource）接口

Vi-Ha 是虚拟化层与物理硬件资源的信息交互接口，按照 VNF 的要求分配硬件资源；收集底层硬件信息并上报到虚拟化平台，向网络管理员提供硬件平台运行状况。

（2）Vn-Vf（VNF-NFV Infrastructure）接口

VNF 在虚拟化基础设施上运行的接口。应用开发者无论是迁移现有的网络功能还是开发新的 VNF，都要通过 Vn-Vf 接口来提供指定的性能、可靠性与扩展性要求。Vn-Vf 接口本身不包括任何具体的协议，只是在逻辑上将网络功能与基础设施分开。

（3）Or-Vnfm（Orchestractor-VNF Manager）接口

在 NFV 管理与编排模块中的连接 VNFO 与 VNFM 的接口，用于 VNFO 向 VNFM 发送资源分配请求与配置命令；收集 VNFM 发来的 VNF 生命周期中的状态信息。

（4）Vi-Vnfm（Virtual Infrastructure Manager-VNF Manager）接口

在 NFV 管理与编排模块中的连接 VNFM 与 VIM 的接口，用于将 VIM 的资源请求信息传送到 NFVI 模块，接收虚拟硬件资源配置和状态信息。

（5）Or-Vi（Orchestractor- Virtual Infrastructure Manager）接口

在 NFV 管理与编排模块中的连接 VNFO 与 VIM 的接口，用于将资源分配信息下发到 VIM，交换虚拟硬件资源的配置和状态信息。

（6）Nf-Vi（NFVI- Virtual Infrastructure Manager）接口

连接 VIM 与 NFVI 底层硬件的接口，主要负责将 VIM 接收到的资源分配请求发送到 NFVI 底层硬件去执行，接收底层硬件执行情况的应答。

（7）Os-Ma（OSS/BSS-NFV Management and Orchestractor）接口

连接 OSS/BSS 系统与 NFV 管理与编排模块的接口。交互的信息主要包括 VNF 生命周期信息与管理编排信息、管理配置的策略信息、NFVI 使用量的数据信息。

（8）Ve-Vnfm（VNF/EM-VNF Manager）接口

连接 VNFM 与 VNF 模块的接口，用于交换虚拟网元配置与状态信息。

7.7.3 NFV 域结构与接口

1. NFV 基础设施域的结构

NFV 基础设施域的结构如图 7-42 所示。NFV 基础设施由 3 个部分组成：计算域、管理程序域与基础设施网络域。

- 计算域：为用户提供大量的服务器与存储设施。
- 管理程序域：将计算域中的计算与存储资源转换成可由软件配置的虚拟机。
- 基础设施网络域：由大量的路由器、交换机等网络设备组成，通过虚拟化层转化为虚拟网络资源。

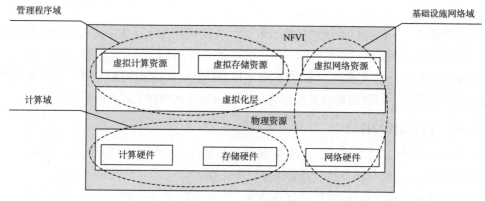

图 7-42　NFV 基础设施域的结构

2. 容器虚拟化与 NFVI 域结构

虚拟机、虚拟化并不是一个新的概念。利用操作系统将一台计算机资源分割成多个独立、相互隔离的**虚拟机**（Virtual Machine，VM），运行不同的应用程序已成为常见的计算模式。虚拟化实际上就是一种抽象，就像操作系统通过程序层和接口将硬盘的输入 / 输出命令抽象出来一样，虚拟化将物理硬件从支持的虚拟机中抽象出来。

在网络功能虚拟化行业标准组（ISG NFV）文档中，ETSI 使用了**容器**（Container）与**容器接口**（Container Interface）的概念。容器与容器接口属于**容器虚拟化**（Container Virtualization）中的概念。容器是为软件执行环境提供的硬件或软件。容器虚拟化是一种将应用程序的底层操作系统进行虚拟化的技术，它在操作系统内核之上划分出多个相互隔离的容器，应用程序可以在容器中运行（如图 7-43 所示）。

与基于管理程序的虚拟机的设计思路相反，容器的目标不是模拟物理的服务器。所有容器化的应用程序共享操作系统的内核，从而节省了为每个应用程序单独运行操作系统上所需的资源，极大地降低了资源开销。相比于虚拟机，容器都运行在系统的内核上，共享绝大部分操作系统资源。与虚拟机的部署方法相

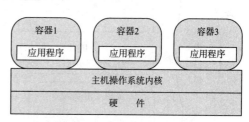

图 7-43　容器虚拟化的概念

比，容器更小且量级更轻。因此，一个只能支持有限管理程序和客户操作系统的 OS 可以运行多个容器。

ISG NFV 文档指出：容器与容器接口是不同的，不能混淆。在容器虚拟化的概念中，容器是整个虚拟机。该文档对功能模块接口和容器接口进行了区分：

- **功能模块接口**：两个软件模块之间的接口，这两个模块可完成不同或相同功能。无论这两个模块是否在相同的物理主机上，该接口都能实现两个功能模块之间

相互通信。

- **容器接口**：一台主机系统中的执行环境，功能模块在该环境中运行。功能模块位于相同的物理主机上，该主机即容器，它提供了容器接口。

容器接口的概念非常重要。在讨论 NFV 体系结构中的虚拟机和 VNF，以及如何实现功能模块的交互时，容易忽略所有虚拟化功能必须运行在物理主机上的事实。

3. NFVI 域结构与接口

ETSIGSNFV002 V1.2.1 定义了 NFV 域结构与接口（如图 7-44 所示）。

理解 NFV 域结构与接口时，需要注意以下几点：

- NFV 体系结构与承载 NFV 的体系结构（即 NFVI）是不同的。
- NFV 体系结构可以根据 NFVI 的情况划分为多个域。
- 在现有技术和产业结构下，NFV 可以分为计算与存储、管理程序、基础设施网络等域。
- 管理与编排域正在逐步与 NFVI 分离以形成自己的域，虽然两者之间的边界通常只是通过一些重叠部分的单元管理功能进行了松散的定义。
- NFV 域和 NFVI 之间的接口是容器接口，而不是功能模块接口。
- 由于管理与编排功能可能以虚拟机的形式存在于 NFVI 中，因此它们很可能位于一个容器接口中。

图 7-44 还描述了如何部署 NFV。从用户的角度来看，互连 VNF 的网络是一个虚拟化

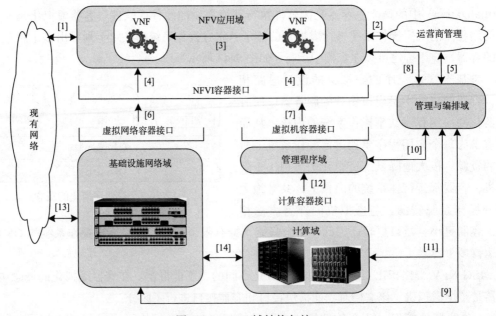

图 7-44　NFV 域结构与接口

的网络资源，它和底层的细节对用户都是透明的。但是，VNF 之间的逻辑链路都位于
NFVI 容器中，该容器又位于物理主机上的虚拟机及其容器中，因此，如果我们将 VNF 体
系结构抽象为三个层次（物理资源层、虚拟化层和应用层），那么这三个层次位于一台物理
主机上。当然，这些功能可能分散在多台主机上，但是所有应用软件最终以虚拟化软件形
式运行在同一物理主机上。这与 SDN 将数据平面和控制平面分离到不同主机有所不同。

　　表 7-4 对图 7-44 中标记的接口进行了描述，其中接口 4、6、7 和 12 是容器接口，这
类接口两侧的组件都运行在同一主机上。接口 3、8、9、11 和 14 是功能模块接口，在绝
大部分情况下，这类接口两侧的功能模块都运行在不同主机上。但是，某些管理与编排软
件也可能与其他 NFVI 组件位于同一主机上，接口 1、2、5 和 13 用来与那些还未在 NFV
中实现的现有网络相连。

表 7-4　NFV 域体系中域间的接口

接口类型	序号	接口描述
NFVI 容器接口	4	基础设施通过 NFVI 容器与 NFV 应用域的接口
VNF 互连接口	3	VFN 之间的接口。该接口不关心基础设施为 VFN 功能模块提供服务的方法
VNF- 管理与编排接口	8	允许 VNF 通过该接口向不同的基础设施资源发出请求，如请求新基础设施的互连服务、分配更多的计算资源，或激活 / 取消应用中的其他虚拟机组件
基础设施容器接口	6	虚拟网络容器接口：由基础设施提供的与连接服务之间的接口。该容器接口使得基础设施作为互连服务的实例提供给 NFV 应用
	7	虚拟机容器接口：运行 VNF 虚拟机的主要托管接口
	12	计算容器接口：运行管理程序的主要托管接口
基础设施互连接口	9	和基础设施网络域之间的管理与编排接口
	10	和管理程序域之间的管理与编排接口
	11	和计算域之间的管理与编排接口
	14	计算设备和基础设施网络设备之间的网络互连
与现有基础设施的互连接口	1	VNF 和现有网络之间的接口，它很可能只是较高的协议层，因为基础设施提供的所有协议对 VNF 都是透明的
	2	现有管理系统对 VNF 进行的管理
	5	现有管理系统对 NFV 基础设施进行的管理
	13	基础设施网络和现有网络之间的接口。它很可能只是较低的协议层，因为 VNF 提供的所有协议对于基础设施都是透明的

4. NFVI 容器的部署

　　图 7-45 给出了 NFVI 容器的部署示意图。每台主机能同时承载多个虚拟机，每个虚拟
机又能承载一个 VNF。托管在虚拟机上的 VNF 称为 VNF 组件（VNFC），一种网络功能可
以由一个 VNFC 来虚拟化，多个 VNFC 可以组合为一个 VNF 来虚拟化。

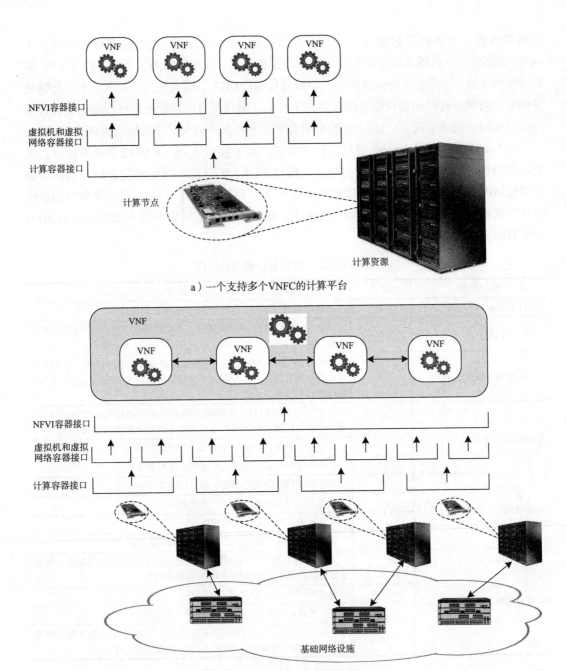

a）一个支持多个VNFC的计算平台

b）一个分布在多个计算平台上的组合式VNFC

图 7-45　NFVI 容器的部署

　　图 7-45a 是一个节点上的 VNFC 组织结构。其中，计算容器接口托管管理程序，而管理程序又托管多个 VM，每个 VM 托管一个 VNFC。

图 7-45b 是分布在多个节点上的 VNFC 组织结构。VNFC 可以分布在多个计算节点上，这些节点由构成基础设施网络域的主机互连起来。

7.7.4　NFV 计算域

1. 计算域的组成

典型的计算域通常包含以下几个要素。

- **CPU/ 内存**：处理器和主内存，用于执行 VNFC 代码。
- **内部存储器**：与处理器位于相同物理结构中的永久性存储器（如闪存）。
- **加速器**：因安全性、联网和分组处理而增加的设备。
- **外部存储器和存储控制器**：辅助存储设备。
- **网卡**（NIC）：与基础设施网络域中网络设备建立物理连接的网络接口卡，图中标识为 Ha/Csr-Ha/Nr。
- **控制与管理代理**：用于连接虚拟化基础设施管理器（VIM）。
- **eSwitch**：服务器内嵌的交换机，eSwitch 的功能在计算域中实现，它是构成基础设施网络域必需的部分。
- **计算 / 存储执行环境**：服务器或存储设备供管理程序软件运行的执行环境。

为了理解 eSwitch 的功能，需要注意 VNF 主要进行两类工作：一是控制平面的工作，主要与信令及控制平面的协议相关（例如 BGP）。这些工作通常是处理器密集型，而不是 I/O 密集型，不会给 I/O 系统带来太大的负担。二是数据平面的工作，主要与网络流量载荷的路由、交换、中继与处理相关，这些工作会产生较大 I/O 吞吐量。

在 NFV 等虚拟环境中，所有 VNF 流量都会通过管理程序域中的虚拟交换机调用位于 VNF 软件和主机联网硬件之间的软件层，它会带来较大的性能衰退。eSwitch 的作用是绕过虚拟化软件，为 VNF 提供一个到网卡的直接内存访问（DMA）路径。因此，在不产生处理器额外开销的前提下，它能够加快分组的处理速度。

2. 利用计算域节点实现 NFVI

VNF 可以由一个或多个在逻辑上互连的 VNFC 组成，这些 VNFC 在管理程序域的容器中以软件形式运行，而容器又在计算域的硬件上运行。虽然虚拟链路和网络在基础设施网络域中定义，但在 VNF 层网络功能的实际实现则由计算域节点中的软件组成。

在讨论利用计算域节点实现 NFVI 之前，需要对术语"节点"（node）进行解释。ETSIGSNFV002 V1.2.1 文档对 NFVI 节点（NFVI-Node）的定义为：在单个实体上部署和管理的物理设备的集合，它提供了支持 VNF 执行环境所需的 NFVI 功能，具有特定功能的可鉴别、寻址、管理的单元。

NFVI 节点在计算域中主要有以下几种类型：

（1）计算节点

计算节点是能够执行通用计算指令集的功能实体。无论这些指令集在执行时的具体状态如何，执行周期都只有几秒到几十纳秒。在实际的术语中，它是从内存访问时间的角度来定义的。一个分布式系统无法满足这个执行周期要求，对远程内存状态的访问时间已超过了这个时长。

（2）网关节点

网关节点是 NFVI 节点内实现网关功能的单元。网关的主要功能是为 NFVI 接入点与传输网之间提供互连，将虚拟网络接入现有的网络组件中。网关可以通过增加与移除分组首部等方式使分组跨越不同网络。

（3）存储节点

存储节点是 NFVI 节点内通过计算、存储和网络功能提供存储资源的单元。存储在物理上可通过多种方式实现，例如在计算节点内以组件形式实现。另一种实现方式是在 NFVI 节点内以独立于计算节点之外的物理节点形式实现。这类存储节点可以是一个能通过远程存储技术（例如 NFS）和光纤信道访问的物理设备。

（4）网络节点

网络节点是 NFVI 节点内通过计算、存储和转发功能来提供网络资源（例如交换与路由）的单元。一个 NFVI 节点内的计算域通常以多个互连的物理设备方式进行部署。物理的计算节点可能包括多核处理器、内存和网卡等物理资源，这些互连节点的集合构成 NFVI 节点和 NFVI 接入点。一个 NFV 服务提供商可能需要维护分布在多个地方的 NFVI 接入点，为各类用户提供服务。每个用户可以在不同 NFVI 接入点的计算域节点上实现其 VNF 软件。这里所说的"用户"可以理解为租用网络运营商计算、存储与网络资源的客户，因此很多运营商的文档中将他们称为"租户"。

3. 计算域的部署场景

表 7-5 列出了在 ISG NFV 计算域文档中建议的部署场景，这些场景包括如下几部分。

表 7-5　一些实际的部署场景

部署场景	建筑物	硬件	管理程序	客户 VNF
集成网络运营商	N	N	N	N
托管多个虚拟网络运营商的网络运营商	N	N	N	N, N1, N2
托管网络运营商	H	H	H	N
托管通信运营商	H	H	H	N, N1, N3
托管通信与应用运营商	H	H	H	N, N1, N3, P
用户端的托管网络服务	C	N	N	N
用户设备端的托管网络服务	C	C	N	N

注：表中字母含义如下：H= 托管提供商，N= 网络运营商，P= 公众，C= 用户；带数字的网络运营商（N1，N2 等）表示多个独立的托管网络运营商。

（1）集成网络运营商

一个公司拥有一批硬件设备，并在这些设备上部署运行 VNF 和管理程序，例如私有云或数据中心。

（2）托管多个虚拟网络运营商的网络运营商

以集成网络运营商场景为基础，在相同设备上托管了其他虚拟网络运营商，例如混合云。

（3）托管网络运营商

一个 IT 服务公司管理计算硬件、基础设施网络和管理程序，而另一个网络运营商在此之上运行 VNF。IT 服务公司保证这些 VNF 的物理安全性。

（4）托管通信运营商

与托管网络运营商场景类似，但是这里托管了多个通信服务运营商，例如社区云。

（5）托管通信与应用运营商

与前一个场景类似，但是除了托管网络与通信运营商之外，也提供了数据中心中的服务器，方便用户部署虚拟化应用，例如公有云。

（6）用户端的托管网络服务

与集成网络运营商场景类似，但 NFV 服务提供商的设备位于用户端，例如住宅区或公司内的远程托管网关，以及防火墙、虚拟私有网络网关等远程托管联网设备。

（7）用户设备端的托管网络服务

与集成网络运营商场景类似，但 NFV 服务提供商的设备位于用户端，该场景可以用于管理企业网，私有云也可采用这种方式来部署。

从 ETSIGSNFV002 V1.2.1 文档中建议的部署场景来看，未来除了传统的 ISP、NSP、ASP 运营商之外，还会出现其他信息服务业新业态，例如集成网络运营商、托管多个虚拟网络运营商的网络运营商、托管网络运营商、托管通信运营商、托管通信与应用运营商、用户端的托管网络服务以及用户设备端的托管网络服务等。

7.8 SDN/NFV 的实践与产业发展

7.8.1 SDN 与 NFV 的关系

SDN/NFV 研究与应用的发展再次证明：传统的通信技术（CT）行业壁垒被打破，传统的互联网产业链也将被重新洗牌。以计算机与软件为主体的 IT 行业进一步渗透到通信行业，促进了 IT 与 CT 行业的跨界融合与竞争。IT 与 CT 行业的业务与技术的"交叉、融合、重构、发展"将成为未来信息产业发展的主旋律。

"软件定义"是 SDN 的核心。这里所说的"软件"不单是指从网络设备中独立出来、用于控制网络的控制器软件，更重要的是针对特定需求和应用场景、在 SDN 网络架构上运行的各类应用软件。应用软件能够直接为用户服务，降低网络建设成本，简化网络管理，提高网络性能与安全性，帮助提升用户体验，这正是 SDN 价值的体现。

SDN 与 NFV 是有一定区别的，这一点从德国电信在 2011 年启动的 TERAstream SDN 试点项目中可以看出。TERAstream SDN 试点项目的目标是"NFV+SDN+IP 网络创新"（如图 7-46 所示）。

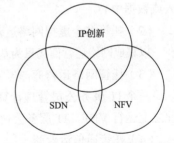

图 7-46　SDN 与 NFV 关系示意图

SDN 与 NFV 的共同之处主要有三点：

- 充分体现出以计算机与软件技术为主的 IT 行业与通信行业相互渗透、交叉、融合、创新发展的趋势，两者从技术上高度互补。
- NFV 是 SDN"杀手级"的应用。
- 两者都是为了解决未来 5 ~ 10 年，网络技术如何适应大数据时代对通信和网络功能与性能的需求问题，研究目标都是"重构网络架构、建设未来网络"。

SDN 与 NFV 的不同之处主要有三点：

- SDN 是从计算机与软件技术出发向通信行业渗透和融合，NFV 是从通信行业向计算机与软件技术渗透和融合，两者的工作基础与解决问题的方向，以及研究问题的侧重点有所不同。
- SDN 与 NFV 之间并不互相依赖，NFV 可以不采用 SDN 技术来实现，但是二者结合会产生更大的潜在效益。
- NFV 能够为 SDN 软件提供运行所需的基础设施。

7.8.2　SDN 的学术研究进展

SDN 的研究起源于斯坦福大学的课题组"Mckeown Group"。2008 年，有关 OpenFlow 的论文"OpenFlow: enabling innovaton in campus networks"发表，使得 SDN 进入了学术界的视野。接下来，该课题组连续发表了介绍第一篇开源控制器 NOX/POX 的论文"NOX: towards an operation system for networks"、第一篇支持 OpenFlow 的开源软件交换机的论文"Extending networking into the virtualization layer"、第一篇开源网络虚拟化平台的论文"Flowvisor: a network virtualization layer"，以及第一篇 SDN 网络仿真平台 Minined 的论文"A network in a laptop: rapid prototyping for software-defined networks"。该课题组的研究成果对 SDN 研究起到了奠基作用。

2009 年，SDN 的概念入选 MIT Technology Review 年度十大前沿技术，同时获得了学术界和工业界的广泛认可和大力支持。

2011 年 4 月，美国 Indiana 大学、Internet2 联盟与斯坦福大学联合开展基于 SDN 的开发与部署行动计划（NDDI），旨在创建一个新的网络平台与配套软件，支持新一代互联网体系结构研究。NDDI 利用 OpenFlow 提供的 SDN 功能，实现了可创建多个虚拟网络的通用基础设施，支持研究人员测试新的网络协议，促进全球性的合作研究。

2011 年 12 月，第一届开放网络峰会（Open Networking Summit）在北京召开。

2012 年，学术界有关 SDN 的研究工作达到高峰，成为网络领域热门的研究方向。

2014 年末，SDN 技术研究逐步成熟。在一篇综述性论文中，总结了这些年有关 SDN 研究方向的内容框架（如图 7-47 所示）。

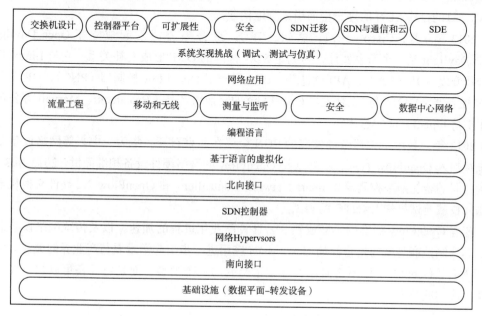

图 7-47　有关 SDN 研究方向的内容框架

需要注意的是，2016 年 IEEE 召开了第一届 SDN-IOT 研讨会，标志着 SDN 与 IoT 技术的融合已经受到研究人员的关注。

7.8.3　SDN 研究领域与工程实践

1. SDN 的实践与产业发展

2012 年，SDN 实现了从实验技术向网络部署的重大跨越：覆盖美国上百所高校的 Internet2 部署了 SDN；德国电信等运营商开始研发和部署 SDN。

2012 年 4 月，谷歌宣布在其主干网络上全面运行 OpenFlow。谷歌对 B4 网络的改造分为三个阶段：第一阶段完成于 2010 年，主要将 OpenFlow 交换机引入 B4 网络。这些交换机与传统路由器一样，只是在 BGP/ISIS/OSPF 等路由协议分组通过 B4 网络时，

OpenFlow 交换机与 OpenFlow 控制器交互。第二阶段完成于 2011 年，谷歌逐渐启用简单、不涉及流量工程 SDN，将更多流量引入到 OpenFlow 中，B4 网络开始向 SDN 演变。第三个阶段完成于 2012 年，其中一个站点完整地部署 SDN，数据中心主干流量由 OpenFlow 网络承载，引入集中的流量工程服务，基于应用优先级来优化路由、规划全局流量路径，这样做极大地优化了网络流量。

2012 年底，AT&T、英国电信、德国电信、Orange、意大利电信、西班牙电信和 Verizon 公司发起成立了"网络功能虚拟化产业联盟"（Network Functions Virtualization，NFV），目的是将 SDN 的理念全面引入到电信业。

2013 年 4 月，Cisco、IBM、微软、NEC、惠普等公司发起成立了 Open Daylight。Open Daylight 是一个研发实体，与制定 SDN 标准的 ONF 形成互补关系。它与 Linux 基金会合作开发 SDN 控制器、API 软件等。IBM 发布了 OpenFlow 控制器（PNC）；HP 发布了 SDN 控制器（VAN）与 25 款支持 OpenFlow 的交换机产品。Broadcom、Marvell 等公司推出了支持 OpenFlow 的芯片。

2013 年，我国三大运营商发起的 SDN 会议在北京召开。华为、中兴等网络设备制造商陆续加入 OpenFlow 行列，一些支持 OpenFlow 的网络硬件设备相继面世。2013 年 3 月，华为公司的智能网络控制器（Smart Network Controller）和 OpenFlow 1.2 硬件交换机通过了国际权威测试机构 EANTC 的测试。

随着 OpenFlow 标准的不断成熟、云计算商业化进程的加速，以及传统网络设备制造商、芯片制造商与电信运营商的加入，SDN 应用进一步引起学术界与产业界的关注。实际应用表明：OpenFlow 已不再是停留在学术研究的一个模型，而是已具备可以初步在产业环境中应用的技术。

2. SDN 对网络产业格局的影响

随着 SDN 研究与应用的发展，整个网络产业界受到很大冲击：

- 传统的网络设备制造商主导的垂直封闭的产业链和一统天下的格局被打破。
- "硬件为王"将被"软件定义"所取代。
- 原本是通信行业的"蛋糕"被计算机和软件行业瓜分了一大块。
- 整个网络产业格局被分成更多的层次，每个层次都可以容纳更多的厂商，不同层次厂商之间的关系从竞争转向合作。

从已经出现的变化来看，SDN 网络产业格局大致可以分为 5 个层次（如图 7-48 所示）。

可编程网络芯片层吸引了大量新的芯片制造商，逐步打破了传统网络芯片巨头的垄断，为网络设备制造商在设计新的 SDN 数据平面设备时提供了更多的选择。

芯片驱动 / 编译层的**开放网络安装环境**（Open Network Install Environment，ONIE）使网络设备可以安装第三方操作系统，用户在采购网络设备时也会有更多的选择空间。同时，开源数据平面编程语言框架 P4 进一步提升了可编程数据平面的编程能力。

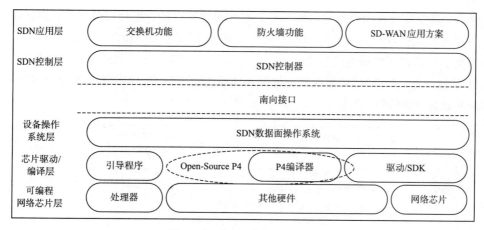

图 7-48 SDN 网络产业格局

在设备操作系统层，一些初创公司开发了多款开源操作系统和商用操作系统，这种情况在引发了相关公司之间激烈竞争的同时，也为用户提供了更大的选择空间。

SDN 控制层出现了越来越多的开源与商用控制器，例如 Ryu、ONOS 与 OpenDaylight，其中开源的 OpenDaylight 影响最大。目前，OpenDaylight 已经推出了 5 个版本。中国移动、中国电信、Orange、AT&T 等电信运营商使用了 OpenDaylight 控制器；超过 500 家公司在 OpenDaylight 开源社区贡献代码；Cisco、爱立信、NEC 等公司也在开发基于 OpenDaylight 的商用控制器产品。

在 SDN 应用层，很多厂商在软件定义数据中心（SD-DC）、软件定义广域网（SD-WAN）等领域展开了激烈的竞争。

7.8.4 我国电信运营商网络重构的战略规划

伴随着 5G 的快速发展，传统电信网络的转型升级与网络重构已迫在眉睫，国内三大电信运营商（中国电信、中国移动与中国联通）基于 SDN/NFV 与云计算技术，分别制定了网络重构的战略目标，以适应未来数据时代的要求。

1. 中国电信 CTNet2025

2016 年 7 月，中国电信正式发布了《CTNet2025 网络架构白皮书》，全面启动了网络智能化重构。图 7-49 给出了中国电信 CTNet2025 目标网络架构图。

中国电信 CTNet2025 目标网络架构从功能上可以分为三层：基础设施层、网络功能层与协同编排层。

基础设施层由虚拟资源和硬件资源组成，包括统一云化的虚拟资源池、可抽象的物理资源和专用高性能硬件资源，以通用化和标准化为主要目标提供基础设施的承载平台。

网络功能层实现面向软件化网络功能，结合对虚拟资源、物理资源等的管理系统 / 平台，实现逻辑功能和网元实体的分离，便于资源的集约化管控和调度。其中，云管理平台主要负责虚拟化基础设施的管理和协同，特别是对计算、存储和网络资源的集中管控。VNFM 主要负责对基于 NFV 实现的虚拟网络功能的集中管控，控制器主要负责基于 SDN实现的基础云设施的集中管控。

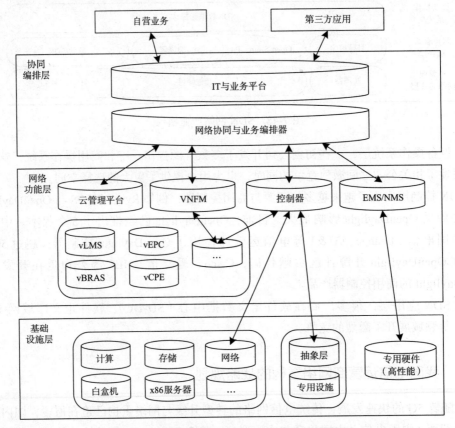

图 7-49　中国电信 CTNet2025 目标网络架构图

协同编排层提供对网络功能的协同和面向业务的编排，结合 IT 系统和业务平台的能力加快网络能力开放，快速响应上层业务和应用的变化。其中，网络协同和业务编排器向上负责实现业务需求的网络语言翻译与能力的封装适配，向下对网络功能层中的不同管理系统和网元进行协同，从而保证网络层面的端到端打通。IT 系统和业务平台主要负责网络资源的能力化和开放化封装，便于业务和应用的标准化调用。

网络架构重构是中国电信的根本性和战略性创新。CTNet2025 将重点突破 SDN、NFV、云计算等核心技术。初期在核心网与城域网边缘引入 NFV，2020 年实现 40% 网络功能虚拟化，2025 年达到 80% 网络功能虚拟化。近期，重点推进支持 VoLTE 业务的

vIMS 与物联网专网 vEPC；在城域网边缘面向高并发、小流量的 vBRAS 应用。网络重构计划预计在 2025 年之前全面完成。

2. 中国联通 CCUBE-Net2.0 网络重构战略

2015 年 9 月，中国联通发布了"新一代网络架构 CCUBE-Net2.0"，并邀请了 20 多家合作伙伴共同启动"新一代网络"合作研发计划。

为了提升端到端的用户体验、实现 CT 与 IT 的深度融合、"端管云"的协同发展，新一代网络架构引入了面向云（cloud）、面向客户（customer）、面向内容（content）的服务元素，坚持以多资源协同下的网络服务能力领先与总体效能最优为建网原则，服务于"用户"和"数据"两个中心；通过服务功能、逻辑功能以及部署功能的多维解耦，控制平面、数据管理、数据中心以及网络节点的集约，实现网络基因重构。

联通网络重构的核心技术包括云计算、SDN、NFV 等。SDN/NFV 为网络转型提供重要手段，SDN 采用转发与控制分离，为全新网络架构提供了有效途径；NFV 带来的全新设备形态，让封闭的电信网络实现开放。新一代网络架构以超宽网络和数据中心为载体，通过云化的服务平面，实现网络集约化运营，提供多种新的应用服务场景，充分体现了云网协同、随需而变、弹性灵活的立体化网络优势，体现了联通以泛在超宽带、弹性软网络、云管端协同、能力大开放为主要特征的"网络即服务"理念，将"网络即服务"从狭义的网络连接和转发服务向广义的信息转发、存储和计算一体化服务范畴扩展。中国联通 CCUBE-Net2.0 顶层架构如图 7-50 所示。

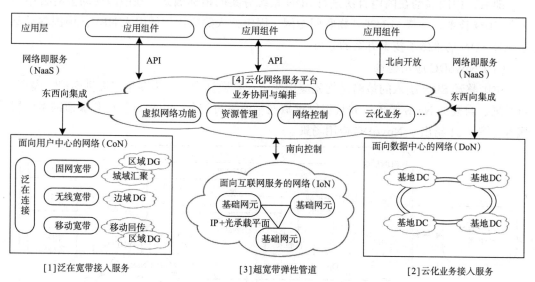

图 7-50 中国联通 CCUBE-Net2.0 顶层架构

CCUBE-Net2.0 顶层架构由 4 个部分组成：

- 面向用户中心的服务网络（Customer oriented Network，CoN）
- 面向数据中心的服务网络（DC oriented Network，DoN）
- 面向互联网的服务网络（Internet oriented Network，IoN）
- 面向开放的云化网络服务平台（NaaS-Platform）

通过 CCUBE-Net2.0 顶层架构图，可以总结出其三个内涵：

- 面向客户体验的泛在超宽带网络。
- 面向内容服务的开放商业生态网络。
- 面向云服务的极简、极智弹性网络。

CCUBE-Net2.0 的网络重构任务主要包括构建高速、智能、泛在的基础网络；推进云计算基础设施建设；建立网络与 IT 融合的新一代运营支撑系统；推出云网融合的新型信息基础设施服务。

3. 中国移动网络重构战略

相比中国电信与中国联通，中国移动在传统固网方面不如其在移动网方面的优势突出。在制订网络重构计划时，中国移动特别强调与 5G 协同发展，并将其核心网按照新架构进行规划和建设。

2015 年 7 月，中国移动正式推出了"下一代革新网络 NovoNet"计划，希望通过融合 NFV、SDN 等新技术，构建一个资源可全局调度、能力可全面开放、容量可弹性伸缩、架构可灵活调整的新一代网络。

随后，中国移动在国内首次进行 SDN 系统方案的招标测试，在中国移动公有云中引入了 SDN 技术，围绕 VoLTE、物联网专网、固定接入等应用领域引入 NFV。中国移动基于三种 SDN 场景做了技术方案的分析。

（1）NovoDC 应用场景

中国移动 SDN 引入的策略是优先应用在云计算数据中心，为多用户提供虚拟、隔离、可扩展、自理的 NaaS 服务，并且提供虚拟网络流量可视化，用户自管理和虚拟网络配置服务。图 7-51 给出了 NovoDC 应用场景。

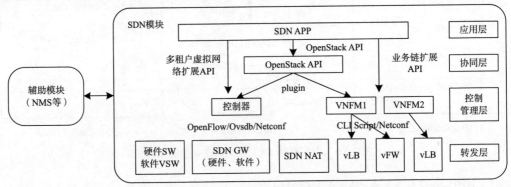

图 7-51　NovoDC 应用场景示意图

（2）NovoWAN 应用场景

Novo 在基于 IP 承载网的应用中，采用实时感知网络流量、全局集中调度流量的方式，提升 IP 网络的带宽利用率。图 7-52 给出了 NovoWAN 应用场景。

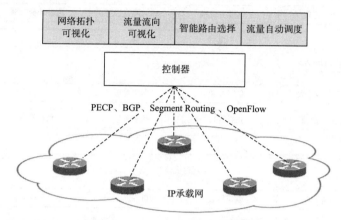

图 7-52　NovoWAN 应用场景示意图

NovoWAN 应用主要有两个特点：一是提供网络拓扑可视化、流量流向可视化、智能路由选择、流量自动调度等功能，通过 SDN 集中控制全局流量，在局部优化流量转发路径，以便提升网络利用率。二是作为多厂商 SDN 控制器的协同层，实现骨干网 SDN 混合组网，调整转发路径、优化利用率、简化网络运维，并基于 NovoWAN APP 开发新业务，满足用户的定制化网络需求。

（3）NovoVPN 的应用场景

基于 SDN 的 VPN 技术用于实现 L3 VPN 用户的快速接入和便捷运维。图 7-53 给出了 NovoVPN 应用场景。

NovoVPN 应用有两个特点：一是 SDN VPN 业务调度平台具备 VPN 业务管理、用户管理、流量统计及可视化、计费等功能。二是 SDN 控制器负责 GRE 隧道的创建及维护，通过 OpenFlow 实现隧道配置与其他访问控制，在 CPE 之间采用 GRE 隧道，在控制器与 CPE 之间采用 OpenFlow 协议。

7.8.5　新技术对 IT 人才需求的影响

基于 SDN/NFV 的网络重构给电信业与计算机、软件、网络行业带来了历史性发展机遇，促进了以计算机、软件与网络为主体的 IT 行业进一步与 CT 行业的跨界融合。在新技术应用的过程中，有些职位将消失，同时会产生新的职位。这些变化必然对未来 IT 人才的岗位职能、知识结构与人才需求产生重大影响。

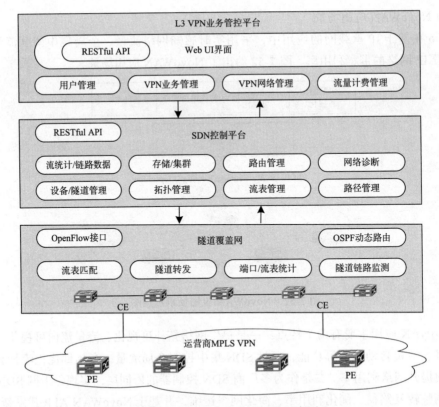

图 7-53 NovoVPN 应用场景示意图

1. SDN/NFV 对未来网络职位的影响

J. Hales 在 2014 年发表的论文 "Global knowledge white paper"中，列举了 SDN 和 NFV 对不同职位的需求与岗位职责的可能变化。

1）网络管理员：未来需要大量具有设计和管理 SDN 技能，以及能够规划现有环境到新环境的迁移策略的网络管理专门人员。

2）虚拟化管理员：未来需要更多具有高级技能的虚拟化管理员，以便解决实现云计算系统与现有基础设施的结合问题。虚拟化管理员需要具备网络、存储、安全以及应用团队的紧密协作能力。

3）应用管理员：应用管理员需要明确 SDN 和 NFV API 的应用内涵，包括要求网络为应用提供所需的带宽和延时。应用管理员需要知道用户的应用需求，并与其他应用管理员一起确保所有应用需求都能满足。

4）安全管理员：安全管理员需要与其他岗位管理员协同工作，详细考虑安全性问题并将需求交付给应用、虚拟化与网络团队；在需要时对应用进行修改，保证制定的安全策略和运行规则，能够执行监督与审计任务。随着更多用户将应用系统迁移到云中，以及更多用户选择使用自己采购的设备入网，安全管理员的需求数量会不断增长。

5）应用开发人员：应用开发人员需要在 SDN 和 NFV 编程中实现所需的网络功能。因此，应用开发人员需要掌握现有网络的知识与技能，并且具备熟练的 SDN 和 NFV API 软件编程能力。应用开发人员的需求量也将越来越大。

6）IT 管理人员：IT 管理人员应具备深入理解 SDN 与 NFV 技术，理解新的网络环境、网络功能的安全性，理解应用开发与网络系统集成的需求，驾驭新网络架构的系统规划、设计、开发、部署、监控、优化与运维的能力。

需要注意的是，无论在网络基础设施中增加多少自动化工具，社会对高素质网络工程师的需求量都不会降低，只会随着技术的发展对网络工程师的岗位职责、知识与技能不断提出新的、更高的要求。

2. SDN/NFV 对网络专业人员知识结构的影响

J. Metzler 在 2014 年发表的论文" The changing role of the IT & network professional"中对基于 SDN/NFV 的网络重构，电信业与计算机、软件、网络深度融合之后，IT 与网络技术人员角色的转变，以及对知识结构的影响进行了讨论。

根据该论文对 IT 与网络技术人员角色转变的描述，结合我们的工作经验，总结出 SDN/NFV 应用对专业技术人员知识结构将产生三方面的影响。

第一，更加强调编程能力。

在 SDN/NFV 支撑下的云计算、IoT 应用中，计算模式已从简单的 C/S 模式向通过软件编程定义网络、实现网络功能的虚拟化方向转变。应用程序接口（API）作为 SDN/NFV 网络的组成部分，要求高级 IT 专家对软件编程有一定的了解，以便更好地与企业软件系统开发人员交互，协同完成基于 API 的新功能与新应用的开发。同时，要求网络工程师与应用开发人员精通软件体系结构与开源软件，具有较强的软件编程能力。

第二，更加强调多学科知识。

IT 团队将越来越不按特定领域（例如计算机、软件、网络、存储、虚拟化、通信、安全）来组织，而是由多个团队、多个领域与多个专业，甚至是跨学科的技术力量相互协作，形成具有综合能力的研发团队。同时，要求 IT 与网络技术人员对 SDN/NFV 与 QoE 有较深入的了解，需要具备更加宽厚的计算机专业知识，以及计算机软硬件与通信等多学科知识综合应用的能力。

第三，更加强调网络安全。

SDN/NFV 将成为支撑现代社会信息基础设施的重要部分，但是它的安全问题也会日益突出。相关安全技术的研究仍然处于起步阶段，这就要求 IT 管理人员、网络管理员、网络工程师与网络应用开发人员更重视网络安全问题，具备网络安全的相关知识。

传统的通信与计算机、软件、网络行业壁垒的打破，多学科的交叉融合，将使知识更新速度加快，这对于每个从事网络和 IT 行业的专业技术人员既是机会也是挑战。

参考文献

[1] William Stallings，等 . 现代网络技术：SDN、NFV、QoE、物联网和云计算 [M]. 胡超，等译 . 北京：机械工业出版社，2018.

[2] Thomas D Nadeau，等 . 软件定义网络 SDN 与 OpenFlow 解析 [M]. 毕军，等译 . 北京：人民邮电出版社，2014.

[3] 鞠卫国，等 . SDN/NFV：重构网络架构、建设未来网络 [M]. 北京：人民邮电出版社，2017.

[4] 李素游，等 . 网络功能虚拟化：NFV 架构、开发、测试及应用 [M]. 北京：人民邮电出版社，2017.

[5] 张晨 . 云数据中心网络与 SDN：技术架构与实现 [M]. 北京：机械工业出版社，2018.

[6] 杨泽卫，等 . 重构网络：SDN 架构与实现 [M]. 北京：电子工业出版社，2017.

[7] 程丽明 . SDN 环境部署与 OpenDaylight 开发入门 [M]. 北京：清华大学出版社，2018.

[8] 张朝昆，等 . 软件定义网络（SDN）研究进展 [J]. 软件学报，2015，26(1)：62-81.

[9] 周伟林，等 . 网络功能虚拟化技术研究综述 [J]. 计算机研究与发展，2018，55(4)：675-688.

[10] 余涛，等 . 未来互联网虚拟化研究 [J]. 计算机研究与发展，2015，55(4)：2069-2082.

[11] 付永红，等 . 软件定义网络可扩展性研究综述 [J]. 通信学报，2017，52(9)：141-154.

[12] 黄韬，等 . 基于 SDN 的网络试验床综述 [J]. 通信学报，2018，39(6)：155-168.

[13] 柳林，等 . 软件定义网络控制平面的研究综述 [J]. 计算机科学，2017，44(2)：75-81.

[14] 李克秋，等 . SDN 网络虚拟化的机遇与挑战 [J]. 中国计算机学会通讯，2017，13(6)：28-33.

[15] 杨阳，等 . 软件定义网络编程：问题与进展 [J]. 中国计算机学会通讯，2016，12(7)：26-33.

[16] Nick McKeown，et al. OpenFlow Enabling Innovation in Campus Networks[J]. ACM SIGCOMM Computer Communication Review，2008，38(2)：69-74.

[17] Rashid Amin，et al. Hybrid SDN Networks: A Survey of Existing Approaches[J]. IEEE Communications Surveys & Tutorials，2018，20(4)：3259-3306.

[18] Wenfeng Xia，et al. A Survey on Software-Defined Networking[J]. IEEE Communications Surveys & Tutorials，2015，17(1)：27-51.

[19] Danda B Rawat，et al. Software Defined Networking Architecture, Security and Energy Efficiency: A Survey[J]. IEEE Communications Surveys & Tutorials，2017，19(1)：325-346.

[20] Fei Hua，et al. Survey on Software-Defined Network and OpenFlow: From Concept to Implementation[J]. IEEE Communications Surveys & Tutorials，2014，16(4)：2181-2206.

[21] Juliver G Herrera，et al. Resource Allocation in NFV: A Comprehensive Survey[J]. IEEE Transactions on Network and Service Management，2016，13(2)：518-532.

[22] Jacob H Cox，et al. Advancing Software-Defined Networks: A Survey[J]. IEEE Access，2017，5：25487-25526.

[23] Yong Li，et al. Software-Defined Network Function Virtualization: A Survey[J]. IEEE Access，2015，3：2542-2553.

[24] ONF [OL]. https://www.opennetworking.org/.

[25] OpenDaylight [OL]. https://www.opendaylight.org/.

[26] Open vSwitch [OL]. http://www.openvswitch.org/.

[27] ONOS [OL]. https://onosproject.org/.

[28] Ryu SDN Framework [OL]. http://osrg.github.io/ryu/.

[29] Floodlight Project [OL]. http://www.projectfloodlight.org/.

[30] Kreutz D, et al. Software-Defined Networking: A Comprehensive Survey [C]. Proceedings of the IEEE, 2015.

第 8 章

网络安全技术的研究与发展

在计算机网络沿着"互联网 – 移动互联网 – 物联网"的发展过程中，网络安全研究的对象、问题、技术与方法也在不断发生变化。本章将在介绍网络安全的基本概念的基础上，系统地讨论互联网安全技术研究的主要问题、网络安全防护技术，以及云计算、SDN与 NFV 技术的安全问题。

8.1 网络安全中的五个关系

8.1.1 信息安全、网络安全与网络空间安全的关系

信息安全、网络安全与网络空间安全是当前信息技术与互联网应用讨论中出现频率最高的三个术语，它们交替出现，似乎彼此之间没有区别，术语之间的逻辑关系并不清晰。我们知道，任何一个新概念与术语的出现都与技术与应用的发展紧密相连。如果我们将这三个术语放到计算机、计算机网络与互联网发展的大背景下去看，就可以清晰地认识到它们的区别、联系、传承与发展的关系。

1. 信息安全

信息安全这个术语最早出现在 20 世纪 50 年代。当计算机开始应用于科学计算、工程计算与信息处理时，计算机科学家就意识到必须保护计算机硬件、计算机操作系统、应用软件、数据库与计算机中存储信息的安全等问题。20 世纪 80 年代，随着个人计算机（PC）与局域网的广泛应用，信息安全的研究内容扩大到如何保护联网计算机的信息安全，以及如何防治计算机病毒与恶意代码的研究。

2. 网络安全

20 世纪 90 年代，随着互联网的广泛应用，网络攻击、网络病毒与垃圾邮件的危害越来越严重，出现了各种网络安全问题。面对互联网的网络安全威胁，在早期针对计算机系统信息安全研究的基础上，研究人员进一步将研究重点转移到网络入侵检测、防火墙、防

病毒、网络安全审计、网络诱骗与取证、网络协议安全、隐私保护等问题上。在这样的背景下，"网络安全"这一概念应运而生。

3. 网络空间安全

进入 21 世纪，互联网技术与应用向移动互联网、物联网的方向发展，互联网的应用已渗透到社会的各个领域与各行各业中。网络安全也出现了以下几方面的变化。

（1）网络安全关注的对象与涉及范围的变化

网络安全关注的对象与范围的变化，可以从以下几个方面去认识：

- 从行业的角度来看，网络已经涉及政治、经济、文化，以及工业、农业、交通、医疗、环保、物流与政府管理等领域。
- 从网络服务的角度来看，网络已经从人与人之间的信息交互、共享，发展到人与环境、人与物、物与物的信息交互。
- 从接入对象的角度来看，接入网络的对象可以是人，可以是动物和植物，可以是空气和水，也可以是不可见的外部环境；可以是微小的纳米机器人，也可以是一个庞大的建筑物；可以是固定的，也可以是移动的；可以是传感器或智能手机，也可以是一台大型制造设备；可以是硬件或软件，也可以是网络中传输的比特流。

这些变化一定会带来网络安全的概念、研究方法与技术的变化。

（2）网络攻击动机的变化

从近年发生的多起危及网络安全的事件来看，网络攻击的动机已从最初个别黑客出于好奇或显示能力而进行的个体行为，逐步演变成为有组织的犯罪，甚至进一步演变成国家之间有关政治与军事目的的斗争。

2010 年，美国国防部将网络安全列为国土安全五项首要任务之一。2011 年，美国政府将"网络空间"（Cyberspace）看作与国家的"领土、领海、领空、太空"四大常规空间同等重要的"第五空间"。近年来，世界各国纷纷研究和制定国家网络空间安全政策，成立网络部队，研究网络攻防战，研发网络攻击武器，一场网络空间军备竞赛悄然开始。在这样的大背景下，出现"网络空间安全"的概念与术语也就很容易理解。

从以上的讨论中，我们可以清晰地认识到以下两点：

第一，将信息安全、网络安全与网络空间安全的概念和术语放到计算机、计算机网络与互联网技术与应用发展的大背景下，就会发现它们之间存在密切的传承、发展与对应关系。

第二，在不同的场景下，或者是在讨论不同层面的问题时，人们采用信息安全、网络安全或网络空间安全三个术语所表述的概念的含义基本相同，一般不会产生歧义。通常，人们习惯采用的术语是"网络安全"。

8.1.2 虚拟世界安全与现实世界安全的关系

我们在讨论网络虚拟世界的信息安全问题时，不可能脱离现实物理世界的大环境。生活在现实物理世界的人类创造了网络虚拟社会的繁荣，也是人类制造了网络虚拟社会的麻烦。现实世界中真善美的东西，网络的虚拟世界中都会有。同样，现实世界中丑陋的东西，网络的虚拟世界一般也会有，只是迟早的问题，但是有可能表现形式不一样。图 8-1 形象地描述了这个规律。

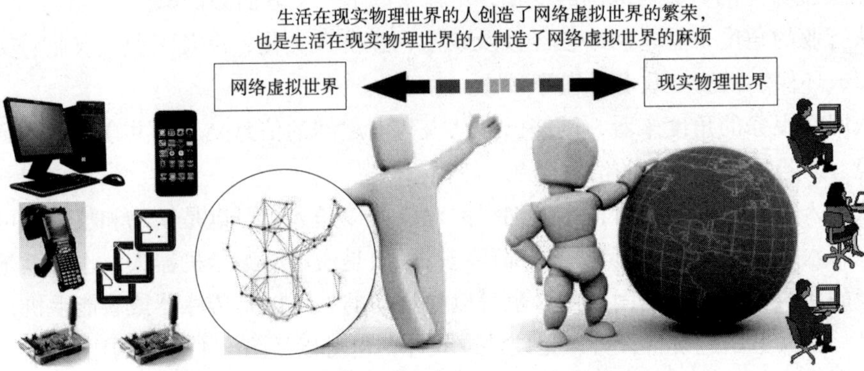

图 8-1　网络虚拟世界与现实物理世界的关系

从图中可以看出网络安全问题有两个明显的特点：

第一，互联网是高悬在人类头上的一把"双刃剑"。一方面，互联网应用将对世界各国的经济与社会发展产生重大影响；另一方面，人们对其自身的网络安全忧心忡忡。网络的存在必然伴随着信息安全问题。网络安全威胁将随着网络技术与应用的发展而不断演变，网络安全是网络技术研究中一个永恒的主题。

第二，如果透过复杂的网络技术和面对的计算机、智能手机的屏幕来看问题的本质，我们将会发现：网络虚拟世界和现实物理世界，在很多方面都存在着对应的关系。现实世界中人与人在交往中形成了复杂的社会与经济关系，在网络世界中这些社会与经济关系以数字化的方式延续着。

8.1.3 密码学与网络安全的关系

人们对密码学与网络安全的关系的认识有一个过程，这个问题可以用 Bruce Schneier 在 *Secrets and Lies:Digital Security in a Networked World* 一书的前言中的观点来解释。Bruce Schneier 是著名的数学家与密码学专家，他在 1996 年出版了一本在信息安全领域非常经典的书 *Applied Cryptography*（中文版书名为《应用密码学》[⊖]）。四年之后，他写了

　　⊖　该书已由机械工业出版社出版，书号为 978-7-111-44533-3。——编辑注

第二本书，即 *Secrets and lies*。他在这本书的前言中说明，他写第二本书的动机之一是为了纠正第一本书的一个错误。

他说，在第一本书中，"我描述了一个数学的乌托邦：密码算法能将你最深的秘密保持数千年""密码学是超凡的技术均衡器，任何一个人只要有一台便宜的计算机，就可达到与最强大的政府同样的安全性"。他现在认为："事实并非如此，密码学并不能做那么多事"。密码学并非存在于真空中。密码学是数学的一个分支，它涉及数字、公式与逻辑。数学是完美的，而现实社会却无法用数学准确描述。数学是精确和遵循逻辑规律的，而计算机和网络安全涉及的是人所知道的事、人与人之间的关系，以及人和机器之间的关系。人是有欲望的，是不稳定的，甚至是难于理解的。Bruce Schneier 在出版第一本书之后，成为美国设计和分析一些大型信息系统的顾问。但是，后来的经历告诉他，安全性的弱点与数学"毫无关系"，它们存在于硬件、软件、网络和人的身上。他认识到："安全性是一个链条，它的可靠程度取决于链中最薄弱的环节"。同时，他认为："安全性是一个过程，而不是一个产品"。

从这位密码学专家认识的转变过程，我们看到：

第一，密码学是研究网络安全所需的一个重要的工具与方法，但是网络安全研究涉及的问题要比密码学广泛得多。

第二，网络安全是计算机、电子、通信、数学、社会学、行为学与认知心理学，以及法学等学科的交叉。网络安全研究需要计算机工程师、电子工程师、数学家、社会学家、心理学家，以及法律界等各方面人员的参与。

第三，网络安全是一个系统的社会工程，它必然涉及技术、政策、道德与法律法规等多方面的问题，仅靠技术手段是不可能解决网络安全问题的。

8.1.4　互联网安全与物联网安全的关系

互联网安全技术研究人员最初都认为：互联网中的攻击手段非常多，黑客完全可以借助互联网向物联网发动攻击。初期，我们将很多精力放在互联网安全对物联网安全的影响上，很少想到黑客会借助物联网对互联网实施攻击的问题。2016 年发生的物联网木马病毒"Mirai"对互联网造成巨大的危害，让我们极为震惊。

2016 年 10 月，网络攻击者用木马病毒"Mirai"感染了超过 10 万个物联网终端设备（网络摄像头与硬盘录像设备），借助这些看似与网络安全毫无关系的硬件设备，向提供动态 DNS 服务的 DynDNS 公司网络发动大规模 DDoS 攻击，造成美国超过半数以上的互联网网站瘫痪了 6 个小时，其中包括 Twitter、Airbnb、Reddit 等著名网站，个别网站瘫痪长达 24 小时。美国受到 Mirai 病毒攻击影响的区域如图 8-2 所示。这种攻击方式被称为"**僵尸物联网**"（Botnet of Things）攻击，这是第一次出现的通过物联网硬件向互联网展开的大规模 DDoS 攻击。

当人们对 2016 年发生的僵尸物联网攻击惊魂未定之时，2017 年初又有人警告："忘记 Mirai，新的'变砖'病毒会让物联网设备彻底完蛋"。新的"变砖"病毒是指升级版的"僵尸物联网"病毒 BrickerBot。它能够感染基于 Linux 操作系统的路由器与物联网设备。一旦找到一个存在漏洞的攻击目标，BrickerBot 便可以通过一系列指令，清除路由器与物联网终端设备中的所有文件，破坏存储器，并切断设

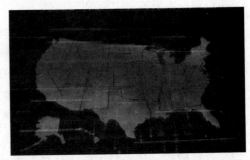

图 8-2　美国受到 Mirai 病毒攻击影响的区域

备的网络链接，制造一种永久拒绝服务（Permanet Denial of Service，PDoS）攻击。这并不是危言耸听，著名的网络安全公司 Radware 的研究人员已经用蜜罐技术捕捉到"肉鸡"遍布全球的两个僵尸网络，分别命名为 BrickerBot.1 与 BrickerBot.2。2017 年 4 月，研究人员发现 BrickerBot.1 已经不再活跃，而 BrickerBot.2 的破坏力正在与日俱增，几乎每隔两个小时蜜罐系统就会有新的记录。由于攻击之前并没有明显的症状，这些路由器与物联网设备的管理人员并不知晓已感染病毒。一旦被攻击，这些设备将真的变成"砖头"。

据 Juniper Research 预测，到 2021 年，接入物联网的智能终端设备数量将超过 460 亿个。物联网接入终端设备的增长，将在很大程度上带动硬件设备成本降低，并预测传感器的平均价格将下降到 1 美元左右。硬件设备低成本的发展趋势很容易造成硬件设备的安全性弱化，导致硬件设备被非法入侵的可能性增大。因此，网络安全机构预测：物联网安全问题会愈演愈烈，攻击手段和攻击规模会不断升级，安全事件的数量至少会再翻一番。

在 RSA 2017 信息安全大会上，研究人员透露：他们曾用联网设备的搜索引擎 Shodan，发现在美国的十大城市中，有超过 178 万台接入到物联网的终端设备存在被入侵攻击的漏洞。这些终端设备涉及控制业务运营、交通管理、发电与制造等领域。如果这些漏洞被用于发动攻击，其后果不堪设想。

从以上的讨论中，我们可以得到以下结论：

- 互联网安全与物联网安全是相互关联、互相影响，分割不开的。
- 在重视互联网安全问题研究时，必须高度重视物联网安全漏洞对互联网安全形成潜在威胁的问题。
- 互联网安全研究方法与成果对物联网安全研究有着重要的借鉴意义。

8.1.5　网络安全与国家安全的关系

近年来，网络攻击者发动网络攻击的动机已经发生很大变化。早期，黑客们出于恶作

剧或显示能力、寻求刺激的动机，发动对各类网站的入侵。随后，受经济利益的驱动，网络攻击目的向有组织犯罪的方向发展，甚至是有组织的跨国经济犯罪。网络犯罪已形成了黑色产业链，网络攻击日趋专业化和商业化。目前，网络攻击的动机、手段与危害已经远超出了传统意义上网络犯罪的概念，正在演变成某些国家或利益集团重要的政治、军事斗争工具，甚至成为恐怖分子进行破坏活动的工具。

根据《第 45 次中国互联网发展状况统计报告》列举的数据，截至 2019 年 12 月底，由国家计算机网络应急技术处理协调中心（CNCERT）监测发现我国境内被篡改网站多达 185 573 个，其中政府网站（指英文域名以 ".gov.cn" 结尾的网站）为 515 个，较 2018 年底监测到的 216 个增长 138.4%。这里所说的 "篡改" 是指恶意破坏或更改网页内容，使网站无法正常工作或出现黑客插入的非正常网页内容。CNCERT 监测发现我国境内被植入后门的网站多达 84 850 个，同比增长 259.4%；其中政府网站为 717 个，同比增长 6.4%。由国家信息安全漏洞共享平台（CNVD）收集到的信息系统安全漏洞共 16 193 个，同比增长 14.0%；其中高危漏洞达到 4877 个。

回顾网络安全研究发展的历史，"网络空间" 与 "国家安全" 关系的讨论由来已久。2000 年 1 月，美国政府在 "美国国家信息系统保护计划" 中有这样一段话："在不到一代人的时间内，信息革命和计算机在社会所有方面的应用，已经改变了我们的经济运行方式，改变了我们维护国家安全的思维，也改变了我们日常生活的结构。" 英国著名的未来学家预言："谁掌握了信息，谁控制了网络，谁就将拥有世界。"《下一场世界战争》一书中曾预言："在未来的战争中，计算机本身就是武器，前线无处不在，夺取作战空间控制权的不是炮弹和子弹，而是计算机网络中流动的比特和字节。" 网络安全已经影响到每个国家的政治、经济、军事、社会与文化安全，网络安全问题已上升到世界各国的国家安全战略层面。

在 "攻击 – 防御 – 新攻击 – 新防御" 的循环中，网络攻击与网络安全技术一起演变和发展，这个过程不会停止。进入 20 世纪以来，大量的数据显示，黑客曾经多次试图攻击某个国家发电厂网站，并试图进入核电站控制系统。当前，电力控制系统、通信管理平台、城市交通系统、航空管制系统、工业控制系统、无人驾驶汽车、智能医疗与可穿戴计算设备，甚至飞机自动驾驶与导航系统都是建立在网络之上，都有可能成为黑客和网络战（Cyberwar）攻击的目标。

"Cyber" 一词来源于希腊语，本意是 "控制"。以前只会在电影大片中出现的故事，已经变成现实中必须预防和解决的问题。一场成功的网络战争的关键是计划和弱点。计划包括人力、技术、工具与网络武器等条件的准备。弱点的大小取决于对方对网络的依赖程度，以及网络安全建设的情况。

美国和一些发达国家已经将防范和应对攻击与破坏关键信息基础设施作为信息时代国家安全战略的重点。近年来，发达国家一直在举行防范网络攻击的演习。演习模拟敌对势力、恐怖分子、黑客等发起的破坏性网络攻击，训练快速识别大规模的网络攻击，以及政府、军队、能源、通信、运输、医疗、网络与城市管理系统因网络攻击造成瘫痪时所要采取的应急处置措施和行动等。

我国的网络空间安全政策建立在"没有网络安全就没有国家安全"理念之上。2016年12月27日，经中共中央网络安全和信息化领导小组批准，国家互联网信息办公室发布"国家网络空间安全战略"报告。2016年11月7日，全国人民代表大会常务委员会通过了"中华人民共和国网络安全法"（以下简称"网络安全法"），并于2017年6月1日起施行。"网络安全法"是我国第一部全面规范网络空间安全管理的基础性法律，在我国网络安全史上具有里程碑意义。

网络安全已经严重影响到世界各国的政治、军事、经济、社会与文化安全，已成为"全球性、战略性和全局性"的问题，我们必须立足于本国技术与人才，构筑网络安全保护体系。

从以上讨论中，我们必须重视以下三个方面的工作：

- 必须重视全民信息安全意识的培养与网络安全技术的普及。
- 必须重视高水平网络安全专业人才培养与专家队伍的建设。
- 必须重视网络安全核心技术的自主研发与网络安全产业的发展。

8.2 网络空间安全体系

8.2.1 网络空间安全的理论体系

网络空间安全研究包括五方面的内容：应用安全、系统安全、网络安全、网络空间安全、密码学及应用（如图 8-3 所示）。

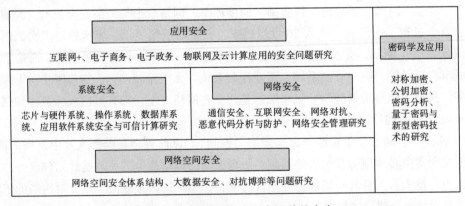

图 8-3 网络空间安全研究涵盖的内容

1. 网络空间安全

网络空间安全研究主要包括网络空间安全体系结构、大数据安全、对抗博弈问题等。

2. 系统安全

系统安全研究主要包括芯片与硬件系统安全、操作系统安全、数据库系统安全、应用软件与中间件安全、可信计算等。

3. 网络安全

网络安全研究主要包括通信安全、互联网安全、网络对抗、网络安全管理、恶意代码分析与防护等。

4. 应用安全

应用安全研究主要包括电子商务与电子政务安全、云计算与虚拟化计算安全、社会网络安全、内容安全与舆情监控、隐私保护问题等。

5. 密码学及应用

密码学及应用研究主要包括对称加密、公钥加密、密码分析、量子密码与新型密码研究等。

可以看出，传统意义上的网络安全只是网络空间安全的一部分，网络空间安全研究的范围更宽、涉及的问题更复杂。

8.2.2　网络安全体系的基本概念

1989 年，ISO 7498-2 标准描述了 **OSI 安全体系结构**（OSI Security Architecture），提出了网络安全体系结构的三个概念：**安全攻击**（Security Attack）、**安全服务**（Security Service）与**安全机制**（Security Mechanism）。

1. 安全攻击

任何危及网络与信息系统安全的行为都被视为攻击。网络攻击分类方法一般分为"被动攻击"与"主动攻击"两类。图 8-4 描述了常见的网络攻击。

（1）被动攻击

窃听或监视数据传输属于被动攻击（Passive Attack），如图 8-4a 所示。网络攻击者通过在线窃听等方法，非法获取网络上传输的数据，或通过在线监视网络用户身份、传输数据的频率与长度，破译加密数据，非法获取敏感或机密的信息。

（2）主动攻击

主动攻击（Active Attack）可以分为三种基本方式：

- **截获数据**：网络攻击者假冒和顶替合法的接收者，在线截获网络上传输的数据，如图 8-4b 所示。
- **篡改或重放数据**：网络攻击者在线截获网络上传输的数据，对数据进行修改之后再发送给合法的接收用户；或者是在截获数据之后的某个时刻，一次或多次重新发送该数据，造成网络数据传输的混乱，如图 8-4c 所示。

- **伪造数据**：网络攻击者假冒合法的发送者，将伪造的数据发送给合法的接收用户，如图 8-4d 所示。

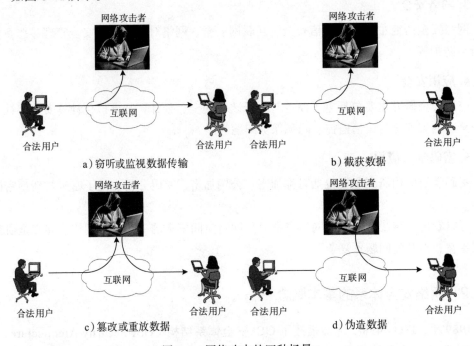

a）窃听或监视数据传输 b）截获数据

c）篡改或重放数据 d）伪造数据

图 8-4　网络攻击的四种场景

2. 网络安全服务

为了评价网络系统的安全需求，指导网络硬件与软件制造商开发网络安全产品，ITU 推荐的 X.800 标准与 RFC 2828 对网络安全服务进行了定义。X.800 标准定义的五类安全服务主要包括：

- **认证**（Authentication）：提供对通信实体和数据来源认证与身份鉴别。
- **访问控制**（Access Control）：通过对用户身份和用户权限的确认，防止未授权用户非法使用系统资源。
- **数据保密性**（Data Confidentiality）：防止数据在传输过程中被泄漏或窃听。
- **数据完整性**（Data Integrity）：确保接收数据与发送数据的一致性，防止数据被修改、插入、删除或重放。
- **防抵赖**（Non-reputation）：确保数据由特定的用户发送，防止发送方在发出数据后否认，确保数据由特定的用户接收，或接收方在收到数据后否认。

3. 网络安全模型与网络安全访问模型

为了满足网络用户对网络安全的需求，相关标准针对网络攻击者对通信信道上传输的数据，以及网络计算资源等不同情况，分别提出网络安全模型与网络安全访问模型。

（1）网络安全模型

图 8-5 给出了一个通用的网络安全模型。

网络安全模型涉及三类对象：通信对端（发送用户与接收用户）、网络攻击者及可信的第三方。发送端通过通信信道将数据发送到接收端。网络攻击者可能在通信信道上伺机窃取传输的数据。为了保证网络通信的保密性、完整性，我们需要做两件事：一是对传输数据进行加密与解密；二是需要有一个可信的第三方，以便分发密钥以及确认通信双方身份。因此，网络安全模型需要规定四项基本任务：

- 设计用于对数据加密与解密的算法。
- 对传输的数据进行加密。
- 对接收的加密数据进行解密。
- 制定加密、解密的密钥分发与管理协议。

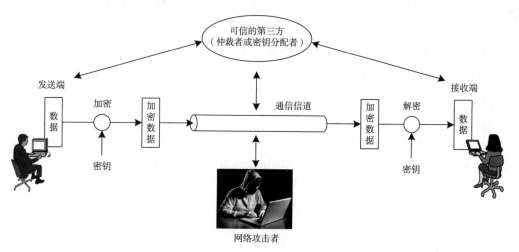

图 8-5　一个通用的网络安全模型

（2）网络访问安全模型

图 8-6 给出了一个通用的网络安全访问模型。从网络访问的角度实施攻击，网络安全访问模型主要针对两类对象：一类是网络攻击者，另一类是恶意代码类的软件。

黑客（Hacker）一词的含义经历了一个复杂的演变过程，现在人们习惯将网络攻击者统称为"黑客"。

恶意代码是指利用操作系统或应用软件的漏洞、通过浏览器或利用用户的信任关系，从一台计算机传播到另一台计算机，从一个网络传播到另一个网络的恶意程序。恶意代码的主要目的是：在用户和网络管理员不知情的情况下，故意修改网络配置参数，破坏网络正常运行或非法访问网络资源。恶意代码主要包括病毒、特洛伊木马、蠕虫、脚本攻击代码，以及垃圾邮件、流氓软件等多种形式。

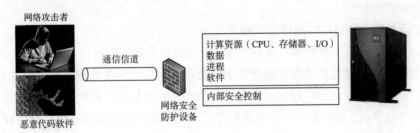

图 8-6　网络访问安全模型

网络攻击者与恶意代码对网络资源进行攻击的行为分为两类：服务攻击与非服务攻击。其中，服务攻击是指对 E-mail、Web 或 DNS 服务器发起攻击，造成服务器工作不正常，甚至造成服务器瘫痪。非服务攻击不针对某项具体的应用服务，而是针对网络设备或通信线路。攻击者通过各种方法攻击网络设备（例如路由器、交换机、网关等）与通信线路，使得网络设备或通信线路出现严重阻塞甚至瘫痪。网络安全研究的目标是研制网络安全防护工具（硬件与软件），保护网络系统与网络资源不受攻击。

4. 用户对网络安全的需求

根据上述的讨论，用户对网络安全的需求总结为以下几点：

（1）可用性

可用性是指在可能发生突发事件（例如停电、自然灾害、事故、攻击等）的情况下，计算机网络仍然可处于正常运转状态，用户可以使用各种网络服务。

（2）保密性

保密性是指保证网络中的数据不被非法截获或被非授权访问，保护敏感数据或涉及个人隐私信息的安全。

（3）完整性

完整性是指保证在网络中传输、存储过程中，数据没有被修改、插入或删除。

（4）不可否认性

不可否认性是指确认通信双方的身份真实性，防止出现对已发送或接收的数据否认的现象。

（5）可控性

可控性是指能够控制与限定网络用户对主机系统、网络服务与网络资源的访问和使用，防止非授权用户读取、写入或删除数据。

8.3 网络安全研究的内容

8.3.1 网络安全研究的分类

组建计算机网络的目的是为计算机系统提供良好的通信平台。从本质上来说，网络安全技术就是通过解决网络安全存在的问题，达到保护在网络中存储、处理与传输的数据安全的目的。总结近年来网络安全研究的内容、方法与技术的发展，可以将网络安全研究归纳为如图 8-7 所示的结构。

1. 网络安全体系结构研究

网络安全体系结构研究主要包括：网络安全威胁分析、网络安全模型确定、网络安全体系构建，以及系统安全评估标准和方法。根据对网络安全威胁的分析，确定需要保护的网络资源，对资源攻击者、攻击目的与手段、造成的后果进行分析；提出网络安全模型，并根据层次型的网络安全模型，提出网络安全解决方案。网络安全体系结构研究的另一个重要内容是系统安全评估的标准和方法，这是评价一个实际网络应用系统安全状况的标准，也是提出网络安全措施的依据。

2. 网络安全防护技术

网络安全防护技术研究主要包括防火墙技术、入侵检测技术与防攻击技术、防病毒技术、安全审计与计算机取证技术，以及业务持续性规划技术。

3. 密码应用技术

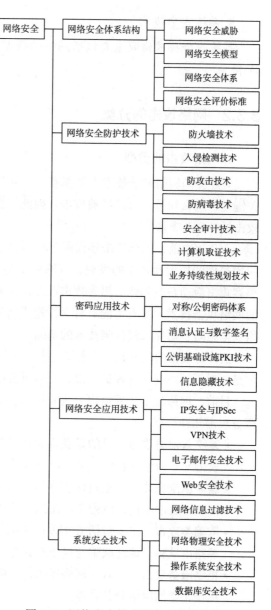

图 8-7 网络安全技术研究内容的分类

密码应用技术研究主要包括对称密码与公钥密码的密码体系，以及在此基础上研究的消息认证与数字签名、信息隐藏、公钥基础设施 PKI 技术。

4. 网络协议安全应用

网络协议安全应用研究主要包括 IP 安全与 IPSec、VPN 技术、电子邮件安全技术、Web 安全与网络信息过滤技术。

5. 系统安全技术

系统安全技术研究主要包括网络的物理安全技术、操作系统安全技术和数据库安全技术。

8.3.2 网络攻击的分类

1. 网络攻击的类型

有经验的网络安全技术人员都有一个共识：知道自己被攻击就赢了一半。这个问题的关键是：怎么知道自己已经被攻击。因此，在研究网络防攻击技术前，首先需要了解网络攻击的类型与方法。

十几年之前，网络攻击还仅限于破解口令和利用操作系统漏洞等几种方法。随着网络应用规模的扩大和技术的发展，互联网上的黑客站点随处可见，黑客工具可以任意下载，黑客攻击活动日益猖獗。黑客攻击已对网络安全构成了极大威胁。只有透彻研究黑客使用的网络攻击技术，才有可能有针对性地进行防范，因此，研究网络攻击方法已成为制定网络安全策略、研究入侵检测技术的基础。

法律对攻击的定义是：攻击仅发生在入侵行为完全完成，并且入侵者已在目标网络内。但是，对于网络安全管理员来说，一切可能使网络系统受到破坏的行为都应视为攻击。

目前，网络攻击大致可以分为系统入侵类攻击、缓冲区溢出攻击、欺骗类攻击与拒绝服务攻击几种类型。

- **系统入侵类攻击**：目的是获得主机系统的控制权，从而破坏主机和网络系统。这类攻击又分为信息收集攻击、口令攻击、漏洞攻击。
- **缓冲区溢出攻击**：通过向程序缓冲区中写超出其长度的内容，造成缓冲区溢出，从而破坏程序堆栈，使程序转而执行其他指令的行为。
- **欺骗类攻击**：主要包括 IP 欺骗、ARP 欺骗、DNS 欺骗、Web 欺骗、电子邮件欺骗、源路由欺骗、地址欺骗与口令欺骗等。
- **拒绝服务攻击**：针对为网络提供某种服务的服务器发起攻击，造成该服务器"拒绝"提供正常的网络服务功能。

2. 网络安全威胁的层次

针对互联网的网络安全威胁可以分为三个层次：对主干网络的威胁、对 TCP/IP 协议安全的威胁，以及对网络应用的威胁。

对主干网络的威胁主要表现在对主干路由器与 DNS 服务器的威胁上。攻击主干网最直接的方法就是攻击主干路由器与 DNS 服务器。

这方面的典型案例有：1997 年 7 月，因人为错误导致根域 DNS 服务器工作不正常，致使互联网系统局部服务中断。2002 年 8 月，黑客利用互联网主干网的 ASN No.1 信令漏洞，攻击了主干路由器、交换机与一些基础设施，造成了严重的后果。2002 年 10 月，美国东部时间下午 16:45 开始，全球 13 台根域 DNS 服务器遭受了规模最大的分布式拒绝服务（DDoS）攻击，导致其中的 9 台根域 DNS 服务器无法正常工作。

3. 服务攻击与非服务攻击的概念

互联网中的网络防攻击可以归纳为以下两种基本类型：服务攻击与非服务攻击。

服务攻击（Application Dependent Attack）是指对为网络提供某种服务的服务器发起攻击，造成该网络无法得到服务，使网络工作不正常。特定的网络服务包括 E-mail、Telnet、Web 服务等。

非服务攻击（Application Independent Attack）是指不针对某项具体应用服务，而是针对网络层及低层协议进行的攻击。攻击者可能使用各种方法对网络通信设备（例如路由器、交换机）发起攻击，使得网络通信设备工作严重阻塞或瘫痪。

4. 网络攻击手段的分类

网络攻击手段的分类如图 8-8 所示。

当前，网络攻击手段很多并且不断地变化，根据攻击现象与手段的差异，可以分为 4 种基本类型：欺骗类攻击、DoS/DDoS 类攻击、信息收集类攻击与漏洞类攻击。

（1）欺骗类攻击

欺骗类攻击的手段主要包括：口令欺骗、IP 地址欺骗、ARP 欺骗、DNS 欺骗与源路由欺骗。

（2）DoS/DDoS 类攻击

拒绝服务（DoS）攻击与分布式拒绝服务（DDoS）攻击的手段主要包括：资源消耗型攻击、修改配置型攻击、物理破坏型攻击、服务利用型攻击。

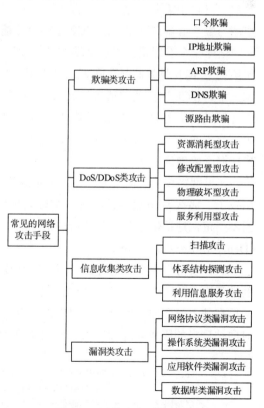

图 8-8 网络攻击手段的分类

（3）信息收集类攻击

信息收集类攻击的手段主要包括扫描攻击、体系结构探测攻击和利用信息服务攻击。

（4）漏洞类攻击

漏洞类攻击的手段主要包括：网络协议类漏洞攻击、操作系统类漏洞攻击、应用软件类漏洞攻击、数据库类漏洞攻击。

需要注意的是，网络安全漏洞实际上分为两大类：技术漏洞与管理漏洞，这里主要考虑的是技术漏洞类的问题。

8.3.3 典型的网络攻击：DoS/DDoS

1. DoS 攻击的基本概念

从计算机网络的角度来看，一个非常自然和友好的网络协议执行过程也有可能成为攻击者利用的工具。例如，互联网中 Web 应用是建立在 TCP 协议的基础之上。为了保证网络中数据报文传输的可靠性和有序性，TCP 协议工作时首先在通信双方建立连接。TCP 连接建立过程中需要经过"三次握手"。在"三次握手"完成之后，TCP 连接建立，Web 客户端与服务器端在已建立的 TCP 连接上传输命令和数据。

这样一个看似很优雅和文明的"握手"过程，也可能被网络攻击者利用。如果攻击者想给一个 Web 服务器制造麻烦，只要用一个假的 IP 地址向这个 Web 服务器发出一个看起来正常的 TCP 连接的"请求报文"，Web 服务器就会向申请连接的客户端发送一个同意建立连接的"应答报文"。由于这个 IP 地址本来就是伪造的，因此 Web 服务器不可能得到第三次握手的确认报文。在这种情况下，按照 TCP 协议的规定，Web 服务器就要等待第三次握手的确认报文。

如果网络攻击者向服务器发出大量虚假的请求报文，并且 Web 服务器没有发现这是一次攻击，那么 Web 服务器将处于忙碌处理应答和无限制等待的状态，最终导致 Web 服务器不能正常地提供服务，甚至出现系统崩溃。这就是一种最简单和最常见的**拒绝服务攻击**（Denial of Service，DoS）。

DoS 攻击行为并不是直接"闯入"被攻击的服务器，而是通过选择一些容易感染病毒的计算机（俗称"肉机[⊖]"），预先将能够实现 DoS 攻击的病毒悄悄地植入这些"肉机"中，然后在某个时刻向"肉机"发出攻击命令，让大量的"肉机"在自己不知情的情况下，同时向被攻击的服务器连续发出大量的 TCP 建立连接请求，使得被攻击的服务器不知所措，

⊖ "肉机"可理解为互联网中被感染上病毒的计算机。在 2016 年 10 月发生的"僵尸物联网"攻击中，超过 10 万个"肉机"是物联网中的网络摄像头与硬盘录像设备等终端设备。网络攻击者正是利用了这些看似与网络安全毫无关系的硬件设备，向提供动态 DNS 服务的域名系统发动了大规模 DDoS 攻击，造成了极为严重的后果。

无法应对这些看似正常的"连接请求",造成服务器无法正常提供服务,甚至造成整个服务器系统崩溃。而网络攻击者在发出攻击命令之后早已神不知鬼不觉地消失,网络安全人员无法追查到网络攻击者。人们也将这种攻击方式称作"分布式拒绝服务"(DDoS)攻击或"僵尸网络"(botnet)攻击。

2. DoS 攻击的分类

DoS 攻击的分类如图 8-9 所示。

DoS 攻击的形式多样,大致可以分为四类:资源消耗型、修改配置型、物理破坏型、服务利用型。

（1）资源消耗型

资源消耗型 DoS 攻击通过消耗网络带宽、内存和磁盘空间、CPU 利用率,导致网络系统不能正常工作。常见的方法是:

- 攻击者制造大量广播包或传输大量文件,占用网络链路与路由器带宽资源。
- 攻击者制造大量电子邮件、错误日志、垃圾邮件等,占用主机中的共享磁盘资源。
- 攻击者制造大量无用信息或进程通信交互信息,占用 CPU 和系统内存资源。

（2）修改配置型

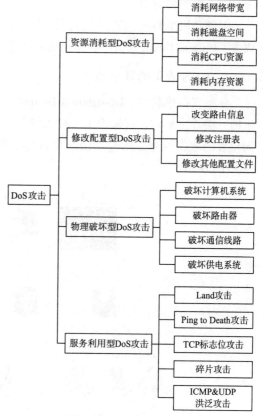

图 8-9　DoS 攻击的分类

修改配置型 DoS 攻击通过修改系统运行配置,阻止合法用户的使用和网络正常工作。常见的方法是:

- 改变路由信息。
- 修改 Windows 系统的注册表。
- 修改 UNIX 系统的各种配置文件。

（3）物理破坏型

物理破坏型 DoS 攻击通过破坏网络、计算机或系统物理支持环境,导致网络系统不能正常工作。常见的方法是:

- 破坏计算机系统。
- 破坏路由器和通信线路。

● 破坏网络与计算机设备供电或机房空调系统。

（4）服务利用型

服务利用型 DoS 攻击通过利用网络或协议的漏洞达到攻击目的。常见的方法有：Land 攻击、Ping to Death 攻击、TCP 标志位攻击、IP 碎片攻击、ICMP&UDP 洪泛攻击等。

3. DDoS 攻击的基本概念

分布式拒绝服务（Distributed Denial of Service，DDoS）攻击是在 DoS 攻击基础上产生的一类攻击形式，它采用了一种比较特殊的体系结构，使攻击者能够利用多台分布在不同位置的攻击代理，同时攻击一个目标主机，导致被攻击者的系统瘫痪。其攻击过程如图 8-10 所示。

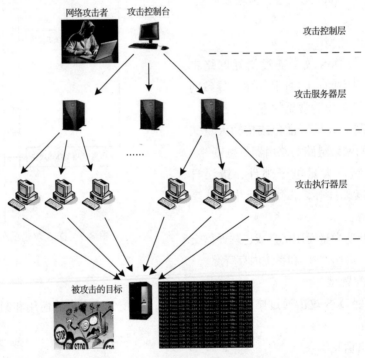

图 8-10　DDoS 攻击过程示意图

典型的 DDoS 攻击采用三层结构：攻击控制层、攻击服务器层、攻击执行器层。DDoS 攻击是建立在很多主机被动被支配的前提下。攻击控制台可以是网络中的任何一台主机，甚至是一台移动的笔记本，它的作用是向攻击服务器发布攻击命令。攻击服务器的主要任务是将攻击控制台的命令发布到攻击执行器。攻击服务器与攻击执行器都已经被攻击控制器侵入，并被暗地里安装了攻击软件。

DDoS 攻击的第一步是攻击者选择一些防护能力弱的主机，通过寻找系统漏洞或系统配置错误，成功侵入并在其中安装后门程序。有时攻击者也会通过网络监听等手段进一步增加被侵入与控制的主机数量。

第二步是在入侵的主机系统中安装攻击服务器或攻击执行器软件。攻击服务器的数量一般在几台至几十台。设置攻击服务器的目的是隔离网络的联系渠道，防止攻击者被追踪。攻击执行器安装相对简单的攻击软件，它仅需连续向攻击目标发送大量的连接请求，而不做出任何应答。

第三步是攻击控制台向攻击服务器发出攻击命令，由多个攻击服务器再向攻击执行器分发攻击命令，攻击执行器同时向目标主机发起攻击。在发出攻击命令之后很短时间内，攻击控制台可以快速撤离网络，使得追踪很难实现。

DDoS 攻击的特征如下：
- 被攻击的主机上有大量等待的 TCP 连接。
- 网络中充斥着大量无用的数据包，并且数据包的源地址是伪造的。
- 大量无用数据包造成网络拥塞，使被攻击的主机无法正常与外界通信。
- 被攻击的主机无法正常回复合法用户的服务请求。
- 严重时会造成被攻击的主机系统瘫痪。

目前，典型的 DDoS 攻击软件包括 Trinoo、Tribe Flood Network（TFN）、Tribe Flood Network 2000（TFN2K）、Stacheldraht、Shaft 与 Mstream 等。

8.4　网络安全防护技术的研究

8.4.1　防火墙技术

1. 防火墙的基本概念

防火墙（Firewall）是在网络之间执行控制策略的系统，它包括硬件和软件。在设计防火墙时，人们做了一个假设：防火墙保护的内部网络是**可信赖的网络**（Trusted Network），而外部网络是**不可信赖的网络**（Untrusted Network）。设置防火墙的目的是保护内部网络中的资源不被外部的非授权用户使用，防止内部受到外部非法用户的攻击。因此，防火墙安装位置一定是在内部网络与外部网络之间。防火墙的主要功能包括：
- 检查所有从外部网络进入内部网络的数据包。
- 检查所有从内部网络流出到外部网络的数据包。
- 执行安全策略，限制所有不符合安全策略要求的分组通过。
- 具有防攻击能力，保证自身的安全性。

构成防火墙系统的两个基本部件是：**包过滤路由器**（Packet Filtering Router）和**应用级网关**（Application Gateway）。处于防火墙关键部位、运行应用级网关软件的计算机系统被称为堡垒主机。设置堡垒主机时需要注意的问题是：

- 在堡垒主机硬件平台上安装一个操作系统的安全版本，使它成为可信任的系统。
- 删除不必要的软件，保留必需的 DNS、SMTP 服务，安装应用代理软件。
- 配置资源保护、用户身份认证与访问控制，设置审计与日志功能。
- 设计堡垒主机防攻击方法，以及被破坏后的应急方案。

2. 防火墙系统的工作原理

防火墙通过检查所有进出内部网络的数据包，确认数据包的合法性，判断是否会对网络安全构成威胁，为内部网络建立**安全边界**（Security Perimeter）。实际应用的防火墙的结构多种多样。图 8-11 给出了一个简单的防火墙系统的结构，它是由一个包过滤路由器与一个堡垒主机组成的防火墙系统。

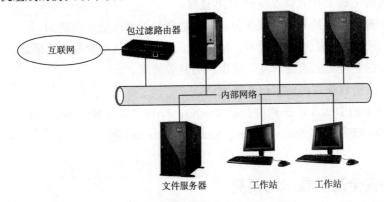

图 8-11　简单的防火墙系统结构示意图

在一个应用防火墙的网络系统中，以包过滤路由器为界，网络系统可以分为外部网络与内部网络两个部分；以堡垒主机为界，逻辑上的内部网络可以进一步分为过滤子网与服务子网两个部分（如图 8-12 所示）。

从网络层次结构角度来看，内部网络用户与互联网用户之间传输的所有数据包都要由包过滤路由器进行数据包过滤，以及由堡垒主机的应用程序服务控制内部网络与外部网络之间信息交流的合法性，保证内部网络的安全性。

3. 非军事区的概念

有人将过滤子网称为安全缓冲区或**非军事区**（Demilitarized Zone，DMZ）。DMZ 是指一个公共访问区域，那些非敏感、外部用户可直接访问的 Web、E-mail 服务器都被放置在其中。DMZ 中的服务器系统是公开的，它们很容易受到攻击，但在网络安全设计中需要考虑这类服务器的安全，并制订发生攻击时的应急处置预案。同时，DMZ 网络与内部网络已在防火墙保护之下实现了逻辑隔离，DMZ 中的服务器对内部网络安全不构成威胁。

DMZ 的结构如图 8-13 所示。

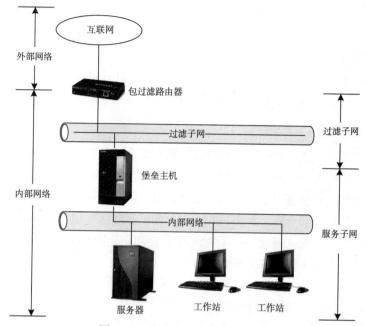

图 8-12　防火墙系统内部结构图

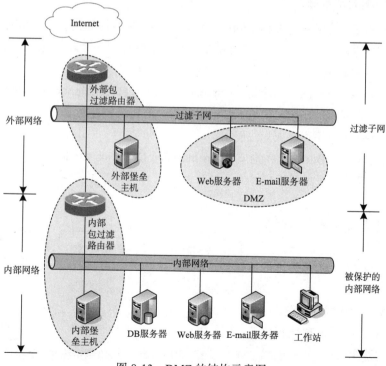

图 8-13　DMZ 的结构示意图

在讨论多级防火墙结构时，需要注意以下几个问题：

- 外部用户希望访问内部网络的资源与服务时，需要经过多级过滤路由器与堡垒主机的审查，非法用户进入内部网络的可能性将会减低，但这是以提高造价和降低访问速度为代价的。
- 在实际的防火墙产品设计中，设计人员经常将地址转换、数据加密、入侵检测等功能加入防火墙中，以增强防火墙设备保护网络安全的能力。

4. 防火墙的局限性

任何事物都有两面性，我们既要看到防火墙在安全防范中的积极作用，也要看到防火墙存在的局限性。防火墙的局限性主要表现在以下几个方面：对内部的防护能力较弱；系统难以配置和管理；容易造成安全漏洞；难以针对不同用户提供有区别的控制策略。防火墙会给人一种不实际的安全感，导致内部管理松懈。实际上，很多内部攻击行为不是基于隔离的防火墙所能防范的。因此，为了构筑网络系统的安全体系，必须将防火墙和其他技术手段结合，并且将网络管理统一考虑进来。

8.4.2　入侵检测与入侵防护技术

1. 入侵检测的基本概念

入侵检测系统（Intrusion Detection System，IDS）是对计算机和网络资源的恶意使用行为进行识别的系统。它的目的是监测和发现可能存在的攻击行为，包括来自系统外部的入侵行为和来自内部用户的非授权行为，并采取相应的防护手段。

1980 年，James Anderson 在论文"Computer Security Threat Monitoring and Surveillance"中提出了入侵检测系统的概念。网络入侵被定义为：潜在的、有预谋的、未经授权的网络操作，目的是使网络系统不可靠或无法使用。

1987 年，Domthy Donning 在论文"An Intrusion Detection Model"中提出了入侵检测系统的基本框架结构（如图 8-14 所示）。

入侵检测系统的基本功能包括：

- 监控、分析用户和系统的行为。
- 检查系统的配置和漏洞。
- 评估重要的系统和数据文件的完整性。

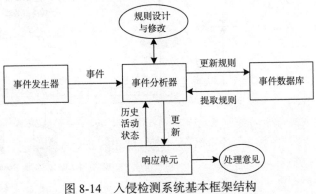

图 8-14　入侵检测系统基本框架结构

- 对异常行为进行统计分析，识别攻击类型，并向网络管理人员报警。
- 对操作系统进行审计和跟踪管理，识别违反授权的用户活动。

入侵检测系统作为一种主动式、动态的防御技术，逐渐成为当前网络安全研究中一个热点。入侵检测系统通过动态探测网络中的异常情况，及时发出警报，有效弥补其他静态防御技术的不足。入侵检测系统正在成为对抗网络攻击的关键技术。

入侵检测系统一般是由事件产生器、事件分析器、响应单元与事件数据库组成（如图 8-12 所示）。其中，事件产生器产生的事件是经过协议解析的数据包，或者是从日志文件中提取的相关部分。事件分析器根据事件数据库的入侵特征、用户历史行为等，解析事件并形成格式化的描述，作为判断是否合法的依据。响应单元是对分析结果做出反应的功能单元，可以做出切断连接、改变文件属性或报警等响应。事件数据库中保存着入侵特征描述、用户历史行为等数据。

根据入侵检测的体系结构不同，入侵检测系统可以分为两类：基于主机的入侵检测系统与基于网络的入侵检测系统。基于主机的入侵检测系统采用集中式结构，基于网络的入侵检测系统采用分布式结构。

基于主机的入侵检测系统结构如图 8-15 所示。基于主机的入侵检测系统用于保护所在的计算机系统，通常是以系统日志、应用程序日

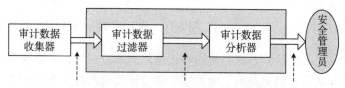

图 8-15　基于主机的入侵检测系统结构

志为数据源。这类入侵检测系统分析的信息来自单个主机，能够确定是哪个进程或用户参与攻击，并且能够"预见"此次攻击的后果，因此它能做到相对准确和可靠。

基于网络的入侵检测系统的结构如图 8-16 所示。基于网络的入侵检测系统一般是通过将网卡设置成"混杂模式"来收集网上出现的数据帧，使用原始的数据帧作为数据源，采用以下基本的识别技术：

- 模式、表达式或字节匹配
- 频率或阈值
- 事件的相关性
- 统计意义上的非正常现象检测

这类系统通常是被动地在网络上监听整个网段的数据流，通过分析和异常检测或特征比对来发现网络入侵事件。

根据检测对象和基本方法不同，入侵检测系统可以分为基于目标的入侵检测系统和基于应用的入侵检测系统。根据检测方式的不同，入侵检测系统可分为离线检测系统和在线检测系统。其中，离线检测系统是非实时的系统，通过事后分析日志信息等来发现入侵活动；在线检测系统是实时的系统，需要对实时采集的数据包进行分析。

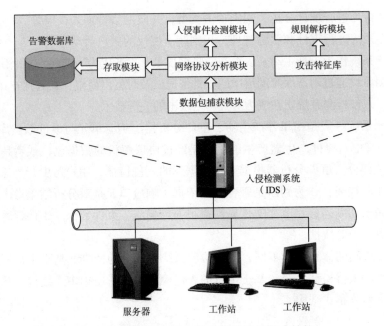

图 8-16　基于网络的入侵检测系统的基本结构

入侵检测系统必须能够正确识别入侵行为，又要保障网络系统自身的安全。在设计一个入侵检测系统时，首先需要建立形式化的抽象系统模型，以便准确表示各种数据的特征与关联。入侵检测实现时的难点在于：如何从已知数据中获得区分正常行为与入侵行为的知识。因此，入侵检测系统需要使用各种知识获取技术，例如特征选择、知识表示、机器学习、数据挖掘，以及各种分类算法等。

2. 入侵防护系统

入侵防护系统（Intrusion Prevention System，IPS）结合防火墙与入侵检测技术，先以在线方式对接收到的所有数据包进行检测，之后再确定执行转发、执行或丢弃，发现攻击时会立刻发出警报，并对网络攻击采取应急处置措施。IPS 的结构如图 8-17 所示。

IPS 主要由以下几个部分组成：

- **嗅探器**：接收并分析数据包的协议类型，将不同协议的数据包分别存放到不同缓冲区，提供给检测分析模块处理。
- **检测分析模块**：负责分析接收的数据包，通过

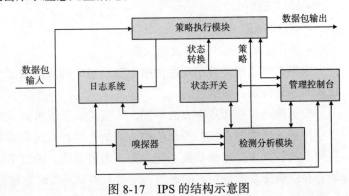

图 8-17　IPS 的结构示意图

特征匹配、流量分析、协议分析与会话重构，并且结合日志的历史记录，分析是否存在攻击以及攻击类型。决策分析模块将分析的数据包信息、攻击事件与应急处理策略提交给日志系统保存；将报警信息提交给管理控制台；将系统防御策略提交给策略执行模块。

- **策略执行模块**：该模块是 IPS 的核心部分，负责执行分级保护策略，确定丢弃还是转发数据包。它主要由地址端口过滤、特征值匹配、会话阻断、流量控制，以及一些针对蠕虫与 DDoS 攻击的特殊组件构成。在攻击发生时，策略执行模块按照策略集与检测分析模块提供的防御策略进行应急处置，并将防御过程记录在日志中。
- **日志系统**：收集、记录与存储来自检测分析模块、策略执行模块的工作过程数据。
- **状态开关**：接收检测分析模块的状态转换指令，驱动策略执行模块转换工作状态。
- **管理控制台**：配置、检测、管理与控制 IPS 各个模块的工作状态，并将报警信息传送给系统管理员。

IPS 分为以下几种类型：

- **基于主机的 IPS**（Host-based IPS，HIPS）：可以阻断缓冲区溢出攻击，以及改变登录口令、改写动态链接库等试图从操作系统夺取主机控制权的入侵行为。
- **基于网络的 IPS**(Network-based IPS，NIPS)：兼有 IDS、防火墙、防病毒等安全组件，一般串接在防火墙与路由器之间，检测进出网络的所有数据包。
- **基于应用的 IPS**（Application-based IPS，AIPS）：一般部署在应用服务器前端，防止服务器受到 Cookie 篡改、SQL 代码嵌入、参数篡改、缓冲区溢出、强制浏览、畸形数据包、数据类型不匹配，以及各种漏洞攻击。

8.4.3 安全审计技术

1. 安全审计的基本概念

安全审计是一个安全的网络必须支持的功能，它是对用户使用网络和计算机的所有活动进行记录、分析、审查和发现问题的重要手段。安全审计对于系统安全状态的评价，分析网络攻击的来源、类型与危害，收集网络犯罪证据而言是至关重要的技术。

目前，在可信计算机系统评估准则（Trusted Computer System Evaluation Criteria，TCSEC）中发布了信息系统的安全等级与评价方法，并提出了对安全审计的基本要求。TCSEC 对安全审计提出的要求是：审计信息必须有选择地被保留和保护，与安全有关的活动能够被追溯到负责方，系统应能够选择记录哪些与安全有关的信息，以便将审计的开销减到最小，从而进行有效的分析。

在 C2 等级安全标准中也对审计有确定的要求：系统能够创建和维护审计数据，保证审计数据记录不被删除、修改和非法访问。

1998 年，ISO 与 IEC 公布的"信息技术安全评估通用准则（2.0 版）"的 11 项安全功能需求中，明确规定了网络安全审计的功能：安全审计自动响应，审计事件生成、预览与选择，以及安全审计分析等。因此，一个网络系统是否具备完善的审计功能，这是评价系统安全性的重要标准之一。

2. 安全审计的研究内容

安全审计的研究内容主要包括：网络设备及防火墙日志审计、操作系统日志审计。目前，网络设备与防火墙等都具有一定的日志功能，但是通常仅记录自身运转与违规操作等信息。由于这些设备的网络流量分析能力不够强，因此生成的信息难以提供网络安全分析的依据。同时，这些设备一般使用内存来记录日志，但由于存储空间有限，信息需要定期执行覆盖存储。这类网络设备与防火墙的设计不能满足安全评测标准的要求。

目前，大多数操作系统都提供日志功能，用于记录用户登录等信息，但是通过大量的零散信息进行人工分析是很困难的。同时，日志也存在被修改的可能性。因此，当前的操作系统在安全审计方法方面不能满足安全评测标准的要求。

3. 网络安全审计的要求

网络的开放性给网络安全审计的实现提供了基本条件。网络安全审计的要求是实时、不间断地监视网络系统与应用程序的运行状态，及时发现系统中的可疑、违规与危险行为，并进行报警或阻断，同时要留下不可抵赖的记录和证据。

（1）安全审计自动响应

安全审计自动响应功能要求系统在被测事件提示一个潜在攻击时，做出实时报警、中止违规进程、中断服务、用户账号失效等响应。

（2）安全审计事件生成

安全审计事件生成功能要求系统记录与安全相关的事件，列举可鉴别审查的层次、可审查的事件类型与清单。它产生的审查数据包括：对密码等敏感数据的访问目标对象的删除；访问权限的授予与废除；主体或目标的安全属性修改；用户授权认证功能的标识与定义；审计功能的启动与关闭。

（3）安全审计分析

安全审计分析功能要求系统在分析系统活动、审计数据的基础上，寻找可能的、真实的违规操作，可作为入侵检测或安全违规的自动响应。当一个审计事件集的违规操作达到一定次数时，执行安全审计分析。安全审计分析分为潜在攻击分析、基于规则的异常检测、简单攻击试探、复杂攻击试探等类型。

（4）安全审计事件存储

安全审计事件存储功能要求系统能提供控制措施，防止丢失审计数据；能创建、维护与访问被保护对象的审计记录，并保护它不被修改、非授权访问与破坏。审计数据需要保证能够被授权用户访问。同时，数据保存不应受到以下因素影响：存储空间、存储故障、非法攻击，以及其他非预期的事件等。

8.4.4　网络防病毒技术

1. 恶意传播代码的基本概念

恶意传播代码（Malicious Mobile Code，MMC）是一种软件程序，它能够自主在计算机或网络之间传播，目的是在网络和系统管理员不知情的情况下，对计算机或网络系统进行故意地修改。恶意传播代码主要包括病毒、木马、蠕虫、脚本攻击代码，以及垃圾邮件、流氓软件与恶意代码等。

（1）病毒程序

类似生物学的病毒，病毒程序是一种通过修改宿主文件或硬盘引导区来复制自己的恶意程序。在很多情况下，目标文件被修改后会将恶意代码拷贝进去。一旦感染病毒，宿主文件会变成病毒再去感染其他文件。

（2）木马程序

木马程序也叫作特洛伊木马，是一种非自身复制程序。木马将自己伪装成一种程序，但是用户并不知道程序是什么。例如，用户通过网络下载并运行一个游戏程序，但是游戏程序制造者将一个木马装进用户的计算机，以便黑客进入并控制该计算机。木马程序不会改变或感染其他文件。**后门**（Backdoor）是恶意程序中的子程序，使黑客可以访问本来安全的计算机系统，而不会让用户或管理员知道。很多木马程序就是后门程序。

（3）蠕虫

蠕虫是一种复杂的自身复制代码，它完全依靠自身来传播。蠕虫的典型传播方式是利用使用广泛的应用程序，例如电子邮件、聊天室等。蠕虫可将自己附在一封邮件中，或者在两个互相信任的系统之间，通过一条简单的 FTP 命令来传播。蠕虫一般不寄生在其他文件或引导区中。

蠕虫与木马有很多的共同点。它们的主要区别是：木马总是假扮成其他程序，而蠕虫则是在后台暗中破坏；木马依靠用户的信任去激活，而蠕虫在系统之间的传播不需要用户介入；木马不对自身进行复制，而蠕虫对自身进行大量复制。

2. 病毒分类的研究

从不同的角度来看，病毒有不同的分类方法：

- 根据传染性病毒可分为引导性病毒、文件型病毒、复合型病毒。
- 根据连接方式病毒可分为源码性病毒、入侵型病毒、操作系统型病毒。
- 根据破坏性病毒可分为良性病毒、恶性病毒。

3. 病毒的防治技术

要解决网络病毒问题，只能从采用先进的防病毒技术与制定严格的用户使用网络的管理制度两个方面着手。

由于实际的局域网中可能有多个服务器，为了方便对多个服务器进行管理，网络防病毒软件可将这些服务器组织在一个"域"中。网络管理员仅需在域中的主服务器上设置扫描方式，就可以检查域中的多个服务器或工作站是否带有病毒。网络防病毒软件的基本功能包括：对文件服务器和工作站进行病毒扫描、检查、隔离与报警；当发现病毒时，及时通知网络管理员并清除病毒。

网络防病毒软件通常允许用户设置三种扫描方式：实时扫描、预置扫描与人工扫描。当在服务器上发现病毒后，扫描结果可保存在查毒日志中，并通过两种方法来处理染毒文件。一种方法是通过扩展名更改染毒文件名，使用户无法找到染毒文件，同时提示网络管理员对染毒文件进行杀毒，最后将处理后的文件移回到原位。另一种方法是将染毒文件移到特殊目录中，然后对染毒文件进行杀毒处理。

一个完整的网络防病毒系统通常包括客户端防病毒软件、服务器防病毒软件、针对群件的防病毒软件、针对黑客的防病毒软件等部分。其中，服务器防病毒软件主要保护服务器，并防止病毒在用户的网络内部传播；针对黑客的防病毒软件通过 MAC 地址与权限列表的严格匹配，控制可能出现的用户越权行为。

8.4.5　计算机取证技术

1. 计算机取证的基本概念

计算机取证（Computer Forensics）在网络安全中属于主动防御技术，它是指应用计算机辨析方法来查找计算机犯罪行为，确定罪犯及其犯罪的电子证据，并以此为重要依据提起诉讼。针对网络入侵与犯罪，计算机取证通常对受侵犯的计算机、网络设备与系统进行扫描与破解，对入侵的过程进行重构，完成有法律效力的电子证据的获取、保存、分析与出示。计算机取证是保护网络系统的重要的技术手段。

计算机取证也叫作计算机法医学，对于构建能够有效威慑入侵者的主动网络防御体系具有重要意义，也是一个极具挑战性的研究领域。在信息窃取、金融诈骗、病毒与网络攻击日益严重的情况下，计算机取证技术的研究与相关法律、法规的制定已迫在眉睫。

2. 电子证据的概念

证据是法官判定犯罪嫌疑人是否有罪的标准。计算机取证的主要任务是获取电子证据。电子证据在 20 世纪 30 年代首先出现在美国，而我国在法庭出示电子证据还是近十年的事。1976 年，美国发布了有关电子证据的法律条款。近年来，我国也在加快电子证据相关的法律、法规的研究和制定工作。

国际组织 IOCE 对于电子证据有相关的定义。证据可以分为电子证据、原始电子证据、电子证据副本与拷贝四类。电子证据是指在法庭上可能成为证据的二进制形式存储或传送的信息。原始电子证据是指在查封计算机犯罪现场获取的相关物理介质、存储的数字信息。电子证据副本是指从原始电子证据获取的所有数字信息的完全拷贝。拷贝是指独立于物理介质，包含对数字对象的完全复制。

与传统意义上的证据一样，电子证据必须可信、准确、完整和符合法律，必须能够被法庭接受。电子证据具有表现形式的多样性、准确性高与易修改性的特点。电子证据可以存储在计算机硬盘、软盘、内存、光盘与磁带中，可以是文本、图形、图像、语音、视频等形式。如果没有人蓄意破坏，电子证据应该是准确的，能够反映事件的过程与某些细节。电子证据不受人的感情与经验等主观因素影响。

3. 计算机取证方法

计算机取证方法可以分为两种：静态方法与动态方法。

（1）静态取证方法

静态取证模型如图 8-18 所示。传统的取证是在案发之后或已造成严重后果之后对现场进行取证，这种取证属于静态取证。由于静态取证缺乏实时性和连续性，因此在法庭上缺乏说服力，有时会因作案者已销毁证据而无法起诉。同时，由于是事后处理，即使作案者受到了法律制裁，但是危害已经造成。

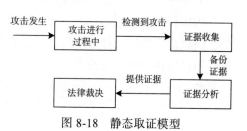

图 8-18　静态取证模型

（2）动态取证方法

动态取证方法则是通过实时监控攻击的发生，在启动响应系统、判断危害的严重程度、执行相应处理的同时，对入侵过程实施同步取证和详细记录。网络攻击通常都会经历嗅探、入侵、破坏、掩盖入侵痕迹的过程，每个过程需要结合入侵检测（IDS）、蜜罐方法完成取证。动态取证模型如图 8-19 所示。

IDS 系统一般具有监控、分析用户与系统状态，发现入侵企图与异常现象，记录、报警与响应的功能。将入侵检测与入侵取证结合是研究者在系统设计中一直遵循的技术路线。由于电子证据相关的立法滞后，因此 IDS 通常只能将重点放在入侵检测上，并且收集

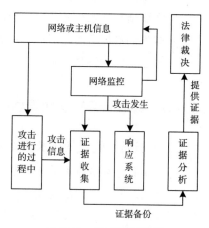

图 8-19　动态取证模型

的证据与法庭需要的电子证据要求不符，这方面的研究必须由网络安全技术人员与法学界人士合作完成。

4. 蜜罐取证技术

蜜罐（Honeypot）是一个包含漏洞的诱骗系统，通过模拟一个主机、服务器或其他网络设备，给攻击者提供一个容易攻击的目标。作为互联网上的一种资源，蜜罐就是用来被攻击和攻陷。实际上，蜜罐概念的提出者希望达到以下目的：

- 转移攻击者的注意力，使攻击者误认为蜜罐是真正的网络设备，从而保护网络中真正有价值的资源。
- 通过收集、分析攻击目标、企图、行为与破坏方式等，了解网络安全状态，并研究相应的对策。
- 记录攻击者的行为和操作过程，为起诉攻击者搜集有用的证据。

从应用目标的角度来看，蜜罐技术分为两类：研究型蜜罐与实用型蜜罐。其中，研究型蜜罐的部署与维护很复杂，主要用于研究、军事或重要的政府部门。实用型蜜罐作为产品，主要用于大型企业、机构的安全保护。

从功能的角度来看，蜜罐系统可以分为端口监控器、欺骗系统、多欺骗系统等。其中，端口监控器是一种简单的蜜罐，它负责监听攻击者的攻击目标端口。端口监控器通过端口扫描发现有企图入侵者就尝试连接，并记录连接过程的所有数据。欺骗系统在端口监控器的基础上模拟一种入侵者需要的网络服务，像真实系统一样与入侵者进行交互。多欺骗系统与一般的欺骗系统相比，可以模拟多种网络服务和多种操作系统。例如，常用工具Specter就是一种多欺骗系统。

在蜜罐研究中，需要注意以下几个问题：

- 如果系统已被入侵，如何防止攻击者利用蜜罐为跳板，发动对第三者的入侵。
- 蜜罐增加了系统复杂性，会出现更多漏洞，可能导致系统遭到更多攻击。
- 蜜罐的维护需要花费很多精力和时间，如果不去维护，会产生新的问题。
- 最重要的问题是蜜罐在获取电子证据时的合法性。

8.4.6 网络业务持续性规划技术

1. 业务持续性规划技术的重要性

在 20 世纪网络技术处于发展过程中时，人们的注意力还是集中在网络的建设上。进入 21 世纪，网络已广泛应用于社会生活的各个方面，人们对广域网与城域网的运行提出"电信级"与"准电信级"的运营要求。由于银行、电信、政府的网络与数据安全成为影响社会稳定的因素，因此网络系统的安全性及对于突发事件的应对能力已被提升到重要位置。

关于网络与信息系统的业务持续性规划技术，Jon William Toigo 在其著作"Disaster Recovery Planning Preparing for the Unthinkable"中已做了最好的诠释。作为一位美国航运公司的网络与计算机系统负责人，Jon William Toigo 亲身经历 9·11 事件。它在书中写道："除了 9·11 事件所产生的社会与政治后果，这场灾难很特别的一点，或许是发现如此众多的受影响的机构，竟然没有任何灾难恢复规划。对于世贸中心的 440 多家商业机构，曼哈顿区被电力、通信和设备中断所影响的成千上万的公司，还有包括五角大楼的众多政府机构，只有一小部分（大约 200 家）有预先制订的灾难恢复规划"。在这本书中，作者讨论了"灾难"与"业务持续性"这两个术语的深层次含义。一些专家认为，"灾难"是指洪水、飓风与地震等自然灾害所造成的危害；"灾难恢复规划"这个词在社会上已有其所指的特定领域。在信息技术领域，灾难恢复规划是指由于网络基础设施中断所导致的公司业务流程的非计划性中断，中断的原因除了上述自然灾害与恐怖活动之外，还有网络攻击、病毒与内部人员的破坏，以及其他不可抗拒的因素。这些突发事件的出现，会造成网络与信息系统、硬件与软件的损坏，密钥系统与数据的丢失，以及关键业务流程的非计划性中断。针对各种可能出现的突发事件，必须提前做好预防突发事件造成重大后果的预案，控制突发事件对关键业务流程造成的影响。因此，作者认为，使用"业务持续性规划"比"灾难恢复规划"更恰当一些。

2. 业务持续性规划的基本内容

业务持续性规划技术的研究主要包括以下内容。

（1）规划的方法学问题

业务持续性规划技术是一项要求很高的工作，它的作用是保护公司与部门最重要的财产——信息。规划的方法学是要从目前已有的多种实际应用的方案中，总结出基本的方法，包括风险分析、用户需求、设计流程、可选方案，实施时机、责任人与步骤，以及安全评价方法等。

（2）风险分析方法

业务持续性规划针对的是某个公司或机构的网络信息系统，因此第一步工作是风险分析，即从广义的角度评估可能存在的漏洞及产生原因，以及在系统恢复中应该给予的优先级。风险分析方法应该是一种从定性到定量的分析，目前的风险分析方法仍不成熟，需要深入进行研究。

（3）数据恢复规划

对于公司来说，成功的业务持续性评价标准是：能够在最短的时间内恢复对数据的访问能力。业务持续性规划的主要任务是缩短对数据访问的恢复时间。数据恢复规划主要涉及数据分类、鉴别数据的影响等级、网络分级备份策略、存储手段与制度、异地存储的安全性、远程镜像，以及实施数据恢复、应急决策机制、数据恢复评估等。

8.5 密码技术在网络安全中的应用

密码技术是保证网络与信息安全的基础与核心技术之一。**密码学**（Crytography）主要包括密码编码学与密码分析学。密码体制的设计是密码学研究的主要内容。人们利用加密算法和一个秘密值（称为密钥）对信息编码进行隐蔽，而密码分析学则试图破译算法和密钥。两者相互对立又互相促进地向前发展。

8.5.1 密码算法与密码体制的概念

密码体制是指一个密码系统采用的基本工作方式及其两个基本构成要素，即加密／解密算法和密钥。

加密的基本思想是伪装明文以隐藏其真实内容，即将明文伪装成密文。伪装明文的操作称为加密，加密时使用的信息变换规则称为加密算法。由密文恢复出原明文的过程称为解密。解密时使用的信息变换规则称为解密算法。

图 8-20 给出了一个加密与解密的过程示意图。如果用户 A 希望通过网络向用户 B 发送报文" My bank account # is 1947. "，并且不希望有第三者知道报文内容，那么他可以采用加密的办法，首先将该报文由明文转换成一个无人识别的密文，通过网络传输。如果在网络中有窃听者，即使他得到这个密文，也很难解密。用户 B 接收到密文后，采用双方共同商议的解密算法与密钥，就可以将密文还原成明文。

加密和解密操作通常是在一组密钥的控制下进行的。加密密钥和解密密钥相同的密码体制称为**对称密码**（Symmetric

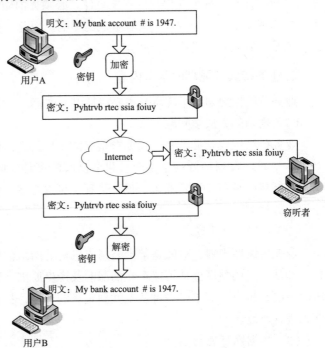

图 8-20　加密与解密过程示意图

Cryptography）。加密密钥和解密密钥不同的密码体制称为**非对称密码**（Asymmetric Cryptography）。密钥可被视为密码算法中的可变参数。改变了密钥，实际上就改变了明文与密文之间等价的数学函数关系。密码算法是相对稳定的，而密钥则是一个变量。现代密码学的一个基本原则是：一切秘密寓于密钥中。在设计加密系统时，加密算法是可以公开的，真正需要保密的是密钥。

对于同一种加密算法，密钥的位数越长，**密钥空间**（Key Space）越大，也就是密钥的可能范围越大，破译的困难越大，该算法的安全性也就越好。因此，用户自然倾向于使用最长的可用密钥，使得密钥很难被猜测出来。但是，密钥越长，进行加密和解密过程所需的计算时间也将越长。

8.5.2　对称密码体系的概念

在传统的对称密码系统中，加密密钥与解密密钥相同，加密方与解密方使用同一种加密算法和相同的密钥。对称密码系统的工作原理如图 8-21 所示。

密钥在通信中需要严格保密。如果一个用户与 N 个用户进行加密通信，每个用户对应一把密钥，那么就需要维护 N 把密钥。若网络中有 N 个用户之间进行加密通信，则需要有 N × （N–1）个密钥才能保证任意两方之间的通信。由于在对称加密体系中加密和解密使用相同密钥，因此保密性主要取决于密钥的安全性。密钥在加密方和解密方

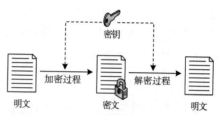

图 8-21　对称密码系统的工作原理示意图

之间的传递与分发必须通过安全通道。密钥管理涉及密钥的产生、分配、存储与销毁。

数据加密标准（Data Encryption Standard，DES）是典型的对称加密算法，它是由 IBM 公司提出、经过 ISO 认定的数据加密国际标准。DES 算法是广泛使用的对称加密方式，主要用于银行业中的电子资金转账。DES 算法采用 64 位长度的密钥，其中 8 位用于奇偶校验，用户可使用其余 56 位。DES 算法并不是最安全的，当入侵者使用运算能力足够强大的计算机时，通过对密钥逐个尝试就可以破译密文。但是，破译密码需要很长时间，只要破译时间超过密文有效期，那么加密就是有效的。目前，已经出现了一些比 DES 算法更安全的对称加密算法，例如 IDEA、RC2、RC4 与 Skipjack 等。

8.5.3　公钥密码体系的概念

非对称密码技术对信息的加密与解密使用不同密钥，用来加密的密钥是可公开的公钥，用来解密的密钥是需保密的密钥，因此这种方式又被称为**公钥加密**（Public Key Encryption）技术。

图 8-22 给出了非对称加密的工作原理。当发送端希望采用非对称加密方法，将明文加密后发送给接收端时，首先要获得密钥产生器所产生的一对密钥中的公钥。发送端用公

钥加密后的密文通过网络发送到接收端。接收端使用一对密钥中的私钥去解密，就可以将密文还原成明文。

1976 年，Diffie 与 Hellman 提出了公钥加密思想，即加密密钥与解密密钥不同，公开加密密钥不至于危及解密密钥的安全。**公钥**（Public Key）与**私钥**（Private Key）是数学相关的，并且公钥与私钥成对出现，但是不能通过公钥计算出私钥。公钥密码体系在现代密码学中是非常重要的。按照一般的理解，加密主要解决信息传输中的保密性问题。但是，还存在另一个问题，那就是如何验证信息发送与接收人的真实身份，防止用户对发出和接收信息的事后抵赖。公钥密码体制对这两个问题都给出了很好的回答。公钥加密技术可有效简化密钥的管理，网络中 N 个用户之间的加密通信仅需要使用 N 对密钥就可实现。与对称密钥技术相比，公钥加密技术的优势在于不需要共享通用的密钥，用于解密的私钥不需要发往任何地方。公钥可通过互联网进行传递与分发。但公钥加密技术的主要缺点是加密算法复杂，加密与解密的速度较慢。公钥加密技术常用于保证数据的完整性、保密性、防抵赖与发送端身份认证等。目前，常用的公钥算法包括 RSA、DSA、PKCS、PGP 等。

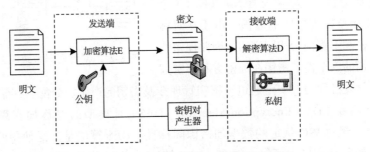

图 8-22　非对称加密的工作原理示意图

RSA 是 1978 年由 Rivest、Shamir 和 Adleman 提出的公钥密码体制（RSA 就是以其发明者姓名的第一个字母命名）。该体制的理论基础是寻找大素数相对容易，而分解两个大素数的积在计算上不可行。RSA 算法的安全性建立在大素数分解的基础上，素数分解是一个极其困难的问题。RSA 被认为是目前理论上最成熟的公钥密码体制，它属于分组密码类型。RSA 多用在数字签名、密钥管理和认证等方面。目前，155 位的 RSA 密钥仍在银行、股票交易所、在线零售商中使用。1985 年，Elgamal 构造了一种基于离散对数的密码体制，这就是 Elgamal 公钥体制。Elgamal 公钥体制的密文不仅依赖于待加密的明文，而且依赖于用户选择的随机数，由于每次的随机数是不同的，因此即使加密相同的明文，每次得到的密文也不同。由于这种加密算法的不确定性，又将其称为概率加密体制，Elgamal 被采用并修改后作为一种数字签名体制标准。

8.5.4 消息验证与数字签名技术

1. 数字签名的法律依据

2004 年 8 月，第十届全国人大常委会第十一次会议表决通过《数字签名法》，2006 年 4 月 1 日正式实施。《数字签名法》是我国首部真正意义上的信息化立法，它的意义在于确定了数字签名的法律效力，规范了电子签名的行为，明确了认证机构的法律地位及认证程序，规定了电子签名的安全保证措施。随着《数字签名法》的颁布和实施，研究与应用电子签名技术显得更加重要。

2. 消息验证与数字签名的基本概念

在网络环境中，消息验证与数字签名是防止主动攻击的重要技术。消息验证与数字签名的主要作用是验证信息的完整性和消息发送者身份的真实性。实现消息验证需要使用以下的技术：消息加密、**消息验证码**（MAC）与**散列函数**（Hash）。图 8-23 给出了消息验证的原理示意图。

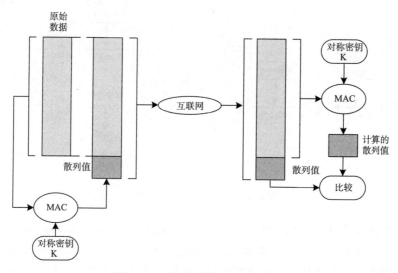

图 8-23 消息验证的原理示意图

在消息验证过程中，发送端利用双方认可的对称密码算法，使用密钥 K 计算出发送数据的散列值，并将它加在发送数据之后，一同发送到接收端。由于数据经过不可靠的网络，因此接收端需要对接收的消息进行验证。验证的方法是：从接收数据中取出数据字段，使用与发送方相同的散列函数与密钥 K 计算出新的散列值。将接收的散列值与计算的散列值进行比较，相同则说明消息验证正确，否则说明消息验证失败。

数据加密可以防止信息在传输过程中被截获，但是要确定发送人的身份，就需要使用数字签名技术来解决。在网络环境中，通常使用数字签名技术来模拟日常生活中的亲笔签名。数字签名将信息发送人的身份与信息传送相结合，保证信息在传输过程中的完整性，并提供信息发送端的身份认证，以防止信息发送端抵赖。目前，各国已制定了相应的法律、法规，将数字签名作为执法的依据。利用公钥加密算法（例如 RSA 算法）进行数字签名是最常用的方法。

3. 数字签名的工作原理

公钥加密算法使用两个不同的密钥，一个是用来加密的公钥，可保存在系统目录、未加密的电子邮件中，任何用户都可以获得公钥；另一个是用户自己持有的私钥，它可以对由公钥加密的信息进行解密。在使用公钥加密算法进行数字签名前，通常先使用**单向散列函数**（Hashing Function）为待签名的信息生成信息摘要，并对信息摘要进行签名。利用数字签名可以实现以下功能：保证信息传输过程中的数据完整性，实现对发送端的身份认证，防止在信息交换过程中发生抵赖现象。图 8-24 给出了数字签名的原理示意图。

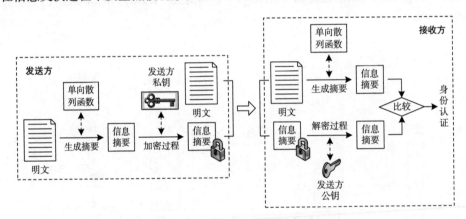

图 8-24　数字签名原理示意图

数字签名体制通常包括两个组成部分：**签名算法**（Signature Algorithm）与**验证算法**（Verification Algorithm）。数字签名与消息加密的区别在于：消息加密与解密可能是一次性的，要求在解密之前是安全的。数字签名的文件可能作为一个法律文件，在多年之后还有可能需要进行验证，也可能需要经过多次验证，例如商业合同或政府文件。因此，对数字签名安全性和防伪造性的要求更高，联机在线验证的速度要求更快。

利用数字签名可以实现以下几个功能：

- 发送端用户身份的确认。
- 保证信息传输的完整性。
- 防止交易过程中的抵赖。

4. 数字信封技术

数字信封技术用来保证数据在传输过程中的安全。数字信封技术中需要两个不同的加密 / 解密过程：文件数据本身的加密 / 解密、密钥的加密 / 解密。首先，使用对称加密算法来加密待发送数据；然后，使用公钥加密算法来加密对称密钥。

数字信封技术将传统的对称加密与公钥加密算法相结合，它使用两层加密体制，在内层利用对称加密技术，每次传送信息可重新生成新的密钥，保证信息的安全性。在外层利用公钥机密技术，保证对称密钥传递的安全性。图 8-25 给出了数字信封的工作原理示意图。

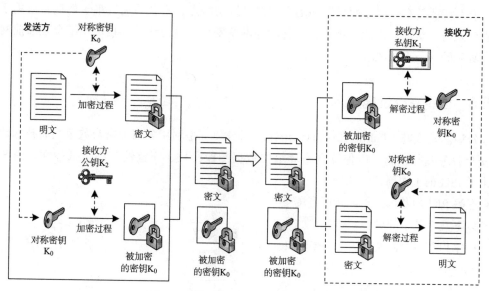

图 8-25　数字信封的工作原理示意图

8.5.5　身份认证技术

身份认证可以通过以下三种基本途径之一或它们的组合来实现：

- **所知**（Knowledge）：个人掌握的密码、口令等。
- **所有**（Possess）：个人的身份证、护照、信用卡、钥匙等。
- **特征**（Characteristics）：个人的指纹、声纹、笔迹、手型、脸型、血型、视网膜、DNA，以及个人动作方面的特征等。

根据安全要求、用户可接受的程度，以及成本等因素，可以选择适当的组合来设计一个身份认证系统。

个人身份认证技术是网络安全未来研究的重点问题之一。对于安全性要求较高的网络系统，由密码、证件等提供的安全保障是不完善的。密码可能被泄露，证件可能丢失或被伪造。更高级的身份验证是根据用户的个人特征来验证，它是一种可信度高且难于伪造的验证方法。

新的、广义的生物统计学正在成为网络环境中个人身份认证技术中的最简单、安全的方法。它是利用个人独特的生理特征来设计，这里说的个人特征包括：容貌、肤色、发质、身材、姿势、手印、指纹、脚印、唇印、颅相、口音、脚步声、体味、视网膜、血型、遗传因子、笔迹、习惯性签字、打字韵律，以及在外界刺激下的反应等。当然，采用哪种方式还要看是否能够方便地实现，以及是否能够被用户接受。

个人特征具有"因人而异"和随身"携带"的特点，不会丢失且难于伪造，适用于高级别个人身份认证。因此，将生物统计学与网络安全、身份认证等技术相结合是当前网络安全研究的一个重要课题。

8.5.6　公钥基础设施技术

公钥基础设施（Public Key Infrastructure，PKI）是利用公钥加密与数字签名技术建立的安全服务基础设施，以保证网络环境中数据的保密性、完整性与不可抵赖性。图 8-26 给出了 PKI 的工作原理示意图。

理解 PKI 的基本工作原理时，需要注意以下几个基本问题：

- PKI 的**认证中心**（Certificate Authority，CA）产生用户之间通信所使用的公钥与私钥对，并存储在证书数据库中。如图 8-26 所示的用户 A 与用户 B 的密钥对。用户 A 与用户 B 都是 PKI 中注册的合法用户。

- 当用户 A 希望与用户 B 通信时，用户 A 向 CA 申请下载包含其密钥的数字证书。认证中心的**注册中心**（Registration Authority，RA）在确认用户 A 的合法身份之后，将数字证书发送给用户 A。至此，用户 A 获得加密用的密钥。

图 8-26　PKI 的工作原理示意图

- 用户 B 通过数字证书方式获得对应的公钥。当用户 A 向用户 B 发送用私钥加密和数字签名的文件时，用户 B 可以用公钥来验证文件的合法性。

在 PKI 系统中，CA 与 RA 负责用户身份确认、密钥分发与管理、证书撤销等。实际的 PKI 系统中不可能只有一个 CA。多个 CA 之间必然存在某种信任关系模型。建立信任模型的目的是确保一个 CA 颁发的证书能够被另一个 CA 的用户所信任。

PKI 为用户建立了一个安全的网络运行环境，使用户能够在多种应用环境下方便地使用数字签名技术，从而保证网络中数据的保密性、完整性与不可抵赖性。PKI 对用户是透明和安全的，用户在获得加密和数字签名服务时，无须知道 PKI 如何管理证书与密钥。

作为 PKI 的一种应用，基于 PKI 的 VPN 研究随着 B2B 电子商务的发展而出现。同时，基于 PKI 的应用还有很多类型，例如浏览器与 Web 服务器之间的应用、安全电子邮件、电子数据交换、互联网环境中的信用卡交易等。无线网络环境中的 PKI 研究也是当前的重要课题。应该说，PKI 在我国已进入实际应用阶段，已有成熟的产品与应用系统。

8.6 网络安全协议技术

8.6.1 网络层安全与 IPSec 协议

1. IPSec 的基本特征

通过前面对 IPv4 协议的讨论可以看出：IP 协议本质上是不安全的，伪造一个 IP 分组、篡改 IP 分组的内容、窥探传输中的分组内容并不困难。接收端无法保证 IP 分组确实来自源地址，也无法保证 IP 分组在传输过程中没有被篡改或泄露。

为了解决 IPv6 协议的安全性问题，IETF 于 1995 年成立了 IP 协议与密钥管理组织，研究在 IP 协议上保证数据传输安全性的标准。这个组织经过几年的研究，提出了一系列协议，并构成了一个安全体系，总称为 IP Security Protocol（简称 IPSec）。

IPSec 具有以下特征：

- IPSec 是 IETF 在开发 IPv6 时为保证 IP 分组安全而设计的，是 IPv6 协议的一个部分。IPSec 可以向 IPv4 与 IPv6 提供互操作、高质量与基于密码的安全性。
- IPSec 提供的安全服务包括访问控制、完整性、数据来源认证等。这些服务在互联网的网络层提供，并向网络层及更高层提供保护。
- IPSec 协议实际上是一个协议族，而不是单一的一种协议。它的安全结构由三个主要的协议以及加密与认证算法组成，包括**认证头**（Authentication Header，AH）协议和**封装安全载荷**（Encapsulating Security Payload，ESP）协议，以及 **Internet 安全关联密钥管理协议**（Internet Security Association and Key Management Protocol，ISAKMP）、**Internet 密钥交换**（Internet Key Exchange，IKE）协议。

2. IPSec 的主要功能

IPSec 在网络层对 IP 分组进行高强度的加密与验证服务，使得安全服务独立于应用程序，各种应用程序都可以共享网络层提供的安全服务与密钥管理。

（1）数据的保密性保护

IPSec 的 ESP 协议通过对分组进行加密，使得网络攻击者难以破译。根据不同类型的应用需求，ESP 可以提供不同强度的加密算法。

（2）完整性保护与身份认证

IPSec 为每个 IP 分组生成一个校验和。通过检查校验和，可以发现数据是否在传输过程中被篡改。同时，IPSec 的身份认证机制可检查是否存在 IP 地址欺骗攻击，有效地防御借用合法地址与用户身份的网络攻击。

（3）防止拒绝服务和中间人攻击

IPSec 使用 IP 分组过滤方法，根据 IP 地址范围、协议、特定协议的端口号来决定哪些数据流可以通过，从而防止了拒绝服务攻击。作为第三方，中间人攻击类似于身份欺骗攻击，IPSec 通过双向认证、共享密钥，可以有效地防止中间人攻击。

基于 IPSec 协议的 VPN 技术已广泛应用于互联网的电子商务中。

8.6.2 传输层安全与 SSL、TLP 协议

1. SSL 协议的基本概念

安全套接层（Secure Sockets Layer，SSL）是 Netscape 公司于 1994 年提出的用于 Web 应用的传输层安全协议。1995 年，该协议更新为 SSLv2，并且被应用于 Netscape Navigator 浏览器中。SSL 协议使用公钥加密体制和数字证书技术，保护信息传输的保密性和完整性，它是国际上最早应用于电子商务的一种安全协议。

微软公司开发了与之类似的 PCT（Private Communication Technology）协议。Netscape 公司对 SSLv2 做了较大改进，并推出了 SSLv3。鉴于 SSL 与 PCT 不兼容的现状，IETF 开发了 TLS（Transport Layer Security），希望推动传输层安全协议的标准化。RFC 2246 文档对 TLS 进行了详细描述。但是，当前网上支付系统广泛应用的仍是 SSLv3。图 8-27 给出了 SSL 协议在网络协议体系中的位置。

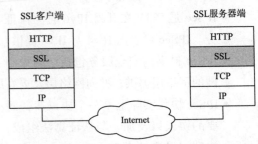

图 8-27　SSL 协议在网络协议体系中的位置

2. SSL 协议的主要特点

SSL 协议的主要特点如下：

● 尽管 SSL 可用于 HTTP、FTP、TELNET 等协议，但目前主要还是应用于 HTTP 协议，

为基于 Web 的各种网络应用中的客户机与服务器之间的用户身份认证与安全数据传输提供服务。

- SSL 协议处于端系统的应用层与传输层之间，在 TCP 协议之上建立了一个加密的安全通道，为 TCP 协议之间传输的数据提供安全保障。
- 当 Web 系统使用 SSL 协议时，HTTP 请求、应答报文格式与处理方法不变。不同之处在于，应用进程产生的报文通过 SSL 加密之后，再通过 TCP 连接传送出去；接收端将加密的报文交给 SSL 解密之后，再传送到应用层的 HTTP 协议。
- 当 Web 系统采用 SSL 协议时，Web 服务器的默认端口号从 80 变换为 443，浏览器使用"https"取代常用的"http"。
- SSL 协议包含两个协议：**SSL 握手协议**（SSL Handshake Protocol）与 **SSL 记录协议**（SSL Record Protocol）。其中，SSL 握手协议实现双方的加密算法协商与密钥传递。SSL 记录协议定义 SSL 数据传输格式，实现数据的加密与解密操作。

1995 年，开放源代码 OpenSSL 软件包发布。目前，已经推出了 OpenSSL v0.9.1，支持 SSLv3 与 TLSv1 版本。

2014 年，OpenSSL 发现"Heartbleed"的漏洞，引起网络安全界的高度重视。这个漏洞的正式名称为 CVE-2014-0160，它影响 OpenSSL 的 1.0.1 和 1.0.2 测试版。此后，OpenSSL 发布了 1.0.1g，已修复这个问题。

2019 年，OpenSSL 管理委员会（OpenSSL Management Committee，OMC）发布最新版的 OpenSSL 1.1.1b，即 OpenSSL 3.0，以适应物联网、云计算等应用的需求。

8.6.3 应用层与 Web 安全技术

1. Web 安全威胁

Web 服务是 Internet 中最重要的应用，其受到威胁的因素也越来越多。因此，研究 Web 安全威胁显得格外重要。

根据对 Web 组成部分的影响，网络威胁与攻击可以分为：

- 对 Web 服务器的安全威胁
- 对 Web 浏览器的安全威胁
- 对通信信道的安全威胁

根据 Web 访问的攻击性质，网络威胁与攻击可以分为：

- 主动攻击
- 被动攻击

根据 Web 服务的影响后果，网络威胁与攻击可以分为：

- 对 Web 数据完整性的攻击

- 对 Web 数据保密性的攻击
- 对 Web 系统的拒绝服务攻击
- 对 Web 认证鉴别的攻击

这四类攻击的实施方法如图 8-28 所示。

对于攻击者来说，Web 服务器、数据库服务器有很多弱点可被利用，比较明显的弱点存在于服务器 CGI 程序以及一些工具程序上。Web 服务的内容越丰富，应用程序越大，包含错误代码的概率就越高。程序员在编写程序时，简单的错误与不规范都可能带来安全漏洞。CGI 程序和脚本程序可驻留在任何部分，这些系统设计规定给实行方法带来很多方便，也为攻击者提供了可乘之机。一个故意放置的恶意 CGI 程序能够自由地访问系统资源，造成系统失效、删除文件、盗窃用户资料或控制服务器，而系统难以对 CGI 程序进行跟踪和管理。

对于用户端的浏览器来说，静态页面由标准的 HTML 语言编制，其作用是显示页面内容和链接其他页面。但是，随着动态网页技术的出现，情况发生了较大变化。动态页面是在静态页面中嵌入对用户透明的应用程序，当用户浏览一个页面时，这些应用程序就会自动下载，并启动运行。攻击者可利用这个机制将具有破坏性的恶意程序自动下载到客户机，窃取用户资料、控制用户计算机或删除用户信

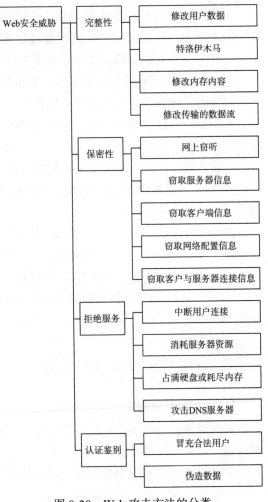

图 8-28　Web 攻击方法的分类

息。用户通过 Internet 可下载的应用程序与工具程序很多，用户无法判断哪个程序是恶意的。因此，用户从网上任意下载程序并在本机运行是非常危险的。这在 Web 环境中几乎是每位用户都可能做的事，如何让一个操作系统无法控制已执行的程序，按照正常的规则运行一个程序就相当于已接受程序开发人员的控制。对于开放的 Web 系统，面对大量用户，安全威胁随时都会出现。因此，Web 安全研究一直是一个富有挑战性的课题。

2. Web 安全技术的研究思路

从网络体系结构的角度来看，Web 安全技术研究可以从网络层、传输层与应用层的协议着手。

（1）网络层

IPSec 提供的安全服务包括访问控制、完整性、数据认证等。这些安全服务在网络层提供，并向网络层、传输层与应用层提供服务，无须用户自己设计基于 IP 协议的安全服务。因此，在设计 Web 安全策略时，可利用 IPSec 配置路由器、防火墙、主机与通信链路，实现 Web 服务器与浏览器之间的端 – 端安全通道。图 8-29 给出了采用 IPSec 的 Web 系统层次结构模型。

HTTP	FTP	SMTP
TCP		
IP/IPSec		

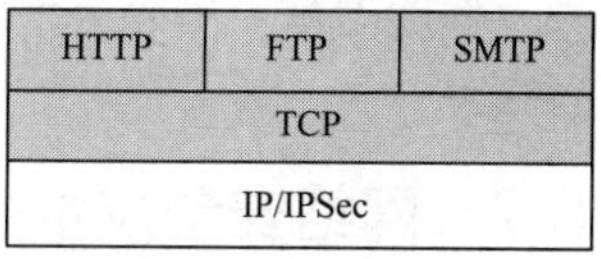

图 8-29　采用 IPSec 的 Web
系统层次结构模型

（2）传输层

SSL 协议和 TLS 协议都工作在 TCP 协议之上，可以为应用层的 HTTP、TCP、TELNET 等协议提供安全服务。SSL 采用对称密码与公钥密码两种体制，为 Web 服务器与浏览器之间的通信提供保密性、数据完整性与认证服务。图 8-30 给出了采用 SSL/TLS 的 Web 系统层次结构模型。

（3）应用层

在应用层中直接嵌入必要的安全服务，这是增强应用层协议安全的一个研究思路。图 8-31 给出了采用 SET 协议的 Web 系统层次结构模型。在电子商务应用常用的 HTTP 协议之上，采用**安全电子交易**（Secure Electronic Transaction，SET）来保证安全性。出于安全方面的考虑，电子邮件采用 S/MIME 或 PGP 协议的思路也是相同的。

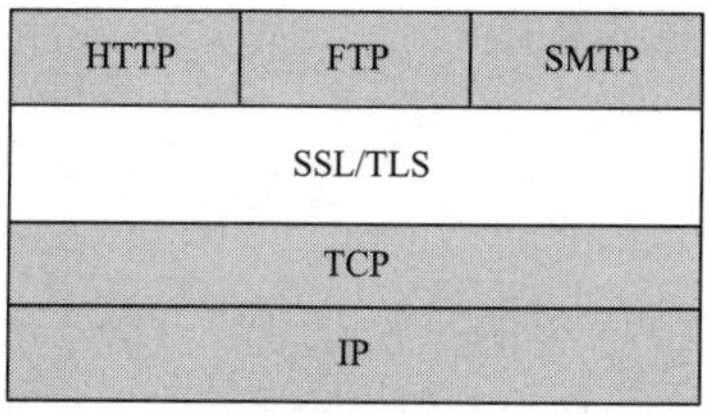

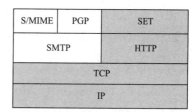

图 8-30　采用 SSL/TLS 的 Web 系统
层次结构模型

图 8-31　采用 SET 协议的 Web 系统
层次结构模型

电子商务是以互联网环境为基础的商务活动，通常是基于浏览器 /Web 服务器的应用模式，也是涉及网上购物、在线支付的一种新型商业运营模式。基于 Web 的电子商务应用需要以下几个方面的安全服务：

- 确认贸易伙伴的真实身份
- 确保通信数据的保密性
- 保证电子订单信息的真实性

SET 是由 VISA 和 MasterCard 两家信用卡公司提出，并且成为目前唯一实用的保证信用卡数据安全传输的应用层安全协议。SET 使用对称加密与公钥加密体系，以及数字信封、数字签名、信息摘要以及双重签名技术，保证信息在 Web 环境中传输和处理的安全性。通过以上讨论可以看出，Web 安全涉及操作系统、数据库、防火墙、应用程序与其他安全技术，它是一个系统性的安全工程，不能简单地从 HTTP 的角度解决问题。只有综合考虑各方面的因素，集成多种安全技术，才能够切实保证 Web 系统的安全。

8.7 网络安全技术的研究与发展

8.7.1 云安全的研究与发展

1. 云安全的基本概念

"RightScale 2018" 调查报告显示，96% 接受调查的 IT 技术人员表示，他们公司正在使用云计算服务，其中 92% 使用的是公有云。企业业务占到云端负载的 40%，这个比例正在快速增长。网络环境中存在大量安全风险和挑战，有些安全威胁是网络环境中共有的，而有些安全问题是云计算环境特有的。随着云计算应用的快速发展，越来越多的企业将一些敏感数据与应用迁移到云端。当数据与应用迁移到公有云、混合云中之后，企业对这些敏感数据将不再拥有绝对的控制权，数据的保密性、完整性、可用性与隐私保护将受到严峻挑战。研究人员总结的云计算面临的十大挑战中，云安全排在第一位。

云安全是指一系列用于保护云计算数据、应用和结构的相关策略、技术和控制方法。云计算系统已成为当前互联网重要的信息基础设施。世界各国政府在推动"云优先战略"的同时，也在加紧研究、制定云安全的政策、标准。

2. 云计算的安全威胁与对策

云安全联盟（Cloud Security Alliance，CSA）在 2013 年的一份报告"The Notorious Nine Cloud Computing Top Threats in 2013"中列举了云计算的主要安全威胁，如下所示。

（1）云计算的滥用和恶意使用

对于云服务提供商来说，注册和使用云服务应该是越简单越好，但是这也给攻击者带来机会，他们会通过恶意代码、DDoS、垃圾邮件等进行攻击。初期针对 PaaS 的攻击比较普遍，近年来针对 IaaS 的攻击呈增长趋势。云服务提供商必须抵御攻击者窃取数据和发动 DDoS 攻击的能力。防范网络攻击的责任主要在云服务提供商，但是云服务用户也必须加以配合，才有可能快速检测与发现攻击行为。相应的对策包括：严格执行用户注册与身份认证，监控用户所用的地址、流量与行为，及时发现异常与提供报警能力。

（2）不安全的接口和 API

云服务提供商需要为用户提供一组 API，以便用户与云服务提供商的接入、管理和交互。云服务的安全性和可用性取决于这些基础 API 的安全性。从用户身份鉴别、访问控制、数据加密到网络行为监控的过程，必须防止企图绕过云服务提供商的安全策略的恶意行为发生。相应的对策包括：分析服务接口的安全模型与 API 可能存在的漏洞，严格执行数据加密操作，保证密钥的安全性。

（3）内部人员的恶意行为

在云计算应用模式下，用户赋予了云服务提供商很高的信任度，云服务提供商拥有很大的安全控制权。在这种情况下，云服务提供商必须高度警惕怀有恶意的内部人员的行为。相应的对策包括：严格执行工作人员入职审查；规范个人行为，明确法律责任；监控内部人员的网络操作行为；及时发现异常与提供报警能力。

（4）共享技术问题

在云服务商提供的 IaaS 服务中，组成基础设施的底层组件（例如 CPU、GPU 与缓存）并不具有为多用户的不同应用提供强隔离性的特性。云服务提供商必须保证用户之间的应用相互隔离，虚拟机是解决这个问题的基本方法。但是，不是所有资源都可以被虚拟化，也不是所有虚拟化环境都是无漏洞的。错误的虚拟化机制会导致用户能够访问到云计算基础设施中的敏感部分，或能够访问其他用户的数据。对于云计算系统来说，无论是来自外部还是内部的威胁，虚拟机方法都存在着脆弱性。相应的对策包括：加强对虚拟机访问、操作的审计，加强对虚拟机运行环境的监控，强化对系统脆弱性的扫描、配置与审计，提高对补丁与脆弱性修复的服务等级。

（5）数据丢失或泄漏

对于用户来说，安全漏洞带来的最具破坏性的影响就是数据丢失或泄露。云服务供应商应注意可能造成意外的情况，例如云服务供应商在基础设施升级时，如果不能将被替换硬件中存储的用户数据及时删除，就有可能造成用户数据外泄。相应的对策包括：实现强 API 访问控制，加密与保护数据完整性，实现强密钥的生成、存储、管理与销毁。

（6）账号泄露或服务劫持

数字证书被盗有可能导致账号泄露或服务劫持的安全事件。通过使用盗用的数字证书，攻击者能够很容易地访问云端的敏感数据与应用，破坏数据与服务的保密性、完整性和可用性。相应的对策包括：禁止不同用户或应用之间的账号、数字证书共享，及时发现与制止非授权访问云端资源与应用的行为。

（7）未知风险

在使用云计算服务时，用户需要将很多可能影响安全的控制权交给云服务提供商。同时，用户必须关注和明确自身在风险管理过程中的角色。如果企业、部门用户中有人不遵守安全使用与隐私保护规则，就可能给云计算系统造成很大威胁。相应的对策包括：严格执行用户访问云端的身份认证；发现云端存在的安全隐患，不断完善安全策略，增加安全防护设备；对特定信息加强监测与审计。

3. 安全即服务

（1）什么是安全即服务

云服务提供商在 IaaS、PaaS 与 SaaS 的基础上，进一步提出了**安全即服务**（Security as a Service，SecaaS）的概念。

对于云服务提供商来说，SecaaS 是为用户提供的一个安全服务包，它包括用户身份鉴别、网络防病毒、防恶意代码与间谍软件、入侵检测与防护，以及安全事件管理等服务。在云计算场景中，SecaaS 包含在云服务提供商所提供的 SaaS 服务中。图 8-32 给出了 SecaaS 服务的概念。

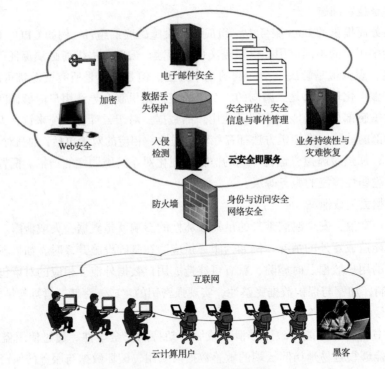

图 8-32 SecaaS 服务示意图

云安全联盟（CSA）下的 SecaaS 工作组致力于《云安全指南》的研究工作。2009 年 4 月发布了《云安全指南》V1.0，2009 年 12 月发布 V2.0，2011 年 11 月发布 V3.0，2017 年 7 月发布 V4.0。《云安全指南》V4.0 与 V3.0 相比，在结构和内容上有较大改动，从架构（Architecture）、治理（Governance）和运行（Operational）三个方面 14 个领域对云安全和支持技术提供了指导意见。《云安全指南》中定义了 12 种云安全服务类型，研究内容从云基础设施到软件、从云到用户部署的系统、从数据安全到运行维护安全。

在当前还没有一个被业界广泛认可的国际性云安全标准的情况下，《云安全指南》无疑是云安全研究领域具有影响力的指导文件。

（2）SecaaS 的功能

CSA 在 2016 年 2 月发表 " Defining Categories of Security as a Service"，描述了其中十类安全服务。

- 身份认证与访问控制

云服务提供商必须根据签约企业对不同内部用户的授权来设置用户身份，确定不同用户对云端资源与应用的访问权限。云环境中的身份、授权与访问控制（IdEA）功能包括访问资源、进程与系统的用户真实身份，根据验证过的用户身份授予正确的信任等级、访问范围和级别。

- 数据丢失防护

数据丢失防护用于监测、保护与验证数据在存储、传输与处理中的安全性。数据丢失防护大多可以在云用户端实现。云服务提供商也可以提供数据丢失防护，例如实现在各种上下文中对数据分别执行的检测规则。

- Web 安全

Web 安全是一种实时保护机制，可以通过软件与硬件在内部实现，将 Web 流量代理重定向到云中实现；可以在防病毒的基础上增加一个保护层，防止恶意代码与病毒软件通过网页浏览进入企业内部网；还可以实现应用策略强化、数据备份、流量控制和 Web 访问控制等功能。

- 电子邮件安全

云服务提供商可提供基于 Web 的电子邮件安全服务，对发出和接收的电子邮件实现安全性检查，预防网络钓鱼与恶意附件，执行垃圾邮件过滤策略，提供邮件客户端数字签名与可选的邮件加密，保护电子邮件系统的可用性和安全性。

- 安全评估

对云服务的第三方审计虽然在云服务提供商的功能之外，但是云服务提供商可以提供相应的工具和接入点，以方便各种评估活动的执行。

- 入侵管理

入侵管理主要包括入侵检测、防范与响应。云服务提供商需要在云接入点和云端服务器上部署 IDS 与 IPS，检测对服务器系统的未授权访问，及时发现与处置入侵事件，防止入侵尝试与入侵事件的发生。

- 安全信息和事件管理

通过对来自不同的虚拟网络与物理网络，以及不同的应用和系统的日志和事件数据检测、分析与统计异常事件，实时提供报告与报警。建立与健全包括安全事件响应、设备自动响应，以及人员应急响应在内的安全机制。

- 加密

加密是云计算系统中的一种普适性服务，对于在云中存储与传输的数据、电子邮件、客户端相关的网管信息，以及身份信息都需要采取加密手段；同时，需要提供密钥管理、VPN 服务等相关安全机制。

- 业务连续性和灾难恢复

业务连续性和灾难恢复主要包括事前的预案、事件发生中的措施、事件结束后的数据恢复机制等。云服务提供商必须从灵活的基础设施与功能、硬件冗余、数据备份与恢复机制、运行状态监控，以及利用地理位置上分散的数据中心和网络等来增强云计算系统的可生存能力，保证云计算服务业务的连续性。

- 网络安全

网络安全服务主要包括对底层的边界防火墙与服务器防火墙，以及 DDoS 攻击等网络威胁的监控和保护。

（3）SecaaS 的优势与问题

SecaaS 的优势主要表现在以下方面：成本低、弹性好、部署灵活，用户无须聘请网络安全专业技术人员，用户之间可共享安全信息和数据，减少用户应用系统的维护成本。

SecaaS 的问题表现在以下方面：SecaaS 由云服务提供商提供，对于很多数据与事件的发生，用户是不可见和不知情的；SecaaS 服务仍没有统一的标准，不同的云服务提供商提供的服务差异较大；用户数据被泄露的顾虑很难消除；虽然更换 SecaaS 提供商比替换本地部署的硬件、软件更容易，但是必须关注更换云服务提供商的过程中，数据与访问请求的丢失可能造成的影响，以及对历史数据的处理等问题。

8.7.2　区块链在网络安全中的应用

区块链技术在 2009 年出现，起源于虚拟货币。由于区块链能剔除网络安全中最薄弱的环节和最根本缺陷——人为的因素，因此研究人员普遍认为：融合区块链的网络安全有很好的发展前景。

1. 区块链的基本概念

商业的繁荣起源于交易，交易关系的维护和提升需要有信任机制来保证。一个交易社会需要有稳定的信用体系，这个体系有三个要素：交易工具、交易记录与交易权威。在传统的交易中，交易工具是现金与支票，交易记录是账本，交易权威是各级政府与中央银行。互联网金融的出现打破了传统的交易体系：支付方式日益多样化，集中式的电子账本易受到黑客攻击，客户信息被泄露的现象屡屡出现。我们依赖了几百年的信任体系正在受到严峻挑战，互联网金融的发展向世界各国提出交易体系与信任体系再造的难题。学术界提出了多种解决方案与思路，其中区块链技术引起了广泛关注。**区块链**（Blockchain）的基本概念如图 8-33 所示。

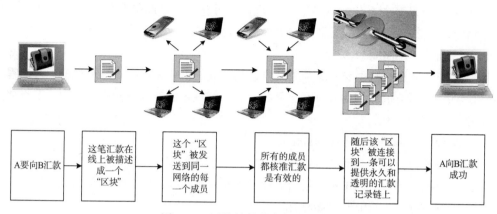

图 8-33　区块链的基本概念示意图

区块链的基本概念可以描述为：如果客户 A 要给客户 B 汇款，那么他的这笔汇款信息在网上就被描述成一个称为"区块"的数据块。这个区块被发送给同一网络中的每个成员，所有成员都核准这笔货款是有效的。随后，这个区块被记录到一条永久和透明的汇款记录链上。这个体系能够保证客户 A 向客户 B 汇款是成功的。

区块（Block）可以理解成比特币中的记录交易信息的账本。每个区块包含三个要素：本区块的 ID、若干个交易信息、前一个区块的 ID，这些数据都是加密的。区块链的数据结构如图 8-34 所示。

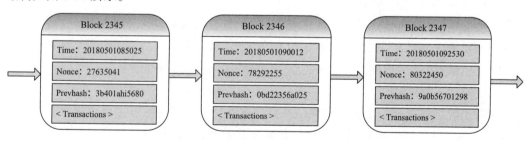

图 8-34　区块链的数据结构示意图

比特币系统每隔 10 分钟创建一个区块，这个区块记录着这段时间内发生的交易信息。每个客户进行一次比特币交易时，交易信息就被广播到网上，并且被记录到一个区块中。由于每个区块中包含前一个区块 ID（图中所示的 Prevhash），可以通过解密算法对 Prevhash 的计算找出前一个区块 ID，这样追溯下去就可以找到起始区块，从而形成相互印证、完整交易信息的区块链。

2. 区块链的特点

（1）去中心化（Decentralized）

整个网络中没有中心化的管理节点与机构，所有节点之间的地位、权利与义务都平等；某个节点的损坏与丢失都不会影响整个系统运行。

（2）去信任（Trustless）

系统节点之间进行数据交互无须第三方确认彼此的信任关系，整个系统的运行过程是公开和透明的，所有的数据内容都是公开的。在系统规定的时间与规则范围内，节点之间不可能也无法欺骗对方。

（3）集体维护（Collectively Maintain）

开源的程序保证账本与商业规则可以被所有节点进行审查。系统中的数据块是由所有具有维护功能的节点来共同维护，任何人都可以成为具有维护功能的节点。

（4）可靠数据库（Reliable Database）

整个系统采用的是分布式数据库的形式，每个参与节点都能获得一份完整的数据库拷贝。单个节点对数据库内容的修改是无效的，也无法影响其他节点的数据内容。因此，黑客难以对区块链系统进行攻击。

这种通过分布式集体运作方式实现的不可篡改、可信任的机制，通过计算机程序在全网记录所有交易信息的"公开账本"，任何人都可以加入和使用。如果我们将专利、土地证书、音乐版权、遗嘱和投票等理解为交易信息，就会发现区块链的价值远远超出最初的预料。区块链可以用来再造各行各业的信任体系。

3. 区块链在安全上的优势

区块链是一种帮助用户维护集体、可靠和分散的数据库内容的底层技术。它可以永久性地不断扩大记录列表，其中的所有记录都可以被溯源，每个区块主要包括与事务相关的区块的加密散列信息和时间戳，这些特点使得区块链具有以下安全优势。

（1）有利于隐私保护

实际上，区块链是一个分布式网络数据库系统。每笔交易的发生都得到所有节点的认证和记录，可以提供给第三方查验，交易的历史记录按时间顺序排列，并且不断累积在区块链体系中。这种在计算机之间建立"信任网络"，使交易双方不需要第三方信任中介的方式降低了交易成本。区块链是以共同的规则为基础，不同节点之间交换信息都遵循统一规则，交易不需要公开个人身份，在保证成功交易的前提下，有利于用户匿名与隐私保护。

（2）防止数据篡改

区块链形成了一个去中心化的对等网络，采取公钥密码体系对数据进行加密，每个新的区块需要获得全网 51% 以上节点的认可，此后才能被加入区块链中，数据信息被存储在区块链中之后就不能随意更改。加入区块链的网络节点数越多，节点计算能力越强，整个系统的安全性就越好。

（3）提高网络容错能力

区块链上的数据分布在对等节点中。区块链上的每个用户有权生成并维护数据的完整副本。这样做尽管会造成数据冗余，但是能极大地提高可靠性，并增加网络容错能力。如果某些节点受到攻击或遭到损害，不会对网络的其余部分造成损害。

（4）防止用户身份被盗

2017 年的一项研究指出，过去 50 年中因用户身份被盗用而造成的经济损失高达 1000 亿美元。这些事件大多与信用卡诈骗、金融欺诈相关。基于区块链的身份管理平台在用户身份验证方面具有先天优势。区块链将过去对人的信任变为对机器的信任，防止用户身份被盗用，减少人为因素对网络安全的影响。

（5）防止网络欺诈

电子商务中基于区块链的智能合约利用系统中的数据块是由所有节点共同维护，节点之间不可能也无法欺骗对方的特点，有效防止了网络欺诈与抵赖现象的发生。

（6）增强网络防攻击能力

区块链中的每个节点都可以按照自治的原则，开启安全防护机制，对网络攻击采取自我防护，网络安全防护的效果将随着网络规模扩大而增强。

4. 区块链的网络安全应用

目前，区块链的网络安全应用研究主要聚焦在行业应用、密码算法、安全监管三大领域，重点在能源电力、电子发票、数据保全、电子政务等领域构建安全可信体系。在密码算法方面，依托国产密码算法重构区块链底层框架，提高安全性与自主可控能力。在安全监管方面，推出面向行业的安全风险监控平台，完善区块链监管体系。

世界各国都在开展区块链的网络安全应用研究，其中的热点研究问题包括：

（1）更安全的 DNS 架构

通过区块链技术对域名进行注册和解析，提高防止大规模 DDoS 攻击的能力。Mirai 僵尸网络的出现证明，攻击者可以轻易破坏关键的互联网基础设施。只要能够瓦解大型网站的 DNS 服务提供商，攻击者就能切断对 Twitter、Netflix、PayPal 及其他服务的网络访问。从理论上来说，使用区块链来存储 DNS 记录可通过移除单个可攻击目标来提升 DNS 安全性。在互联网的核心部分，DNS 之类的关键服务为大规模黑客攻击提供机会。因此，使用区块链的更可信的 DNS 服务将大大提升互联网的核心信任基础设施的防护能力。

（2）减少 DDoS 攻击

利用区块链保护金融信息、供应和物流链，研究防黑客攻击的数据传输系统。利用身份验证机制保护 IoT 接入的移动终端设备不受入侵和感染，减少 DDoS 攻击的可能性，这方面的研究对提高物联网、工业互联网、智慧城市、安防等终端设备的安全性方面意义重大。

（3）增强或替代 PKI

公钥基础设施（PKI）是确保电子邮件、即时消息、网站和其他通信形式的公钥加密机制。大多数 PKI 实现依赖于中心化的第三方认证机构（CA）来颁发、撤销和存储密钥对，这为网络攻击者攻击加密通信并假冒身份提供了机会。在区块链上发布密钥从理论上可消除虚假密钥传播的风险，并使应用程序能验证与通信对象的身份信息。

增强或替代 PKI 方面的研究比较多。有的研究是基于区块链摒弃中心证书颁发机构，并将区块链用于域名及其公钥的分布式账本，构成一个公开和可审计的 PKI。有的公司为本公司的每个设备提供基于区块链的 SSL 证书，以防止入侵者伪造证书。有的研究是基于区块链的 PKI 方案，使用区块链来存储颁发和撤销的证书散列值。有的研究甚至是直接利用区块链创建无密钥签名基础设施（KSI）来取代 PKI。

（4）隐私保护

利用区块链技术保护隐私一直是研究重点。有的研究利用区块链保护电子邮件、即时通信，以及社交网络上交换的隐私信息。有的研究利用区块链来保护用户的元数据。在通信过程中，用户不必用电子邮件或其他方法进行身份认证。由于元数据随机分布在整个账本中，因此不存在单一的身份信息采集点，也就不可能因黑客攻破某个采集点而泄露身份信息。有的研究尝试使用区块链技术创建一个安全且外来攻击无法渗透的消息服务。随着基于区块链的安全通信技术的发展，其隐私保护能力将得到进一步增强。

（5）跨境支付应用

跨境支付安全是电子商务中的一个难题。区块链跨境支付应用模式的研究思路是：利用区块链技术构建支付网络，将传统金融机构、外汇做市商、流动性提供商等加入网络，构建支付网关。通过支付网关将区块链上的数字资产流动与现实中的货币关联，从而将货币转换为区块链上的数字资产，便于后续的支付与转账。通过区块链支付网络中的网络连接器，可连接传统做市商、汇出行、汇入行等机构，摒弃中间交易环节，实现点到点、快速、低成本与安全支付的目的。通过区块链支付，所有交易相关方共同维护交易记录，共同参与验证交易信息，大大降低国际贸易中的支付风险。

（6）信息跟踪

有的研究关注将区块链技术改造成安全和执法部门的信息跟踪工具，通常称为"区块链侦探"。这种工具可以跟踪可疑或非法的金融活动，最终目标是将假名、加密地址与真正的犯罪实施者相匹配。目前，这类研究已从单一的比特币区块链的审查，扩大到更多种类的加密货币上。该工具提供对比特币区块链上任何交易的深入分析，包括高级映射和分组工具，以及对某项交易违法概率的量化评估。

8.7.3 SDN 网络安全技术

1. SDN 网络安全的特殊性

由于 SDN 采用与传统网络不同的体系结构，因此 SDN 网络安全很难与传统网络安全技术找到对应关系。SDN 网络采用应用平面、控制平面与数据平面的三层结构，并且采用很多新的实现技术与方法，而这些层次内部、层次之间的通信与协议都会成为网络攻击者的潜在目标。

SDN 网络环境中的安全问题具有它的特殊性。如图 8-35 所示，虚拟机 VM1 与虚拟机 VM2 在同一物理主机中，VM1 与 VM2 之间的通信仅存在于物理主机中。如果 VM1 已经被黑客侵入，但是外部的传统网络安全设备（例如防火墙、入侵检测等）无法察觉到发生在物理主机内部的网络攻击行为。

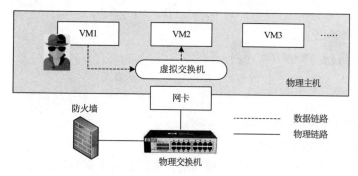

图 8-35 物理安全机制无法识别虚拟环境中的恶意行为

如图 8-36 所示，物理主机 1 中的 VM1 与物理主机 2 中的 VM3 通信，即使传统的防火墙已经接收到传输的数据流，由于不理解虚拟环境中的数据流结构，也无法用传统的安全检测规则去分析问题。

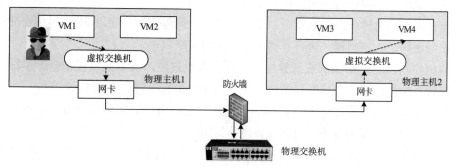

图 8-36 物理安全机制无法理解虚拟环境中的数据流结构

2014 年，S. Hogg 在其论文"SDN Security Attack Vectors and SDN Hardenning"中描述了 SDN 面临的网络攻击威胁（如图 8-37 所示）。从图中可以看出，网络安全威胁可能存在于这三层中的各个位置。每层的软硬件平台都可能是恶意代码与黑客入侵的潜在目标，SDN 相关的协议与 API 为网络攻击提供了新的目标。

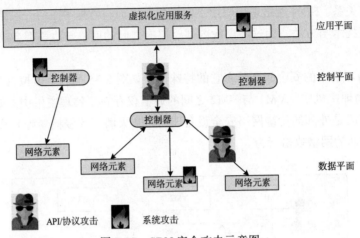

图 8-37　SDN 安全攻击示意图

2. SDN 特有的网络安全问题

（1）SDN 体系结构的安全性

由于 SDN 从体系结构上颠覆了传统网络，采用数据平面与控制平面分离的方式，控制平面通过逻辑集中的控制器来控制数据平面的数据交换过程，因此控制平面中的控制器的安全性将直接影响网络服务的可用性、可靠性与数据安全。从网络安全的角度来看，控制器的安全风险表现在以下几个方面：

- 由于网络安全设备与被保护的节点、网络之间不再采用物理连接，因此攻击者可以通过流的重定向绕过安全策略要求的安全机制。
- 攻击者可通过传统的网络窃听、蠕虫、恶意代码等方法，窃取 SDN 网络管理员的账户与密码进入控制器，进行非法操作，实施网络攻击。
- 利用控制器的安全漏洞或开放接口，攻击者通过注入或下达错误指令等手段，更改应用系统的请求，造成发送的请求参数与业务逻辑不符，实施 DoS 攻击。
- 攻击者通过对不安全的开放接口进行监听，窃取敏感数据或修改数据包内容，也可以采用中间人攻击方法，重放或修改数据请求。
- 如果应用接口没有采取安全检查机制，则很容易被攻击者利用，向网络设备发送大量无用的流表，引发 DDoS 攻击。

（2）数据平面

数据平面中关键的风险区域是南向 API，例如 OpenFlow、Open vSwitch、数据库管理协议（OVSDB）等。OVSDB 是管理数据平面网络元素的工具，同时它也使得网络安全不再被限制在网络设备供应商，而是显著增加了网络基础设施的攻击表面。这里所说的"攻击表面"是指系统中可利用的漏洞。网络安全性可能被不安全的南向协议破坏，攻击者能够在流表中增加非法的流，进行流量欺骗或窃听数据等攻击。更直接的攻击是破坏南向 API，使攻击者能够直接控制整个网络元素。

针对这类攻击，可采用传输层的 TLS 协议，为数据传输提供三种安全保护：

- **保密性**：保证传输层的数据不会被窃听或泄露。
- **消息完整性**：保证传输层的数据不会被篡改或替换。
- **身份鉴别**：通过公钥证书验证通信双方的身份，有助于阻止欺骗性的控制器活动，以及攻击者在网络设备中发起的欺骗性的流。

（3）控制平面

在 SDN 系统中，所有对管理、编排、路由和网络流量的控制，都集中在单个控制器或几个分布式的控制器中。如果攻击者能够成功渗透到控制器中，他就可以获取对全网的控制能力。因此，SDN 控制器必然是一个重点保护的目标。对控制器安全技术的研究主要涉及以下几个方面：

- **DDoS 攻击防护**：一个高可用的控制器体系结构可在某种程度上降低 DDoS 攻击的影响。为了实现这个目标，一是要加强对 DDoS 攻击检测方法的研究，二是研究在发生 DDoS 之后如何利用冗余控制器来弥补失效控制器。
- **访问控制**：针对控制器的访问控制技术方面的研究，主要有基于角色的访问控制（RBAC）、基于属性的访问控制（ABAC）等。
- **恶意代码防护**：针对控制器的病毒、蠕虫、木马等防护技术。
- **网络安全设备**：针对控制器的防火墙、IDS 与 IPS、网络审计与取证等技术。

（4）应用平面

北向接口的 API 与协议也是攻击者的一个重要目标。如果网络攻击者成功地突破了北向接口，就可以获得网络基础设施的控制权，这样造成的后果会更加严重。

SDN 应用平面的安全防护有两个目标：一是阻止未授权用户与应用访问控制器；二是防止攻击者利用应用系统的漏洞，获取对应用平面的控制权。针对这个问题，可以采用的防护技术包括：一是通过身份认证来鉴别应用系统对控制平面的访问权，二是针对黑客有可能攻击应用系统和控制器之间的通信，采用 TLS 或类似协议来确保通信的安全性。

从以上讨论中可以看出，SDN 体系结构中任何环节的漏洞和考虑不周，都有可能形成对 SDN 的潜在安全隐患。随着 SDN 技术及其应用的快速发展，SDN 的安全问题的研究也会不断演变与发展。

8.7.4 NFV 网络安全技术

1. NFV 网络环境中存在的安全威胁

NFV 极大地改变了网络结构的设计、构建与管理方法，将网络功能从专用的网络设备中迁移出来，以虚拟机的形式部署在通用服务器中。NFV 模糊了不同的物理网络功能与网络设备之间的界限，针对 NFV 的网络威胁、防护技术与传统的网络安全技术有很大区别；网络安全问题、管理的角色分工、职责与权限变得更加复杂。

2014 年，Hawilo 在其论文"NFV: State of the ART, Challenges and Implementation in Next Generation Mobile Networks"中，将 NFV 划分为三个功能域，并分析了每个功能域的潜在安全风险及解决方案（如表 8-1 所示）。

表 8-1　NFV 功能域的潜在安全风险及解决方案

功能域	安全风险	解决方案与要求
虚拟和环境域虚拟机管理程序	未授权访问、数据泄露	隔离 VM 空间，只为通过身份验证的用户提供服务
计算域	共享的计算资源（CPU、内存等）	安全线程 私有与共享的内存在重用分配之前进行数据清除 数据以加密方式存储和传输，只为 VNF 提供专有访问
基础设施域	共享的逻辑网络层（vSwitch） 共享的物理网卡（NIC）	隔离 VM 空间，只为通过身份验证的用户提供服务

2015 年，Nakina 系统白皮书"Achieving Security Integrity in Service Provider NFV Environments"从 NFV 参考体系结构的角度，全面分析了 NFV 网络环境中的潜在安全威胁（如图 8-38 所示）。

2. NFV 安全防护研究的主要内容

NFV 的安全防护需要解决多个层面、多个域，以及它们之间的交互问题。NFV 的安全防护主要涉及以下层次与域：

- NFV 基础设施（NFVI）：NFVI 是由底层的计算、存储、网络等硬件资源，以及虚拟化层与虚拟计算、虚拟存储与虚拟网络组成。
- 虚拟网络功能（VNF）：VNF 是在 NFVI 虚拟机上运行的网络功能。
- NFV 管理与编排（MAMO）：用户利用 NFV 管理器、编排器（MANO）与运营支撑系统（OSS/BSS）功能来管理网络、编排资源。
- 管理接口：一个 NFV 部署方案中主要域之间的重要接口。

在系统管理中，一个主要的安全考虑是控制哪些用户或系统能够观察、设置或改变配置参数与实施网络策略。由于 NFVI 与 VNF 之间的相互依赖关系，以及整体服务性能和可用性要求，上述安全性变得尤为重要。另外，当多个软件系统自动访问同一网络共享的资源池时，确保安全许可与策略不相互冲突也非常重要。软件化的配置过程有可能会导致编排漏洞，其中包括网络配置滥用和恶意配置。

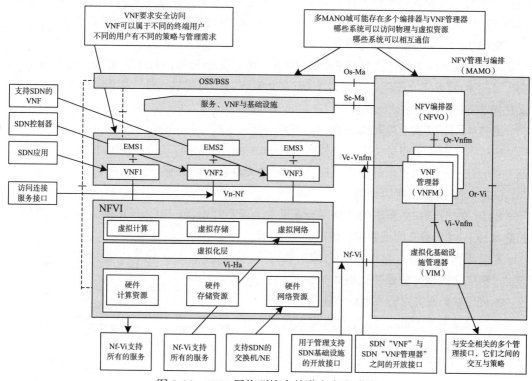

图 8-38 NFV 网络环境中的潜在安全威胁

需要注意的是，我们增加了 SDN 与 NFV 结合所带来的问题。在过去的几年中，SDN 与 NFV 从独立研究逐步向相互协作的方向发展，基于 SDN 的方法来处理网络设备与网络资源抽象，将 SDN 与 NFV 相结合的研究思路越来越受到学术界与产业界的重视。这种发展趋势将使得 NFV 网络安全研究更加复杂。

3. ETSI 安全视角

欧洲电信标准化组织（ETSI）是设计 NFV 标准的组织机构，ETSI 发布了 4 个安全相关的文档，作为 NFV 标准系列的一个组成部分。

（1）ETSI 定义的四个安全相关文档的应用范围和领域

文档 1：NFV 安全问题描述

NFV-SEC001 文档的内容主要包括：定义 NFV 的概念以理解其安全影响，提供部署场景的参考列表，识别 NFV 可能导致的安全漏洞。

文档 2：NFV 管理软件的安全特征分类

NFV-SEC002 文档的内容主要是对 NFV 管理软件的安全特征进行分类，并将 OpenStack 作为一个例子进行讨论。最初交付成果是对 OpenStack 提供安全服务，对鉴别、授权、保密性、数据完整性、日志和审计等模块进行分类，并描述它们与密码协议和算法模块的对应关系；在建立对应的依赖关系之后，就能给出适合 NFV 部署的推荐选项。

文档 3：NFV 安全与可信指导

NFV-SEC003 文档定义特定的研究领域，其中安全和可信技术、实践及过程都与非 NFV 系统的需求完全不同，为设计支持 NFV 系统的环境提供指导，同时可以避免重新定义任何非 NFV 特有的安全需求。

文档 4：NFV 安全隐私与法规

NFV-SEC004 文档是关于合法侦听（Lawful Interception，LI）问题的报告。该文档包括支持合法侦听所需提供的能力，以及 NFV 中提供合法侦听所面临的挑战。

（2）NFV 安全威胁的分类

ETSI 文档对 NFV 面临的各种安全威胁集合进行了分类，包括通用网络威胁、通用虚拟化威胁、NFV 特有的威胁等（如图 8-39 所示）。

- 通用网络威胁：与虚拟化之前的物理网络功能相关的威胁，例如 DDoS、防火墙缺陷或绕过防火墙的攻击等。
- 通用虚拟化威胁：任何虚拟化实现都会面临的威胁，例如隔离用户失败。
- NFV 特有的威胁：将网络技术与虚拟化技术相结合所带来的威胁。

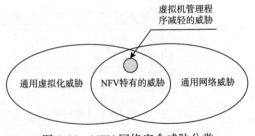

图 8-39　NFV 网络安全威胁分类

（3）NFV 特有威胁的实例

ETSI 文档列举了几个 NFV 特有威胁的例子：

- 虚拟机管理程序可能带来额外的安全漏洞。对虚拟机管理程序的第三方认证能帮助揭示这些安全属性。为了减少使用虚拟机管理程序的漏洞，需要遵循加固和补丁管理最佳实践。为了确保执行正确的虚拟机管理程序，最好在启动时通过安全启动机制调用鉴别虚拟机管理程序的方法。
- 共享存储和共享网络的使用会增加额外的漏洞。
- 不同 NFV 端到端体系结构组件，例如硬件资源、VNF 与管理系统的互联暴露了新的接口，如果未能对这些接口进行保护，将会带来新的安全威胁。
- 多种 VNF 在 NFV 基础设施上执行，同样会带来额外的安全问题，尤其是在 VNF 未能正确相互隔离的情况下。

为了虚拟机的安全，**虚拟机管理程序内省**（Hypervisor Introspection）和其他机制需要监视每个正在运行的虚拟机与操作系统。虚拟机管理程序内省是通过监测内存、程序执行、访问数据文件、网络流量来实现的。该机制也能阻止内核级的 rootkit 攻击。因此，虚拟化可消除或缓解那些传统网络功能所固有的威胁。虚拟机管理程序内省已成为虚拟化环境中的通用安全技术，有助于检测对虚拟机和操作系统的攻击，甚至在操作系统被篡改的情况下也能够完成上述功能。

8.7.5　软件定义安全研究

1. 软件定义安全的定义

现有的互联网安全体系是建立在固定边界与物理网络安全设备之上。我们可利用防火墙技术将一个大型企业网划分为企业内网与外网，将与外部用户交互的服务器放在非军事区（DMZ）中。但是，随着云计算、SDN 与 NFV 技术的出现，传统的网络安全体系被打破，**软件定义安全**（Software Defined Security，SDS）研究被提上日程。

SDN/NFV 技术通过软件动态编排网络虚拟资源，自动调度数据流，将虚拟化环境中的网络安全从硬件层面的设计、采购、安装和调试，提升到软件层面的调度、下发与远程更新；从大量的人工参与到更多由软件自适应地自动完成分析、调度与部署，以及按需完成动态防护。

Gartner 公司于 2012 年在论文"The Impact of Software Defined Data Center on Information Security"中首先提出了软件定义安全的定义：通过分离安全数据平面与控制平面，将物理与虚拟的网络安全设备与其接入模式、部署方式、实现功能进行解耦，在底层将物理及虚拟的安全设备抽象为安全资源池，顶层统一通过软件编程方式进行智能化、自动化的业务编排和管理，完成相应的安全功能，实现灵活的安全防护机制，以应对软件定义数据中心和新型 IT 系统的安全防护需求。

从软件定义安全的概念提出至今，不同企业和研究机构对软件定义安全给出了不同解释。有的侧重于研究 SDN 安全体系，有的侧重于研究 NFV 安全体系。有的网络安全公司提出了针对 SDN/NFV 的执行层、控制层与管理层的三层安全结构模型。但是，所有定义的共性特点表现在以下方面：

- **新的安全架构**：软件定义安全架构与传统安全架构存在明显不同，强调数据平面与控制平面的解耦。
- **抽象底层安全设备**：将独立、异构的安全设备抽象成统一的安全资源，为用户提供透明、统一的接入模式。
- **集中调度和编排**：重新编排传统的网络安全功能，对入侵检测、入侵防护与流过滤功能进行编排，实现网络安全运维的自动化、快速处理与按需动态防护。

2. 基于 OpenDaylight 的 DDoS 应用

在 SDN 网络中，数据平面、控制平面与应用平面，以及三层之间的通信都可能遇到新的网络攻击，SDN 自身的安全成为新的研究重点。

Radware 是一家专注于 DDoS 检测软件研发的网络安全厂商。2014 年，Radware 推出了一款开放的 SDN 安全应用软件 Defense4ALL，它被集成在 OpenDaylight 中。借助 SDN 技术的可编程性，Defense4ALL 通过对平时采集的流量、统计信息进行深入分析，学习受保护的网络对象的行为，将 DDoS 攻击模式作为偏离正常基准的异常流量；将可疑流量从正常路径转移到攻击缓解器（AMS）进行流量清洗、源筛选阻塞，然后将流量重新注入网络，并发往分组的初始目的地。这样，可以将 DoS/DDoS 攻击的单点防护，转换为由云服务提供商提供主动防御攻击的安全方案，彻底改变网络安全服务的部署与管理方式。图 8-40 给出了基于 OpenDaylight 的 DDoS 应用场景。

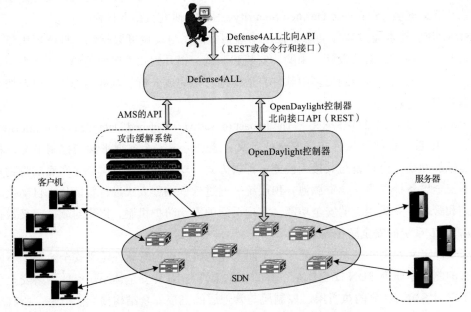

图 8-40　基于 OpenDaylight 的 DDoS 应用场景

从图 8-40 可以看出，SDN 数据平面的交换机支持客户机与服务器之间的数据交互。Defense4ALL 软件作为一种应用通过 OpenDaylight 北向接口 API 连接 OpenDaylight 控制器，Defense4ALL 为网络管理员提供了用户接口，该接口可以是 REST API 或命令行接口。Defense4ALL 与多个攻击缓解器之间进行通信。

网络管理员可以对 Defense4ALL 进行配置，涉及**保护特定网络**（Protected Network，PN）与**受保护对象**（Protected Object，PO）。Defense4ALL 指导控制器在每个 PO 流经的

网络位置，为每个协议安装相应的流量计数器。

Defense4ALL 对所有已配置 PO 的流量进行监视，并对相关网络位置的读数、速率、平均值进行分析，如果发现实时流量偏离了特定 PO（例如 TCP、UDP、ICMP 等）正常流量 80%，就会判定存在针对特定 PO 的攻击。

为了消除被发现的攻击，Defense4ALL 会执行以下操作：

- 验证 AMS 设备是否活跃，并选择一个存活的连接与其相连。
- 配置安全策略与攻击流量基准，AMS 根据相关信息来缓解攻击，直到流量降为正常水平为止。
- 记录和监视 AMS 系统日志。
- 将选中的 AMS 连接映射到相应的 PO 链路。
- 安装优先级更高的流表项，将攻击流量引导到 AMS，经过处理后重新注入正常的流量路由中。

3. Defense4ALL 软件体系结构

图 8-41 给出了 Defense4ALL 的软件体系结构。该软件主要由两个部分组成：一部分是控制器的安全扩展，包括接收分组的统计、清洗流量的重定向等；另一部分是独立的北向安全应用，包括异常检测引擎、流量清洗管理器等。

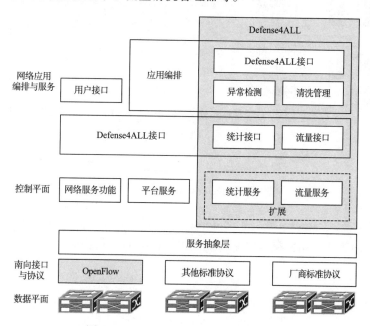

图 8-41　Defense4ALL 软件体系结构

Defense4ALL 的工作原理是:

- OpenDaylight 控制器从全局网络设备中获取 OpenFlow 流信息,统计服务单元做出初步统计后,通知安全应用的异常检测引擎。
- 如果异常检测引擎发现当前流量中存在 DDoS 攻击,立即通过清洗管理器下发流量牵引指令,在重定向服务中计算出多个 FlowMod 流命令。
- 流命令被下发到从源网络设备到 DDoS 缓解器的目的网络设备之间的路径上所有的网络设备,形成一条重定向路径。
- 恶意流量在 DDoS 缓解器被清洗后,正常转发到目的节点。
- 如果异常检测引擎发现当前流量正常,则通知清洗管理器撤销重定向指令,网络系统恢复正常。

图 8-42 描述了 Defense4ALL 的工作流程。

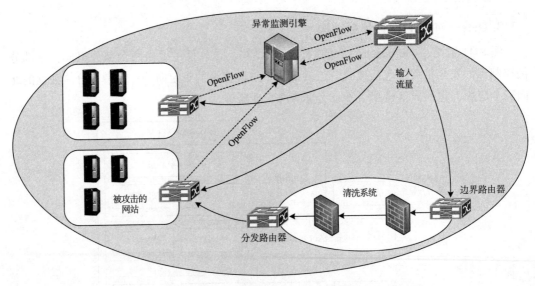

图 8-42　Defense4ALL 的工作流程

需要注意的是,Radware 开发了 Defense4ALL 的商用版,并将它命名为 DefenseFlow。它采用更复杂的算法利用模糊逻辑来检测攻击,使得 DefenseFlow 能够从大规模流量中有效识别出攻击。

参考文献

[1]　RFC 2246: The TLS Protocol Version 1.0.

[2]　RFC 2408: Internet Security Association and Key Management Protocol (ISAKMP).

[3]　RFC 2818: HTTP over TLS.

[4]　RFC 3156: MIME Security with OpenPGP.

[5]　RFC 3850: Secure/Multipurpose Internet Mail Extensions (S/MIME) Version 3.1 Certificate Handling.

[6]　RFC 3851: Secure/Multipurpose Internet Mail Extensions (S/MIME) Version 3.1 Message Specification.

[7]　RFC 4301: Security Architecture for the Internet Protocol.

[8]　RFC 4302: IP Authentication Header.

[9]　RFC 4303: IP Encapsulating Security Payload (ESP).

[10]　RFC 4305: Cryptographic Algorithm Implementation Requirements for Encapsulating Security Payload (ESP) and Authentication Header (AH).

[11]　RFC 4306: Internet Key Exchange (IKEv2) Protocol.

[12]　RFC 4307: Cryptographic Algorithms for Use in the Internet Key Exchange Version 2 (IKEv2).

[13]　RFC 4308: Cryptographic Suites for IPsec.

[14]　RFC 4880: OpenPGP Message Format.

[15]　RFC 6101: The Secure Sockets Layer (SSL) Protocol Version 3.0.

[16]　RFC 6347: Datagram Transport Layer Security Version 1.2.

[17]　RFC 8446: The Transport Layer Security (TLS) Protocol Version 1.3.

[18]　William Stallings，网络安全基础：应用与标准（第 5 版）[M]. 白国强，等译 . 北京：清华大学出版社，2014.

[19]　Alexander Kott，等 . 网络空间安全防御与态势感知 [M]. 黄晟，等译 . 北京：机械工业出版社，2019.

[20]　Brian Russell，等 . 物联网安全 [M]. 李伟，等译 . 北京：机械工业出版社，2018.

[21]　Richard E Blahut. 现代密码学及其应用 [M]. 黄玉划，等译 . 北京：机械工业出版社，2018.

[22]　Niels Ferguson，等 . 密码工程：原理与应用 [M]. 赵一鸣，等译 . 北京：机械工业出版社，2017.

[23]　William Stallings. 密码编码学与网络安全：原理与实践（第 7 版）[M]. 王后珍，等译 . 北京：电子工业出版社，2017.

[24]　Bruce Schneier. 应用密码学：协议、算法与 C 源程序（第 2 版）[M]. 吴世忠，等译 . 北京：机械工业出版社，2013.

[25]　Christopher C Elisan，等 . 黑客大曝光：恶意软件和 Rootkit 安全（第 2 版）[M]. 姚军译 . 北京：机械工业出版社，2017.

[26]　Sravani Bhattacharjee. 工业物联网安全 [M]. 马金鑫，等译 . 北京：机械工业出版社，2017.

[27]　Paulo Shakarian，等 . 网络战：信息空间攻防历史、案例与未来 [M]. 吴奕俊，等译 . 北京：金城出版社，2016.

[28]　金海 . 中国网络空间安全前沿科技发展报告 2018[M]. 北京：人民邮电出版社，2019.

[29]　蔡晶晶，等 . Web 安全防护指南：基础篇 [M]. 北京：机械工业出版社，2018.

[30] 刘文懋，等.软件定义安全：SDN/NFV 新型网络的安全揭秘 [M].北京：机械工业出版社，2016.

[31] 杨东晓，等.防火墙技术及应用 [M].北京：清华大学出版社，2019.

[32] 刘功申，等.计算机病毒与恶意代码：原理、技术及防范 [M].4 版.北京：清华大学出版社，2019.

[33] 薛静锋，等.入侵检测技术 [M].2 版.北京：人民邮电出版社，2016.

[34] 吴礼发，等.网络攻防原理与技术 [M].2 版.北京：机械工业出版社，2017.

[35] 徐鹏，等.云数据安全 [M].北京：机械工业出版社，2018.

[36] 龚俭，等.网络安全态势感知综述 [J].软件学报，2017，28(4)：1010-1026.

[37] 王蒙蒙，等.软件定义网络：安全模型、机制及研究进展 [J].软件学报，2016，27(4)：969-992.

[38] 贾召鹏，等.网络欺骗技术综述 [J].通信学报，2017，38(12)：128-143.

[39] 王涛，等.软件定义网络及安全防御技术研究 [J].通信学报，2017，38(11)：133-160.

[40] 王雅哲，等.IoT 智能设备安全威胁及防护技术综述 [J].信息安全学报，2018，3(1)：48-67.

[41] 万赟.网络安全的时代变迁 [J].中国计算机学会通讯，2018，14(5)：44-49.

[42] 陈海波，等.公有云中的安全研究 [J].中国计算机学会通讯，2012，8(7)：15-23.

[43] 邹德清，等.云计算安全挑战与实践 [J].中国计算机学会通讯，2011，7(12)：55-62.

[44] Zhifeng Xiao，et al. Cloud Manufacturing: Security, Privacy and Forensic Concerns[J]. IEEE Cloud Computing，2016，3(4)：16-22.

[45] Tooska Dargahi，et al. A Survey on the Security of Stateful SDN Data Planes[J]. IEEE Communications Surveys & Tutorials，2017，19(3)：1701-1725.

[46] Vijay Varadharajan，et al. A Policy-Based Security Architecture for Software-Defined Networks[J]. IEEE Transactions on Information Forensics and Security，2018，14(4)：897-912.

[47] Wenxiu Ding, et al. A Survey on Future Internet Security Architectures[J]. IEEE Access，2016，4：4374-4393.

[48] Jing Liu, et al. A Survey on Security Verification of Blockchain Smart Contracts[J]. IEEE Access，2019，7：77894-77904.